W0268125

Elektrische Starkstromanlagen.

Maschinen, Apparate, Schaltungen, Betrieb.

Kurzgefaßtes Hilfsbuch
für Ingenieure und Techniker sowie zum Gebrauch
an technischen Lehranstalten.

Von

Dipl.-Ing. **Emil Kosack,**

Oberlehrer an den Kgl. Vereinigten Maschinenbauschulen
zu Magdeburg.

Zweite, erweiterte Auflage.

Mit 290 Textfiguren.

Springer-Verlag Berlin Heidelberg GmbH
1914.

Ursprünglich erschienen bei Julius Springer in Berlin 1914
Softcover reprint of the hardcover 1st edition 1914

ISBN 978-3-662-23777-9 ISBN 978-3-662-25880-4 (eBook)
DOI 10.1007/978-3-662-25880-4

Vorwort zur zweiten Auflage.

Die erste starke Auflage der „Elektrischen Starkstromanlagen" ist bereits nach weniger als zwei Jahren vergriffen gewesen, wohl ein Beweis, daß das Buch allgemein gute Aufnahme gefunden hat. Daß es einem Bedürfnis entsprach, beweist auch seine Einführung an einer Reihe technischer Lehranstalten als Lehrbuch der Elektrotechnik.

Bei der vorliegenden zweiten Auflage ist die Einteilung des Lehrstoffes im wesentlichen unverändert geblieben. Der Inhalt des Buches hat allerdings mannigfache Erweiterungen erfahren, doch hoffe ich, daß dies nicht als ein Nachteil empfunden wird, zumal die Abgrenzung des Stoffes ungefähr die gleiche wie bisher geblieben ist. Um die Übersichtlichkeit zu erhöhen, ist die Unterteilung des Textes noch weiter durchgeführt worden.

Bei den Bezeichnungen sind neben den Beschlüssen und Vorschlägen des Ausschusses für Einheiten und Formelgrößen auch die Festsetzungen der Internationalen Elektrotechnischen Kommission berücksichtigt worden. Einige grundlegende Zeichen mußten, um dem heutigen Stand der Angelegenheit Rechnung zu tragen, gegenüber der ersten Auflage geändert werden. Die Einheit „Pferdestärke" ist bei Leistungsangaben, dem Beschlusse des Verbandes Deutscher Elektrotechniker entsprechend, durch das „Kilowatt" ersetzt worden. Doch wurde vielfach die Zahl der Pferdestärken in Klammern hinzugefügt. Die Normalien des Verbandes haben wiederum volle Berücksichtigung gefunden.

Daß die neuesten Fortschritte und Erfahrungen der Elektrotechnik im weitesten Maße gewürdigt worden sind, braucht kaum hervorgehoben zu werden, und so hoffe ich, daß sich das Buch auch weiterhin bewähren wird.

Den Firmen, die mich wiederum durch Überweisung von Material unterstützten, spreche ich auch an dieser Stelle meinen Dank aus, ebenso der Verlagsbuchhandlung, der es trotz des vermehrten Umfanges gelungen ist, den Verkaufspreis des Buches nicht unbeträchtlich herabzusetzen.

Magdeburg, im März 1914.

Emil Kosack.

Aus dem Vorwort zur ersten Auflage.

Das vorliegende Buch soll einen kurzen, aber möglichst umfassenden Überblick über die wichtigsten Zweige der Starkstromelektrotechnik geben. Bei der Auswahl und Anordnung des Stoffes sind im wesentlichen die Bedürfnisse der staatlichen Maschinenbauschulen berücksichtigt worden, doch ist durch eine weitgehende Unterteilung dafür gesorgt, daß den verschiedensten Verhältnissen Rechnung getragen werden kann. Bei den höheren Maschinenbauschulen wird in manchen Abschnitten eine Vertiefung des Lehrstoffes, namentlich nach der mathematischen Seite — vielleicht auch durch Einführung des Vektordiagramms zur Erklärung der Wechselstromerscheinungen — notwendig sein. Ich bin der Ansicht, daß gerade beim technischen Unterricht die Eigenart des Lehrers, das Persönliche seiner Lehrmethode möglichst wenig beeinträchtigt werden soll. Dies ist jedoch nur dann möglich, wenn er sich bei den allgemeinen Grundlagen auf ein Lehrbuch stützen kann. Es wird dadurch viel sonst für das Diktat benötigte, kostbare Zeit gewonnen.

Auf die Wiedergabe von Bildern der besprochenen Maschinen und Apparate ist grundsätzlich verzichtet worden, einerseits um den Umfang des Buches nicht unnötig zu vermehren, andererseits weil heute wohl stets Gelegenheit geboten ist, elektrische Anlagen durch den Augenschein kennen zu lernen. Schnittzeichnungen nnd schematische Figuren sind in desto reichlicherem Maße aufgenommen worden.

Bei den im Buche eingeführten Bezeichnungen sind nach Möglichkeit die Vorschläge des Ausschusses für Einheiten und Formelgrößen befolgt worden. Den Klemmenbezeichnungen sind die Normalien des Verbandes Deutscher Elektrotechniker zugrunde gelegt. Überhaupt haben die Verbandsvorschriften weitgehende Beachtung gefunden.

Magdeburg, im Mai 1912.

Emil Kosack.

Inhaltsverzeichnis.

Erstes Kapitel.

Die Erzeugungsarten, Gesetze und Wirkungen des elektrischen Stromes.

Seite

Zweites Kapitel.

Meßinstrumente und Meßmethoden.

Drittes Kapitel.

Gleichstromerzeuger.

Viertes Kapitel.

Gleichstrommotoren.

Fünftes Kapitel.

Wechselstromerzeuger.

Sechstes Kapitel.

Transformatoren.

Seite

Siebentes Kapitel.

Wechselstrommotoren.

Achtes Kapitel.

Umformer.

Neuntes Kapitel.

Der Betrieb elektrischer Maschinen.

Zehntes Kapitel.

Die Untersuchung elektrischer Maschinen.

Elftes Kapitel.

Akkumulatoren.

Zwölftes Kapitel.

Die elektrischen Lampen.

Dreizehntes Kapitel.

Wärmeausnutzung des Stromes, Elektrochemie und -metallurgie.

Vierzehntes Kapitel.

Das Leitungsnetz.

Normalien, Vorschriften und Leitsätze des Verbandes Deutscher Elektrotechniker

(eingetragener Verein).

Vom Verbande Deutscher Elektrotechniker (im folgenden durch V. D. E. abgekürzt) sind eine Reihe von Normalien, Vorschriften und Leitsätzen aufgestellt worden, die sich allgemeiner Anerkennung erfreuen, und die wesentlich zu einer gesunden Entwicklung der Elektrotechnik und zu einer einheitlichen Fabrikation beigetragen haben. Der raschen Entwicklung der Elektrotechnik Rechnung tragend, werden die Vorschriften von Zeit zu Zeit einer Durchsicht unterzogen und den Fortschritten und Bedürfnissen der Technik entsprechend abgeändert. Sie sind in einem vom Generalsekretär des Verbandes G. Dettmar herausgegebenen Buche zusammengestellt, teilweise jedoch auch einzeln erschienen. Ganz besonders sei hier auf die folgenden Veröffentlichungen hingewiesen:

Vorschriften für die Errichtung elektrischer Starkstromanlagen, kurz Errichtungs-Vorschriften (E. V.) genannt;

Vorschriften für den Betrieb elektrischer Starkstromanlagen, kurz Betriebs-Vorschriften (B. V.) genannt;

— für Bergwerke bestehen noch Zusatzbestimmungen zu den Errichtungsvorschriften, für elektrische Straßenbahnen usw. sind besondere Sicherheitsvorschriften in Geltung —

Vorschriften für Bewertung und Prüfung von elektrischen Maschinen und Transformatoren, kurz Maschinen-Normalien (M. N.) genannt;

Normalien für die Bezeichnung von Klemmen bei Maschinen usw.;

Anleitung zur ersten Hilfeleistung bei Unfällen im elektrischen Betriebe.

Zu den E. V. und B. V. sind Erläuterungen von Geh. Regierungsrat Dr. C. L. Weber, zu den M. N. von Generalsekretär G. Dettmar herausgegeben.

Erstes Kapitel.

Die Erzeugungsarten, Gesetze und Wirkungen des elektrischen Stromes.

A. Gleichstrom.

1. Die elektromotorische Kraft als Ursache des elektrischen Stromes.

Werden zwei mit einer Flüssigkeit gefüllte Gefäße *A* und *B* nach Fig. 1 durch ein Rohr *C* miteinander verbunden, so fließt die Flüssigkeit von *A* nach *B*, wenn ihr Spiegel bei *A* höher liegt als bei *B*. Die Strömung hält nur so lange an, als zwischen *A* und *B* ein Höhen- oder Druckunterschied besteht, und dieser muß daher als die Ursache für ihr Zustandekommen angesehen werden. Soll die Strömung dauernd aufrechterhalten werden, so muß auch der Druckunterschied dauernd bestehen bleiben. Es wird dieses beispielsweise dadurch erreicht, daß die beiden Gefäße durch ein zweites Rohr *D* miteinander in Verbindung gebracht werden, durch das so viel Flüssigkeit, wie von *A* nach *B* fließt, mittels einer Pumpe *P* wieder von *B* nach *A* befördert wird.

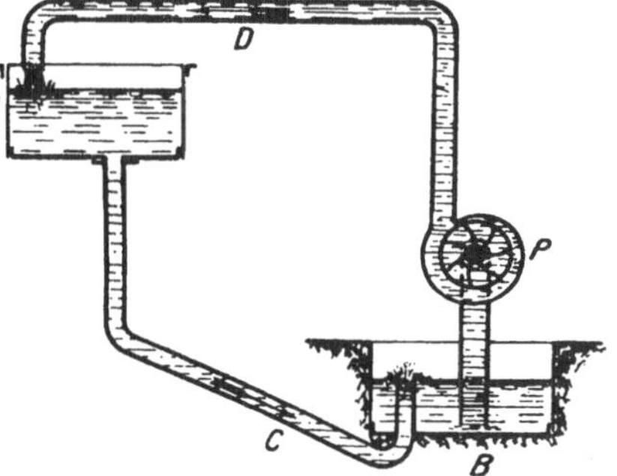

Fig. 1. Kreislauf einer Flüssigkeit.

In diesem Falle findet in dem in sich geschlossenen Stromkreise *ACBD* ein beständiger Kreislauf der Flüssigkeit statt.

In gleicher Weise wie der Flüssigkeitsstrom im Rohr *C* kommt in einem Metalldraht ein elektrischer Strom zustande, wenn zwischen den Enden des Drahtes ein elektrischer Druckunterschied oder, wie man es gewöhnlich ausdrückt, ein Spannungsunterschied besteht. Es strömt alsdann die Elektrizität von dem Punkte höheren elektrischen Druckes zum Punkte niedrigeren Druckes über.

Ein elektrischer Spannungsunterschied kann auf verschiedene Weise hervorgerufen werden, z. B. mittels der galvanischen Elemente, bei denen zwei Platten *A* und *B* (Fig. 2) aus verschiedenen Metallen in eine Säure eingetaucht werden. Häufig verwendet man die Metalle Zink und Kupfer, die man in verdünnte Schwefelsäure stellt. Bei einem derartig zusammengesetzten Element wird durch die zwischen den Metallen und der Flüssigkeit auftretenden chemischen Vorgänge eine elektromotorische Kraft hervorgerufen, die zur Folge hat, daß das Kupfer einen höheren elektrischen Druck annimmt als das Zink. Man bezeichnet daher die Kupferplatte *A* als den positiven (+), die Zinkplatte als den negativen (—) Pol des Elementes. In dem die beiden Pole verbindenden Draht *C* muß demnach ein elektrischer Strom vom Kupfer- zum Zinkpol zustande kommen. Dieser Strom ist ein dauernder, da infolge der im Elemente unausgesetzt wirksamen chemischen Prozesse, deren Wirkung mit derjenigen der in Fig. 1 angenommenen Pumpe zu vergleichen ist, die elektromotorische Kraft dauernd aufrechterhalten, innerhalb der Flüssigkeit *D* also immer wieder Elektrizität vom negativen zum positiven Pol befördert wird. Das Element stellt daher mit dem die Pole verbindenden Draht einen einfachen, in sich geschlossenen elektrischen Stromkreis dar.

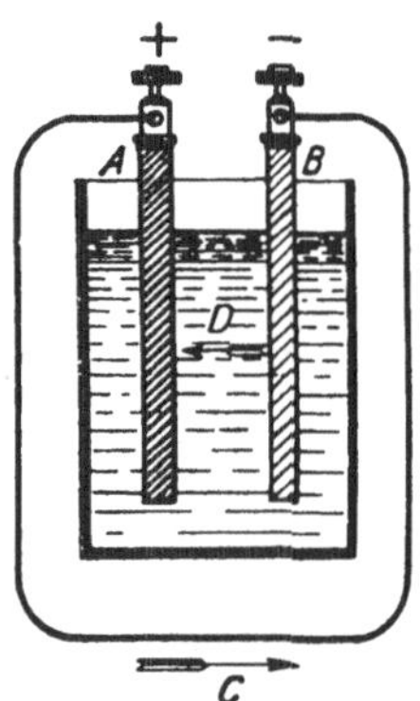

Fig. 2. Elektrischer Stromkreis.

Die Größe der elektromotorischen Kraft des Elementes ist lediglich von dessen Zusammensetzung, d. h. von der Art der Metalle und der Flüssigkeit, abhängig, nicht aber von der Form und den Abmessungen des Elementes. Das beschriebene Zink-Kupfer-Element wurde, eine Entdeckung Galvanis verfolgend, von Volta erfunden und heißt daher Voltaelement.

Der elektrische Strom ist imstande, die verschiedenartigsten Wirkungen auszuüben. So wird der von ihm durchflossene Draht erwärmt. Beim Durchgange des elektrischen Stromes durch eine Flüssigkeit wird diese chemisch zersetzt. Schließlich kann der Strom auch eine Reihe magnetischer und mechanischer Wirkungen hervorbringen. Aufgabe der Elektrotechnik ist es, alle diese Wirkungen in weitgehendster Weise nutzbar zu machen, sowie den elektrischen Strom in wirtschaftlicher Weise zu erzeugen und den Verbrauchsstellen zuzuführen.

2. Das Ohmsche Gesetz.

Bei dem in Fig. 1 dargestellten Kreislauf einer Flüssigkeit ist die Stromstärke, d. h. die sekundlich in Bewegung gesetzte Flüssigkeitsmenge, abhängig einerseits vom Druckunterschied zwischen den beiden Gefäßen, andererseits von dem Widerstande, den das Wasser in der Rohrleitung findet. In ähnlicher Weise ist auch in einem elektrischen Stromkreise die Stromstärke, d. h. die sekundlich durch irgendeinen Querschnitt des Kreises hindurchfließende Elektrizitätsmenge, abhängig einerseits von der elektromotorischen Kraft, andererseits von dem Widerstande des Stromkreises.

Um den Zusammenhang, der zwischen diesen drei Größen besteht, festzulegen, ist es notwendig, zunächst Einheiten für sie festzusetzen, in denen sie gemessen und zahlenmäßig angegeben werden können. Diese Einheiten hat man nach bekannten Physikern benannt, und zwar ist die Einheit der elektromotorischen Kraft oder des Spannungsunterschiedes das Volt, die Einheit der Stromstärke das Ampere, und die Einheit des Widerstandes das Ohm.

Das Ampere (A) ist festgelegt als die Stärke desjenigen Stromes, der beim Durchgang durch eine Lösung von salpetersaurem Silber infolge elektrochemischer Wirkung in einer Sekunde 1,118 mg Silber abscheidet. Das Ohm (Ω) ist gegeben durch den Widerstand einer Quecksilbersäule von der Temperatur 0^0 C, deren Querschnitt 1 qmm und deren Länge 1,063 m beträgt. Das Volt (V) schließlich wird dargestellt durch denjenigen Spannungsunterschied, der erforderlich ist, um in einem Leiter von 1 Ω Widerstand die Stromstärke 1 A hervorzurufen.

Es sollen im folgenden abkürzungsweise bedeuten:

E die elektromotorische Kraft oder den Spannungsunterschied in Volt,
J die Stromstärke in Ampere,
R den Widerstand in Ohm.

Die zwischen diesen Größen bestehende Beziehung wurde von Ohm aufgefunden und wird daher als das Ohmsche Gesetz bezeichnet. Diesem Gesetze zufolge ist — unter Zugrundelegung der oben festgesetzten Einheiten — die Stromstärke gleich der elektromotorischen Kraft dividiert durch den Widerstand:

$$J = \frac{E}{R} \quad \ldots\ldots\ldots\ldots \quad (1)$$

Die Stromstärke ist also direkt proportional der elektromotorischen Kraft und umgekehrt proportional dem Widerstande.

Das Ohmsche Gesetz läßt sich auch in der Form schreiben:

$$R = \frac{E}{J} \quad \ldots\ldots\ldots\ldots \quad (2)$$

Der Widerstand eines Stromkreises wird demnach gefunden, indem man die elektromotorische Kraft durch die Stromstärke dividiert.

Endlich läßt sich das Ohmsche Gesetz durch die Gleichung ausdrücken:

$$E = J \cdot R, \quad \ldots\ldots\ldots\ldots \quad (3)$$

d. h. die elektromotorische Kraft ist gleich dem Produkte aus Stromstärke und Widerstand.

Das Ohmsche Gesetz gilt nicht nur für einen geschlossenen Stromkreis, sondern auch für jeden Teil eines solchen. Es ist dann statt der elektromotorischen Kraft der zwischen den Enden des betrachteten Leitungsteiles bestehende Spannungsunterschied einzusetzen. Die Verhältnisse lassen sich auch so auffassen, als ob dieser Spannungsbetrag in dem Leiter aufgebraucht wird, um den elektrischen Strom in ihm aufrechtzuerhalten, und er wird daher häufig als Spannungsverlust oder Spannungsabfall bezeichnet. Ein Spannungsverlust tritt in allen Leitungen auf, die vom elektrischen Strome durchflossen werden.

Im folgenden wird statt des Ausdruckes „Spannungsunterschied" häufig das kürzere Wort Spannung und für „elektromotorische Kraft" die Abkürzung EMK gebraucht werden.

Beispiele: 1. Wie groß ist die Stromstärke in einem Stromkreise, dessen Widerstand 5 Ω beträgt, und in dem eine EMK von 20 V wirksam ist?

$$J = \frac{E}{R} = \frac{20}{5} = 4\,\text{A}.$$

2. Eine an eine Spannung von 110 V angeschlossene Glühlampe nimmt einen Strom von 0,3 A auf. Welchen Widerstand hat der Glühfaden der Lampe?

$$R = \frac{E}{J} = \frac{110}{0{,}3} = 367\,\Omega.$$

3. Zur Speisung einer Bogenlampe für eine Stromstärke von 12 A dienen zwei Leitungen mit einem Gesamtwiderstand von 0,15 Ω. Welcher Spannungsabfall tritt in den Leitungen auf?

$$E = J \cdot R = 12 \cdot 0{,}15 = 1{,}8\,\text{V}.$$

3. Elektrizitätsmenge.

Im vorigen Paragraphen wurde die Stromstärke als die sekundlich in Bewegung gesetzte Elektrizitätsmenge bezeichnet. Umgekehrt läßt sich aus der Stromstärke J die innerhalb der Zeit t den Stromkreis durchfließende Elektrizitätsmenge berechnen als:

$$Q = J \cdot t \quad \ldots\ldots\ldots\ldots \quad (4)$$

Wird die Stromstärke in Ampere, die Zeit in Sekunden gemessen, so erhält man die Elektrizitätsmenge in der Einheit Amperesekunde (Asek), wird dagegen die Zeit in Stunden eingesetzt, so ergibt sich die Elektrizitätsmenge in Amperestunden (Ah)[1].

Beispiel: Ein Element liefert 4 Stunden lang einen Strom von 2,5 A. Welcher Elektrizitätsmenge entspricht dies?

$$Q = J \cdot t = 2{,}5 \cdot 4 = 10\,\text{Ah}.$$

4. Elektrischer Widerstand und Leitwert.

Der Widerstand eines Stromleiters ist je nach dem Material verschieden. Er ist der Länge des Leiters direkt und dem

[1] Internationale Bezeichnung, h = Abkürzung für heure (Stunde).

Querschnitt umgekehrt proportional. Bezeichnet man als spezifischen Widerstand ϱ den Widerstand eines Drahtes von 1 m Länge und 1 qmm Querschnitt, so läßt sich demgemäß der Widerstand eines Drahtes von l m Länge und q qmm Querschnitt berechnen nach der Formel:

$$R = \varrho \cdot \frac{l}{q} \qquad (5)$$

Hieraus folgt für den Drahtquerschnitt, wenn der Widerstand und die Drahtlänge gegeben sind:

$$q = \varrho \cdot \frac{l}{R} \qquad (6)$$

Andererseits läßt sich die Drahtlänge berechnen, wenn der Widerstand und der Querschnitt bekannt sind:

$$l = \frac{R \cdot q}{\varrho} \qquad (7)$$

Der umgekehrte Wert des Widerstandes heißt Leitwert und wird in der Einheit Siemens (S) gemessen. Bezeichnet man den Leitwert mit G, so ist mithin:

$$G = \frac{1}{R} \qquad (8)$$

Ein Leiter vom Widerstande 1 Ω besitzt also auch den Leitwert 1 S. Durch Umkehrung des spez. Widerstandes erhält man ein Maß für das Leitvermögen der Materialien. Man nennt daher den Wert $\frac{1}{\varrho}$ den spezifischen Leitwert.

	Spez. Widerstand,	Spez. Leitwert,	Temperaturkoeffizient
	bezogen auf 1 m Länge und 1 qmm Querschnitt bei 15° C		
Aluminium	0,029	34,5	0,0037
Eisen (Draht und Blech)	0,13	7,7	0,0047
Gold	0,022	45,5	0,0036
Kupfer	0,0175	57,0	0,0040
Nickel	0,13	7,7	0,0036
Platin	0,094	10,6	0,0024
Quecksilber	0,942	1,06	0,0009
Silber (weich)	0,016	62,5	0,0038
Messing[1]	0,08	12,5	0,0015
Nickelin	0,4	2,5	0,0001
Manganin	0,42	2,4	sehr klein
Konstantan	0,5	2,0	sehr klein

[1]) Die Angaben für die Metallegierungen können nur als ungefähre Werte angesehen werden, da ihr Widerstand je nach dem Mischungsverhältnis verschieden ist.

In der vorhergehenden Tabelle sind der spezifische Widerstand und der spezifische Leitwert für eine Reihe von Metallen und Metalllegierungen zusammengestellt.

Der geringste spez. Widerstand, also der höchste Leitwert kommt dem Silber zu. Kupfer steht diesem jedoch nur wenig nach und wird daher, unter Berücksichtigung seines geringeren Preises, als Material für elektrische Leitungen vorwiegend verwendet. Einen im Vergleich zu den meisten Metallen hohen spez. Widerstand besitzen die Metallegierungen. Namentlich gilt dies vom Nickelin, Manganin und Konstantan, Legierungen, die daher auch eine ausgedehnte Verwendung für Widerstandsapparate finden.

Einen sehr hohen spez. Widerstand besitzt die Kohle. Je nach der Kohlensorte kann er als zwischen 100 und 1000 liegend angenommen werden. Einen noch höheren Widerstand bieten die Flüssigkeiten dem Strom. Trotzdem können sie noch als gute Leiter des elektrischen Stromes angesehen werden. Dagegen ist der Widerstand der sogenannten Isolierstoffe, wie Bernstein, Glas, Porzellan, Marmor, Schiefer, Hartgummi, Kautschuk, Seide, Baumwolle, Glimmer, Preßspan usw. derart groß, daß sie als Nichtleiter der Elektrizität gelten. Um eine Leitung vor Stromverlusten zu schützen, wird sie daher mit einem Isolierstoff umkleidet oder an Isolierglocken aufgehängt.

Beispiele: 1. Welchen Widerstand hat ein Kupferdraht von 3000 m Länge und 6 qmm Querschnitt?

$$R = \varrho \cdot \frac{l}{q} = 0{,}0175 \cdot \frac{3000}{6} = 8{,}75\ \Omega.$$

2. Ein 320 m langer Eisendraht besitzt einen Widerstand von 4 Ω. Welches ist sein Querschnitt?

$$q = \varrho \cdot \frac{l}{R} = 0{,}13\ \frac{320}{4} = 10{,}4\ \text{qmm}.$$

3. Ein Manganindraht von 2,5 qmm Querschnitt hat einen Widerstand von 8,4 Ω. Wie lang ist er?

$$l = \frac{R \cdot q}{\varrho} = \frac{8{,}4 \cdot 2{,}5}{0{,}42} = 50\ \text{m}.$$

5. Widerstand und Temperatur.

Auch die Temperatur hat einen Einfluß auf die Größe des Widerstandes, und zwar wird der Widerstand der Metalle mit steigender Temperatur größer. Bezeichnet man den Widerstand eines Drahtes bei einer gewissen Temperatur mit R_1, so läßt sich sein Widerstand R_2 bei einer um T^0 höheren Temperatur ermitteln nach der Formel:

$$R_2 = R_1 \cdot (1 + k \cdot T) \quad \ldots \ldots \quad (9)$$

Umgekehrt läßt sich auch die Temperaturzunahme eines Drahtes bestimmen, die er beim Durchgang des elektrischen Stromes innerhalb einer gewissen Zeit erfährt, wenn sein Widerstand vorher und nachher gemessen wird:

$$T = \frac{\frac{R_2}{R_1} - 1}{k} \quad \ldots\ldots\ldots \quad (10)$$

Der Wert k wird der Temperaturkoeffizient des Widerstandes genannt. Er ist in der Tabelle des vorigen Paragraphen, in der sich die Angaben für den spez. Widerstand und Leitwert auf eine Temperatur von 15° C beziehen, ebenfalls enthalten.

Viele Metallegierungen zeichnen sich durch einen geringen Temperaturkoeffizienten aus. So bleibt der Widerstand des Nickelins, sowie besonders des Manganins und Konstantans bei allen vorkommenden Temperaturschwankungen nahezu unverändert.

Im Gegensatz zu den Metallen nimmt der Widerstand der Flüssigkeiten und auch einer Anzahl fester Körper, namentlich der Kohle und gewisser Metalloxyde, mit steigender Temperatur ab.

Beispiel: Der Widerstand einer Kupferleitung beträgt bei 15° C 8,75 Ω. Wie groß ist der Widerstand derselben Leitung bei 25° C?

$$R_2 = R_1 \cdot (1 + k \cdot T) = 8{,}75 \cdot (1 + 0{,}004 \cdot 10) = 9{,}1\ \Omega.$$

6. Widerstandsapparate.

Für elektrische Messungen werden häufig Widerstände von genau abgeglichener Größe, z. B. 0,1, 1, 10 Ω, verwendet. Solche Normalwiderstände werden aus Material von hohem spez. Widerstand, aber geringem Temperaturkoeffizienten hergestellt. In der Regel wird Manganindraht oder -band verwendet. Bei besonders sorgfältigen Messungen werden die Widerstände in ein Petroleumbad gesetzt, dessen Temperatur konstant gehalten wird.

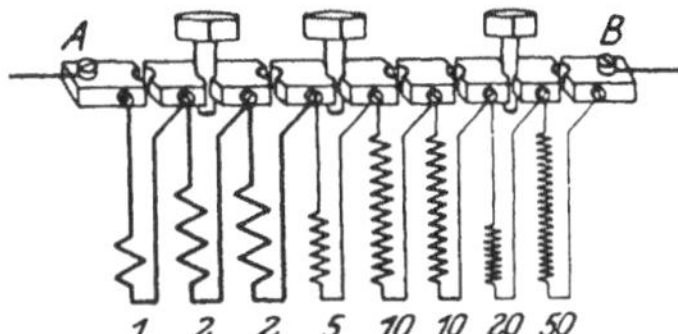

Fig. 3. Stöpselwiderstand für 100 Ω. (Der Widerstand ist auf 73 Ω eingestellt.)

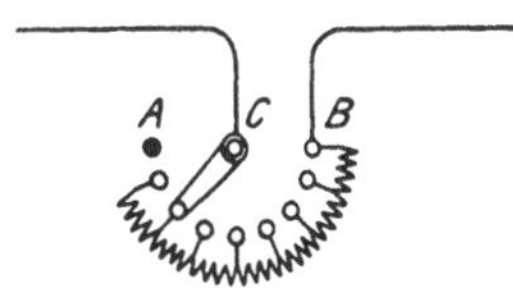

Fig. 4. Kurbelwiderstand.

Um die verschiedensten Widerstandswerte einstellen zu können, bedient man sich häufig der Stöpselwiderstände. In einem Kasten wird ein Satz von Widerstandsspulen in geeigneter Abstufung untergebracht. Jede Spule ist mit ihren Enden an zwei Kontaktstücke aus Messing angeschlossen. Die Kontaktstücke sind sämtlich auf dem Deckel des Kastens nach Art der Fig. 3 in einer Reihe angeordnet und können durch konisch eingeschliffene Stöpsel überbrückt werden. Die beiden äußersten Kontakte, A und B, sind mit Klemmen versehen und dienen zum Einschalten des Widerstandes in den Stromkreis. Sind alle Stöpsel gesteckt, so ist der Widerstand Null. Um eine Widerstandsstufe einzuschalten, muß der betreffende Stöpsel gezogen werden. Durch Ziehen mehrerer Stöpsel kann jeder beliebige Widerstandswert bis zu dem im Kasten vorhandenen Gesamtwiderstand eingestellt werden.

Kommt es weniger auf ganz bestimmte Widerstandswerte als vielmehr darauf an, die Stromstärke eines Kreises mit einer mehr oder weniger großen Genauigkeit auf einen gewünschten Wert einzustellen, so verwendet man Regulierwiderstände. Diese werden meistens als Kurbelwiderstände ausgebildet. Durch Drehen einer Kurbel, Fig. 4, wird eine an ihrem Ende angebrachte Schleiffeder über eine kreisförmig angeordnete Kontaktbahn bewegt. Zwischen den einzelnen Kontakten befinden sich Widerstandsspiralen. Nur der erste Kontakt A, der Ausschaltkontakt, ist frei. Die Leitungen werden an den Drehpunkt C der Kurbel und an den letzten Kontakt B, den Kurzschlußkontakt, angeschlossen. Befindet sich die Kurbel auf dem Kurzschlußkontakt, so ist der eingeschaltete Widerstand null, der Strom hat also seinen größten Wert. Je weiter die Kurbel in der Richtung nach dem Ausschaltkontakt zu bewegt wird, desto mehr Widerstand wird eingeschaltet, und desto mehr wird die Stromstärke geschwächt. Befindet sich die Kurbel auf dem Ausschaltkontakt, so ist der Strom unterbrochen.

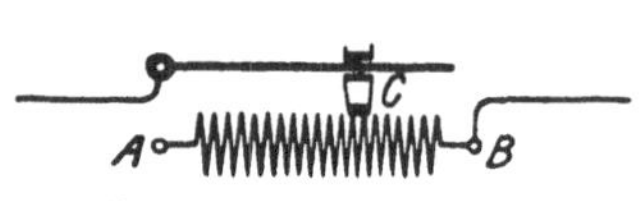

Fig. 5. Schiebewiderstand.

Eine sehr allmähliche Regelung ermöglichen die Schiebewiderstände. Über eine auf Isoliermaterial aufgewickelte Widerstandsspule $A\,B$, Fig. 5, aus blankem Draht kann ein Gleitkontakt C verschoben werden. Dadurch wird der in einen Stromkreis eingeschaltete Widerstand verändert.

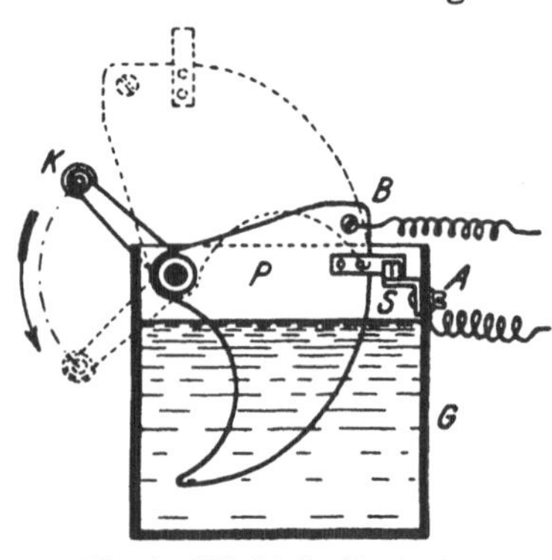

Fig. 6. Flüssigkeitswiderstand.

Auch Flüssigkeitswiderstände werden vielfach benutzt. Bei einer häufig vorkommenden Ausführungsart, Fig. 6, befindet sich die Flüssigkeit, z. B. eine Sodalösung, in einem eisernen Gefäß G, das mit einer Anschlußklemme A versehen ist und somit gleichzeitig zur Stromzuführung dient. Der Widerstand der Flüssigkeit wird dadurch allmählich vermindert, daß die Eisenplatte P, die unter Benutzung der Klemme B den zweiten Stromzuführungspol bildet, mittels einer Kurbel K langsam in die Flüssigkeit eingetaucht wird. In der tiefsten Stellung der Platte werden die beiden Pole in der Regel mittels eines Schalters S überbrückt, kurzgeschlossen, so daß der Widerstand auf den Wert null vermindert wird.

7. Stromverzweigungen.

Ähnlich wie sich ein Wasserlauf in verschiedene Arme teilen kann, läßt sich auch ein elektrischer Strom in eine Reihe von Zweigströmen J_1, J_2, J_3 ... zerlegen. Fig. 7 zeigt den Fall, daß sich

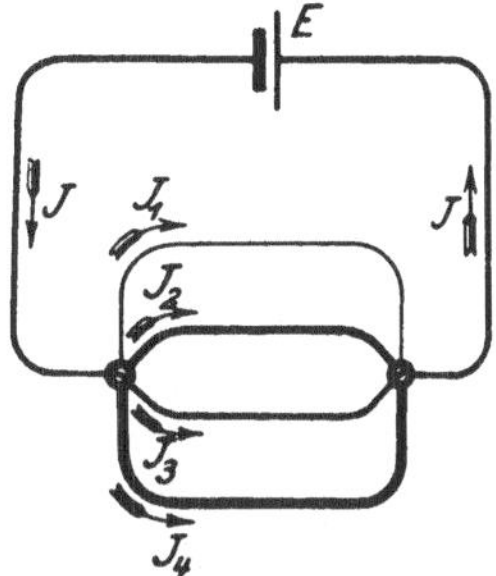

Fig. 7. Stromverzweigung (4 Zweige).

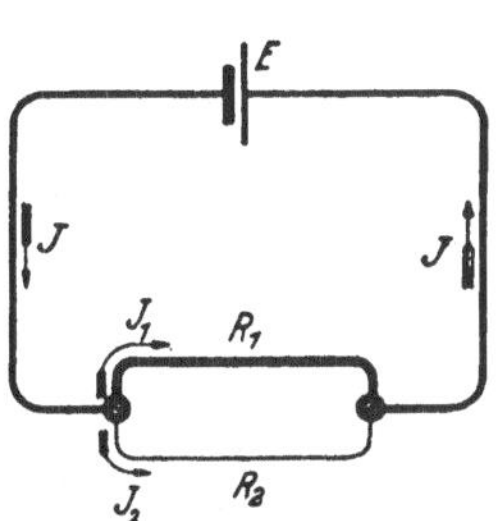

Fig. 8. Stromverzweigung (2 Zweige).

der Hauptstrom in vier Zweigströme spaltet. Die Platten des als Stromquelle dienenden Elementes E sind in der Figur durch einen kurzen dicken und einen längeren dünnen Strich angedeutet.

Bei jeder Stromverzweigung muß offenbar der Hauptstrom gleich der Summe der Zweigströme sein, also

$$J = J_1 + J_2 + J_3 + \dots \qquad (11)$$

Diese Beziehung wird das 1. Kirchhoffsche Gesetz genannt.

Es mögen nunmehr der Einfachheit wegen nur zwei parallele Widerstände R_1 und R_2 (Fig. 8) angenommen werden. Beide Zweigströme haben die gleiche Stärke, wenn die Widerstände gleich groß sind. Sind die Widerstände dagegen verschieden, so führt derjenige Zweig den größeren Strom, der den kleineren Widerstand besitzt, und zwar verhalten sich, das ist der Inhalt des 2. Kirchhoffschen Gesetzes, die Zweigströme umgekehrt wie die Widerstände der Zweige:

$$\frac{J_1}{J_2} = \frac{R_2}{R_1} \qquad (12)$$

Die beiden Kirchhoffschen Gesetze ermöglichen es, die Zweigströme zu berechnen, wenn der Hauptstrom und die Zweigwiderstände bekannt sind.

Beispiel: Ein Strom von 20 A Stärke verzweigt sich in zwei parallele Widerstände von 1 bzw. 9 Ω. Es sind die Stromstärken in den beiden Zweigen zu berechnen.

Nach Gl. 11 ist:

$$J_1 = J - J_2,$$

nach Gl. 12:

$$J_2 = \frac{R_1}{R_2} \cdot J_1,$$

also ist:

$$J_1 = J - \frac{R_1}{R_2} \cdot J_1 = 20 - \frac{1}{9} \cdot J_1$$

$$\frac{10}{9} \cdot J_1 = 20,$$

mithin:

$$J_1 = 18 \text{ A},$$

und demnach:

$$J_2 = 2 \text{ A}.$$

8. Schaltung von Widerständen.

Wird eine Anzahl Widerstände so in einen Stromkreis eingeschaltet, daß sie sämtlich von demselben Strome durchflossen werden, so nennt man die Anordnung Reihen- oder Hintereinanderschaltung (Fig. 9).

Bezeichnet man die Einzelwiderstände mit R_1, R_2, R_3 ..., so ist der Gesamtwiderstand

$$R = R_1 + R_2 + R_3 + \dots \qquad (13)$$

Bei der Hintereinanderschaltung ist der Gesamtwiderstand also gleich der Summe der Einzelwiderstände.

In vielen Fällen schaltet man die Widerstände nebeneinander oder parallel in der Weise, daß jeder Widerstand von einem Teile des Hauptstromes durchflossen wird (Fig. 10). Es ist nun zu untersuchen, wie groß bei einer Anzahl parallel geschalteter Widerstände der Gesamtwiderstand aller Zweige ist, d. h. durch welchen einfachen Widerstand R die sämtlichen Zweigwiderstände ersetzt werden können.

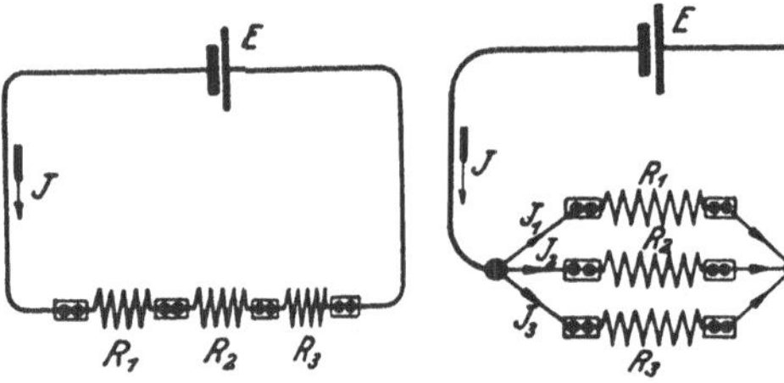

Fig. 9. Hintereinander geschaltete Widerstände.

Fig. 10. Parallel geschaltete Widerstände.

Nach dem 1. Kirchhoffschen Gesetze ist

$$J = J_1 + J_2 + J_3 + \dots$$

Bezeichnet man die Spannungsdifferenz zwischen den Verzweigungspunkten mit E', so kann man unter Zuhilfenahme des Ohmschen Gesetzes (Gl. 1) auch schreiben:

$$\frac{E'}{R} = \frac{E'}{R_1} + \frac{E'}{R_2} + \frac{E'}{R_3} + \dots$$

oder, indem jedes Glied der Gleichung durch E' dividiert wird:

$$\frac{1}{R} = \frac{1}{R_1} + \frac{1}{R_2} + \frac{1}{R_3} + \dots\dots\dots \quad (14)$$

Bei der Parallelschaltung ist der umgekehrte Wert des Gesamtwiderstandes also gleich der Summe der umgekehrten Werte der Einzelwiderstände. Hieraus folgt auch, daß der Gesamtwiderstand kleiner ist als irgendeiner der Einzelwiderstände.

Führt man statt der Widerstände die Leitwerte G ein, so wird aus Gl. 14

$$G = G_1 + G_2 + G_3 + \dots\dots\dots \quad (15)$$

Der Gesamtleitwert parallel geschalteter Widerstände ist also gleich der Summe der Einzelleitwerte.

Bisher wurde stets angenommen, daß die Parallelschaltung aller Zweige zwischen zwei Punkten erfolgt. Doch kann man die Widerstände auch beliebig zwischen zwei Leitungen parallel schalten, wie Fig. 11 zeigt.

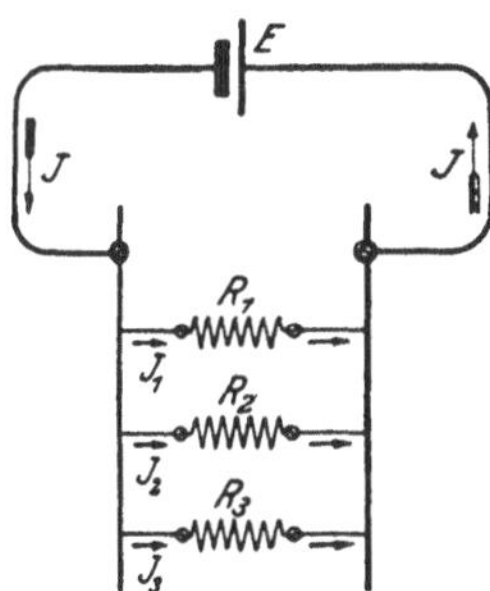

Fig. 11. Zwischen zwei Leitungen parallel geschaltete Widerstände.

Da alle Einrichtungen, in denen der Strom nutzbar gemacht wird, z. B. die elektrischen Lampen, Kochgefäße usw., mit einem gewissen Widerstande behaftet sind, so bezieht sich das für die Schaltung von Widerständen angegebene ganz allgemein auf die Schaltung von Apparaten.

Beispiel: Vier Widerstände von bzw. 2, 4, 8 und 16 Ω sind
a) hintereinander geschaltet,
b) parallel geschaltet.
Wie groß ist der Gesamtwiderstand?

a) $$R = R_1 + R_2 + R_3 + R_4$$
$$= 2 + 4 + 8 + 16 = 30\,\Omega.$$

b) $$\frac{1}{R} = \frac{1}{R_1} + \frac{1}{R_2} + \frac{1}{R_3} + \frac{1}{R_4}$$
$$= \frac{1}{2} + \frac{1}{4} + \frac{1}{8} + \frac{1}{16} = \frac{15}{16}$$
$$R = \frac{16}{15} = 1{,}07\,\Omega.$$

9. Stromstärke und Klemmenspannung einer Stromquelle.

In dem Stromkreise eines Elementes (Fig. 12) tritt außer dem an die Klemmen angeschlossenen äußeren Widerstand R (einschließlich des Widerstandes der Anschlußdrähte) der innere Widerstand R_e des Elementes selber auf, der durch die zwischen den beiden Platten befindliche Flüssigkeit gebildet wird. Wird die EMK des Elementes wieder mit E bezeichnet, so kann ihm, dem Ohmschen Gesetze entsprechend, die Stromstärke entnommen werden.

$$J = \frac{E}{R_e + R} \quad \text{. . . . . (16)}$$

Diese Gleichung läßt sich auch in der Form schreiben:

$$E = J \cdot R_e + J \cdot R,$$

d. h. die EMK setzt sich zusammen aus dem Spannungsverlust im Innern des Elementes $J \cdot R_e$ und aus dem äußeren Spannungsverlust $J \cdot R$.

Um die Spannung zu erhalten, die dazu dient, den Strom lediglich durch den äußeren Widerstand zu treiben, muß also von der EMK der innere Spannungsabfall in Abzug gebracht werden. Man erhält dann den zwischen den Klemmen des Elementes herrschenden Spannungsunterschied, der als Klemmenspannung E_k bezeichnet wird:

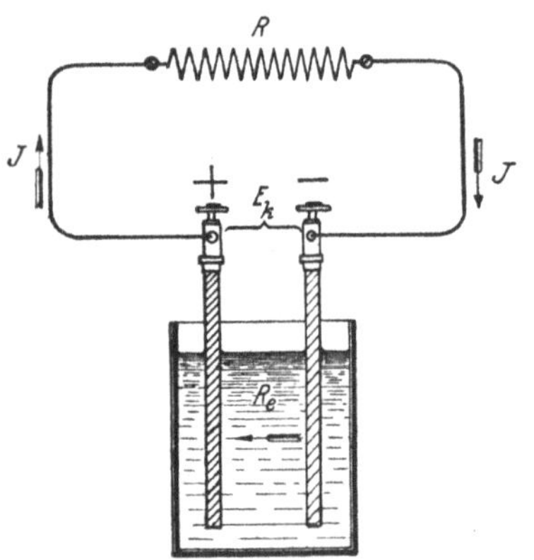

Fig. 12. Stromkreis eines Elementes.

$$E_k = E - J \cdot R_e \quad . \ (17)$$

Während die EMK für jedes Element einer bestimmten Wert hat, ist die Klemmenspannung je nach der entnommenen Stromstärke verschieden. Nur solange das Element keinen Strom abgibt, ist sie gleich der EMK.

Ebenso wie bei einem Element liegen die Verhältnisse bei anderen Stromquellen. Stets tritt bei Stromentnahme im Innern derselben ein Spannungsabfall auf, um den die Klemmenspannung kleiner ist als die EMK.

Beispiel: Das Voltaelement hat eine EMK von 1,04 V. Welche Stromstärke wird einem solchen Elemente entnommen, wenn sein innerer Widerstand 0,2 Ω beträgt und ein äußerer Widerstand von 0,32 Ω angeschlossen wird? Wie groß ist in diesem Falle die Klemmenspannung.

$$J = \frac{E}{R_e + R} = \frac{1{,}04}{0{,}2 + 0{,}32} = 2\,\text{A},$$

$$E_k = E - J \cdot R_e$$

$$= 1{,}04 - 2 \cdot 0{,}2 = 0{,}64\,\text{V}.$$

10. Schaltung von Stromquellen.

Ähnlich wie Widerstände lassen sich auch mehrere Stromquellen, z. B. elektrische Maschinen oder Elemente, miteinander verbinden. Eine Anzahl zusammengeschalteter Elemente nennt man eine Batterie.

Bei der **Hintereinanderschaltung** werden immer verschiedenartige Pole benachbarter Stromquellen miteinander verbunden: der negative Pol der ersten Stromquelle mit dem positiven der zweiten, der negative Pol der zweiten mit dem positiven der dritten usw. (Fig. 13). An die bei dieser Anordnung freibleibenden äußersten beiden Pole können die durch den elektrischen Strom zu speisenden Widerstände oder Apparate angeschlossen werden. Die EMKe E_1, E_2, E_3 ... der einzelnen Stromquellen addieren sich, so daß sich im ganzen die EMK

$$E = E_1 + E_2 + E_3 + \dots \dots \dots \quad (18)$$

ergibt.

Die **Parallelschaltung** von Stromquellen kommt nur zur Anwendung, wenn diese sämtlich die gleiche EMK besitzen. Es werden alle positiven Pole unter sich und ebenso alle negativen Pole unter sich verbunden, wie Fig. 14 zeigt. Bei einer derartigen Anordnung ist die gesamte EMK

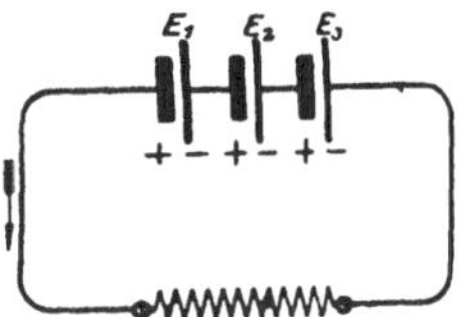

Fig. 13. Hintereinander geschaltete Elemente

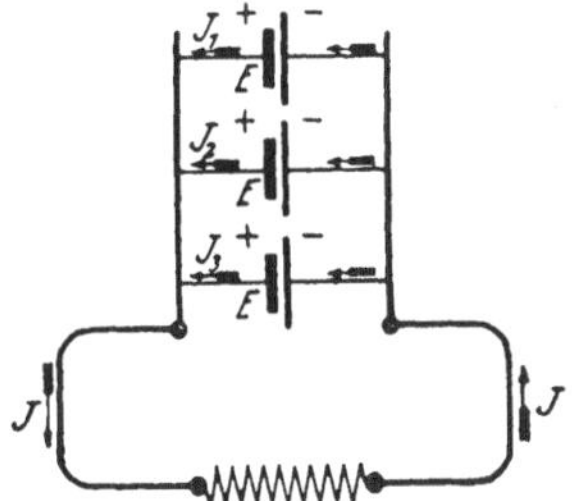

Fig. 14. Parallel geschaltete Elemente.

nicht größer als die eines einzelnen Elementes, dagegen vereinigen sich die von den verschiedenen Stromquellen herrührenden Ströme J_1, J_2, J_3 ... zum Gesamtstrom:

$$J = J_1 + J_2 + J_3 + \dots \dots \dots \quad (19)$$

Hintereinander geschaltete Stromquellen können verglichen werden mit der in Fig. 15 angedeuteten Anordnung mehrerer mit Wasser gefüllter Gefäße. Die einzelnen Gefällhöhen H_1, H_2, H_3 ... summieren sich zum Gesamtgefälle H. Die Darstellung der Fig. 16 entspricht dagegen einer An-

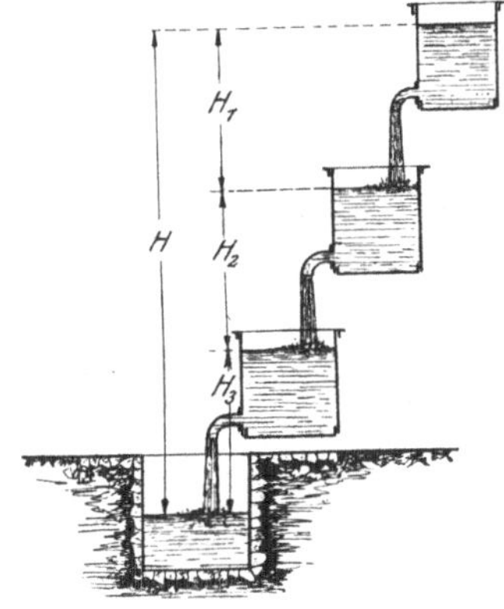

Fig. 15. Hintereinander geschaltete Gefäße.

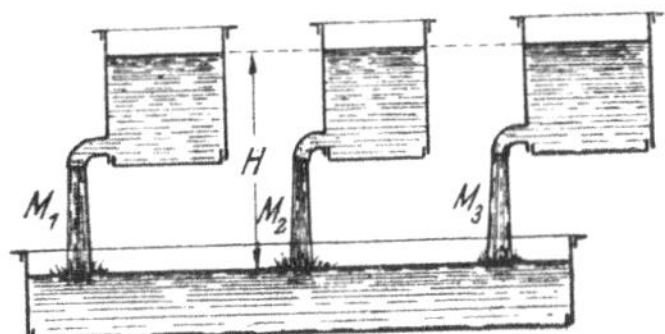

Fig. 16. Parallel geschaltete Gefäße.

zahl parallel geschalteter Stromquellen. Trotz der größeren Zahl der Gefäße wird das Gefälle nicht vergrößert. Dagegen setzt sich die gesamte sekundlich ausfließende Wassermenge M zusammen aus den sekundlichen Ausflußmengen M_1, M_2, M_3 ... der einzelnen Gefäße.

Beispiele: 1. Es wird eine elektrische Maschine, die Strom von 110 V Spannung liefert, mit einer anderen für 50 V Spannung hintereinander geschaltet. Wie groß ist die Gesamtspannung?

$$E = E_1 + E_2 = 110 + 50 = 160 \text{ V}.$$

2. Vier Maschinen von je 220 V Spannung werden parallel geschaltet. Wie groß ist die gesamte Stromstärke, wenn drei der Maschinen je 250 A, die vierte Maschine dagegen 150 A liefern?

$$\begin{aligned} J &= J_1 + J_2 + J_3 + J_4 \\ &= 250 + 250 + 250 + 150 = 900 \text{ A}. \end{aligned}$$

11. Leistung und Arbeit des Stromes.

Die mittels einer Wasserkraft erzielbare Leistung ist bekanntlich gleich dem Produkte aus der sekundlich zur Verfügung stehenden Wassermenge in Kilogramm und dem Gefälle in Meter. Sie wird daher gemessen in der Einheit Kilogrammeter pro Sekunde (kgm/sek). Diese Einheit entspricht derjenigen mechanischen Leistung, die aufgewendet werden muß, um beispielsweise das Gewicht von 1 kg in 1 Sekunde um 1 m zu heben.

In ähnlicher Weise, wie die Leistung der Wasserkraft sich aus Gefälle und sekundlicher Wassermenge ergibt, wird die Leistung L, die ein elektrischer Strom verrichtet, bestimmt durch das Produkt aus der Spannung E in Volt und der sekundlich in Bewegung gesetzten Elektrizitätsmenge. Letztere ist aber nichts anderes als die Stromstärke J in Ampere. Es ist also:

$$L = E \cdot J \qquad (20)$$

Man erhält die Leistung dann in der Einheit Voltampere (VA) oder Watt (W). Ein Watt ist also diejenige Leistung, die vom elektrischen Strome von der Stärke 1 A bei einer Spannung von 1 V verrichtet wird.

Als größere Leistungseinheiten kommen Vielfache des Watt in Anwendung:

1 Hektowatt = 100 W,
1 Kilowatt (kW) = 1000 W usw.

Unter Zuhilfenahme des Ohmschen Gesetzes, Gl. 1 und 3, läßt sich für die elektrische Leistung auch schreiben:

$$L = \frac{E^2}{R} \qquad (21)$$

und

$$L = J^2 \cdot R \qquad (22)$$

Aus der Leistung ergibt sich der Begriff der Arbeit. Unter der Arbeit versteht man das Produkt aus der Leistung und der in Betracht kommenden Zeit.

Wird die Zeit mit t bezeichnet, so kann demgemäß die elektrische Arbeit gefunden werden aus einer der Beziehungen:

$$A = E \cdot J \cdot t, \qquad (23)$$

$$A = \frac{E^2}{R} \cdot t, \qquad (24)$$

$$A = J^2 \cdot R \cdot t \qquad (25)$$

Drückt man die Zeit in Sekunden aus, so erhält man die Arbeit in Wattsekunden (Wsek), drückt man sie dagegen in Stunden aus, so erhält man die Arbeit in Wattstunden (Wh). Größere Einheiten für die Arbeit sind

1 Hektowattstunde . . = 100 Wh,
1 Kilowattstunde (kWh) = 1000 Wh usw.

Die Elektrotechnik bietet zahlreiche Hilfsmittel, um Energie irgendeiner Form, z. B. mechanische Energie oder Wärme, in elektrische Energie zu verwandeln, wie auch umgekehrt elektrische Energie in einfachster Weise in eine andere Energieform übergeführt werden kann.

Beispiele: 1. Ein Elektromotor, der an eine Spannung von 110 V angeschlossen ist, nimmt einen Strom von 35 A auf. Welche elektrische Leistung wird dem Motor zugeführt?

$$L = E \cdot J = 110 \cdot 35 = 3850 \text{ W} = 3{,}85 \text{ kW}.$$

2. Wie groß ist die Stromstärke in einem Widerstande, der, an 110 V Spannung angeschlossen, eine Leistung von 550 W verzehrt?

Aus Gl. 20 folgt:

$$J = \frac{L}{E},$$

also ist:

$$J = \frac{550}{110} = 5 \text{ A}.$$

3. An welche Spannung muß ein Draht angeschlossen werden, damit in ihm bei 2,5 A Stromstärke eine Leistung von 300 W verbraucht wird?

Aus Gl. 20 ergibt sich:

$$E = \frac{L}{J},$$

also:

$$E = \frac{300}{2{,}5} = 120 \text{ V}.$$

4. Welche Leistung wird in einem Widerstande von 4 Ω vernichtet, wenn er 10 A aufnimmt?

$$L = J^2 \cdot R = 10^2 \cdot 4 = 400 \text{ W}.$$

5. Was kostet der 10stündige Betrieb einer Glühlampe, die an 110 V Spannung angeschlossen ist und einen Strom von 0,3 A verbraucht, wenn die kWh mit 0,40 M. berechnet wird?

$$A = E \cdot J \cdot t$$
$$= 110 \cdot 0{,}3 \cdot 10 = 330 \text{ Wh}$$
$$= 0{,}33 \text{ kWh}.$$

Die Kosten betragen: $0{,}33 \cdot 0{,}40 = 0{,}13$ M.

12. Zusammenhang zwischen elektrischer und mechanischer Energie.

Durch vergleichende Versuche läßt sich feststellen, daß bei der Umwandlung von mechanischer in elektrische Energie die mechanische Leistung von 1 kgm/sek einer elektrischen Leistung von 9,81 W entspricht, daß also

$$1 \text{ kgm/sek gleichwertig } 9{,}81 \text{ Watt} \quad \ldots\ldots \quad (26)$$

oder umgekehrt

$$1 \text{ Watt gleichwertig } \frac{1}{9{,}81} = 0{,}102 \text{ kgm/sek}$$

und

$$1 \text{ kW} = 1000 \text{ W gleichwertig } 102 \text{ kgm/sek} \quad \ldots \quad (27)$$

Nun werden allgemein 75 kgm/sek als 1 Pferdestärke (PS) bezeichnet. Also ist

$$1 \text{ PS gleichwertig } 75 \cdot 9{,}81 = 736 \text{ Watt} \quad \ldots \quad (28)$$

Für die Umrechnung einer in Pferdestärken gegebenen Leistung N in Watt dient demnach die Beziehung

$$L = N \cdot 736 \quad \ldots\ldots\ldots\ldots \quad (29)$$

Mithin gilt auch umgekehrt für die Umrechnung von Watt in Pferdestärken:

$$N = \frac{L}{736} \quad \ldots\ldots\ldots\ldots \quad (30)$$

Das Kilowatt wird neuerdings auch Großpferd genannt und als Ersatz der Einheit Pferdestärke verwendet. In der Tat kann es ebensogut zur Feststellung mechanischer wie elektrischer Leistungen benutzt werden.

Für die mechanische Arbeit dient als Einheit das kgm. Es ist das diejenige Arbeit, die aufgewendet werden muß, um 1 kg 1 m hoch zu heben, unabhängig von der Zeit, innerhalb der dies geschieht. Überträgt man die zwischen der mechanischen und der elektrischen Leistungseinheit gültige Beziehung, Gl. 26, auf Arbeitseinheiten, so folgt:

$$1 \text{ kgm gleichwertig } 9{,}81 \text{ Wattsekunden} \quad \ldots \quad (31)$$

Beispiele: 1. Eine Dampfmaschine leistet 30 PS. Welcher Leistung in kW entspricht dies?

$$L = 30 \cdot 736 = 22100 \text{ W}$$
$$= 22{,}1 \text{ kW}.$$

2. Die Nutzleistung eines Elektromotors beträgt 12,5 kW. Wieviel PS leistet der Motor?

$$N = \frac{L}{736} = \frac{12500}{736} = 17 \text{ PS}.$$

13. Die Wärmewirkung des Stromes.

Ein in einen elektrischen Stromkreis eingeschalteter Draht erwärmt sich. Er kann glühend gemacht werden, wie es z. B. in den Glühlampen geschieht, oder auch geschmolzen werden, wovon bei den Schmelzsicherungen Gebrauch gemacht wird. Die dem Draht zugeführte elektrische Arbeit setzt sich also in Wärme um.

Die Arbeit des elektrischen Stromes innerhalb einer gewissen Zeit läßt sich nach einer der Gleichungen 23 bis 25 berechnen, und zwar erhält man sie in Wattsekunden, wenn die Zeit in Sekunden eingesetzt wird. Die Wärmearbeit wird aber gewöhnlich in einer anderen Einheit gemessen, der Kalorie. Man versteht darunter jene Wärmemenge, die aufgewendet werden muß, um 1 Liter Wasser von 0^0 auf 1^0 C zu erwärmen. Da nun durch zahlreiche Versuche festgestellt wurde, daß die elektrische Arbeit von

1 Wattsekunde gleichwertig 0,00024 Kalorien . . (32)

ist, so muß man, um die durch den elektrischen Strom erzeugte Wärmemenge M in Kalorien zu erhalten, die Anzahl der Wattsekunden mit 0,00024 multiplizieren. Demgemäß wird z. B. aus Gl. 25

$$M = 0{,}00024 \cdot J^2 \cdot R \cdot t \quad . \; . \; . \; . \; . \; . \; . \quad (33)$$

In ähnlicher Weise können auch die Gl. 23 und 24 umgeformt werden. Gl. 33 besagt: Die entwickelte Wärmemenge ist dem Quadrate der Stromstärke, dem Widerstande des Leiters und der Zeit des Stromdurchganges proportional. Diese Beziehung wurde von Joule aufgefunden und heißt daher das Joulesche Gesetz.

Beispiel: Welcher Wärmebetrag wird stündlich in einem elektrischen Widerstand von 5 Ω entwickelt, der einen Strom von 22 A aufnimmt?

$$M = 0{,}00024 \cdot J^2 \cdot R \cdot t$$
$$= 0{,}00024 \cdot 22^2 \cdot 5 \cdot 3600 = 2090 \text{ Kalorien}.$$

14. Der elektrische Lichtbogen.

Eine sehr bedeutende Wärmewirkung läßt sich erzielen, wenn zwei in einen Stromkreis eingeschaltete Stifte aus Metall oder Kohle zunächst mit ihren Enden in Berührung gebracht, dann aber langsam voneinander entfernt werden. Es bildet sich dann an der

Unterbrechungsstelle eine glänzende Lichterscheinung, die bei horizontaler Anordnung der Stifte — Elektroden genannt — infolge des aufsteigenden Luftstromes die Form eines nach oben gekrümmten Bogens annimmt und daher als Lichtbogen bezeichnet wird. Wegen seiner außerordentlich hohen Temperatur, die bei Anwendung von Kohlen als Elektroden ungefähr 4000° C beträgt, findet der Lichtbogen häufig zum Schmelzen von Metallen Verwendung. Namentlich wird er jedoch in den Bogenlampen zur Lichterzeugung nutzbar gemacht.

15. Thermoelektrizität.

Eine Möglichkeit, Wärme unmittelbar in elektrische Energie überzuführen, bieten die Thermoelemente. Sie bestehen aus zwei z. B. durch Lötung miteinander verbundenen verschiedenartigen Metallen und werden zum Sitz einer EMK, sobald die Lötstelle gegen die Umgebung erwärmt (oder abgekühlt) wird. Doch ist die EMK stets sehr gering, so daß man schon verhältnismäßig viele Elemente zu einer Thermosäule vereinigen muß, um eine Spannung von wenigen Volt zu erhalten. Nennenswerte praktische Bedeutung besitzt daher diese Art der Elektrizitätserzeugung bisher nicht, doch finden die Thermoelemente ausgedehnte Verwendung für die Messung von Temperaturen.

16. Die chemischen Wirkungen des Stromes.

Die leitenden Flüssigkeiten werden beim Durchgange des elektrischen Stromes in ihre Bestandteile zerlegt, ein Vorgang, den man Elektrolyse nennt. Um den Strom der Flüssigkeit zuzuführen, taucht man in sie zwei Metallbleche als Elektroden ein, die mit den Polen der Stromquelle verbunden werden. Man nennt eine derartige Einrichtung eine Zersetzungszelle. Die mit dem positiven Pole der Stromquelle in Verbindung stehende Elektrode wird als positiv, die andere als negativ bezeichnet, Fig. 17. Die Zersetzungsprodukte scheiden sich lediglich an den Elektroden ab.

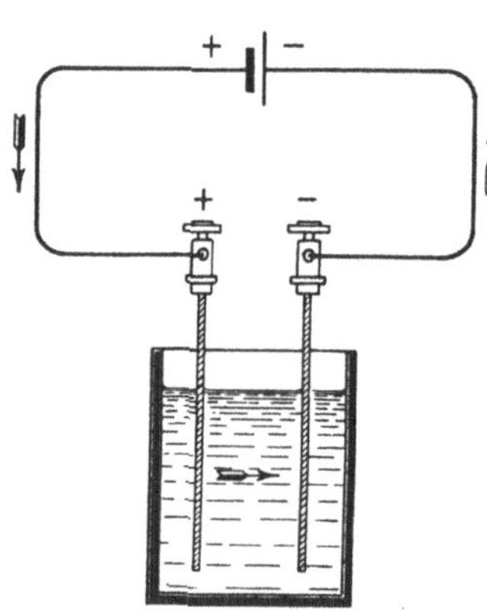

Fig. 17.
Stromlauf in einer Zersetzungszelle.

Wasser, das durch Schwefelsäure leitend gemacht wird, zerfällt beim Stromdurchgang, seiner Zusammensetzung entsprechend, in zwei Teile Wasserstoff und einen Teil Sauerstoff. Da diese Bestandteile des Wassers in gasförmigem Zustand auftreten, so werden sie in zwei Glasröhren aufgefangen, die über die aus Platin hergestellten Elektroden des Wasserzersetzungsapparates gestülpt werden. Aus einer Lösung des schwefelsauren Kupfers (Kupfervitriol) wird durch den Strom das Kupfer ausgeschieden, aus einer Lösung von salpetersaurem Silber (Höllenstein) das Silber usw.

Bei allen elektrolytischen Vorgängen wandern Wasserstoff und die Metalle immer in der Richtung des Stromes. Sie bilden sich also in der Zersetzungszelle an der negativen Elektrode, der Kathode, während die nichtmetallischen Bestandteile, z. B. Sauerstoff, an der positiven Elektrode, der Anode, auftreten. Bei den innerhalb eines Elementes stattfindenden chemischen Vorgängen werden dagegen der Wasserstoff und die Metalle am positiven Pol, der Sauerstoff und andere Nichtmetalle am negativen Pol abgeschieden, da im Innern eines Elementes, umgekehrt wie in der Zersetzungszelle, der Strom vom negativen zum positiven Pole fließt.

Auf einer elektrolytischen Wirkung beruht das in bestimmter Weise präparierte Polreagenzpapier, das zum Auffinden der Richtung des elektrischen Stromes dient. Die Enden der beiden von der auf ihre Polarität zu untersuchenden Stromquelle ausgehenden oder von dem Stromverteilungsnetz abgezweigten Leitungen werden in geringem Abstand voneinander auf das vorher angefeuchtete Papier gedrückt, wobei sich dieses am negativen Pole rot färbt.

Zusammengesetzte Stoffe können auch dadurch der Elektrolyse unterworfen werden, daß man sie in den feuerflüssigen Zustand bringt.

Auch zahlreiche feste Stoffe, z. B. gewisse Metalloxyde, besitzen die Eigenschaft, durch den elektrischen Strom zersetzt zu werden. Man faßt alle der Elektrolyse zugänglichen Stoffe als Leiter 2. Klasse zusammen, im Gegensatz zu den Leitern 1. Klasse, die nicht zersetzt werden, zu denen also namentlich die Metalle sowie die Kohle gehören.

17. Das Gesetz von Faraday.

Die Gewichtsmengen der Stoffe, die sich während der Elektrolyse an den Elektroden niederschlagen, lassen sich nach einem von Faraday aufgefundenen Gesetze aus der Formel berechnen:

$$G = g \cdot J \cdot t \quad . \; . \; . \; . \; . \; . \; . \; . \; . \; . \quad (34)$$

Hierin bedeuten:

G die abgeschiedene Menge in mg,
J die Stromstärke in Ampere,
t die Zeit des Stromdurchganges in Sekunden,
g das elektrochemische Äquivalent, d. h. die vom Strome 1 A in 1 Sekunde abgeschiedene Gewichtsmenge.

Es ist z. B. für

Wasserstoff: $g = 0{,}01039$ mg
Kupfer: $g = 0{,}328$ mg
Silber: $g = 1{,}118$ mg

Beispiel: Welche Kupfermenge wird aus einer Kupfervitriollösung innerhalb 24 Stunden bei einer Stromstärke von 50 A ausgeschieden?

$$\begin{aligned} G &= g \cdot J \cdot t \\ &= 0{,}328 \cdot 50 \cdot 24 \cdot 3600 = 1\,420\,000 \text{ mg} \\ &= 1{,}420 \text{ kg}. \end{aligned}$$

18. Die elektrolytische Polarisation.

Zur Hervorrufung elektrolytischer Wirkungen bedarf man erfahrungsgemäß einer gewissen Mindestspannung, die je nach dem Material der Elektroden und der Art der Flüssigkeit verschieden ist, unterhalb der jedoch eine Zersetzung nicht eintritt. Dieses Verhalten ist darauf zurückzuführen, daß die Elektroden durch die sich an ihnen abscheidenden Zersetzungsprodukte „polarisiert", d. h. selber zur Ursache einer EMK werden, die der zugeführten EMK entgegenwirkt, und die durch diese überwunden werden muß. Man nennt diese Erscheinung Polarisation.

Bei der im vorigen Paragraphen erörterten Wasserzersetzung z. B. bedeckt sich die positive Platinelektrode mit Sauerstoff-, die negative mit Wasserstoffbläschen. Die so gebildeten Gasschichten wirken nun wie die verschiedenartigen Pole eines Elementes, indem sie eine elektromotorische Gegenkraft (EMG) von ungefähr 1,5 V hervorrufen. Die aufgewendete Spannung muß also, damit eine Zersetzung zustande kommt, diesen Betrag übersteigen. Unterbricht man nach einiger Zeit den der Zersetzungszelle zugeführten Strom, so kann man in der Tat einen Augenblick lang der Zelle einen Strom entnehmen, der die entgegengesetzte Richtung hat wie der vorher zugeführte Strom: den Polarisationsstrom. Die Zersetzungszelle wirkt also nunmehr wie ein Element, dessen positiver Pol mit der positiven Elektrode und dessen negativer Pol mit der negativen Elektrode der Zelle übereinstimmen. Die vorstehend erörterte Erscheinung bildet die Grundlage für die im XI. Kapitel ausführlich behandelten Sekundärelemente oder Akkumulatoren.

Die Erscheinung der Polarisation ist auch von größter Bedeutung für die Wirkungsweise der galvanischen oder primären Elemente. Beim Voltaelement (s. § 1) z. B. nimmt die EMK, die zu Beginn etwas über 1 V beträgt, während des Gebrauches infolge der durch die Polarisation hervorgerufenen EMG sehr schnell ab. Man bezeichnet daher das Element als inkonstant. Um konstante Elemente zu erhalten, muß durch Anwendung geeigneter Lösungen das Auftreten der Wasserstoffschicht am positiven Pol, der meistens aus Kupfer oder Kohle besteht, vermieden werden. Zu den konstanten Elementen gehören z. B. das Daniell- und das Bunsenelement.

19. Das magnetische Feld.

Eine bei gewissen Eisenerzen vorkommende Erscheinung ist der Magnetismus. Dieser äußert sich bekanntlich dadurch, daß von dem Erz kleine Eisenteilchen angezogen werden. Stahlstücke, die mit einem Magneten bestrichen werden, erlangen ebenfalls magnetische Eigenschaften und sind daher als künstliche Magnete zu betrachten. Bei einem Stabmagneten scheinen die magnetischen Kräfte namentlich von den Enden oder *Polen* auszugehen.

Eine frei bewegliche Magnetnadel stellt sich in eine Richtung ein, die nahezu mit der geographischen Nord-Südrichtung zusammenfällt. Man nennt den nach Norden zeigenden Pol den *Nordpol*, den nach Süden weisenden den *Südpol* des Magneten. Nähert man einem der Pole einen Pol eines anderen Magneten, so tritt zwischen beiden eine Kraftwirkung auf in der Weise, daß *gleichartige Pole sich abzustoßen, ungleichartige Pole sich anzuziehen suchen.*

Nach einem von *Coulomb* aufgestellten Gesetz ist *die Größe der zwischen den beiden Polen bestehenden Kraft der Stärke der aufeinander wirkenden Pole direkt und dem Quadrat der Entfernung umgekehrt proportional.* Die Polstärke wird gemessen in *Poleinheiten. Unter einer Poleinheit versteht man einen Pol solcher Stärke, daß er auf einen gleich starken Pol in der Entfernung* 1 cm die Kraft 1 Dyn $\left(=\frac{1}{981}\,g\right)$ ausübt.

Bringt man in die Nähe eines Magneten eine Anzahl frei beweglicher Magnetnadeln, so nimmt jede von ihnen, den auf sie einwirkenden, von den Polen des Magneten ausgehenden Kräften gemäß, eine bestimmte Richtung an. Weil, wie man sich leicht durch den Versuch überzeugen kann, Eisen in der Nähe eines Magneten selber

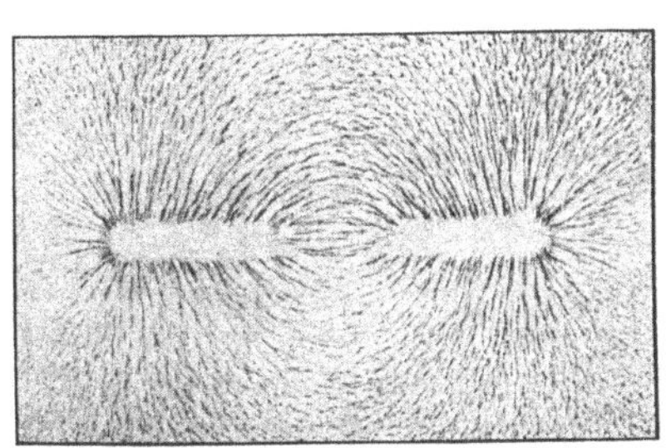

Fig. 18. Magnetisches Feld eines Stabmagneten.

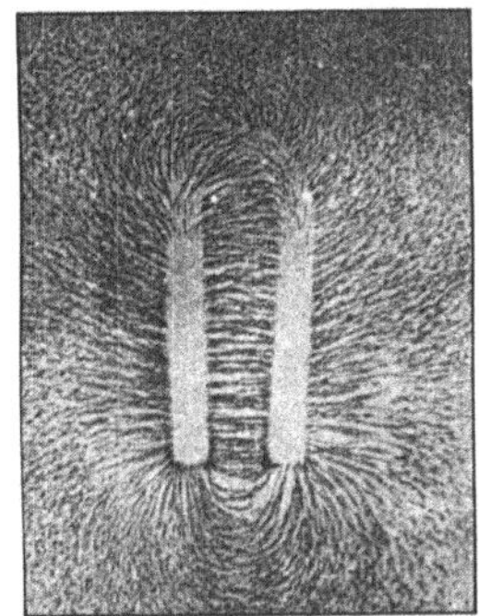

Fig. 19. Magnetisches Feld eines Hufeisenmagneten.

magnetisch wird, so verhalten sich kleine Eisenteilchen in der Umgebung des Magneten ebenso wie die Magnetnadeln. Bestreut man ein über einen Magneten gebrachtes Kartonblatt mit Eisenfeilspänen, so muß daher jedes Eisenteilchen eine ganz bestimmte Richtung annehmen. Auf diese Weise ordnen sich die Späne in Kurven an, die von einem Pol ausgehen und durch die Luft zum anderen Pol verlaufen. Diese Kurven geben in jedem ihrer Punkte die Richtung der daselbst herrschenden Kraft an, und man nennt sie daher Kraftlinien. Die Gesamtheit aller von dem Magneten ausgehenden Kraftlinien, deren es unendlich viele gibt, deren Zahl aber bei der Sichtbarmachung mittels Eisenfeilspänen je nach der Korngröße eine beschränkte ist, bezeichnet man als sein magnetisches Feld. Das mittels Eisenfeilspänen sichtbar gemachte Feld eines Stabmagneten ist in Fig. 18 wiedergegeben, das Feld eines Hufeisenmagneten ist aus Fig. 19 zu erkennen.

Man nimmt an, daß die Kraftlinien am Nordpol austreten und durch die Luft zum Südpol gelangen, dann aber innerhalb des Magneten wieder zum Nordpol zurückkehren. Die Kraftlinien werden also als geschlossene Kurven aufgefaßt, wie es für den Stabmagneten in Fig. 20 schematisch zum Ausdruck gebracht ist. Es sind in der Figur auch einige Magnetnadeln eingezeichnet, die sich in Richtung der Kraftlinien, d. h. tangential zu ihnen, eingestellt haben. Der Richtungssinn der Kraftlinien fällt, wie die Figur zeigt, zusammen mit der Richtung, nach der die Nordpole der in das Feld gebrachten Magnetnadeln zeigen.

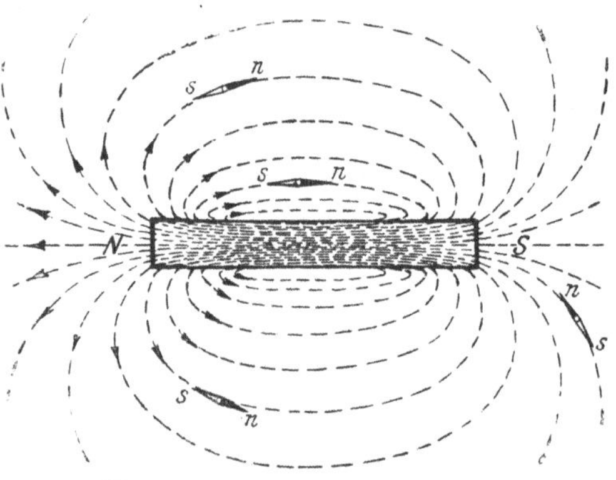

Fig. 20. Kraftlinien eines Stabmagneten.

Die Stärke des magnetischen Feldes an irgendeiner Stelle wird ausgedrückt durch die Kraft, die dort auf einen Magnetpol von der Stärke 1 Poleinheit ausgeübt wird. Der bequemen Ausdrucksweise wegen nimmt man an, daß die Zahl der Kraftlinien, die an der betrachteten Stelle die zu den Kraftlinien senkrecht angenommene Flächeneinheit treffen, gleich der oben definierten Feldstärke ist. Man kann daher umgekehrt die Feldstärke ausdrücken durch die Zahl der Kraftlinien pro qcm. In Wirklichkeit trifft die gemachte Annahme natürlich nicht zu, vielmehr ist die Kraftlinienzahl, wie schon angegeben, unbeschränkt.

Bei einem magnetischen Felde, dessen Stärke überall dieselbe ist, laufen die Kraftlinien parallel. Ein solches Feld wird gleichförmig genannt. Ein nahezu gleichförmiges Feld erhält man z. B. zwischen den Schenkeln eines Hufeisenmagneten (s. Fig. 19).

Bringt man in die Nähe eines Magneten ein Stück Eisen, so zieht dieses fast sämtliche Kraftlinien in sich hinein, wie Fig. 21

zum Ausdruck bringt. Wir schließen aus diesem Verhalten, daß die Kraftlinien in dem Eisen einen geringeren Widerstand finden als in der Luft. Das Eisen wird bei diesem Versuche, wie bereits erwähnt, selber zu einem Magneten: magnetische Influenz.

20. Theorie der Molekularmagnete.

Zerbricht man einen Magnetstab in beliebig viele Teile, so ist jeder Teil wieder ein vollständiger Magnet mit einem Nordpol und einem Südpol. Man nimmt daher an, daß selbst die kleinsten Teile, die Moleküle, magnetisch sind, und zwar bei jedem Eisen und auch dann, wenn es nicht magnetisch erscheint. In diesem Falle befinden sich die Molekularmagnete in beliebigen Lagen, wirr durcheinander, wie Fig. 22 zeigt, in der sie durch kleine Kreise angedeutet sind, deren schwarz angelegte Hälfte den Nordpol bedeuten soll. Der Magnetismus ist daher nach außen nicht wirksam. Eisen magnetisieren heißt: alle Molekularmagnete richten in der Weise, daß sämtliche Nordpole nach der einen, sämtliche Südpole nach der entgegengesetzten Seite zeigen. Es kann dies z. B. dadurch geschehen, daß man das Eisen in die Nähe eines Magnetpoles bringt, Fig. 23.

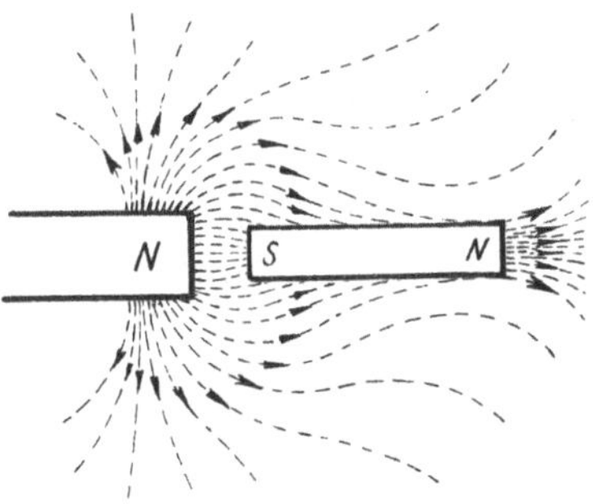

Fig. 21. Eisen im Felde eines Stabmagneten.

Bei ihrer Umlagerung tritt zwischen den Molekülen des Stahls

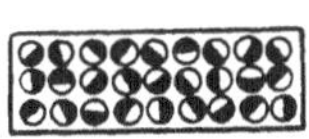
Fig. 22. Lagerung der Moleküle im unmagnetischen Eisen.

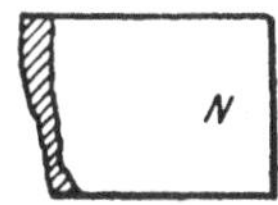

Fig. 23. Lagerung der Moleküle im magnetischen Eisen.

eine große, zwischen den Molekülen des gewöhnlichen oder weichen Eisens eine geringere Reibung auf. Stahl läßt sich daher verhältnismäßig schwerer magnetisieren als das gewöhnliche Eisen, aber es behält den einmal erlangten Magnetismus auch fast vollständig bei, während er im Eisen nach Fortnahme der magnetisierenden Ursache bis auf eine geringe Spur, den remanenten Magnetismus, wieder verschwindet.

21. Die magnetischen Wirkungen des Stromes.

Ein magnetisches Feld tritt auch in der Umgebung eines jeden vom elektrischen Strome durchflossenen Leiters auf. Schiebt man über einen geradlinigen Leiter ein Kartonblatt, so kann man mit

Hilfe aufgestreuter Eisenfeilspäne erkennen, daß die Kraftlinien den Leiter sämtlich als parallele Kreise umschließen, Fig. 24.

Ein in die Nähe des Leiters, d. h. in sein magnetisches Feld gebrachter beweglicher Magnet hat das Bestreben, eine zum Leiter senkrechte Lage einzunehmen. Er sucht sich stets in Richtung der Kraftlinien, also tangential zu den Kreisen einzustellen, wie es in der Figur durch einige Magnetnadeln angedeutet ist. Die Ablenkungsrichtung des Magneten ergibt sich aus der Ampereschen Schwimmerregel: Denkt man sich mit dem Strome schwimmend, das Gesicht dem Magneten zugekehrt, so wird der Nordpol nach links getrieben.

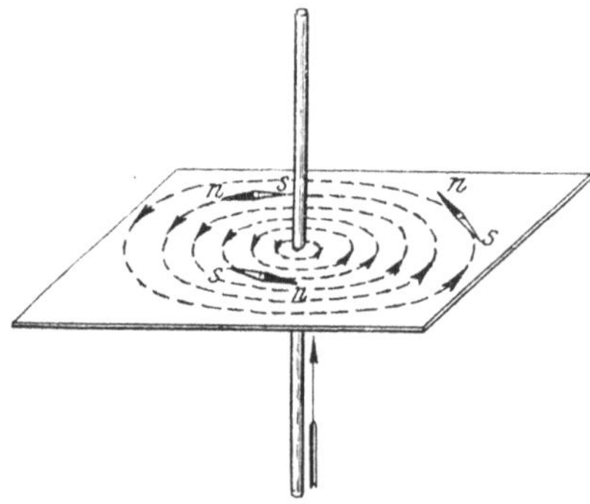

Fig. 24. Kraftlinien um einen Stromleiter.

Da die Richtung, nach der die Nordpole der in das magnetische Feld gebrachten Magnetnadeln weisen, auch den Richtungssinn der Kraftlinien angibt, so läßt sich dieser gegebenenfalls mit Hilfe der Ampereschen Schwimmerregel durch Annahme einer Magnetnadel in der Nähe des Leiters leicht bestimmen. Andererseits läßt sich auch aus der Ablenkungsrichtung einer in das Feld des Stromleiters gebrachten Magnetnadel die Richtung des Stromes ermitteln. Eine diesem Zwecke dienende Magnetnadel heißt Galvanoskop.

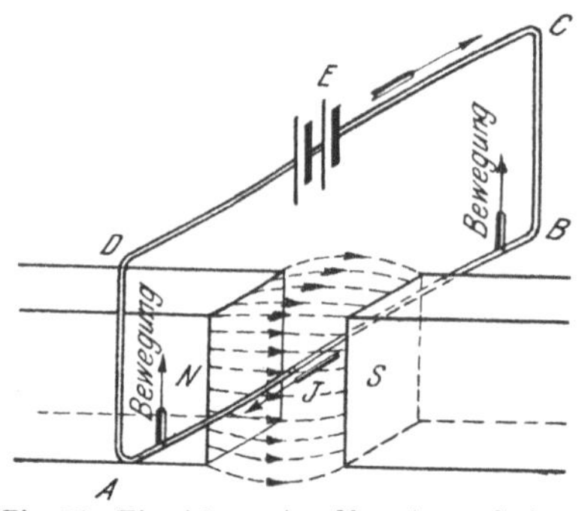

Fig. 25. Einwirkung eines Magneten auf einen stromdurchflossenen Leiter.

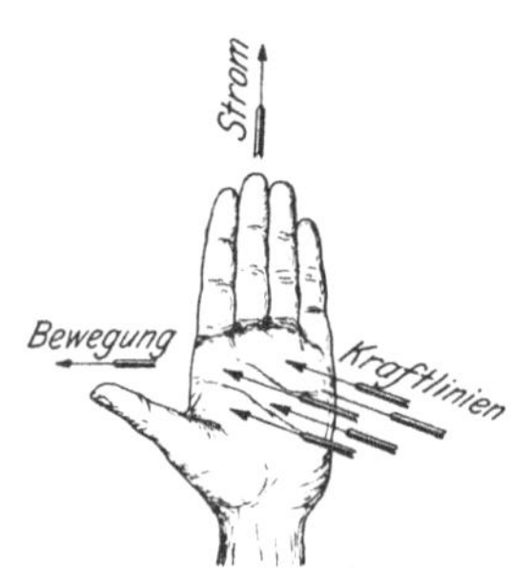

Fig. 26. Anwendung der Linkehandregel.

Ebenso wie durch einen festen Stromleiter ein beweglicher Magnet abgelenkt wird, so unterliegt nach dem Gesetze von Wirkung und Gegenwirkung auch ein beweglicher Leiter dem Einflusse eines festen Magneten, und zwar wird er in entgegengesetzter Richtung abgelenkt. Wird z. B. der Draht *AB* (Fig. 25), der sich zwischen den beiden Polen *N* und *S* eines Hufeisenmagneten befindet, und der ein Teil des an die Stromquelle E angeschlossenen Kreises $ABCD$ ist, in der Richtung von B nach A vom Strome durchflossen, so ergibt sich durch die Anwendung der Ampereschen Regel, daß auf die Magnetpole eine nach unten, auf den Draht also eine nach oben gerichtete Kraft wirkt. Ist der Draht leicht beweglich angeordnet, so wird er also nach oben aus dem magnetischen Felde herausgetrieben. Bequemer findet man im vorliegenden Falle die Kraftrichtung nach der zu dem gleichen Ergebnis wie die Amperesche Regel führenden Linkehandregel: Hält man die innere Fläche der linken Hand den Kraftlinien entgegen, und zeigen die Fingerspitzen in die Richtung des Stromes, so gibt der abgespreizte Daumen die Richtung der Bewegung des Drahtes an, Fig. 26. Bei Anwendung dieser Regel ist zu beachten, daß die Kraftlinien am Nordpol austreten.

Der zwischen einem Magneten und einem Stromleiter bestehenden Wechselwirkung ist es auch zuzuschreiben, daß ein elektrischer Funken durch einen Magneten ausgeblasen werden kann. Diese Erscheinung wird magnetische Funkenlöschung genannt und ist dadurch zu erklären, daß der Funken, der als die äußerst leicht bewegliche Bahn eines elektrischen Stromes anzusehen ist, durch den Magneten so stark ausgebogen wird, daß er schließlich erlischt.

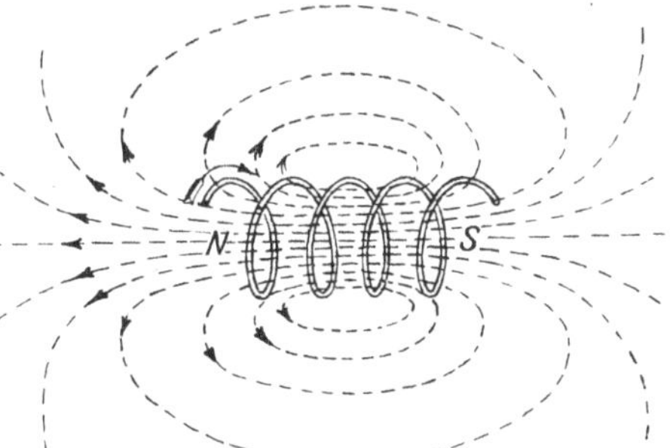

Fig. 27. Kraftlinien einer stromdurchflossenen Spule.

Die magnetischen Eigenschaften, die einem stromführenden Drahte zukommen, werden besonders augenfällig, wenn man ihn zu einer Spule wickelt. Das magnetische Feld einer Spule, das sich auch wieder mittels Eisenfeilspänen nachweisen läßt, gleicht hinsichtlich des Verlaufs der Kraftlinien völlig dem Felde eines Stabmagneten, Fig. 27. Die stromdurchflossene Spule muß also auch die gleichen Eigenschaften besitzen wie ein Magnet. In der Tat stellt sich eine frei bewegliche Spule wie eine Magnetnadel in die magnetische Nord-Südrichtung ein. Sie besitzt also einen Nordpol und einen Südpol. Die Richtung der Kraftlinien, bzw. die Lage der Pole läßt sich nach einem der Ampereschen Schwimmerregel ähnlichen Gesetze bestimmen: Denkt man sich mit dem Strome schwimmend, das Gesicht dem Innern der Spule zugekehrt, so befindet sich der Nordpol links. Bei der in Fig. 27 angenommenen Stromrichtung bildet sich also der Nordpol, an dem die Kraftlinien ins Freie treten, am linken Ende der Spule. Nähert man einem Pole der Spule den Pol eines Magneten, so tritt, dem Coulombschen Gesetz (s. § 19) entsprechend, Anziehung oder Abstoßung ein. Eisenstücke werden in die Spule hineingezogen.

22. Elektromagnete.

Befindet sich Eisen innerhalb einer stromdurchflossenen Spule, so muß es, da alle seine Molekularmagnete sich in Richtung der hier ungefähr parallelen Kraftlinien einstellen, selber magnetisch werden. Man erhält also einen Elektromagneten, dessen Polarität nach der am Schlusse des vorigen Paragraphen gegebenen Regel festgestellt werden kann. Durch die Anwesenheit des Eisens in der Spule wird die Zahl der Kraftlinien außerordentlich vermehrt, da nunmehr zu den von der Spule herrührenden Kraftlinien noch die treten, welche von dem magnetisch gewordenen Eisen ausgehen.

Die erzielte magnetische Wirkung hängt bei einem Elektromagneten wesentlich von dem Produkt aus der Stromstärke in Ampere und der Windungszahl der Spule ab. Man bezeichnet dieses Produkt kurz als die Zahl der Amperewindungen (AW).

Während Stahl den einmal erlangten Magnetismus dauernd beibehält, verschwindet er bei dem gewöhnlichen Eisen wieder, sobald der Strom unterbrochen wird, und es bleibt nur der geringfügige remanente Magnetismus bestehen.

Die Form, die man den Elektromagneten gibt, ist sehr verschieden. Neben der einfachen Stabform werden namentlich die Hufeisenform, Fig. 28, und die Mantelform, Fig. 29, bevorzugt.

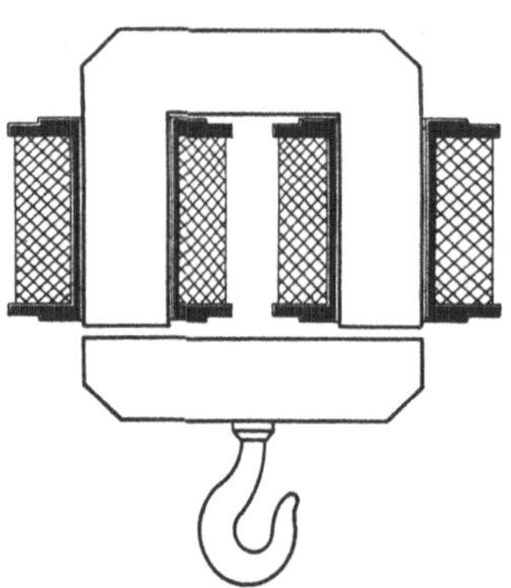

Fig. 28. Hufeisenelektromagnet.

Fig. 29. Mantelförmiger Elektromagnet

Elektromagnete finden in der Industrie ausgedehnte Verwendung. So werden sie bei Kranen zum Bremsen der zu senkenden Last benutzt, und zwar gewöhnlich in der Ausführung als Lüftungsmagnete. Bei diesen wird die Bremswirkung durch Öffnen des Stromes ausgelöst, so daß die Bremse auch bei unbeabsichtigter Stromunterbrechung in Wirksamkeit tritt. Auch zum Transport von Eisenteilen, z. B. in Walzwerken, werden Elektromagnete herangezogen. Ferner seien noch die elektromagnetischen Aufspannvorrichtungen für Drehbänke zur Bearbeitung von Kolbenringen u. dgl. erwähnt. Die wichtigste Rolle kommt den Elektromagneten jedoch als wesentlicher Bestandteil der elektrischen Maschinen zu.

23. Die elektrodynamischen Wirkungen.

Da sich eine vom Strome durchflossene Spule wie ein Magnet verhält, so muß auch zwischen zwei stromführenden Spulen eine Kraftwirkung auftreten, ähnlich wie zwischen zwei Magneten. Die diesbezüglichen Erscheinungen faßt man als elektrodynamische Wirkungen zusammen. Sie werden durch das Gesetz beherrscht: Parallele stromdurchflossene Leiter ziehen sich an bei gleicher Stromrichtung, stoßen sich dagegen ab bei entgegengesetzter Stromrichtung; gekreuzte Stromleiter suchen sich in der Weise parallelzustellen, daß die Stromrichtung in ihnen die gleiche wird.

Werden z. B. zwei Spulen in der durch Fig. 30 veranschaulichten Weise angeordnet, die Spule AB also fest angebracht, die dazu senkrechte Spule CD dagegen beweglich aufgehängt, so zeigt die letztere das Bestreben, sich parallel zur festen, also in die Ebene AB einzustellen, und zwar so, daß die Ströme J_1 und J_2 der beiden Spulen dieselbe Richtung besitzen. Bei den in der Figur angenommenen Stromrichtungen wird also C nach A und D nach B gelangen. Die gleiche Bewegungsrichtung wird eintreten, wenn die Stromrichtung in beiden Spulen umgekehrt wird. Ändert man dagegen nur die Stromrichtung in einer Spule, so wird C nach B und D nach A gelangen.

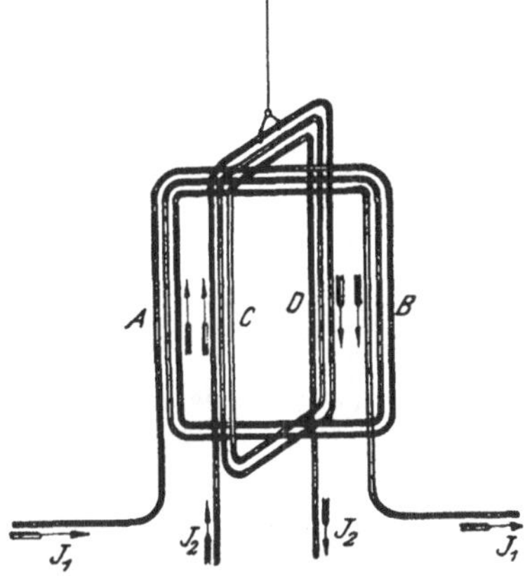

Fig. 30. Einwirkung zweier stromdurchflossenen Spulen aufeinander.

24. Der magnetische Kreis.

Um unter Aufwendung weniger AW eine große Zahl von Kraftlinien zu erhalten, muß für einen geringen magnetischen Widerstand Sorge getragen werden, muß man die Kraftlinien also nach Möglichkeit innerhalb von Eisen verlaufen lassen. Ein in sich geschlossenes eisernes Gestell von ganz beliebiger Form, wie es z. B. Fig. 31 zeigt, nennt man einen geschlossenen magnetischen Kreis. Wird die auf dem Gestell angebrachte Spule mit Strom gespeist, so werden die dadurch hervorgerufenen Kraftlinien fast sämtlich in dem Eisen des Gestelles verbleiben, wie es in der Figur durch eine gestrichelte Linie, die den mittleren Kraftlinienverlauf angeben soll, angedeutet ist. Nur ein sehr geringer Teil der Kraftlinien wird sich nach Art der strichpunktierten Linie durch die Luft schließen, in dem er gewissermaßen aus dem Eisen herausgedrängt wird, eine Erscheinung, die man Streuung nennt.

Die auf 1 qcm des Gestellquerschnittes entfallende Kraftlinienzahl heißt Kraftliniendichte. Die Zahl der AW, die erforderlich sind, um in dem Gestell eine bestimmte Kraftliniendichte hervorzurufen, hängt von der Länge des Kraftlinienweges (der Länge der gestrichelten Linie) ab. Die für 1 cm Kraftlinienlänge erforderliche AW-Zahl (AW/cm) kann für eine beliebige Kraftliniendichte B den Magnetisierungskurven (Fig. 32) entnommen werden, die diese Abhängigkeit für die verschiedenen Eisenarten darstellen, indem zu jedem auf der vertikalen Achse angegebenen Wert von B der zugehörige Wert von AW/cm senkrecht aufgetragen ist, also an der horizontalen Achse abgegriffen werden kann. Die Kurven zeigen je nach der magnetischen Güte des Eisens Verschiedenheiten. Die in Fig. 32 angegebenen Kurven beziehen sich auf Eisen guter magnetischer Beschaffenheit. Man erkennt aus den Kurven, daß mit zunehmender AW-Zahl die Kraftliniendichte zunächst sehr schnell ansteigt, dann aber langsamer, bis schließlich eine weitere Erhöhung der AW eine nennenswerte Steigerung der Kraftliniendichte überhaupt nicht mehr zur Folge hat. Das Eisen ist dann magnetisch gesättigt. (Die Molekularmagnete sind sämtlich gerichtet.) Die Kurven zeigen auch, daß man bei Aufwendung derselben AW-Zahl in Schmiedeeisen eine erheblich größere Kraftlinienzahl erreicht, als

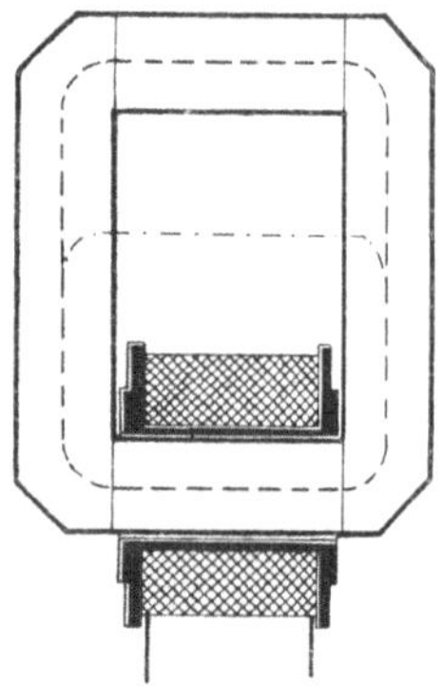

Fig. 31. Geschlossener magnetischer Kreis.

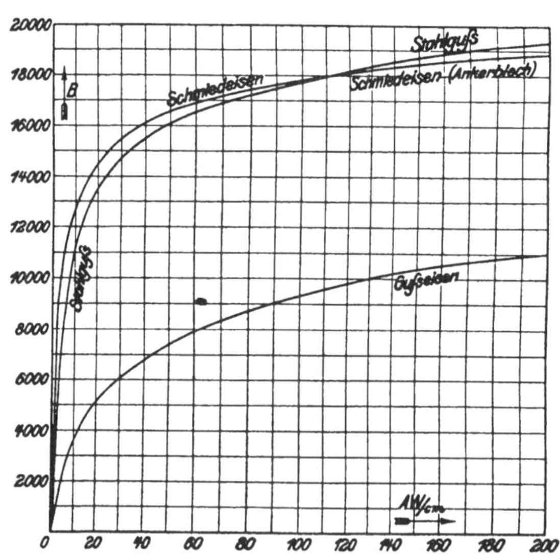

Fig. 32. Magnetisierungskurven der verschiedenen Eisenarten.

in Gußeisen. Zwischen Stahlguß und Schmiedeeisen besteht dagegen kein erheblicher Unterschied.

Sind in dem Eisengestell Luftzwischenräume vorgesehen, Fig. 33 enthält deren zwei, so erhält man einen offenen magnetischen Kreis. Bei einem solchen sind außer den AW, die erforderlich sind, die Kraftlinien durch das Eisen zu treiben, noch weitere AW notwendig, um sie auch durch die Luftspalte hindurch zu drücken. Wegen des hohen magnetischen Widerstandes der Luft ist die Zahl der AW für einen selbst schmalen Luftspalt häufig größer als die für das Eisen erforderliche. Die Kraftliniendichte in der Luft, also die Feldstärke (s. § 19), wird gewöhnlich mit H bezeichnet. Die AW, die nun für 1 cm Luftweg nötig sind, lassen sich in einfacher Weise durch Rechnung bestimmen. Es gilt für sie die Beziehung, deren Begründung hier allerdings nicht gegeben werden kann:

$$AW/cm = 0{,}8 \cdot H \quad . \quad . \quad . \quad (35)$$

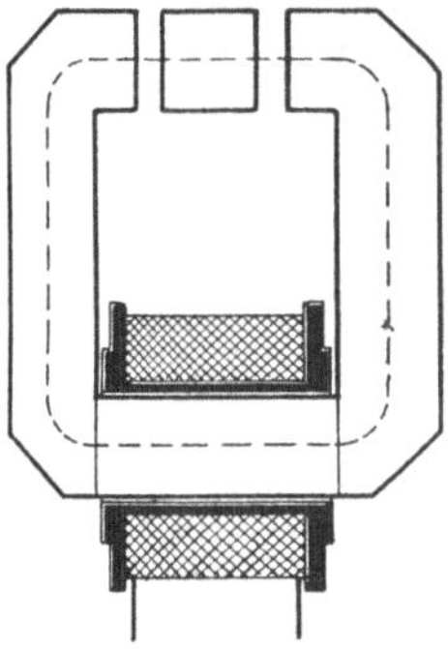

Fig. 33. Offener magnetischer Kreis.

Beispiel: Wieviel AW sind erforderlich, um in einem geschlossenen magnetischen Kreise aus Schmiedeeisen vom konstanten Querschnitt $q = 200$ qcm eine Kraftlinienzahl $Z = 3\,200\,000$ hervorzurufen bei einer mittleren Kraftlinienlänge von 120 cm? Es ist:

$$B = \frac{Z}{q} = \frac{3\,200\,000}{200} = 16\,000.$$

Dafür ist nach der Kurve für Schmiedeeisen: AW/cm = 38.

Es sind daher im ganzen erforderlich $38 \cdot 120 = 4560$ AW.

Befinden sich in dem Gestell zwei Luftspalte von je 0,3 cm Länge, und nimmt man an, daß für den durch die Kraftlinien erfüllten Luftraum derselbe Querschnitt in Betracht kommt wie für das Eisen, so ist auch die Feldstärke in den Luftspalten gleich der Kraftliniendichte im Eisen, also

$$H = 16\,000,$$

demnach:

$$AW/cm = 0{,}8 \cdot H = 0{,}8 \cdot 16\,000 = 12\,800,$$

also sind für 0,6 cm Kraftlinienlänge notwendig $12\,800 \cdot 0{,}6 = 7680$ AW.

Die für das Eisen erforderliche AW-Zahl wird jetzt ein wenig kleiner als oben berechnet, da der Kraftlinienweg im Eisen nur noch 119,4 cm beträgt. Der Unterschied ist jedoch so gering, daß man ihn vernachlässigen kann. Im ganzen sind demnach erforderlich $4560 + 7680 = 12\,240$ AW.

Diese AW-Zahl kann erzielt werden z. B. mit 1224 Windungen bei 10 A Stromstärke oder mit 2448 Windungen bei 5 A Stromstärke usw.

25. Die Hysterese.

Wird Eisen in schneller Aufeinanderfolge nach verschiedenen Richtungen magnetisiert, so daß die Lage der Pole beständig wechselt, so äußert sich die zwischen den einzelnen Molekularmagneten infolge ihrer fortwährenden Umlagerung auftretende Reibung als eine Erwärmung des Eisens. Der hierdurch bedingte Energieverlust, der Ummagnetisierungs- oder Hystereseverlust, ist bei den verschiedenen Eisenarten verschieden groß. Er ist dem Gewichte des Eisens proportional und ist ferner um so erheblicher, je größer die Zahl der sekundlichen Ummagnetisierungen und je größer die höchste Kraftliniendichte im Eisen sind.

26. Die Induktionsgesetze.

Eine besonders wichtige Möglichkeit, elektrische Ströme hervorzurufen, bieten die durch Faraday entdeckten Induktionswirkungen. Das diese Wirkungen beherrschende Gesetz besagt, daß jedesmal dann in einem Leiterkreise ein elektrischer Strom wachgerufen wird, wenn die Zahl der Kraftlinien innerhalb des Kreises sich ändert. Bewegt man z. B. den Leiterkreis $ABCD$ (Fig. 34) in dem von den beiden Polen N und S eines Hufeisenmagneten ausgehenden magnetischen Felde von oben nach unten, so treten in ihn Kraftlinien ein, und es wird daher, wie das in den Stromkreis eingeschaltete als Stromzeiger dienende Amperemeter nachweist, so lange ein Strom in ihm induziert, als die Zahl der Kraftlinien innerhalb der Fläche $ABCD$ zunimmt. Ebenso tritt ein Induktionsstrom auf, wenn die Zahl der vom Leiterkreis eingeschlossenen Kraftlinien durch weiteres Abwärtsbewegen des Kreises geringer wird. Doch hat der Strom in diesem Falle die entgegengesetzte Richtung wie vorher. Die Erscheinung läßt sich auch so auffassen, als ob der Draht AB, der die Kraftlinien schneidet, zum

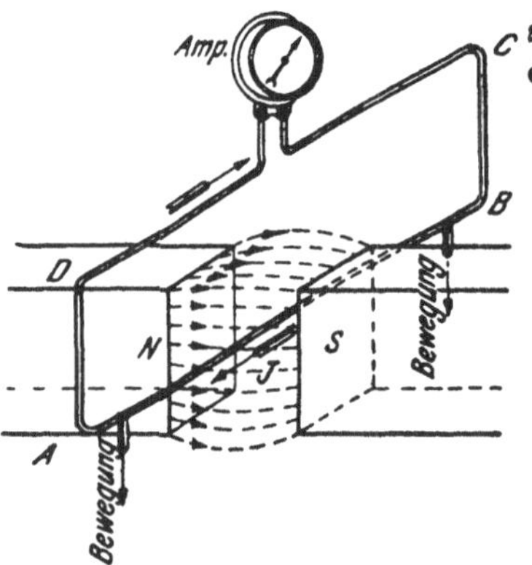

Fig. 34. Induktionswirkung durch Bewegung eines Leiters im magnetischen Felde.

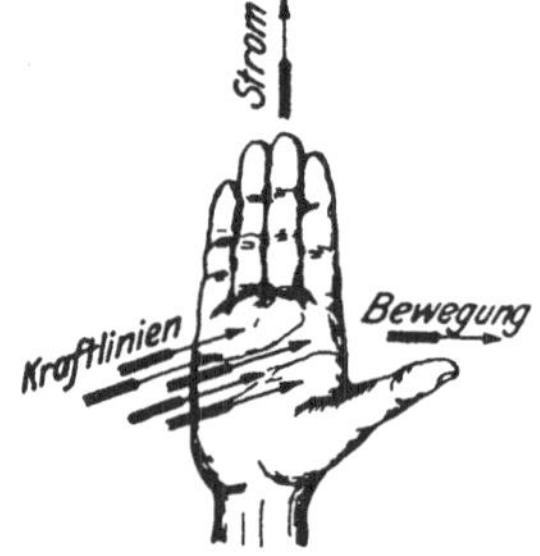

Fig. 35. Anwendung der Rechtehandregel.

Sitz einer EMK geworden ist. In der Tat wird in einem Leiter stets dann eine EMK induziert, wenn er Kraftlinien schneidet.

Die Größe der induzierten EMK hängt ab von der Zahl der innerhalb einer Sekunde geschnittenen Kraftlinien. Die Stromstärke richtet sich lediglich nach dem Widerstande, kann also nach dem Ohmschen Gesetze berechnet werden.

Die Richtung des Induktionsstromes ist, einem von Lenz aufgestellten Prinzip gemäß, stets eine solche, daß er die Bewegung, durch die er zustande kommt, zu hemmen sucht. In Fig. 34 ist z. B. der Induktionsstrom, wenn eine Bewegung des Leiters nach unten erfolgt, von B nach A gerichtet, da in diesem Falle eine Kraftwirkung auftritt, die, wie die Linkehandregel ergibt, den Leiter nach oben zu treiben, seine Bewegung also zu hindern sucht (vgl. Fig. 25). Eine unmittelbare Bestimmung der Richtung des Induktionsstromes ermöglicht die Rechtehandregel: Hält man die innere Fläche der rechten Hand den Kraftlinien entgegen, und zeigt der abgespreizte Daumen in die Richtung der Bewegung des Drahtes, so geben die Fingerspitzen die Richtung der induzierten EMK bzw. des dadurch hervorgerufenen Stromes an (Fig. 35).

27. Gegenseitige Induktion zweier Spulen.

Von besonderem Interesse ist die Induktionswirkung, die zwischen zwei dicht beieinander befindlichen oder übereinander geschobenen Spulen auftritt, Fig. 36. Die primäre Spule I kann durch einen Schalter mit der Stromquelle E verbunden werden, während die sekundäre Spule II in Verbindung mit einem Amperemeter steht. In dem Augenblicke, in dem der primäre Strom durch den Schalter geschlossen wird, entsteht, wie der Stromzeiger angibt, in der sekundären Spule ein kurzer Stromstoß, weil die um die primäre Spule sich bildenden Kraftlinien teilweise auch die sekundäre Spule durchsetzen. Beim Öffnen des Schalters tritt ein Stromstoß von entgegengesetzter Richtung auf. Die gleiche Wirkung wie beim Schließen oder Öffnen erfolgt, wenn der primäre Strom verstärkt oder geschwächt wird. Der in der sekundären Spule induzierte Strom ist stets so gerichtet, daß er den durch die Stromänderungen der primären Spule hervorgerufenen Feldänderungen entgegenwirkt. Beim Schließen oder Verstärken des primären Stromes hat der sekundäre Strom also die entgegengesetzte, beim Öffnen oder Schwächen die gleiche Richtung wie der primäre Strom. Ein Induktionsstrom von der Art, wie beim Stromschluß tritt auch ein, wenn bei geschlossenem Primärkreis die beiden Spulen einander genähert werden, während beim Entfernen der Spulen voneinander die Richtung des induzierten Stromes mit der bei der Stromöffnung übereinstimmt.

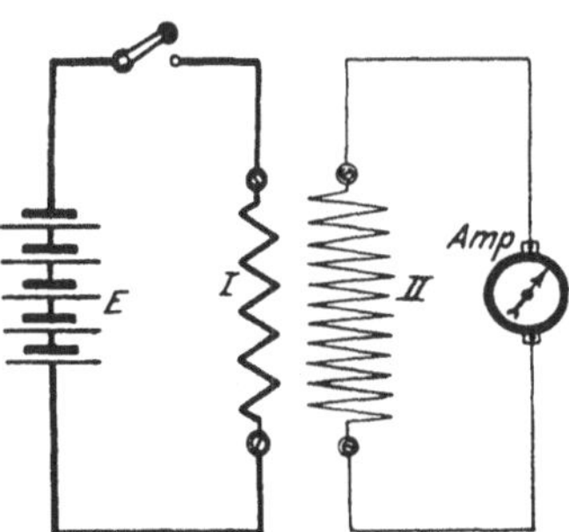

Fig. 36. Induktionswirkung zwischen zwei Spulen.

Durch Anwendung von Eisen innerhalb der Spulen lassen sich die vorstehend erörterten Wirkungen erheblich verstärken. So sind z. B. bei den allbekannten Induktionsapparaten über einem eisernen Kern zwei Spulen gewickelt. Die primäre Spule besteht aus wenigen Windungen dicken Drahtes und wird mit einer Stromquelle in Verbindung gesetzt. Durch eine selbsttätige Vorrichtung (Wagnerscher Hammer, Flüssigkeitsunterbrecher oder dgl.) wird der Strom schnell nacheinander abwechselnd geöffnet und geschlossen, wodurch in der sehr viele Windungen dünnen Drahtes enthaltenden sekundären Spule eine hohe Spannung induziert wird, die für die verschiedensten Zwecke (physiologische Wirkungen, Betrieb von Röntgenröhren, drahtlose Telegraphie usw.) nutzbar gemacht werden kann.

28. Die Selbstinduktion.

Ebenso wie beim Schließen und Öffnen, beim Verstärken und Schwächen eines Stromes in einem benachbarten Kreise eine EMK induziert wird, entsteht auch in dem primären Stromkreise selbst eine solche, wenn seine Stromstärke sich ändert. Man nennt diese Erscheinung Selbstinduktion.

Die infolge der Selbstinduktion auftretende EMK hat immer eine derartige Richtung, daß sie den Stromänderungen entgegenwirkt. Wird ein Stromkreis geschlossen, so tritt ein Selbstinduktionsstrom auf, der dem entstehenden Strome entgegengerichtet ist, ihn also zu schwächen sucht, so daß er nicht sogleich seinen vollen Wert annimmt, ihn vielmehr erst allmählich, wenn auch in sehr kurzer Zeit, erreicht. Der Selbstinduktionsstrom beim Öffnen eines Kreises besitzt dagegen die gleiche Richtung wie der unterbrochene Strom, hat also zur Folge, daß der Strom nicht plötzlich verschwindet, sondern noch einen Augenblick lang aufrechterhalten wird. Die beim Öffnen auftretende Spannung ist derartig hoch, daß an der Unterbrechungsstelle der sog. Öffnungsfunken auftritt.

Wie jeder Stromkreis einen gewissen Widerstand besitzt, so kommt ihm auch eine ganz bestimmte Induktivität, d. i. Fähigkeit, auf sich selbst induzierend zu wirken, zu. Sehr gering ist die Wirkung der Selbstinduktion bei ausgespannten Drähten, besonders wenn Hin- und Rückleitung dicht beieinander liegen. Erheblich größer ist die Induktivität bei Spulen, und zwar hängt sie in hohem Maße von der Windungszahl ab. Sie kann durch einen Eisenkern noch wesentlich vergrößert werden. Durch eine besondere Wicklungsart lassen sich Spulen jedoch auch selbstinduktionsfrei herstellen.

29. Wirbelströme.

Wie in Drähten, so werden auch in massiven Leitern, wenn sie durch magnetische Felder hindurchbewegt werden, Ströme induziert. Man nennt sie Wirbelströme. Ihre Bahn läßt sich nicht genau verfolgen. Sie sind aber nach dem Prinzip von Lenz jedenfalls derart gerichtet, daß sie die Bewegung des Leiters zu hemmen suchen, also bremsend wirken. Hierauf beruhen die viel verwendeten Wirbelstrombremsen.

Die Wirbelströme haben eine Erwärmung des Leiters zur Folge. Will man den hierdurch bedingten Energieverlust niedrig halten, so muß man den Leiter quer zur Richtung der auftretenden Ströme möglichst oft unterteilen und die einzelnen Teile voneinander isolieren. Eisenteile setzt man zur Verminderung des Wirbelstromverlustes meistens aus dünnen Blechen mit Zwischenlagen von Seidenpapier zusammen. Ein besonders geringer Wirbelstromverlust tritt bei dem neuerdings vielfach verwendeten „legierten" Eisenblech auf: Eisen mit einem Zusatz von Silizium. Bei diesem ist auch der Hystereseverlust kleiner als beim gewöhnlichen Eisen.

B. Wechselstrom.

30. Zustandekommen des Wechselstromes.

In Fig. 1 wurden zwei mit Flüssigkeit gefüllte Gefäße dargestellt, die durch ein Rohr miteinander verbunden sind. Es war angenommen worden, daß der Flüssigkeitsspiegel in dem einen Gefäße stets höher ist als in dem anderen. Infolgedessen kam im Rohre ein Flüssigkeitsstrom von immer gleichbleibender Richtung, ein Gleichstrom, zustande. Denkt man sich die beiden Gefäße nunmehr durch einen elastischen Schlauch verbunden (Fig. 37), und bewegt man sie in rascher Aufeinanderfolge in der Weise gegeneinander, daß der Flüssigkeitsspiegel abwechselnd einmal in A höher ist als in B, dann aber in B höher ist als in A, so wird in dem Schlauche ein Strom von wechselnder Richtung, ein Wechselstrom, entstehen.

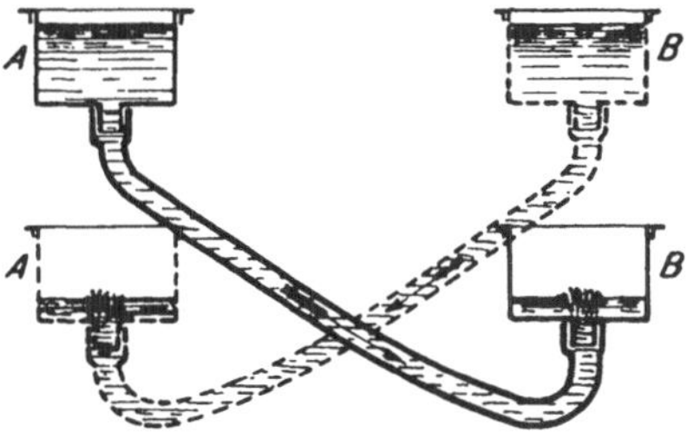

Fig. 37. Hervorrufung eines Flüssigkeitsstromes von wechselnder Richtung.

Die vorstehenden Ausführungen lassen sich auch auf einen elektrischen Stromkreis übertragen. Um in einem solchen einen Wechselstrom hervorzurufen, muß in ihm also eine EMK von stets wechselnder Richtung wirksam sein, was z. B. mittels der Induktionswirkung auf folgende Weise erzielt werden kann. Ein Draht drehe sich in einem gleichförmigen magnetischen Felde um eine zu den Kraftlinien senkrechte Achse mit gleichmäßiger Geschwindigkeit im Sinne des Pfeils (Fig. 38). Die Kraftlinien sind durch gestrichelte Linien angedeutet. Der Draht ist in acht verschiedenen Lagen A, B, C, . . . gezeichnet und erscheint im Schnitt als kleiner Kreis. Bei der

Drehung schneidet er Kraftlinien, und es wird daher in ihm eine EMK hervorgerufen. Sie ist oberhalb der auf den Kraftlinien senkrecht stehenden Ebene AE, wie sich mit Hilfe der Rechtehandregel feststellen läßt, für den Beschauer von vorn nach hinten gerichtet, was durch ein Kreuz innerhalb des den Draht darstellenden Kreises gekennzeichnet ist. (Man sieht das Gefieder des im Drahte gedachten Pfeiles.) Unterhalb der Ebene AE ist die EMK von hinten nach vorn gerichtet, was durch einen Punkt angedeutet ist (Spitze des Pfeiles). Die in dem Drahte induzierte EMK wechselt also nach jeder halben Umdrehung ihre Richtung. In der Ebene AE selber schneidet der Draht keine Kraftlinien, da er sich einen Augenblick lang parallel zu ihnen bewegt. Es kann demnach hier auch keine EMK erzeugt werden. Die Ebene AE wird daher **neutrale Zone** genannt. Je näher sich der Draht bei seiner Bewegung an den Punkten C bzw. G befindet, desto schneller schneidet er die Kraftlinien, und es muß daher in den Punkten C und G die EMK den größten Wert erreichen.

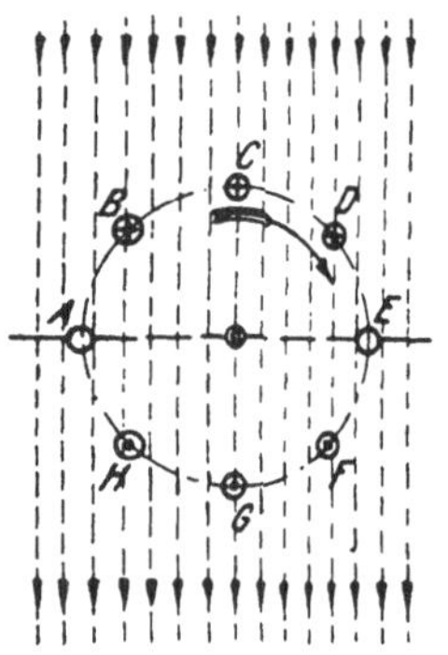

Fig. 38. Hervorrufung eines Wechselstromes.

Bedeutet in Fig. 39 die Gerade AA die Zeit einer vollen Umdrehung des Drahtes, so entspricht jeder Punkt der Geraden einer bestimmten Stellung des Drahtes. Beginnt seine Bewegung im Punkte A, so entspricht z. B. der Punkt E einer halben Umdrehung, also der in Fig. 38 ebenfalls mit E bezeichneten Drahtstellung. Ebenso entsprechen die Punkte B, C, . . . den in Fig. 39 in gleicher Weise bezeichneten Lagen des Drahtes. Trägt man nun auf zur Geraden AA senkrecht gezogenen Linien den jeder Drahtlage entsprechenden Augenblickswert der EMK in irgendeinem Maßstabe auf, so erhält man durch Verbinden der Endpunkte aller dieser Senkrechten eine Kurve, die als **Sinuskurve** bezeichnet wird. Bei nicht gleichförmigem magnetischen Felde würde der Verlauf der EMK von der Sinuskurve jedoch mehr oder weniger abweichen.

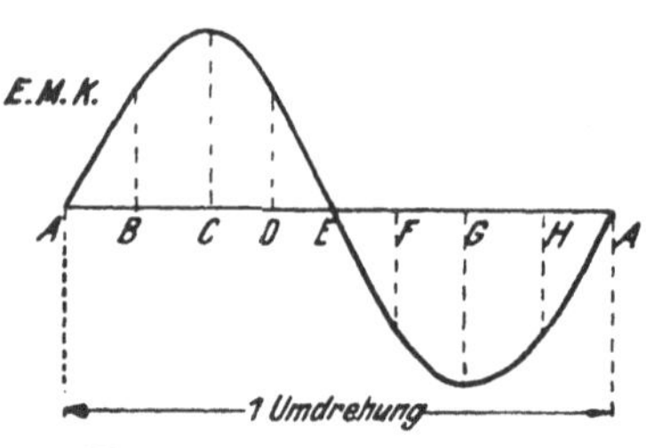

Fig. 39. Verlauf der EMK eines Wechselstromes.

Wird der Draht zu einem Stromkreise vervollständigt, so muß die Stärke des in diesem zustande kommenden Stromes den gleichen Schwankungen unterworfen sein wie die EMK. Es muß in ihm also ein **Wechselstrom** fließen, d. h. **ein Strom, der in rascher, aber gesetzmäßiger Aufeinanderfolge seine Richtung beständig wechselt in der Weise, daß er stets von Null zu** einem Höchstwerte anwächst, dann wieder auf Null fällt, um sodann einen negativen Höchstwert zu erreichen und wieder auf Null zurückzugehen. Den Stromverlauf während eines zweimaligen Richtungswechsels nennt man eine Periode des Wechselstromes. Die Anzahl der Perioden in der Sekunde heißt die Frequenz. In Deutschland wird für Wechselstromanlagen namentlich die Frequenz 50 bevorzugt.

Den zur Erzeugung von Wechselstrom dienenden Maschinen liegt im wesentlichen der durch Fig. 38 erläuterte Vorgang zugrunde, nur wird statt eines einzelnen Drahtes eine in bestimmter Weise angeordnete Wicklung der Induktionswirkung ausgesetzt.

31. Wirkungen des Wechselstromes.

Der Wechselstrom zeigt in seinen Wirkungen mancherlei Abweichungen vom Gleichstrome. Da die Wärmewirkung eines elektrischen Stromes von seiner Richtung unabhängig ist, so kann in dieser Beziehung ein Unterschied zwischen Gleichstrom und Wechselstrom nicht bestehen. Dagegen lassen sich im Gegensatz zum Gleichstrom chemische Zersetzungen durch Wechselstrom nicht erzielen. Auch in den magnetischen Wirkungen zeigt der Wechselstrom Unterschiede gegenüber dem Gleichstrome. So wird eine Magnetnadel durch Wechselstrom nicht abgelenkt, da die vom Strome auf die Nadel nacheinander ausgeübten Wirkungen sich aufheben. Elektromagnete, die durch Wechselstrom erregt werden, wirken zwar anziehend auf Eisenteile, doch ändert sich bei ihnen fortwährend die Lage der Pole, und zwar ist die sekundliche Polwechselzahl gleich der doppelten Freqenz des Stromes. Von der abwechselnden Magnetisierung rührt auch das bei allen Wechselstrommagneten vernehmbare brummende Geräusch her. Die zwischen zwei an eine Wechselstromquelle angeschlossenen Spulen (s. Fig. 30) auftretende elektrodynamische Wirkung ist, weil von der Stromrichtung unabhängig, dieselbe wie bei Gleichstrom.

32. Die Effektivwerte der Spannung und Stromstärke.

Für die Berechnung der mit einem Wechselstrom erzielbaren Arbeit kommen nicht etwa die nur vorübergehend auftretenden Höchstwerte von Spannung und Stromstärke in Betracht, es müssen vielmehr mittlere Werte zugrunde gelegt werden. Nun läßt sich feststellen, daß ein sinusförmig verlaufender Wechselstrom in bezug auf sein Arbeitsvermögen gleichwertig ist einem Gleichstrome, der eine konstante Stärke vom 0,707 fachen der Höchststromstärke des Wechselstromes hat. Ein solcher Gleichstrom entwickelt z. B. in einem Widerstande in der Sekunde dieselbe Wärmemenge wie der Wechselstrom. Der 0,707 fache Betrag der Höchststromstärke i_{max} des Wechselstromes wird daher als wirksame oder effektive

Stromstärke bezeichnet. Ebenso ist der 0,707fache Wert der Höchstspannung e_{max} als **effektive Spannung** anzusehen. Wird von der Spannung oder Stromstärke eines Wechselstromes schlechthin gesprochen, so sind immer die effektiven Werte gemeint, die daher im folgenden wie bei Gleichstrom mit E bzw. J bezeichnet werden sollen. 0,707 ist der Zahlenwert des Ausdruckes $\frac{1}{\sqrt{2}}$. Es bestehen demnach die Beziehungen:

$$E = \frac{1}{\sqrt{2}} \cdot e_{max}, \qquad (36)$$

$$J = \frac{1}{\sqrt{2}} \cdot i_{max}. \qquad (37)$$

Umgekehrt lassen sich aus den Effektivwerten die Höchstwerte bestimmen nach den Formeln:

$$e_{max} = \sqrt{2} \cdot E, \qquad (38)$$

$$i_{max} = \sqrt{2} \cdot J. \qquad (39)$$

Der Zahlenwert für $\sqrt{2}$ ist 1,414.

Die obigen Formeln gelten zwar streng genommen nur für **sinusförmig** verlaufenden Strom, doch können sie im allgemeinen auch für den in der Technik verwendeten Wechselstrom benutzt werden, da dieser von der Sinusform gewöhnlich nur wenig abweicht.

Beispiele: 1. Wie groß ist die effektive Stromstärke eines Wechselstromes, dessen Höchststromstärke 300 A beträgt?

$$J = \frac{1}{\sqrt{2}} \cdot i_{max} = 0{,}707 \cdot 300 = 212\,\text{A}.$$

2. Welches ist die Höchstspannung eines Wechselstromes von 110 V Effektivspannung?

$$e_{max} = \sqrt{2} \cdot E = 1{,}414 \cdot 110 = 156\,\text{V}.$$

33. Die Phasenverschiebung.

Bei früherer Gelegenheit (s. § 28) wurde gezeigt, daß sich infolge der Selbstinduktion das Verschwinden eines Stromes bei seiner Unterbrechung, ebenso wie sein Anwachsen beim Stromschluß verzögert. Die Selbstinduktion sucht sich eben allen Änderungen der Stromstärke zu widersetzen, sie wirkt wie eine Art elektrischer Trägheit. Ähnlich nun, wie bei der in Fig. 37 gezeichneten Anordnung die Bewegungsrichtung der Flüssigkeit sich nicht plötzlich umkehrt, wenn die gegenseitige Lage der beiden Gefäße geändert wird, vielmehr die alte Richtung infolge der mechanischen Trägheit noch eine kurze Zeit bestehen bleibt, so hat die Selbstinduktion bei einem Wechselstrome zur Folge, daß die Stromrichtung noch einen Augenblick lang aufrechterhalten wird, nachdem die EMK bereits den Wert Null überschritten und ihre Richtung geändert hat, und daß ebenso der Höchstwert des Stromes erst kurze Zeit später eintritt als der Höchstwert der Spannung. Es ergibt sich also die auffallende Tatsache, daß bei Vorhandensein von Selbstinduktion im Stromkreise die Stromstärke gegenüber der Spannung verzögert ist, eine Erscheinung, die man Phasenverschiebung nennt. Sie ist in Fig. 40 zum Ausdruck gebracht, in der die während einer Periode auftretenden Augenblickswerte der Spannung zur Kurve e, die Augenblickswerte der Stromstärke zur Kurve i zusammengetragen sind. Die Phasenverschiebung ist um so erheblicher, je größer die Selbstinduktion ist, und kann bis zu einer Viertelperiode betragen.

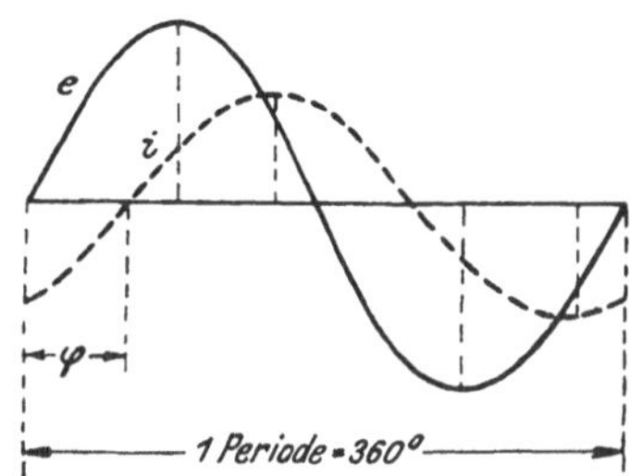

Fig. 40. Phasenverschiebung zwischen Spannung und Stromstärke eines Wechselstromes.

Man kann die Phasenverschiebung als einen Winkel ausdrücken — er wird gewöhnlich durch den Buchstaben φ bezeichnet —, wenn man berücksichtigt, daß nach § 30 eine Periode des Wechselstromes einer vollen Umdrehung des induzierten Drahtes, also einem Winkel von 360° entspricht. Beträgt z. B. die Phasenverschiebung den zehnten Teil einer Periode, so würde der Winkel der Phasenverschiebung, der sich stets zwischen den Grenzen 0° und 90° bewegt, $\varphi = 36^0$ sein. In einem selbstinduktions-

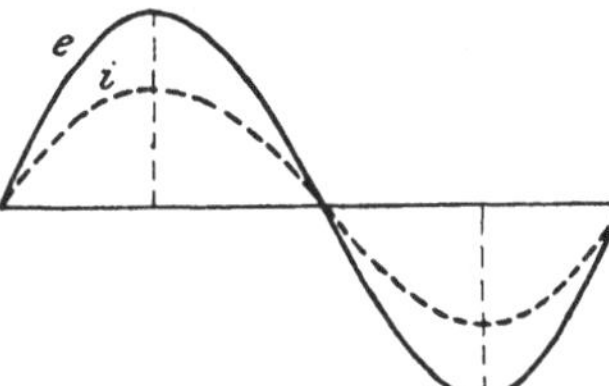

Fig. 41. Phasenverschiebung Null.

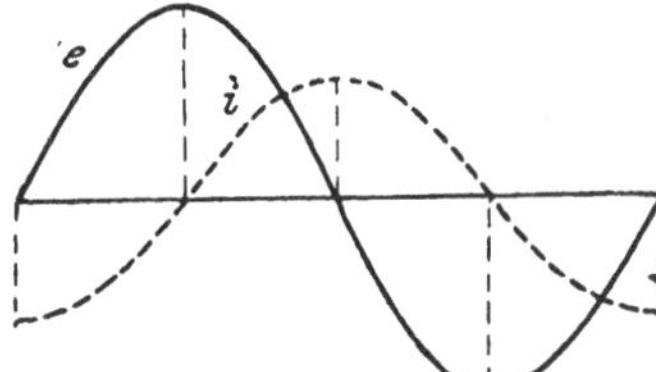

Fig. 42. Phasenverschiebung von 90°.

freien, nur mit Widerstand behafteten Stromkreise ist die Phasenverschiebung 0°, Fig. 41. Dagegen beträgt sie in einem widerstandsfreien, also nur mit Selbstinduktion behafteten Kreise 90°, Fig. 42.

Bisher wurde lediglich der Fall behandelt, daß der Strom gegen die Spannung verzögert ist. Es kann jedoch unter Umständen auch eine Voreilung des Stromes eintreten. Dieser Fall liegt z. B. vor, wenn der Wechselstromkreis einen Kondensator enthält. Ein solcher besteht z. B. aus einer Scheibe aus Glas oder einem anderen

Isoliermaterial, die beiderseits metallisch belegt ist. Bei einer bekannten Form des Kondensators, der **Leydenerflasche**, wird dem isolierenden Zwischenglied die Form eines zylindrischen Gefäßes gegeben. Wird ein Kondensator mit seinen beiden Belegungen an die Pole einer Gleichstromquelle gelegt, so ist der Stromkreis unterbrochen, und die Belegungen werden lediglich, der Aufnahmefähigkeit oder **Kapazität** des Kondensators gemäß, geladen. Wechselstrom wird dagegen durch einen Kondensator hindurchgelassen, indem seine Belegungen, den Schwankungen in der Stärke des Wechselstromes entsprechend, fortdauernd geladen und entladen werden. Kondensatoreigenschaften besitzen auch die elektrischen **Kabel**. Bei ihnen bilden gewissermaßen die in Isoliermasse eingebetteten Kupferleitungen die Belegungen. Abgesehen von der Einschaltung eines Kondensators gibt es auch noch andere Mittel, um in einem Wechselstromkreis eine Phasenvoreilung des Stromes zu bewirken (s. § 130).

34. Leistung des Wechselstromes.

In § 32 wurde festgestellt, daß das Arbeitsvermögen eines Wechselstromes übereinstimmt mit dem eines Gleichstromes, dessen Spannung gleich der effektiven Spannung und dessen Stärke gleich der effektiven Stromstärke des Wechselstromes ist. Dies gilt jedoch nur in dem Falle, daß der Wechselstrom keine Phasenverschiebung besitzt. Die Arbeit eines phasenverschobenen Wechselstromes ist stets kleiner, wie aus folgender Betrachtung hervorgeht.

Um die **Leistung** eines Wechselstromes während des Verlaufes einer Periode zu erhalten, ist in jedem Augenblick nach Gl. 20 das Produkt aus Spannuug und Stromstärke zu bilden. Bezeichnet man nun die oberhalb der horizontalen Achse befindlichen Werte von Spannung und Stromstärke als positiv, die unterhalb der Achse liegenden als negativ, so ist beim unverschobenen Strome dieses Produkt, das in Fig. 43 durch die Kurve $e \cdot i$ wiedergegeben ist, stets positiv, selbst da, wo Spannung und Stromstärke negativ sind, weil nach einem arithmetischen Gesetze das Produkt zweier gleichgerichteten Größen immer positiv ist. Da auf der horizontalen Achse die Zeit aufgetragen ist, so stellen die schraffierten Flächen das Produkt der in jedem Augenblicke vorhandenen Leistung mit der Zeit, also die **Arbeit** während einer Periode dar.

Fig. 44 bringt dieselbe Überlegung für einen phasenverschobenen Strom zum Ausdruck, und zwar ist **Stromverzögerung** angenommen. Das Produkt von Spannung und Stromstärke ist jetzt teilweise positiv und teilweise negativ: positiv dort, wo beide Größen gleichgerichtet sind, negativ, wo sie entgegengesetzte Richtung haben, wo also entweder die Spannung positiv und die Stromstärke negativ oder wo umgekehrt die Spannung negativ und die Stromstärke positiv ist. Die Arbeit während einer Periode erhält man als Differenz der über der Achse befindlichen positiven Flächen und der unterhalb der Achse liegenden negativen Flächen. Sie ist gegenüber der Arbeit des unverschobenen Stromes um so kleiner, je größer die Phasenverschiebung ist. Für Phasenvoreilung des Stromes würde man zu dem gleichen Ergebnis kommen. Um die tatsächliche Arbeit des Wechselstromes, d. h. die mittlere Arbeit während einer Periode zu erhalten, muß das Produkt aus Spannung, Stromstärke und Zeit noch mit einem vom Phasenverschiebungswinkel abhängigen Wert, dem sog. Leistungsfaktor, multi-

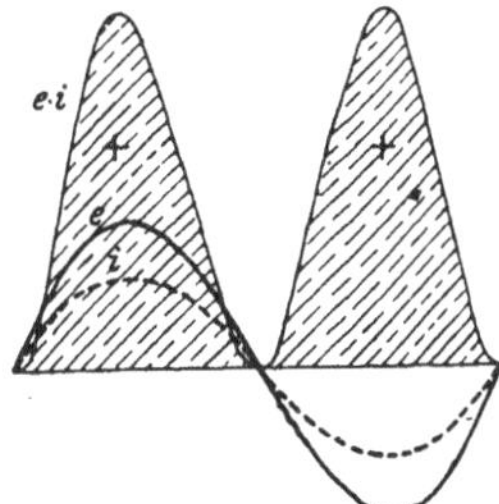

Fig. 43. Arbeit eines unverschobenen Wechselstromes.

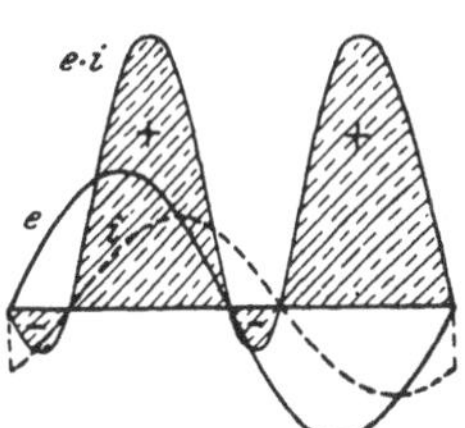

Fig. 44. Arbeit eines mit Phasenverschiebung behafteten Wechselstromes.

pliziert werden. Es läßt sich nachweisen, daß dieser identisch ist mit dem in jedem technischen Kalender auffindbaren Kosinus des Winkels ($\cos \varphi$). Für die Arbeit des Wechselstromes besteht also die allgemein gültige Beziehung:

$$A = E \cdot J \cdot t \cdot \cos \varphi, \quad \ldots \ldots \quad (40)$$

und die Leistung wird demnach gefunden als

$$L = E \cdot J \cdot \cos \varphi. \quad \ldots \ldots \quad (41)$$

Der größte Wert, den $\cos \varphi$ annehmen kann, ist 1, und zwar bei $\varphi = 0^0$, d. h. beim unverschobenen Strom. Für diesen ergibt sich also die höchste Leistung: $L = E \cdot J$. Für $\varphi = 90^0$, d. i. für die größtmögliche Phasenverschiebung, nehmen dagegen $\cos \varphi$ und damit auch die Leistung den Wert Null an. Daß bei einer derartigen Phasenverschiebung keine Arbeit verrichtet wird, geht auch aus der graphischen Darstellung der Fig. 45 hervor, in der den beiden positiven Arbeitsflächen zwei gleichgroße negative Flächen gegenüberstehen. Ein Strom, der gegen die Spannung um 90^0 verschoben ist, wird daher wattloser Strom genannt, während der unverschobene Wechselstrom Wattstrom heißt.

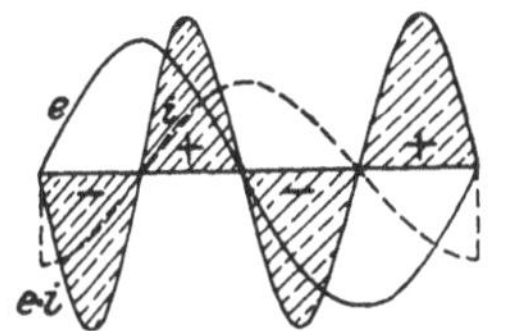

Fig. 45. Arbeit eines Wechselstromes mit 90° Phasenverschiebung.

Einen Wechselstrom von beliebiger Phasenverschiebung kann man sich aus zwei Teilen oder Komponenten zusammengesetzt denken, einer unverschobenen Wattkomponente und einer wattlosen Komponente mit 90^0 Phasenverschiebung. Nur die Wattkomponente ist an der Arbeitsverrichtung beteiligt. In einem Stromkreise, in dem die Stromstärke unter dem Einflusse der Selbstinduktion verzögert ist, wird die wattlose Komponente häufig Magnetisierungsstrom genannt, da sie lediglich zur Erzeugung des magnetischen Feldes dient.

Beispiele: 1. Welche Leistung nimmt ein Wechselstrommotor auf, der beim Anschluß an 120 V Spannung dem Netz einen Strom von 50 A entzieht und den Leistungsfaktor 0,7 besitzt?

$$L = E \cdot J \cdot \cos\varphi$$
$$= 120 \cdot 50 \cdot 0{,}7 = 4200 \text{ W.}$$

2. Ein Wechselstromelektromagnet ist an eine Spannung von 220 V angeschlossen. Er verbraucht eine Leistung von 660 W beim Leistungsfaktor 0,6. Welchen Strom entzieht er dem Netz?

Aus Gl. 41 folgt:

$$J = \frac{L}{E \cdot \cos\varphi} = \frac{660}{220 \cdot 0{,}6} = 5 \text{ A.}$$

35. Die Drosselspule.

Die Stromstärke eines mit Selbstinduktion behafteten Wechselstromkreises ist immer kleiner, als sich nach dem Ohmschen Gesetze aus Spannung und Widerstand ergibt. Man gewinnt daher den Eindruck, als ob der Widerstand des Stromkreises infolge der Selbstinduktion vergrößert wird. In Wirklichkeit ist die Erscheinung so zu erklären, daß die infolge der Selbstinduktion in dem Stromkreise hervorgerufene EMK der ihm aufgedrückten Spannung wesentlich entgegengerichtet ist, daß also die wirksame Spannung kleiner als die aufgedrückte ist und demgemäß ein schwächerer Strom auftritt. Hat die dem Stromkreise zugeführte Wechselspannung E einen Strom J zur Folge, so bezeichnet man den aus der Formel

$$R_s = \frac{E}{J} \quad \ldots \ldots \ldots \ldots \quad (42)$$

berechneten Widerstand als den Scheinwiderstand. Er ist gegenüber dem wahren oder Ohmschen Widerstand um so größer, je größer die Induktivität des Stromkreises und je höher die Frequenz des Wechselstromes ist.

Schaltet man in einen Wechselstromkreis eine mit Induktivität behaftete Spule ein, so kann dadurch also die Stromstärke in gleicher Weise geschwächt werden wie durch einen Widerstand. Man bezeichnet eine derartige Spule als Drosselspule, weil sie die Stromstärke gewissermaßen abdrosselt. Der Energieverlust, den die Spule verursacht, richtet sich lediglich nach dem Ohmschen Widerstande, der im Vergleich zum Scheinwiderstande sehr klein sein kann. Die Drosselspulen bieten also ein Mittel, die Stromstärke eines Wechselstromkreises ohne nennenswerten Verlust zu schwächen.

36. Zweiphasenstrom.

Von größter Bedeutung ist der Mehrphasenstrom, d. h. die Kombination mehrerer in der Phase gegeneinander verschobener Wechselströme. So besteht der Zweiphasenstrom aus zwei Wechselströmen, die um eine Viertelperiode voneinander abweichen, wie es in Fig. 46 durch die beiden Sinuslinien I und II dargestellt ist. In dem Augenblicke, in dem der Wechselstrom I seinen größten Wert erreicht, ist der Wechselstrom II im Nullwert und umgekehrt.

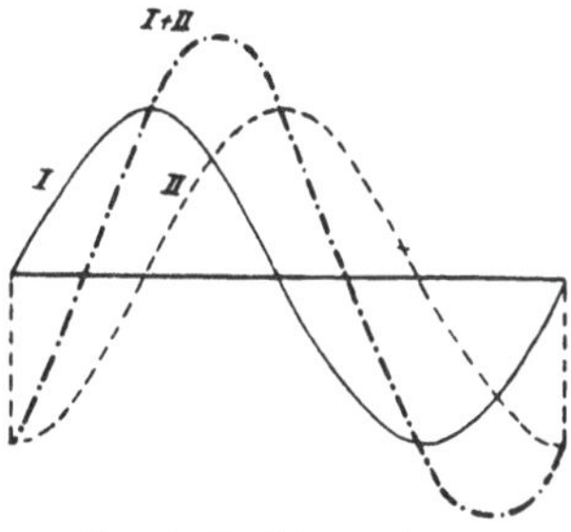

Fig. 46. Zweiphasenstrom.

In Fig. 47 sollen UX und VY die beiden Wicklungen einer Zweiphasenmaschine bedeuten, in denen die Wechselströme durch Induktionswirkung erzeugt werden. Die Wicklungen sind um 90^0 gegeneinander versetzt gezeichnet, um anzudeuten, daß die Phasen der in ihnen fließenden Ströme um eben diesen Winkel abweichen.

Die zur Fortleitung zweier Ströme im allgemeinen erforderlichen vier Leitungen können dadurch auf drei beschränkt werden, daß die Ströme miteinander „verkettet" werden, indem ihnen eine gemeinsame Rückleitung gegeben wird, Fig. 48. Sie ist im Verkettungs-

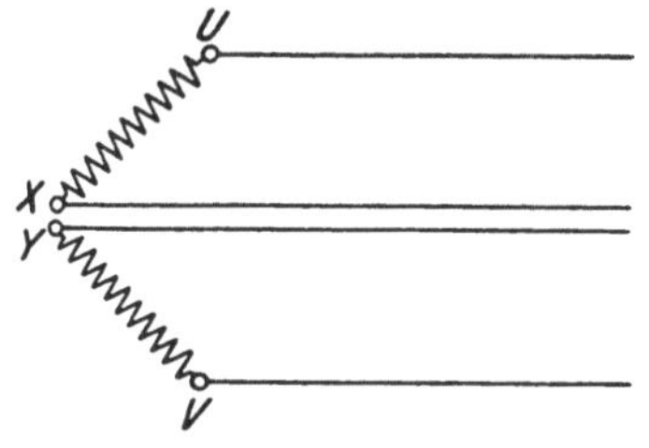

Fig. 47. Zweiphasenstrom mit vier Leitungen.

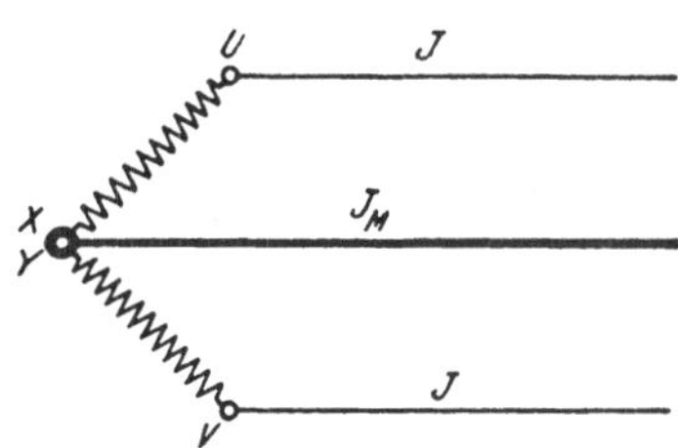

Fig. 48. Zweiphasenstrom mit Mittelleiter.

punkte XY angeschlossen und wird auch Mittelleiter genannt. Dieser ist stärker zu bemessen als die beiden Außenleiter, doch ist die in ihm auftretende Stromstärke nicht, wie es bei flüchtiger Betrachtung erscheinen könnte, doppelt so groß wie die in den Außenleitern — das wäre nur dann der Fall, wenn die beiden Ströme gleichzeitig ihre Höchstwerte erreichten. Bildet man in den verschiedenen Zeitpunkten während einer Periode die Summe beider Ströme, wie dies in Fig. 46 durch die Linie I + II veranschaulicht ist, so erkennt man vielmehr, daß die Stromstärke im Mittelleiter J_M etwa 1,4mal so groß ist wie die Stromstärke J in den Außenleitern, oder genauer:

$$J_M = \sqrt{2} \cdot J \quad . \quad . \quad . \quad . \quad . \quad . \quad . \quad . \quad . \quad (43)$$

Beispiel: Bei einem verketteten Zweiphasenstrom ist die Stromstärke in den Außenleitern 50 A. Welche Stromstärke herrscht im Mittelleiter?

$$J_M = \sqrt{2} \cdot J = 1{,}414 \cdot 50 = 70{,}7 \text{ A}.$$

37. Drehstrom.

Wichtiger als der Zweiphasenstrom ist der Dreiphasenstrom oder Drehstrom, der aus drei Wechselströmen besteht, die um je eine Drittelperiode gegeneinander verschoben sind, Fig. 49.

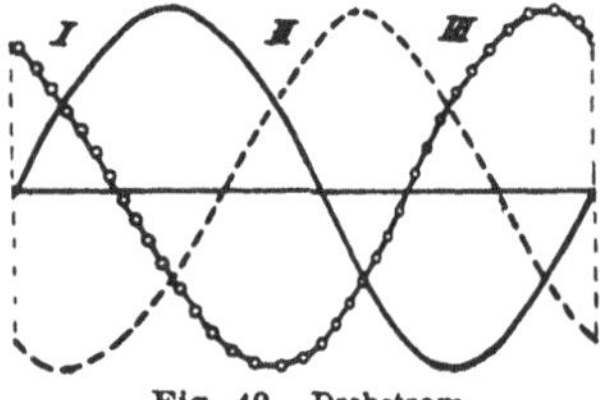

Fig. 49. Drehstrom.

Wollte man jeden Wechselstrom besonders fortleiten, so bedürfte man im ganzen sechs Leitungen. Man erhielte dann die Anordnung Fig. 50, in der UX, VY, WZ wieder die Wicklungen einer Maschine darstellen sollen, in denen die Ströme erzeugt werden. Die Wicklungen sind um einen Winkel von je 120^0 versetzt gezeichnet, entsprechend der zwischen den Strömen bestehenden Phasenverschiebung.

Werden die drei Wicklungen miteinander verkettet in der Weise, daß sie mit je einem Ende unter sich verbunden werden, so kommt man mit vier Leitungen aus, indem man den drei Strömen eine gemeinsame Rückleitung gibt, die in Fig. 51 in dem Vereinigungspunkte O der Wicklungen angeschlossen ist. Bildet man in Fig. 49

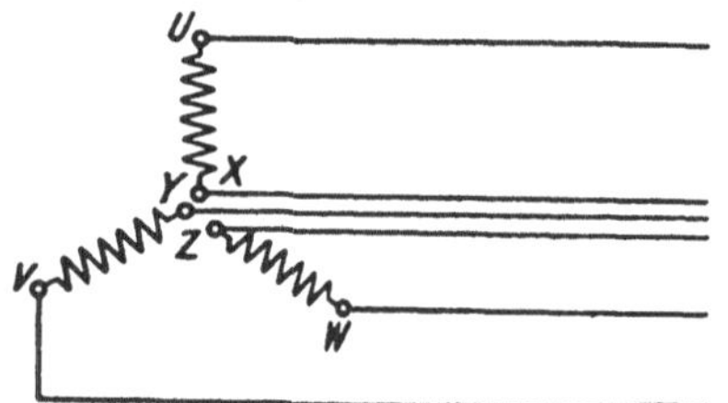

Fig. 50. Drehstrom mit sechs Leitungen.

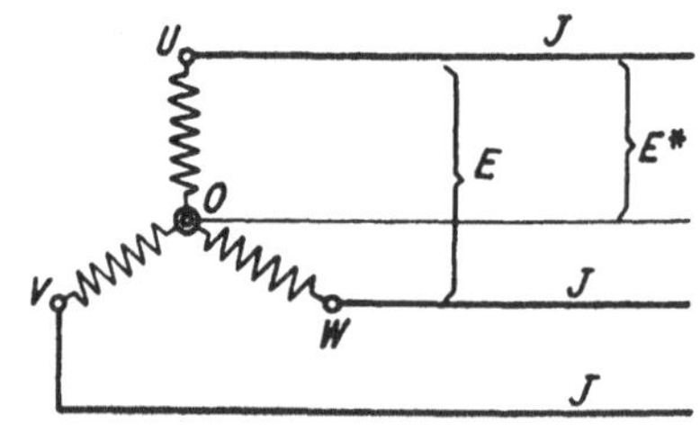

Fig. 51. Drehstrom in Sternschaltung mit Nulleiter.

für beliebige Zeitpunkte die Summe der drei Ströme, so erhält man immer den Wert Null. Es folgt daraus, daß — bei gleicher Belastung der Phasen — durch die gemeinsame Rückleitung kein Strom fließt. Sie wird daher Nulleiter genannt, in den meisten Fällen aber überhaupt nicht verlegt. Man benötigt bei Drehstrom also nur drei Leitungen, Fig. 52.

Während man die eben besprochene Verkettung als Sternschaltung bezeichnet, wird die in Fig. 53 angegebene Verkettung Dreieckschaltung genannt. Bei dieser wird das Ende der ersten Wicklung mit dem Anfang der zweiten, das Ende der zweiten mit dem Anfang der dritten und das Ende der dritten mit dem Anfang der ersten verbunden. Es sind ebenfalls nur drei Leitungen erforderlich.

Bezeichnet man mit J den Strom in jeder der drei Leitungen, mit E die Spannung zwischen je zwei Leitungen, so läßt sich für die

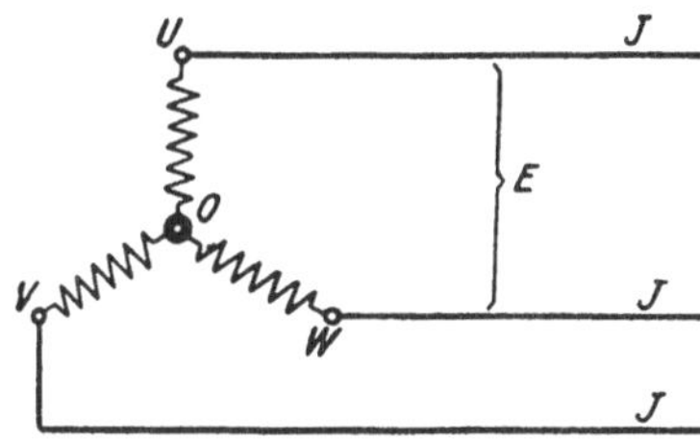

Fig. 52. Drehstrom in Sternschaltung mit drei Leitungen.

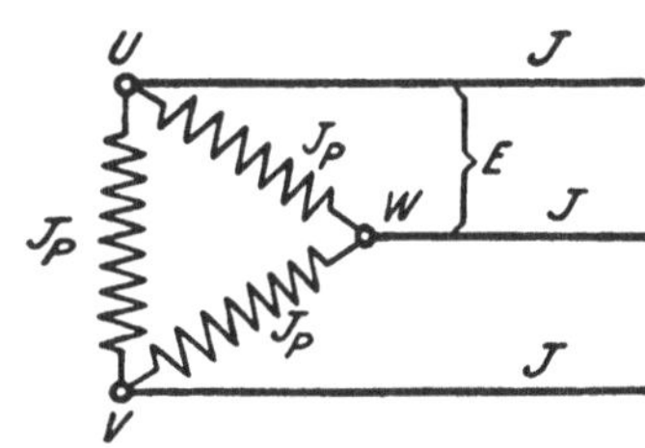

Fig. 53. Drehstrom in Dreieckschaltung.

Leistung des Drehstromes, einerlei, ob Stern- oder Dreieckschaltung vorliegt, die Formel ableiten

$$L = \sqrt{3} \cdot E \cdot J \cdot \cos\varphi \quad \ldots \ldots \ldots \quad (44)$$

Der Zahlenwert für $\sqrt{3}$ ist 1,732.

Bei Sternschaltung ist die zwischen dem Nullpunkt O und je einer der drei Hauptleitungen bestehende Spannung, die Phasen- oder Sternspannung E^*, kleiner als die verkettete Spannung E, und zwar ist

$$E^* = \frac{1}{\sqrt{3}} \cdot E \quad \ldots \ldots \ldots \quad (45)$$

In demselben Verhältnis ist bei Dreieckschaltung die Stromstärke J_p in jeder Phase kleiner als die Stromstärke J in den Außenleitern; es ist also die Phasenstromstärke:

$$J_p = \frac{1}{\sqrt{3}} \cdot J \quad \ldots \ldots \ldots \quad (46)$$

Beispiele: 1. Eine Drehstrommaschine für eine Spannung von 3000 V liefert eine Stromstärke von 100 A. Welches ist die Leistung der Maschine bei $\cos\varphi = 0{,}8$?

$$\begin{aligned} L &= \sqrt{3} \cdot E \cdot J \cdot \cos\varphi \\ &= 1{,}732 \cdot 3000 \cdot 100 \cdot 0{,}8 = 416000\ \text{W} \\ &= 416\ \text{kW}. \end{aligned}$$

2. Wie groß ist die Sternspannung eines Drehstromes, dessen verkettete Spannung 120 V beträgt?

$$E^* = \frac{1}{\sqrt{3}} \cdot E = \frac{1}{1,732} \cdot 120 = 69 \text{ V}.$$

3. Bei Dreieckschaltung beträgt die Phasenstromstärke 30 A. Wie groß ist die Stromstärke in den Außenleitern?

Aus Gl. 46 folgt:

$$J = \sqrt{3} \cdot J_P = 1,732 \cdot 30 = 52 \text{ A}.$$

Zweites Kapitel.

Meßinstrumente und Meßmethoden.

A. Strom- und Spannungsmessungen.

38. Schaltung der Strommesser.

Die Stärke J eines elektrischen Stromes kann nach Fig. 54 mittels eines in den Stromkreis eingeschalteten Strommessers oder Amperemeters A festgestellt werden.

Die meisten Strommesser vertragen nur verhältnismäßig schwache Ströme. Es muß daher in vielen Fällen von einer direkten Bestimmung der Stromstärke abgesehen, vielmehr eine Stromverzweigung in der Weise vorgenommen werden, daß dem Instrument nur ein

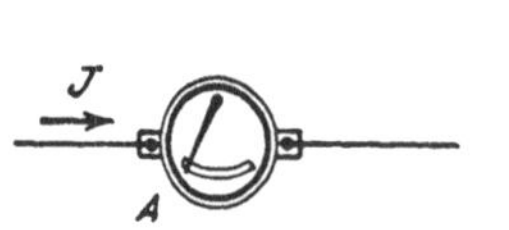

Fig. 54. Schaltung eines Strommessers.

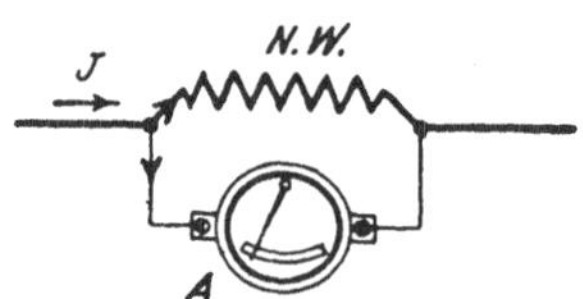

Fig. 55. Schaltung eines Strommessers mit Nebenschlußwiderstand.

bestimmter Bruchteil des zu messenden Stromes zugeführt wird, indem ein entsprechend bemessener Nebenschlußwiderstand (*N.W.*) zum Instrument parallel gelegt wird, Fig. 55. Sollen z. B. Ströme bestimmt werden bis zum 10fachen Betrage desjenigen Stromes, den das Instrument unmittelbar zu messen erlaubt, so schickt man durch dieses nur $^1/_{10}$ des gesamten Stromes. Es muß dann nach dem 1. Kirchhoffschen Gesetze der Nebenschluß $^9/_{10}$ des Stromes, also einen neunmal so großen Strom aufnehmen wie das Instrument. Da nach dem 2. Kirchhoffschen Gesetze sich die Stromstärken in den Zweigen umgekehrt verhalten wie ihre Widerstände, so muß demnach dem Nebenschluß ein Widerstand gleich dem neunten Teile des Instrumentenwiderstandes gegeben werden. Bezeichnet R_n die Größe des Nebenschlußwiderstandes, R_g den Widerstand des Strommessers (z. B. eines Galvanometers) einschließlich der Verbindungsleitungen, so muß also $R_n = \frac{R_g}{9}$ sein. Soll mit dem Instrument der 100fache Strom gemessen werden können, so ist ein Nebenschlußwiderstand $R_n = \frac{R_g}{99}$ erforderlich usw. Um, allgemein ausgedrückt, das Meßbereich eines Strommessers auf das n-fache des normalen Bereichs zu erweitern, muß ein Nebenschlußwiderstand von der Größe

$$R_n = \frac{R_g}{n-1} \quad \ldots\ldots\ldots\ldots \quad (47)$$

angewendet werden.

Instrumente, mit denen der Nebenschlußwiderstand fest verbunden ist, z. B. Schalttafelinstrumente, werden, um jede Rechnung zu ersparen, für den Gesamtstrom geeicht. Transportablen Instrumenten gibt man häufig einen ganzen Satz geeigneter Nebenschlußwiderstände bei, durch die es möglich ist, sie den verschiedensten Stromstärken anzupassen und diese aus den Angaben des Instrumentes durch eine einfache Rechnung, meistens nur durch Versetzung des Dezimalkommas, zu ermitteln.

Beispiel: Ein viel verwendetes Präzisionsdrehspulinstrument von Siemens & Halske hat einen inneren Widerstand von 1 Ω. Jedem Grad Ausschlag entspricht eine Stromstärke von 0,001 A. Da die Skala im ganzen 150° umfaßt, so läßt sich also eine Stromstärke bis 0,15 A unmittelbar messen. Welche Nebenschlußwiderstände sind anzuwenden, um mit dem gleichen Instrument Ströme bis 1,5, 15, 150 A messen zu können?

Da das Meßbereich auf das 10, 100, 1000fache erweitert werden soll, so sind entsprechend Gl. 47 die zu verwendenden Nebenschlußwiderstände:

$$\frac{1}{9}, \frac{1}{99}, \frac{1}{999}\,\Omega.$$

39. Allgemeines über Strommesser.

Den Strommessern liegen die verschiedensten Wirkungen des elektrischen Stromes zugrunde. Bei der Mehrzahl der Instrumente wird durch Einwirkung des Stromes eine Kraftwirkung auf ein bewegliches System ausgeübt. Dieser Wirkung setzt sich eine Gegenkraft, z. B. die Schwerkraft oder die Kraft einer Feder, entgegen. Der durch einen Zeiger sichtbar gemachte Ausschlag des beweglichen Systems erfolgt nun bis zu jener Stelle, wo sich die ablenkende Kraft des Stromes und die Gegenkraft das Gleichgewicht halten. Der Zeigerausschlag ist also um so größer, je stärker der Strom ist. Um an dem Instrument nach dem Einschalten des Stromes sofort ablesen zu können, ist eine Dämpfungsvorrichtung erforderlich, durch die bewirkt wird, daß der Zeiger, ohne lange hin und her zu schwingen, schnell zur Ruhe kommt. Bei Präzisionsinstrumenten bringt man vielfach, um Fehler infolge Schrägblickens auf den Zeiger zu vermeiden, unterhalb der Skala einen Spiegel an. Das Auge des Ablesenden muß dann so über der Skala eingerichtet werden, daß der Zeiger und sein Spiegelbild sich decken.

Es sollen nunmehr die wichtigsten Strommeßinstrumente kurz beschrieben werden.

40. Elektrochemische Instrumente.

Strommesser, die auf der zersetzenden Wirkung des Stromes beruhen, sind nur für Gleichstrom verwendbar und werden Voltameter genannt. Bei dem Silbervoltameter kann z. B. die innerhalb einer gewissen Zeit aus einer Silberlösung an der negativen Elektrode abgeschiedene Silbermenge durch Wägung festgestellt und daraus nach Gl. 34 die Stromstärke ermittelt werden. Voraussetzung ist, daß diese während der Dauer des Versuches konstant bleibt. Da das Messen mit dem Voltameter zeitraubend und umständlich ist, so wird dieses lediglich für genaue Laboratoriumsuntersuchungen, z. B. zur Nachprüfung anderer Instrumente, benutzt.

41. Hitzdrahtinstrumente.

Beim Hitzdrahtinstrument wird die Stärke eines Stromes durch die von ihm in einem sehr feinen Drahte, dem Hitzdrahte, entwickelte Wärme bestimmt. Der Draht besteht aus Platinsilber oder Platiniridium und wird zwischen den beiden Stromzuführungspunkten A und B ausgespannt, Fig. 56. Im Punkt C ist mit ihm ein zweiter Draht verlötet, dessen anderes Ende bei D festgeklemmt und mit dem im Punkte E ein Kokonfaden verbunden ist. Dieser ist um eine kleine drehbare Rolle R geschlungen, die einen Zeiger trägt. Die Rolle ist nach Art einer winzigen Stufenscheibe ausgebildet und steht durch einen zweiten Kokonfaden mit der Feder F in Verbindung. Die beim Stromdurchgange auftretende Erwärmung des Hitzdrahtes äußert sich durch eine Zunahme seiner Länge. Durch die Feder werden die Drähte jedoch gespannt, wobei der Zeiger einen der Stromstärke entsprechenden Ausschlag erfährt. Mit dem Zeiger ist ein Aluminiumsegment W verbunden, das sich zwischen den Polen eines Dauermagneten M befindet, und in dem bei der Be-

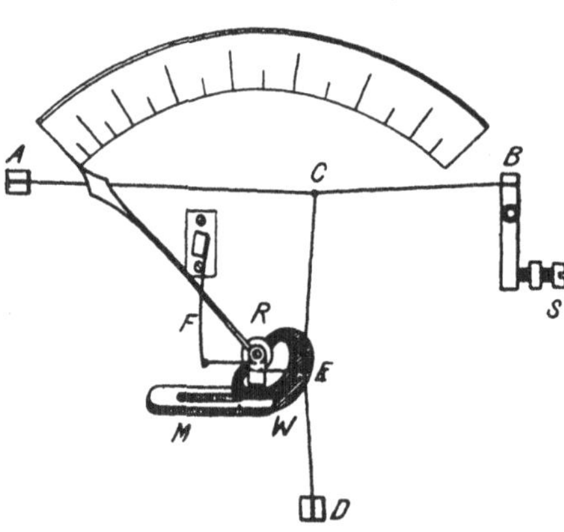

Fig. 56. Hitzdrahtinstrument von Hartmann & Braun.

wegung des Zeigers Wirbelströme induziert werden, die dämpfend wirken (vgl. § 29). Die Ablesungen sind erst einige Sekunden nach dem Einschalten des Stromes vorzunehmen, da der Zeiger seine Endstellung infolge der allmählichen Verlängerung des Hitzdrahtes nur kriechend erreicht. Da der Hitzdraht nur sehr schwache Ströme verträgt, so müssen für stärkere Ströme stets Nebenschlußwiderstände verwendet werden. Das Hitzdrahtinstrument ist für Gleich- und Wechselstrom gleich gut verwendbar.

42. Galvanometer.

Eine besonders große Verbreitung haben die auf elektromagnetischer Grundlage beruhenden Strommesser gefunden. Die ältesten Instrumente dieser Art sind die Galvanometer. Sie bestehen aus einer festen Spule und einem drehbaren Magneten innerhalb derselben. Ordnet man den Magneten *ns* so an, daß er in der horizontalen Ebene schwingen kann (Fig. 57), so stellt er sich unter der Wirkung des Erdmagnetismus in die magnetische Nordsüdrichtung ein. Diese gibt demnach die Nullage des Magneten an. Die Spule wird so eingerichtet, daß ihre Windungsebene mit dieser Nullage zusammenfällt. Wird sie sodann in den Stromkreis eingeschaltet, so wird auf den Magneten eine Kraft ausgeübt, die ihn in eine zu seiner ursprünglichen Lage senkrechte Richtung zu bringen sucht. Die vom Erdmagnetismus herrührende Gegenkraft bewirkt jedoch, daß die Größe der Ablenkung je nach der Stromstärke verschieden ist und diese daher aus dem Ablenkungswinkel bestimmt werden kann. Aus der Ablenkungsrichtung des Zeigers kann gleichzeitig auf die Stromrichtung geschlossen werden. Die Galvanometer lassen sich für eine hohe Empfindlichkeit bauen, doch finden sie in der praktischen Elektrotechnik nur noch wenig Anwendung. Sie haben hauptsächlich den Nachteil, daß sie auf äußere magnetische und elektrische Kräfte ansprechen. Es können daher Meßfehler auftreten, wenn z. B. in der Nähe des Instrumentes ein elektrischer Strom vorbeigeführt wird. Da durch Wechselstrom ein Ausschlag des Magneten nicht verursacht wird, so sind die Galvanometer lediglich für Gleichstrom verwendbar.

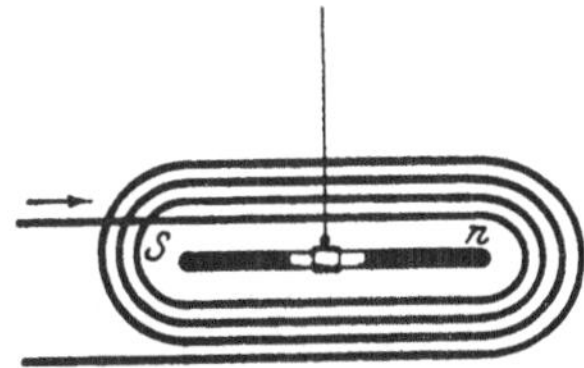

Fig. 57. Galvanometer.

43. Drehspulinstrumente.

Den Drehspulinstrumenten, auch Deprezgalvanometer genannt, liegt die umgekehrte Anordnung wie den Galvanometern zugrunde. Eine drehbar gelagerte Spule steht unter dem Einflusse eines festen Magneten. Die Anordnung ist in Fig. 58 schematisch wiedergegeben. Die Pole *N* und *S* eines hufeisenförmigen Stahlmagneten sind mit zylindrisch ausgebohrten Polschuhen versehen. Zwischen diesen ist ein fester Eisenzylinder angeordnet, der von der um die Zylinderachse drehbaren, sehr leicht ausgeführten Drahtspule umschlossen ist. Dieser wird der Strom durch zwei feine Spiralfedern, von denen sich eine oberhalb und eine unterhalb des Zylinders befindet, zugeführt. Die Federn dienen gleichzeitig dazu, der Spule eine feste Nullage zu geben. Infolge der zwischen dem Magneten und der stromführenden Spule bestehenden Wechselwirkung erfährt letztere eine Ablenkung, der die Spiralkraft der Federn entgegenwirkt, und deren Größe durch den an dem beweglichen System befestigten Zeiger angegeben wird. Um eine gute Dämpfung zu erzielen, wird die Spule auf einen Rahmen aus Aluminium gewickelt, in dem bei der Bewegung im magnetischen Felde Wirbelströme induziert werden, die bremsend wirken. Da die Spule sich innerhalb eines starken Magnetfeldes befindet, so sind die Angaben des Instrumentes von äußeren magnetischen oder elektrischen Einflüssen nahezu unabhängig. Die Ablenkungsrichtung des Zeigers ist, wie beim Galvanometer, von der Stromrichtung abhängig. Die Instrumente sind daher ebenfalls nur für Gleichstrom geeignet, für Wechselstrom dagegen nicht zu gebrauchen.

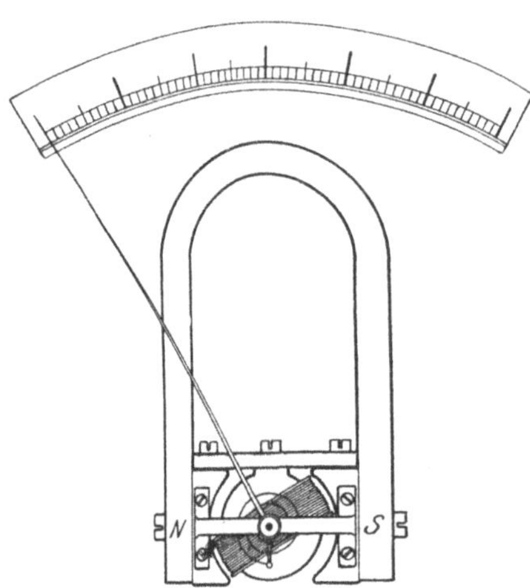

Fig. 58. Drehspulinstrument.

In Fig. 58 ist in Übereinstimmung mit der gebräuchlichsten Ausführungsart angenommen, daß der Nullpunkt den Anfang der Skala bildet. Derartig eingerichtete Instrumente sind nur für eine bestimmte Stromrichtung verwendbar, die an den Anschlußklemmen durch Angabe der Pole kenntlich gemacht wird. Zuweilen wird jedoch auch der Nullpunkt in die Skalenmitte verlegt, so daß der Zeiger nach beiden Seiten ausschlagen kann und daher beim Anschließen des Instrumentes auf die Polarität des Stromes keine Rücksicht genommen werden braucht.

Praktisch brauchbare Drehspulinstrumente wurden früher hauptsächlich von der Weston-Gesellschaft hergestellt, werden aber heute auch von vielen anderen Firmen gebaut. Sie werden meistens in Verbindung mit Nebenschlußwiderständen verwendet und gelten als Präzisionsinstrumente. Daher werden sie vorzugsweise für genaue Messungen gebraucht, doch sind sie auch in einer für die Anbringung auf Schalttafeln geeigneten billigeren Form erhältlich.

44. Weicheiseninstrumente.

Läßt man eine von dem zu messenden Strome durchflossene feste Spule auf ein beweglich angebrachtes Stückchen Eisen einwirken, so erhält man die Weicheiseninstrumente, häufig auch schlechthin elektromagnetische Instrumente genannt. Ihre Einrichtung wird klar aus Fig. 59. Ein kleines Eisenstäbchen E ist, durch Gegengewichte G ausgeglichen, innerhalb einer Spule beweglich angebracht. Sobald die Spule in einen Stromkreis eingeschaltet wird, wird das Stäbchen, entsprechend der Stärke des Stromes, weiter in sie hineingezogen. Ein mit dem beweglichen System verbundener Zeiger erlaubt die Stromstärke an einer Skala abzulesen. Die Weicheiseninstrumente lassen sich für verhältnismäßig starke Ströme bauen, so daß die Anwendung von Nebenschlußwiderständen im allgemeinen nicht erforderlich ist. Ihre konstruktive Ausbildung zeigt erhebliche Verschiedenheiten.

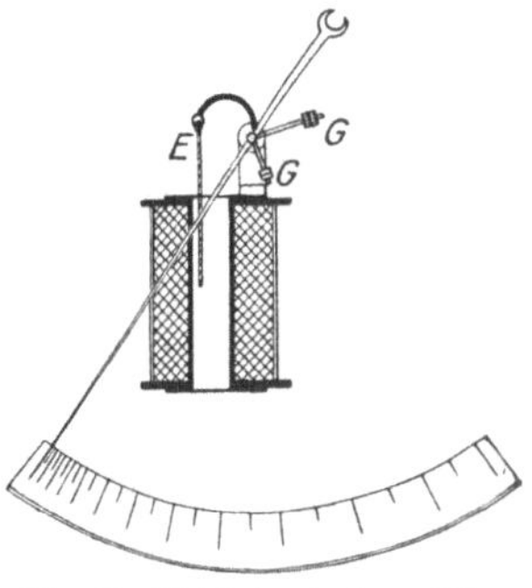

Fig. 59. Weicheiseninstrument.

Bei einer Ausführungsform von Siemens & Halske (Fig. 60) ist das Eisenstäbchen durch eine exzentrisch gelagerte Eisenscheibe E ersetzt. Eine Dämpfung wird durch einen von einem entsprechend gebogenen Hohlzylinder mit geringem Spiel umschlossenen Kolben erzielt, der an der Bewegung des Zeigers teilnimmt.

Der Konstruktion der Weicheiseninstrumente kann auch die Kraftwirkung zugrunde gelegt werden, die zwei innerhalb einer Spule befindliche und dadurch magnetisch gewordene Eisenstückchen, von denen das eine fest, das andere beweglich angebracht ist, aufeinander ausüben. Fig. 61 zeigt eine Ausführung der Allgemeinen

Fig. 60. Weicheiseninstrument von Siemens & Halske.

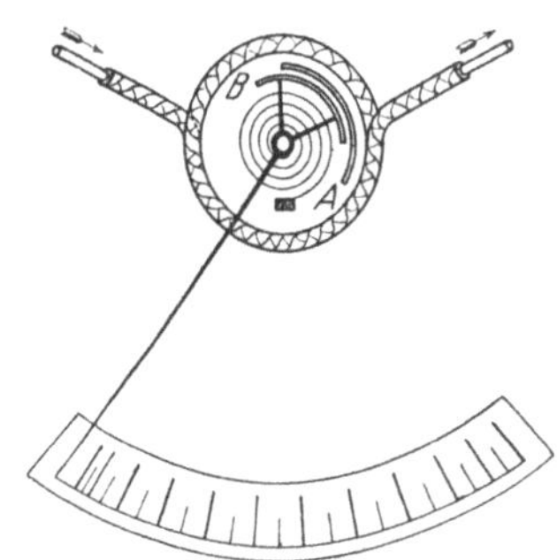

Fig. 61. Weicheiseninstrument der Allg. Elektrizitäts-Gesellschaft.

Elektrizitätsgesellschaft. Innerhalb einer aus dickem Draht gewickelten, also für eine große Stromstärke bestimmten Spule befinden sich zwei konzentrisch angeordnete Zylindermantelsegmente aus weichem Eisen. Das mit A bezeichnete ist fest, das B benannte um die Achse drehbar angebracht. Das bewegliche Segment wird, sobald durch die Spule Strom fließt, vom festen abgestoßen, wobei durch die Feder eine Gegenkraft ausgeübt wird.

Bei den Weicheiseninstrumenten verursacht der remanente Magnetismus des Eisens Fehler derart, daß das Meßergebnis verschieden ausfällt, je nachdem, ob mit dem Instrument vorher ein stärkerer oder schwächerer Strom gemessen wurde. Diese Abweichungen sind aber bei guten Instrumenten verhältnismäßig klein. Bei den neuen Weicheiseninstrumenten der Weston-Gesellschaft sind sie so gut wie völlig vermieden.

Die Weicheiseninstrumente zeichnen sich durch geringen Preis aus. Sie haben namentlich als Schalttafelinstrumente große Verbreitung gefunden. Sie sind für Gleichstrom und Wechselstrom brauchbar, und zwar sind bei letzterer Stromart ihre Angaben innerhalb ziemlich weiter Grenzen von der Frequenz nahezu unabhängig.

45. Elektrodynamische Instrumente.

Für Gleich- und Wechselstrom in gleicher Weise geeignet ist das Elektrodynamometer. Es besteht aus zwei aufeinander senkrecht stehenden Spulen, von denen die eine fest, die andere beweglich angebracht ist. Beide Spulen sind hintereinander geschaltet, wobei die Stromzuführung zur beweglichen Spule durch Spiralfedern bewirkt wird, die ihr gleichzeitig die Nullage erteilen. In Fig. 62, die das Elektrodynamometer schematisch darstellt, bedeutet AB die feste, CD die bewegliche Spule. Sobald durch die Spulen Strom fließt, sucht sich die bewegliche Spule, und zwar unabhängig von der Stromrichtung, zur festen parallel zu stellen (vgl. § 23). Die Spiralkraft der Federn wirkt der Drehung der Spule entgegen, und der Ausschlagwinkel, der durch einen Zeiger angegeben wird, bildet demnach ein Maß für die Stromstärke. Da die bewegliche Spule möglichst leicht ausgeführt, also aus sehr dünnem Draht hergestellt werden muß, so ist für sie meistens die Anwendung eines Nebenschlußwiderstandes unerläßlich.

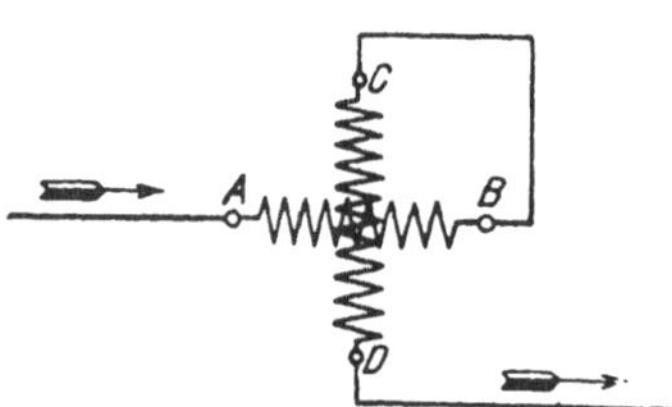

Fig. 62. Elektrodynamometer.

46. Induktionsinstrumente.

Ausschließlich für Wechselstrom verwendbar sind die Induktionsinstrumente. Bei dem von Siemens & Halske gebauten Instrumente dieser Art, das in Fig. 63 in Ansicht und Schnitt dargestellt ist, wirken z. B. auf einen durch die Spiralfeder F in der Gleichgewichtslage gehaltenen Aluminiumzylinder Z vier um je 90^0 gegeneinander versetzte Magnetpole ein, die durch den zu messenden Wechselstrom erregt werden. Die auf zwei gegenüberliegenden Polen angebrachten Spulen A und B werden unmittelbar vom Hauptstrom durchflossen, während für die Spulen C und D, die die Zwischenpole erregen, ein Strom abgezweigt wird, dem durch besondere Schaltungsarten eine Phasenverschiebung von 90^0 gegenüber dem Hauptstrom erteilt wird. Auf diese Weise ergeben sich zwei aufeinander senkrecht stehende Felder, die zeitlich um eine Viertelperiode gegeneinander verschoben sind und sich, wie später (vgl. § 131) nachgewiesen werden wird, zu einem Drehfelde zusammensetzen. Durch dieses werden in dem Zylinder Ströme induziert, die auf ihn ein Drehmoment ausüben. Die Ablenkung wird durch einen Zeiger sichtbar gemacht, durch den die Stromstärke an einer Skala abgelesen werden kann. Auf den Aluminiumzylinder wirken ferner die Pole N und S zweier hufeisenförmiger Stahlmagnete M ein, durch die in ihm Wirbelströme induziert werden, unter deren Einfluß das schwingende System schnell zur Ruhe kommt. Die beschriebenen Strommesser werden vielfach als Drehfeld-, häufig auch als Ferrarisinstrumente bezeichnet.

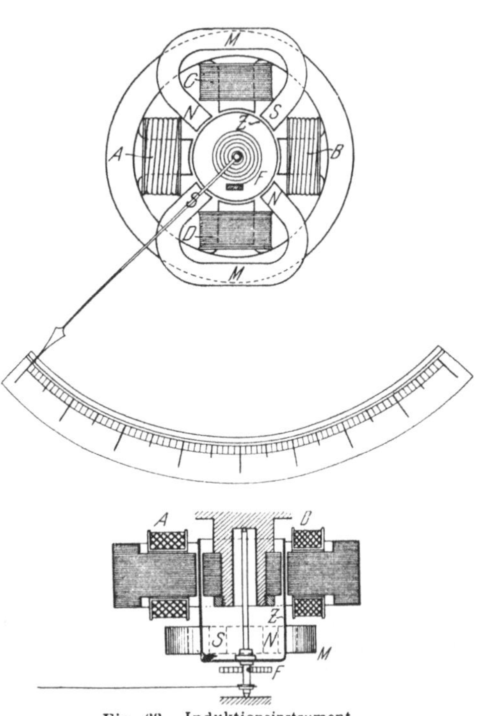

Fig. 63. Induktionsinstrument von Siemens & Halske.

47. Schaltung der Spannungsmesser.

Zur Bestimmung von Spannungen dienen die Spannungsmesser oder Voltmeter. Bei der Messung legt man das betreffende Instrument an die Punkte, zwischen denen die Spannung (richtiger der Spannungsunterschied) gemessen werden soll. Um z. B. die Spannung zwischen zwei Leitungen a und b zu messen, ist das Voltmeter V nach Fig. 64 zu schalten. Es fließt dann durch das Instrument ein bestimmter Strom J', und die zu messende Spannung ist dem Ohmschen Gesetz zufolge gleich dem Produkt aus diesem Strome und dem Widerstande des Instrumentes. Dieses Produkt kann vielfach — bei Schalttafelinstrumenten stets — an der Skala unmittelbar abgelesen werden. Das Instrument muß einen so großen Eigenwiderstand haben, daß durch seinen Anschluß nennenswerte Änderungen in den Stromverhältnissen des Kreises nicht eintreten, oder es muß (Fig. 65) ein besonderer Vorschaltwiderstand (*V. W.*) verwendet werden.

Durch Anwendung geeigneter Vorschaltwiderstände läßt sich das Meßbereich eines Voltmeters in ähnlicher Weise erweitern, wie dasjenige eines Amperemeters durch Nebenschlußwiderstände. Soll z. B. mit einem Voltmeter eine Spannung bis zum 10fachen Betrage derjenigen gemessen werden, die es unmittelbar anzeigen kann, so muß der Widerstand des Voltmeterzweiges verzehnfacht werden. In diesem Falle geht nur der

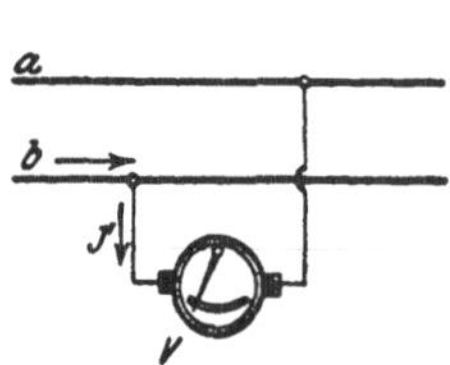

Fig. 64. Schaltung eines Spannungsmessers.

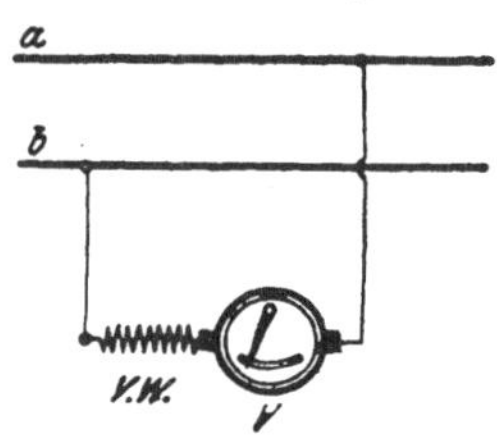

Fig. 65. Schaltung eines Spannungsmessers mit Vorschaltwiderstand.

10. Teil des Stromes durch das Instrument, und der Ausschlag wird dementsprechend kleiner. Bezeichnet man den Widerstand des Instrumentes wie früher mit R_g, so muß man also, um den 10fachen Widerstand zu erhalten, einen Vorschaltwiderstand von der Größe $9\,R_g$ anwenden. Um das Meßbereich auf das n-fache des normalen Bereichs zu erhöhen, ist ein Vorschaltwiderstand erforderlich

$$R_v = R_g \cdot (n - 1) \quad . \quad . \quad . \quad . \quad . \quad . \quad . \quad . \quad (48)$$

Beispiel: Ein Drehspulinstrument von 1 Ω Eigenwiderstand wird als Voltmeter verwendet. Jeder Grad Ausschlag gibt eine Spannung von 0,001 V an. Es kann also, da 150° zur Verfügung stehen, eine Spannung bis 0,15 V unmittelbar gemessen werden. Welche Vorschaltwiderstände sind anzuwenden, um mit dem Instrument Spannungen bis 1,5, 15, 150 V messen zu können?

Da die zu messenden Spannungen 10, 100, 1000mal so groß sind wie die Spannung, die sich unmittelbar messen läßt, so sind nach Gl. 48 die zu verwendenden Voltschaltwiderstände 9, 99, 999 Ω.

48. Instrumente für Spannungsmessung.

Ein grundsätzlicher Unterschied in dem Aufbau der Spannungs- und Strommesser besteht nicht. Jeder für schwache Ströme empfindliche Strommesser läßt sich im allgemeinen auch als Spannungsmesser verwenden. Viele Instrumente, namentlich die Präzisionsinstrumente, werden nach Belieben zur Messung von Stromstärken oder Spannungen benutzt. Der Unterschied liegt lediglich in der Meßschaltung sowie in der Verwendung von Nebenschluß- oder Vorschaltwiderständen. Bei Instrumenten, die ausschließlich als Voltmeter dienen sollen, z. B. für Schalttafelgebrauch, wird der erforderliche Widerstand jedoch nach Möglichkeit unmittelbar in die Apparate selbst verlegt, so daß dann ein besonderer Vorschaltwiderstand nicht notwendig ist. (Anwendung von Spulen aus vielen Windungen dünnen Drahtes, an Stelle solcher aus wenigen Windungen dicken Drahtes bei Strommessern.)

Eine Beschreibung der Voltmeter selber erübrigt sich nach vorstehenden Ausführungen. Es kommen für die Spannungsmessung die Hitzdrahtinstrumente, ferner sämtliche auf den elektromagnetischen und dynamischen Wirkungen der Stromes beruhenden Instrumente, wie auch schließlich die Induktionsinstrumente zur Anwendung.

In Hochspannungsanlagen werden auch elektrostatische Voltmeter benutzt. Bei diesen werden ein festes und ein bewegliches System entgegengesetzt elektrisch geladen. Infolgedessen erfährt das bewegliche System eine Ablenkung, deren Wert von der die Ladung bewirkenden Spannung abhängt.

Beispiele: 1. Ein Drehspulinstrument besitzt einen Widerstand von 1 Ω und gibt, als Strommesser benutzt, bei 1^0 Ausschlag eine Stromstärke von 0,001 A an. Welcher Spannung E entspricht jeder Grad Ausschlag, wenn das Instrument als Voltmeter angeschlossen wird?

$$E = J \cdot R_g = 0{,}001 \cdot 1 = 0{,}001 \text{ V}$$

(vgl. Beispiele zu § 38 und § 47).

2. Beim sog. Millivoltmeter von Weston mit 2 Ω Eigenwiderstand zeigt jeder Grad Ausschlag 0,001 V an. Wie groß ist bei Verwendung des Instrumentes als Strommesser die von 1^0 Ausschlag angegebene Stromstärke J?

$$J = \frac{E}{R_g} = \frac{0{,}001}{2} = 0{,}0005 \text{ A.}$$

B. Widerstandsmessungen.

49. Die indirekte Widerstandsmessung.

Um den Widerstand R_x eines Leiters zu bestimmen, kann dieser nach Fig. 66a in einen Stromkreis geschaltet werden, dessen Stärke J durch ein Amperemeter A gemessen wird. Der zwischen den Enden des Widerstandes bestehende Spannungsunterschied E wird gleichzeitig mittels eines Voltmeters V festgestellt. Der unbekannte Widerstand ist dann nach Gl. 2

$$R_x = \frac{E}{J} \quad \ldots\ldots\ldots \quad (49)$$

Durch einen in den Stromkreis eingeschalteten Regulierwiderstand (*R. W.*) kann der Stromstärke ein passender Wert erteilt werden.

Die Methode gibt eine in den meisten Fällen ausreichende Genauigkeit, vorausgesetzt daß das Voltmeter einen so hohen Widerstand hat, daß der es durchfließende Strom J' vernachlässigt werden kann. Andernfalls muß dieser von dem durch das Amperemeter angegebenen Strom J in Abzug gebracht werden.

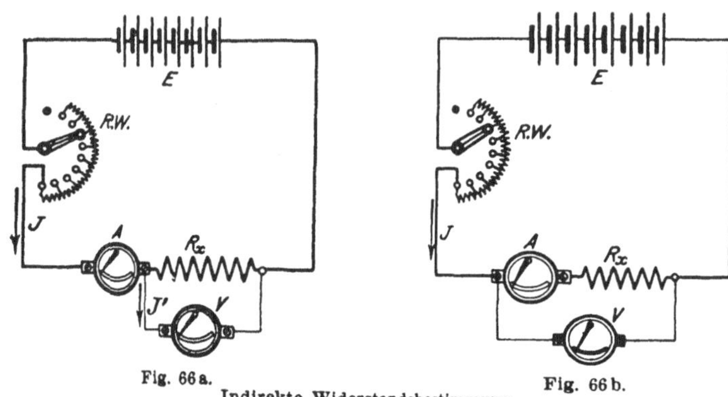

Fig. 66a. Fig. 66b.
Indirekte Widerstandsbestimmung.

Die Schaltung läßt sich auch nach Fig. 66b abändern. In diesem Falle gibt das Amperemeter die den Widerstand R_x durchfließende Stromstärke richtig an. Doch ist von dem nach der obigen Gleichung berechneten Widerstande der des Amperemeters abzuziehen, falls dieser nicht im Vergleich zum unbekannten Widerstande sehr klein ist.

Beispiel: Der Widerstand einer Spule wurde nach der indirekten Methode bestimmt, indem man sie in den Stromkreis einiger Elemente einschaltete. Die Stromstärke wurde zu 2,46 A, die Spannung zwischen den Enden der Spule zu 3,93 V gemessen. Wie groß ist der Widerstand?

$$R_x = \frac{E}{J} = \frac{3{,}93}{2{,}46} = 1{,}6\ \Omega.$$

50. Die Methode der Wheatstoneschen Brücke.

Sehr genaue Widerstandsmessungen ermöglicht die viel verwendete Methode der Wheatstoneschen Brücke. Bei dieser werden vier Widerstände R_1, R_2, R_3, R_4 so geschaltet, wie es Fig. 67 zeigt. Sind drei der Widerstände bekannt, so kann der vierte, z. B. R_3, ermittelt werden.

Der Anordnung wird durch die Batterie E, die an die Punkte A und B angeschlossen ist, Strom zugeführt. Im Punkte A verzweigt sich der Strom. Der Zweigstrom J_1 fließt durch die Widerstände R_1 und R_2, der Zweigstrom J_2 durch R_3 und R_4. Die Punkte C und D sind durch einen Draht überbrückt, der den Strommesser G enthält. In C und in D treten im allgemeinen ebenfalls Stromverzweigungen auf, wobei je ein Teilstrom durch den Brückendraht CD hindurchfließt. Da die beiden Teilströme in diesem Draht die entgegengesetzte Richtung haben, so gibt der Strommesser ihre Differenz an. Durch Verändern des Widerstandes R_4 läßt es sich jedoch erreichen, daß der Brückendraht stromlos wird, so daß durch ihn die Stromverteilung nicht beeinflußt wird. Das ist dann der Fall, wenn die beiden den Brückendraht durchfließenden Teilströme gleich groß sind, oder, was auf dasselbe hinausläuft, wenn zwischen den Punkten C und D kein Spannungsunterschied besteht. Diese Bedingung ist erfüllt, wenn im Zweig AC derselbe Spannungsabfall auftritt wie im Zweige AD, wenn also:

$$J_1 \cdot R_1 = J_2 \cdot R_3$$

ist. Eine entsprechende Beziehung läßt sich auch für die Zweige BC und BD aufstellen, nämlich:

$$J_1 \cdot R_2 = J_2 \cdot R_4 .$$

Die Division beider Gleichungen ergibt:

$$\frac{R_1}{R_2} = \frac{R_3}{R_4} \quad \ldots\ldots\ldots \quad (50)$$

also:

$$R_3 = R_4 \cdot \frac{R_1}{R_2} \quad \ldots\ldots\ldots \quad (51)$$

Für R_4 wird meistens ein Stöpselwiderstand benutzt, so daß man dem Widerstande einen beliebigen Wert geben kann. Auch die Wider-

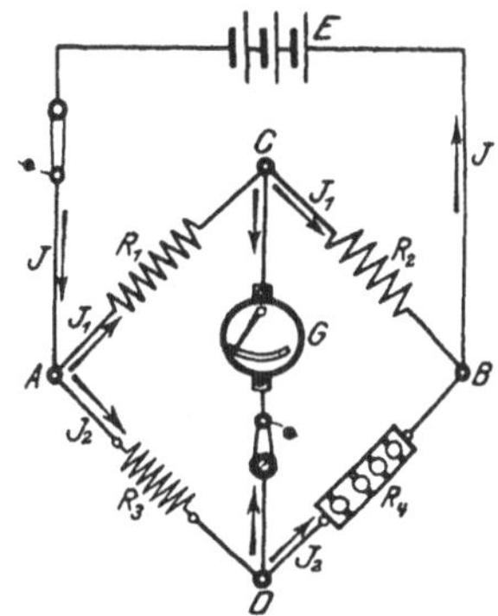

Fig. 67. Wheatstonesche Brücke.

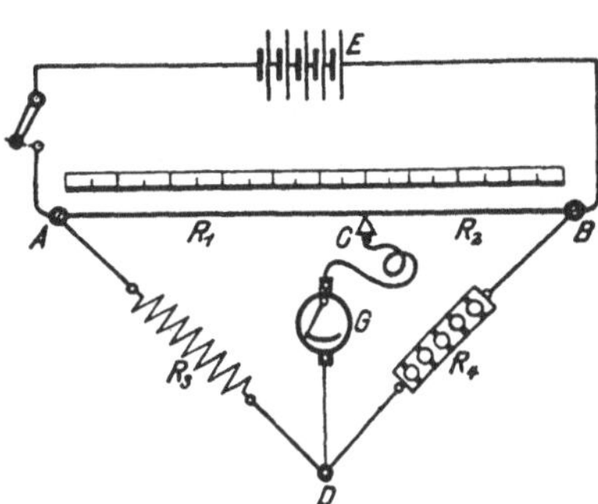

Fig. 68. Wheatstonesche Brücke mit Meßdraht.

stände R_1 und R_2 macht man meistens veränderlich. Sie erhalten jedoch nur verhältnismäßig wenig Stufen, z. B. 1, 10, 100 ... Ω, damit das Verhältnis $\frac{R_1}{R_2} = \ldots 0{,}1,\ 1,\ 10,\ 100 \ldots$ eingestellt werden kann, womit die Rechnung sich sehr einfach gestaltet.

Häufig werden die Widerstände R_1, R_2 und R_4 zu einem einheitlichen Apparat zusammengestellt, mit dem zuweilen auch gleich einige Elemente als Stromquelle sowie der Strommesser fest verbunden werden, wie es z. B. bei der Montagemeßbrücke von Siemens & Halske der Fall ist. Solche Apparate ermöglichen es, eine Messung schnell und bequem auszuführen.

Bei einer anderen Ausführungsform der Brücke (Fig. 68) werden die Widerstände R_1 und R_2 in Form eines Meßdrahtes ausgespannt, und es kann das Verhältnis $\frac{R_1}{R_2}$ dadurch gerändert werden, daß das zwischen den beiden Widerständen befindliche Brückendrahtende C mit Hilfe eines Schleifkontaktes verschoben wird. Dem Widerstand R_4 wird dabei ein passender Wert gegeben, z. B. 1, 10, 100 ... Ω. Hat der Meßdraht einen genau abgeglichenen Querschnitt, so kann statt des Verhältnisses der Widerstände das der Drahtlängen $\frac{l_1}{l_2}$ eingesetzt werden, also:

$$R_3 = R_4 \cdot \frac{l_1}{l_2} \qquad (52)$$

Das Verhältnis $\frac{l_1}{l_2}$ kann vielfach an einer längs des Meßdrahtes gelegten Skala direkt abgelesen werden.

Um den Widerstand von Flüssigkeiten mit der Wheatstoneschen Brücke zu messen, muß zur Vermeidung von chemischen Zersetzungen statt des Batteriestromes Wechselstrom verwendet werden. Dieser wird in der Regel durch einen kleinen Induktionsapparat erzeugt (s. § 27). Der Strommesser im Brückendraht wird durch ein Telephon ersetzt. Dieses zeigt, solange es vom Wechselstrom beeinflußt wird, ein Geräusch an. Letzteres verschwindet aber, wenn der Brückendraht stromlos wird. Telephonmeßbrücken werden auch vielfach zur Bestimmung des Erdwiderstandes von Blitzableitern verwendet.

Beispiel: Um den Widerstand eines Drahtes zu ermitteln, wurde er an die Stelle von R_3 in eine Wheatstonesche Brücke der in Fig. 67 wiedergegebenen Anordnung geschaltet. R_1 wurde zu 10 Ω, R_2 zu 1000 Ω gewählt. Der Stöpselwiderstand R_4 wurde so lange verändert, bis der Ausschlag des Strommessers Null wurde. Das war der Fall bei 825 Ω. Welche Größe hat der Widerstand des Drahtes?

$$R_3 = R_4 \cdot \frac{R_1}{R_2} = 825 \cdot \frac{10}{1000} = 8{,}25\ \Omega.$$

51. Die Abzweigmethode.

Bei einem anderen Verfahren der Widerstandsmessung wird der zu bestimmende Widerstand R_x mit einem Widerstand von bekannter Größe R hintereinander in einen von der Stromquelle E gespeisten Stromkreis eingeschaltet, so daß beide Widerstände von dem gleichen Strome durchflossen werden (Fig. 69). Es werden sodann mittels eines Voltmeters V die an den Enden der beiden Widerstände bestehenden Spannungsunterschiede bestimmt. Um diese Messungen schnell nacheinander vornehmen zu können, wird ein zweipoliger Umschalter angewendet. In der Stellung 1—1 gibt der Voltmeter den Spannungsunterschied E_1 an den Enden von R_x an, in der Stellung 2—2 den Spannungsunterschied E_2 an den Enden von R. Nun läßt sich, wenn die Stromstärke in dem Kreise J ist, nach dem Ohmschen Gesetz (Gl. 3) schreiben:

$$E_1 = J \cdot R_x,$$
$$E_2 = J \cdot R.$$

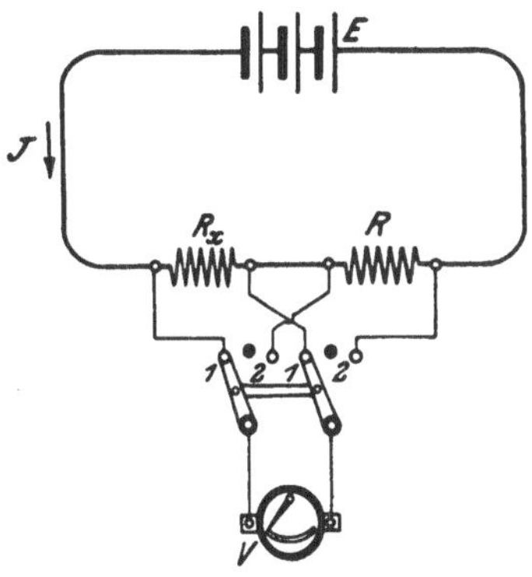

Fig. 69. Widerstandsmessung nach der Abzweigmethode.

Durch Division dieser beiden Gleichungen ergibt sich:

$$\frac{R_x}{R} = \frac{E_1}{E_2} \quad . \quad . \quad (53)$$

Die beiden Widerstände verhalten sich also wie die an ihren Enden herrschenden Spannungsunterschiede. Aus Gl. 53 folgt:

$$R_x = R \cdot \frac{E_1}{E_2} \quad . \quad (54)$$

Die Methode wird besonders häufig zur Bestimmung sehr kleiner Widerstände benutzt. Es empfiehlt sich, für R einen Widerstand zu wählen, dessen Größe nicht allzusehr von dem unbekannten Widerstande R_x abweicht.

Beispiel: Es soll der Widerstand einer Drahtspule bestimmt werden. Zu diesem Zwecke wird die Spule mit einem Präzisionswiderstande von 0,1 Ω hintereinander geschaltet. Als Stromquelle dient eine Akkumulatorenzelle. Der Spannungsunterschied an den Enden der Spule wurde zu 0,215 V, derjenige an den Klemmen des Präzisionswiderstandes zu 0,322 V gemessen.

$$R_x = R \cdot \frac{E_1}{E_2} = 0{,}1 \cdot \frac{0{,}215}{0{,}322} = 0{,}0668\ \Omega.$$

52. Widerstandsmessung nach der Voltmetermethode.

Legt man nach Fig. 70 den Spannungsmesser V zunächst unmittelbar an die Klemmen einer Stromquelle, indem man den einpoligen Umschalter in die Stellung 1 bringt, so zeigt er deren Spannung E an. Schaltet man das Instrument sodann unter Benutzung derselben Stromquelle mit dem unbekannten Widerstand R_x hintereinander, was durch Umlegen des Umschalters in die Stellung 2 geschieht, so gibt es die Spannung $E_1 = J \cdot R_g$ an, wenn J die im Kreise herrschende Stromstärke und R_g den Eigenwiderstand des Instrumentes bedeuten. Für die Stromstärke läßt sich aber, wenn man annimmt, daß gegenüber R_g und R_x alle übrigen Widerstände des Kreises vernachlässigt werden können, der Ausdruck bilden:

$$J = \frac{E}{R_g + R_x}.$$

Damit wird:

$$E_1 = \frac{E}{R_g + R_x} \cdot R_g.$$

Hieraus folgt:

$$R_x = R_g \cdot \left(\frac{E}{E_1} - 1\right) \quad \ldots \ldots \ldots \quad (55)$$

An die Stelle des Verhältnisses der Spannungen kann auch das Verhältnis der Zeigerausschläge $\frac{a}{a_1}$ gesetzt werden. Es ist dann:

$$R_x = R_g \cdot \left(\frac{a}{a_1} - 1\right) \quad \ldots \ldots \ldots \quad (56)$$

Die vorstehend beschriebene Methode wird namentlich zum Messen von sehr großen Widerständen, z. B. Isolationswiderständen, verwendet unter Benutzung eines Drehspulvoltmeters mit hohem Eigenwiderstand.

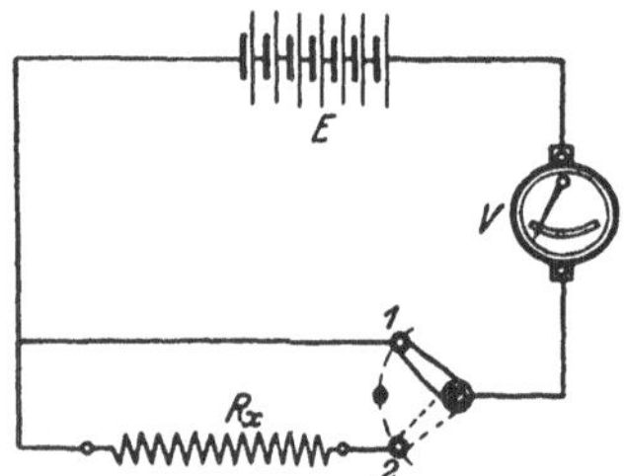

Fig. 70. Bestimmung des Widerstandes nach der Voltmetermethode.

Wird für die Messungen stets dieselbe Meßspannung E zugrunde gelegt, so ist der Ausschlag a des Instrumentes ein für allemal gegeben, und jedem Ausschlage a_1 entspricht ein bestimmter Widerstand R_x. Daher können auf der Skala des Instrumentes unmittelbar die Widerstände angegeben werden, so daß man diese ohne weiteres ablesen kann. Derartige Instrumente werden als Ohmmeter bezeichnet. Sie geben einen um so größeren Ausschlag, je kleiner der zu messende Widerstand ist.

Beispiel: Bei der Messung eines Widerstandes nach der Voltmetermethode wurde ein Drehspulinstrument von 60000 Ω Widerstand benutzt, das bei 1° Ausschlag eine Spannung von 1 V angibt. Die Meßspannung betrug 110 V, entsprechend einem Ausschlage von 110°. Nach Einschaltung des unbekannten Widerstandes betrug der Ausschlag 27,5°. Welchen Wert hat der gesuchte Widerstand?

$$R_x = R_g \cdot \left(\frac{a}{a_1} - 1\right)$$

$$= 60000 \cdot \left(\frac{110}{27,5} - 1\right) = 180000 \ \Omega.$$

C. Leistungs- und Arbeitsmessungen.

53. Leistungsmessung bei Gleichstrom und einphasigem Wechselstrom.

Die Leistung eines Gleichstromes kann durch gleichzeitige Spannungs- und Strommessung gefunden werden, da sie nach Gl. 20 gleich dem Produkt von Spannung und Stromstärke ist. Man kann sie jedoch auch unmittelbar mittels eines Leistungsmessers oder Wattmeters bestimmen. Eine besonders wichtige Rolle kommt dem Wattmeter für Wechselstrom zu, da bei diesem eine Ermittlung der Leistung aus Stromstärke und Spannung wegen der meist vorhandenen Phasenverschiebung nicht angängig ist.

Die Wattmeter werden gewöhnlich als Elektrodynamometer gebaut. Sie besitzen eine feste Spule aus dickem Draht, die in den betreffenden Stromkreis nach Art eines Strommessers eingeschaltet wird, Stromspule, und eine drehbar angebrachte Spule aus dünnem Draht, die nach Art eines Spannungsmessers verbunden wird, Spannungsspule. Der Ausschlag der beweglichen Spule gibt unmittelbar ein Maß für die Leistung an. Zur Erzielung verschiedener Meßbereiche wird die Stromspule des Wattmeters häufig aus zwei Teilen zusammengesetzt, die nach Bedarf einzeln verwendet oder parallel geschaltet werden. Vor die Spannungsspule wird in der Regel ein Vorschaltwiderstand gelegt, dessen Größe je nach der zu messenden Spannung verschieden ist.

Die Schaltung eines Wattmeters mit dem Vorschaltwiderstand *V.W.* ist in den Fig. 71a und b angegeben. Um den Energieverbrauch der zwischen den Leitungen *a* und *b* eingeschalteten Verbrauchsapparate, z. B. Glühlampen (in der Figur durch Kreuze angedeutet), zu messen, wird die Stromspule *AB* in eine der beiden Leitungen, z. B. *a*, eingeschaltet. Die Spannungsspule *CD* wird zwischen *a* und *b* angeschlossen, indem ihr eines Ende unmittelbar mit der Stromspule — mit *A* wie in Fig. 71a oder mit *B* wie in Fig. 71b —, das andere Ende mit der Leitung *b* verbunden wird.

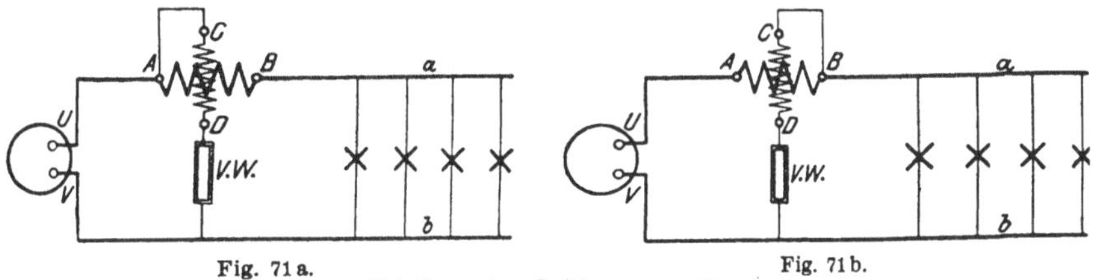

Fig. 71a. Fig. 71b.
Schaltung eines Leistungsmessers.

In den Angaben des Leistungsmessers ist sein eigener Leistungsverbrauch mit eingeschlossen. Der dadurch entstehende Fehler kann jedoch gewöhnlich vernachlässigt werden, da er im Vergleich zu der zu bestimmenden Leistung sehr klein ist. Erforderlichenfalls kann eine Berichtigung des Meßresultates in der Weise vorgenommen werden, daß bei der Schaltung in Fig. 71a die von der Stromspule, bei der Schaltung in Fig. 71b die von der Spannungsspule verzehrte Leistung von der vom Instrument angegebenen Leistung abgezogen wird. Wird nicht, wie bisher angenommen, die in den Verbrauchsapparaten aufgezehrte, sondern die von der Stromquelle *UV* gelieferte Energie gemessen, so ist bei Fig. 71a der Leistungsverbrauch der Spannungsspule, bei Fig. 71b der der Stromspule zu addieren.

Erwähnt sei noch, daß bei Verwendung eines Vorschaltwiderstandes dasjenige Ende der Spannungsspule unmittelbar mit der Stromspule verbunden werden muß, das nicht mit dem Vorschaltwiderstande in Verbindung steht, da sonst zwischen der festen und der beweglichen Spule unzulässige Spannungsunterschiede auftreten können. Die als Dynamometer gebauten Leistungsmesser sind sowohl für Gleichstrom als auch für Wechselstrom verwendbar.

Die Leistungsmesser können auch nach dem Prinzip der in § 46 beschriebenen Induktionsinstrumente eingerichtet werden, sind dann jedoch lediglich für Wechselstrom brauchbar. Zwei der auf den Aluminiumzylinder des Induktionsleistungsmessers einwirkenden vier Pole erhalten dickdrähtige Stromspulen, und es erfolgt die Erregung direkt durch den Hauptstrom, während die beiden anderen Pole mit dünndrähtigen Spannungsspulen versehen sind. Dem Strom in diesen Spulen wird wieder durch eigenartige Schaltungen künstlich eine Phasenverschiebung von 90° gegen den Hauptstrom erteilt. Infolge des auf diese Weise entstehenden Drehfeldes erfährt der Zylinder eine Ablenkung, aus deren Größe auf die Leistung geschlossen werden kann.

54. Leistungsmessung bei Drehstrom.

Bei Drehstrom kann die Leistung jeder Phase besonders bestimmt werden, wenn bei Sternschaltung der Verkettungspunkt der

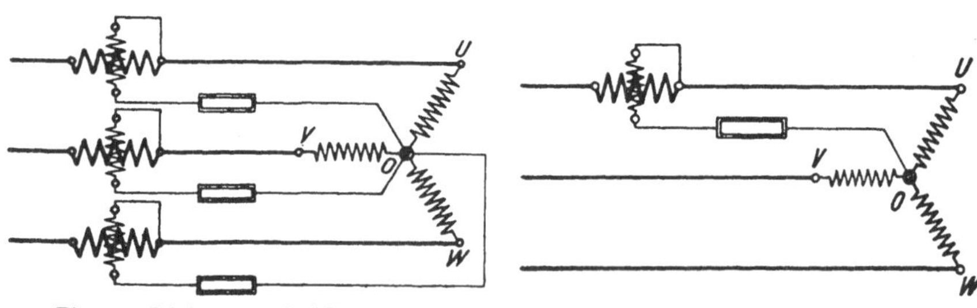

Fig. 72. Schaltung von drei Wattmetern bei Drehstrom in Sternschaltung.

Fig. 73. Schaltung eines Wattmeters bei Drehstrom in Sternschaltung.

Phasen zugänglich ist. Man benötigt also für die Messung drei Wattmeter. Die Summe ihrer Angaben ist gleich der Gesamtleistung des Systems. Die Schaltung ist in Fig. 72 wiedergegeben, in der *OU*, *OV*, *OW* die drei Phasen bedeuten, deren Leistung festgestellt werden soll. Ist man sicher, daß alle Phasen gleich stark belastet sind, so genügt es, die Leistung einer Phase zu messen, Fig. 73. Die Gesamtleistung ist dann gleich dem dreifachen Werte der Phasenleistung.

Hat man Dreieckschaltung, oder ist bei Sternschaltung der Verkettungspunkt nicht erreichbar, so kann man sich einen Nullpunkt *0* künstlich herstellen, indem man drei Widerstände I, II und III nach Fig. 74 verwendet. Die Widerstände müssen, gleichen Wider-

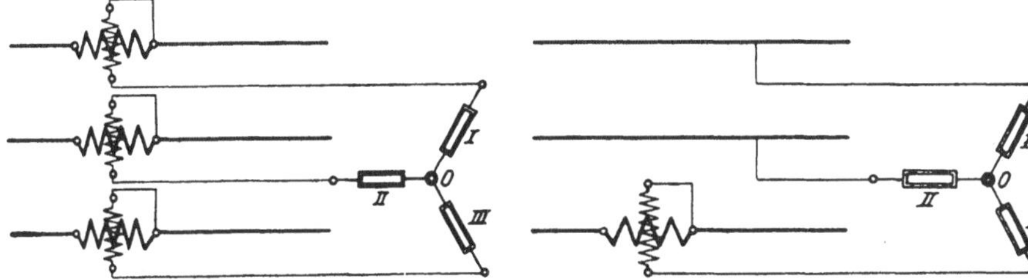

Fig. 74. Schaltung von drei Wattmetern bei Drehstrom mit künstlichem Nullpunkt.

Fig. 75. Schaltung eines Wattmeters bei Drehstrom mit künstlichem Nullpunkt.

stand der Spannungsspulen der Wattmeter vorausgesetzt, von derselben Größe sein. Bei gleicher Belastung der drei Phasen kann die Messung wieder mit einem einzigen Leistungsmesser, und zwar nach Fig. 75 ausgeführt werden. Hinsichtlich der zur Herstellung des künstlichen Nullpunktes dienenden Widerstände ist dann jedoch zu berücksichtigen, daß nur die Widerstände I und II von gleicher Größe sein müssen, daß dagegen III um den Betrag des Widerstandes der Wattmeterspannungsspule kleiner zu wählen ist.

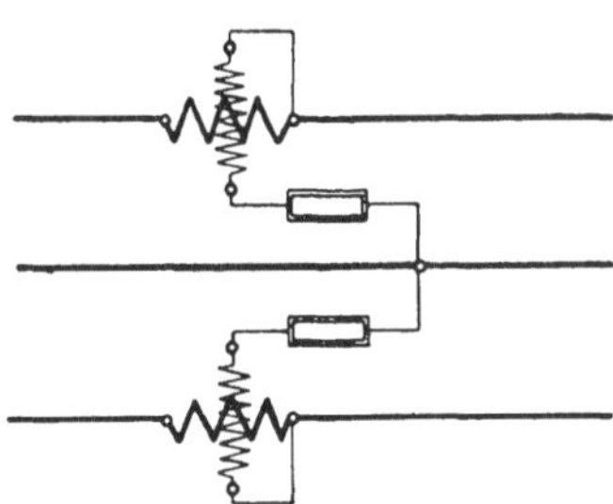

Fig. 76. Zweiwattmeterschaltung.

Durch Anwendung zweier Leistungsmesser kann man, selbst bei ungleicher Belastung der Phasen, eine genaue Messung vornehmen, wenn man die Schaltung nach Fig. 76 einrichtet. Die Stromspulen der Wattmeter werden in irgend zwei der drei Leitungen gelegt und die Spannungsspulen mit ihren freien Enden an die dritte Leitung angeschlossen. Es läßt sich nachweisen, daß bei dieser Schaltung, Zweiwattmeterschaltung genannt, die Gesamtleistung des Drehstromsystems gleich ist der Summe der von den beiden Wattmetern angegebenen Leistungen, wenn die Wattmeter im gleichen Sinne geschaltet sind und ihre Ausschläge nach derselben Seite erfolgen, gleich der Differenz dagegen, wenn die Instrumente nach verschiedenen Seiten ausschlagen.

Um bei der Zweiwattmetermethode mit einem einzigen Instrument auszukommen, kann ein von Siemens & Halske gebauter

Umschalter eigenartiger Konstruktion angewendet werden, mit dessen Hilfe das Wattmeter ohne Unterbrechung des Stromes nacheinander in die beiden Leitungen eingeschaltet wird, so daß die Ablesungen unmittelbar aufeinander vorgenommen werden können.

Bei Schalttafelwattmetern, die in eine Phase eines allphasig gleich belasteten Drehstromnetzes gelegt werden, wird des bequemeren Ablesens wegen die Skala meistens für die gesamte Drehstromleistung geeicht. Durch eine etwas abweichende Bauweise des Wattmeters läßt es sich auch erreichen, daß seine Spannungsspule zwischen irgend zwei der drei Leitungen, anstatt zwischen eine Leitung und den Nullpunkt gelegt werden kann. Schließlich kann man auch, um selbst bei ungleicher Belastung der Phasen mit einem Instrument auszukommen, der Zweiwattmeterschaltung entsprechend, zwei Wattmeter in einem Gehäuse in der Weise vereinigen, daß sie ein gemeinsames bewegliches System beeinflussen.

Beispiele: 1. Die einem Drehstrommotor zugeführte Leistung wird, da die drei Phasen als gleichbelastet angesehen werden können, nach Fig. 73 mittels eines Wattmeters bestimmt. Wie groß ist die Gesamtleistung, wenn an dem Instrument 11,6 kW abgelesen werden?

Da mit dem Instrument die Leistung nur einer Phase gemessen wird, so ist die Gesamtleistung

$$3 \cdot 11{,}6 = 34{,}8 \text{ kW}.$$

2. Bei einer Leistungsmessung nach der Zweiwattmetermethode findet man aus den Ausschlägen der beiden Wattmeter 6,4 bzw. 8,2 kW. Die Ausschläge erfolgen nach derselben Seite. Welches ist die Gesamtleistung?

Die Gesamtleistung ergibt sich durch Addition der gemessenen Einzelwerte zu

$$6{,}4 + 8{,}2 = 14{,}6 \text{ kW}.$$

55. Allgemeines über Arbeitsmessung.

Die Arbeit, die ein elektrischer Strom verrichtet, kann nach § 11 ermittelt werden als das Produkt von Leistung und Zeit. Sie läßt sich jedoch auch mit Hilfe von Apparaten unmittelbar bestimmen, die gewöhnlich Elektrizitätszähler genannt werden. Diese dienen namentlich dazu, die einem öffentlichen Elektrizitätswerke seitens der Abnehmer entnommene Arbeit festzustellen, um die dafür zu entrichtende Vergütung zu berechnen. Die eigentlichen Arbeitsmesser werden als Wattstundenzähler bezeichnet zum Unterschiede von den Amperestundenzählern, die lediglich das Produkt von Stromstärke und Zeit (also die Elektrizitätsmenge) angeben, die Spannung aber nicht berücksichtigen. Die Amperestundenzähler können trotzdem zur angenäherten Bestimmung der Arbeit Verwendung finden, wenn die Spannung nahezu konstant ist, sie werden daher vielfach auch auf Wattstunden geeicht, doch gilt in diesem Falle die Skala nur für die der Eichung zugrunde gelegte Spannung.

Die wichtigsten Arten der Elektrizitätszähler sollen nachfolgend beschrieben werden.

56. Elektrochemische Zähler.

Auf der Elektrolyse beruhende Zähler wirken lediglich als Amperestundenzähler. Sie wurden bisher verhältnismäßig wenig verwendet. Neuerdings ist jedoch ein von Schott & Gen. vertriebener Zähler, der sogen. Stiazähler, viel in Aufnahme gekommen. Bei diesem wird eine elektrolytische Zelle angewendet, die mit der Lösung eines Quecksilbersalzes gefüllt ist. Die Zelle wird unter Benutzung eines Nebenschlußwiderstandes von dem zu messenden Strome durchflossen. Das sich dabei am negativen Pole abscheidende Quecksilber wird in einem Maßrohre aufgefangen. Aus der Höhe des in diesem angesammelten Quecksilbers läßt sich die Zahl der Amperestunden und folglich, bei gegebener Spannung, die Zahl der Wattstunden feststellen. Von Zeit zu Zeit muß das Quecksilber aus dem Maßrohr in die Zelle zurückgebracht werden, was durch einfaches Kippen des Zählers bewirkt werden kann. Die Zähler kommen naturgemäß nur für Gleichstrom zur Verwendung.

57. Pendelzähler.

Bei seinen Wattstundenzählern verwendet Aron zwei Pendel von gleicher Schwingungsdauer, Fig. 77. An seinem unteren Ende ist jedes Pendel mit einer über einer festen Stromspule *A* bzw. *B* schwingenden Spannungsspule *C* bzw. *D* versehen. Die Strom- und Spannungsspulen werden in derselben Weise wie die Spulen eines Wattmeters mit dem Stromkreise, dessen Arbeitsverbrauch bestimmt werden soll, in Verbindung gebracht. Für die Spannungsspulen ist ein Vorschaltwiderstand (*V. W.*) erforderlich. Zwischen der festen und der beweglichen Spule eines jeden Pendels tritt nun eine elektrodynamische Wirkung auf, durch welche bei geeigneter Stromrichtung in den Spulen die Geschwindigkeit des einen Pendels gehemmt, diejenige des anderen

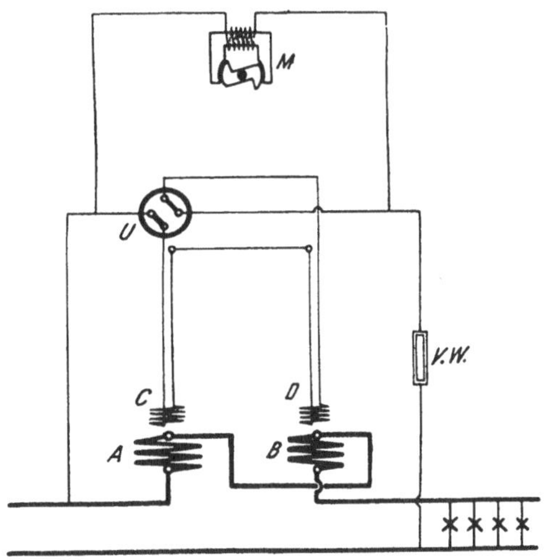

Fig. 77. Pendelzähler.

beschleunigt wird. Die Differenz der Schwingungszahlen beider Pendel innerhalb einer gewissen Zeit ist der zu messenden Arbeit proportional. Um diese unmittelbar ablesen zu können, wirken die Pendel auf ein Differentialgetriebe ein, das den Unterschied der Schwingungszahlen beider Pendel einem Zeigerwerk übermittelt. Dieses bleibt unbeeinflußt, solange der Stromkreis nicht geschlossen ist.

Während bei den älteren Zählern das Uhrwerk von Zeit zu Zeit von Hand aufgezogen werden mußte, besitzen die neueren Zähler eine selbsttätige Aufziehvorrichtung in der Weise, daß die Feder des Uhrwerkes in kurzen Zwischenzeiten von einem kleinen Elektromagneten *M*, der durch kurz andauernde Stromstöße beeinflußt wird, immer wieder von neuem gespannt wird. Außerdem ist eine Umschaltvorrichtung vorgesehen, durch welche die Drehrichtung des Zählwerkes in bestimmten Zeitabständen regelmäßig umgekehrt wird. Hierdurch werden Fehler vermieden, die infolge eines etwa schon bei Leerlauf auftretenden Gangunterschiedes beider Pendel auftreten können. Damit trotz der Umschaltung des Zählwerkes die Zeiger dem Energieverbrauch entsprechend vorrücken, wird jedesmal gleichzeitig durch den Umschalter *U* die Stromrichtung in den Spannungsspulen umgewechselt.

Die Pendelzähler werden sowohl für Gleichstrom als auch für Wechselstrom geliefert. Zähler für Drehstrom werden nach der Zweiwattmetermethode geschaltet.

58. Dynamometrische Zähler.

Bei den nach dem Prinzip des Elektrodynamometers gebauten Zählern wird eine aus mehrern Abteilungen bestehende drehbar gelagerte Spannungsspule dem Einflusse einer oder mehrerer feststehender Stromspulen ausgesetzt. In Fig. 78 sind zwei Stromspulen *A* und *B* angegeben. Die Spannungsspule *C* ist um eine vertikale Welle drehbar, und es wird ihr mittels eines winzigen Kollektors, dessen Wirkungsweise erst später (s. § 64) erläutert werden kann, durch die Schleifbürsten *b*, *b* Strom zugeführt. Die Einrichtung kann als ein kleiner Gleichstrommotor aufgefaßt werden, nur daß in den meisten Fällen Eisen für das Werk völlig vermieden ist. In den Spannungskreis ist außer einem Vorschaltwiderstand (*V. W.*) noch eine Hilfsspule *H* eingeschaltet, die die

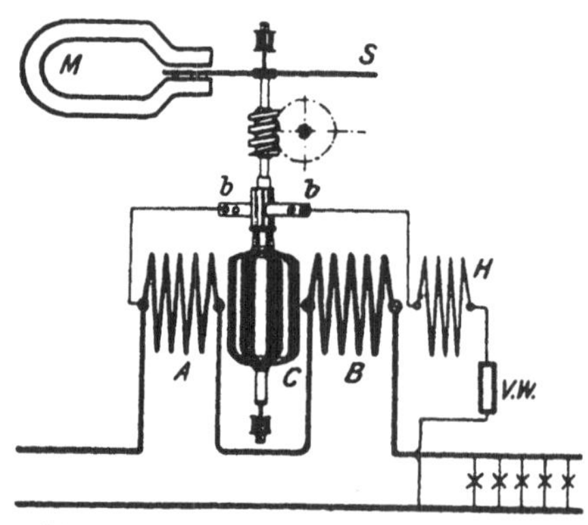

Fig. 78. Dynamometrischer Zähler (Motorzähler).

Wirkung der Stromspule unterstützt und dazu dient, den Anlauf zu erleichtern, sowie die Reibungsverluste des Motors zu kompensieren. Auf der Welle des Zählers befindet sich ferner eine Metallscheibe S, meistens aus Aluminium, die sich zwischen den Polen eines Dauermagneten M vorbeibewegt. Die dadurch in der Scheibe induzierten Wirbelströme wirken bremsend und setzen die Energie des beweglichen Systems in Wärme um. Durch die Anwendung einer derartigen Bremsung wird erreicht, daß die Drehungsgeschwindigkeit der Leistung proportional ist, so daß die Zahl der Umdrehungen innerhalb einer gewissen Zeit ein Maß für die Arbeit bildet. Diese kann mit Hilfe eines durch die Welle betätigten Zählwerkes abgelesen werden.

Bei den Amperestundenzählern fällt die Spannungsspule fort. Es wird dann die bewegliche Spule als Stromspule ausgebildet und den Polen eines Dauermagneten ausgesetzt.

Die dynamometrischen Zähler werden in der Regel nur für Gleichstrom gebraucht. Sie können jedoch auch für Wechselstrom verwendet werden.

Der empfindliche Kollektor der dynamometrischen Zähler ist vermieden bei den oszillierenden Zählern. Bei diesen ist die Drehung der Spannungsspule durch zwei Anschläge begrenzt, durch welche die Richtung des in ihr fließenden Stromes jedesmal umgekehrt wird, so daß die Spule dauernd hin und her pendelt. Die Zahl der Oszillationen ist der Arbeit proportional.

59. Quecksilbermotorzähler.

Eine andere Möglichkeit, einen Gleichstromzähler ohne Kollektor zu bauen, ist in den Quecksilbermotorzählern verwirklicht. Bei diesen wird eine Scheibe aus Kupfer in einem Quecksilberbade drehbar angeordnet. Die Scheibe ist mit einem Überzug aus Email versehen. Nur die Mitte und der Rand der Scheibe sind blank gelassen. Das Quecksilber dient zur Zuführung des Stromes. Dieser fließt in der Kupferscheibe, welche wegen ihres im Vergleich zum Quecksilber geringen Widerstandes vorzugsweise den Stromweg bildet, in der Richtung von der Scheibenmitte zum Rand. Auf die Kupferscheibe wirken nun die beiden Pole eines Dauermagneten ein, unter deren Einfluß sie in Drehung gelangt. Die erforderliche Bremswirkung wird in bekannter Weise durch Wirbelströme erzielt. Wegen des Fehlens der Spannungsspule wirken die Zähler als Amperestundenzähler.

60. Induktionszähler.

Das Prinzip der Induktionsmeßinstrumente (vgl. § 46 und 53) wird besonders häufig für die Konstruktion von Elektrizitätszählern nutzbar gemacht. Bei ihnen wird, wie bei den Leistungsmessern, durch Strom- und Spannungsspulen ein Drehfeld erzeugt. Diesem wird eine Aluminiumscheibe ausgesetzt. Während jedoch beim Leistungsmesser dem beweglichen System durch Torsionsfedern eine bestimmte Gleichgewichtslage erteilt wird, ist beim Zähler die Aluminiumscheibe frei drehbar. Ihre Energie wird, wie bei den vorher beschriebenen Instrumenten, in Wirbelströme umgesetzt, und die Arbeit kann, da sie der Umdrehungszahl proportional ist, an einem Zählwerk abgelesen werden. Die Induktionszähler haben gegenüber den dynamometrischen Zählern den Vorteil, daß dem beweglichen System überhaupt kein Strom zugeführt wird. Sie sind jedoch, wie alle Induktionsmeßinstrumente, für Gleichstrom nicht verwendbar. Dagegen sind sie die bevorzugtesten Zähler für ein- und mehrphasigen Wechselstrom.

D. Besondere Wechselstrommessungen.

61. Bestimmung der Phasenverschiebung.

Um die zwischen Spannung und Stromstärke eines Wechselstromes bestehende Phasenverschiebung zu bestimmen, ist es erforderlich, einerseits die Leistung L, andererseits die Spannung E und die Stromstärke J zu messen. Bei einphasigem Wechselstrom folgt dann aus Gl. 41 für den Leistungsfaktor:

$$\cos\varphi = \frac{L}{E \cdot J}, \quad \ldots \ldots \ldots \quad (57)$$

bei Drehstrom ist nach Gl. 44:

$$\cos\varphi = \frac{L}{\sqrt{3} \cdot E \cdot J}. \quad \ldots \ldots \ldots \quad (58)$$

Zur unmittelbaren Bestimmung der Phasenverschiebung dienen die Phasenmesser, denen ein ähnliches Prinzip wie den Wattmetern zugrunde liegt.

62. Frequenzmesser.

Die zur Bestimmung der sekundlichen Periodenzahl eines Wechselstromes dienenden Apparate, Frequenzmesser genannt, sind in der Regel derartig konstruiert, daß vor einem Pole eines Elektromagneten eine Reihe einseitig eingespannter Stahlzungen nebeneinander angebracht ist, die ihrer Reihenfolge nach sämtlich auf verschiedene Eigenschwingungszahlen, entsprechend dem beabsichtigten Meßbereich, abgestimmt sind. Von den Zungen wird, sobald der Magnet durch Wechselstrom erregt wird, infolge einer Resonanzwirkung diejenige in lebhaftes Schwingen kommen, deren Eigenschwingungszahl mit der Polwechselzahl, also dem doppelten Wert der Frequenz des Stromes, übereinstimmt. Richtet man es so ein, daß der Unterschied zwischen den Eigenschwingungszahlen zweier benachbarten Zungen gerade einem Polwechsel entspricht, so läßt sich die Frequenz des Stromes von halber zu halber Periode genau feststellen. Fig. 79 zeigt eine Ausführung des Frequenzmessers von Hartmann & Braun. Die Stahlzungen sind auf zwei Reihen Z_1 und Z_2 verteilt und vor den Polen A und B des Wechselstrommagneten M angeordnet. Von den vor dem Pole A befindlichen Zungen spricht die in der Figur angedeutete gerade an. Die Beobachtung wird durch Fähnchen erleichtert, die auf den freien Enden der Zungen gut sichtbar angebracht sind und den Schwingungszustand der letzteren deutlich erkennen lassen.

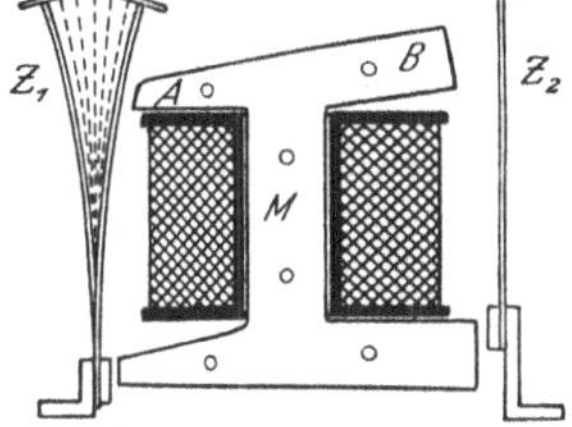

Fig. 79. Frequenzmesser.

Drittes Kapitel.

Gleichstromerzeuger.

63. Allgemeine Anordnung einer Gleichstrommaschine.

Durch die Erfindung der galvanischen Elemente war zuerst die Möglichkeit gegeben, einen elektrischen Strom auf verhältnismäßig einfache Weise hervorzurufen. Auch heute noch finden Elemente in der Schwachstromtechnik, z. B. für den Betrieb von Signaleinrichtungen sowie für die Zwecke der Telegraphie und Telephonie, ausgedehnte Verwendung. In der Starkstromtechnik werden dagegen als Stromquellen ausschließlich elektrische Maschinen benutzt, welche die ihnen von einer Antriebsmaschine, z. B. einer Dampf- oder Wasserkraftmaschine, zugeführte mechanische Energie durch Induktionswirkung in elektrische Energie umwandeln. Man bezeichnet solche Maschinen als Stromerzeuger oder Generatoren.

Nach der Art des gelieferten Stromes können die Maschinen eingeteilt werden in Gleichstrom- und Wechselstrommaschinen. Im folgenden sollen zunächst die Gleichstrommaschinen behandelt werden.

Die wesentlichsten Teile einer jeden Gleichstrommaschine sind das Magnetgestell und der Anker, die zu einem magnetischen Kreise angeordnet sind.

Die für Gleichstrommaschinen übliche Bauweise ist die Außenpolmaschine. Bei dieser ist das zur Hervorrufung eines magnetischen Feldes dienende Magnetgestell, auch Gehäuse genannt, feststehend angebracht. In Fig 80 ist ihm die Form eines durch eine Spule erregten Hufeisenmagneten gegeben. Die Pole N und S sind zylindrisch ausgebohrt und umschließen einen Teil des Umfanges des zwischen ihnen drehbar gelagerten eisernen Ankers. Die Kraftlinien sind in der Figur durch eine mittlere Linie angedeutet. Sie gelangen von den Polen durch die schmalen Luftspalte hindurch in den Anker. Da sie zum größten Teil in Eisen verlaufen, so finden sie einen nur verhältnismäßig geringen Widerstand. Wegen der beiden Luftspalte ist der magnetische Kreis als ein offener zu bezeichnen.

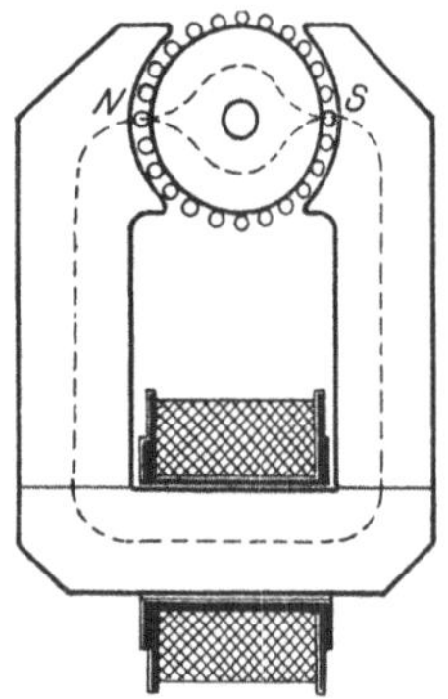

Fig. 80. Magnetischer Kreis einer Gleichstrommaschine.

Der Anker dient zur Aufnahme der Wicklung, die aus einer Reihe von in geeigneter Weise miteinander verbundenen Drähten besteht. Bei der Drehung des Ankers schneiden diese in den zwischen dem Anker und den Polen befindlichen Luftzwischenräumen die Kraftlinien, und es werden daher in ihnen EMKe induziert. Auf der Ankerwelle befindet sich noch der Kollektor oder Stromabgeber, auf dem Kontaktstücke aus Kohle oder Kupfer, die sog. Bürsten, schleifen, durch die die Ankerwicklung mit dem äußeren Stromkreise in Verbindung gebracht werden kann.

64. Die zweipolige Ringwicklung.

Der zwischen den beiden Polen N und S (Fig. 81) des Magnetgestells befindliche Anker habe die Form eines eisernen Hohlzylinders. Die vom Nordpol N ausgehenden Kraftlinien nehmen den in der Figur angedeuteten Verlauf. Sie gehen sämtlich durch den eisernen Ring hindurch zum Südpol. An dem Kraftlinienbilde wird auch nichts geändert, wenn der Ring in Drehung versetzt wird. Ist auf dem Hohlzylinder eine in sich geschlossene Drahtwindung, die entsprechend dem Querschnitt des Ankers die Form eines Rechtecks hat, angebracht, so wird in dieser bei der Drehung des Ankers eine EMK induziert. Dabei ist nur der auf der äußeren Zylinderfläche liegende Teil der Windung wirksam, da nur dieser Kraftlinien schneidet. Es soll dieser Teil der Windung daher als wirksamer Draht bezeichnet werden. Nach § 30 muß der in der Windung auftretende Strom ein Wechselstrom sein, denn die im wirksamen Draht erzeugte EMK schwankt zwischen dem Werte Null, der eintritt, wenn

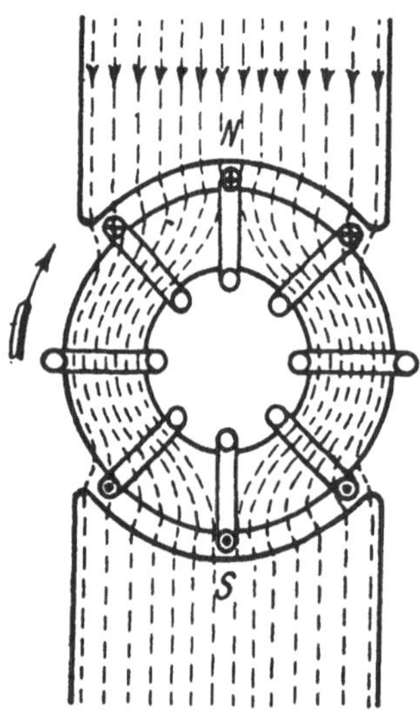

Fig. 81. Gleichstromanker mit einer Windung.

die Windung sich in der Mitte zwischen den beiden Polen, in der neutralen Zone, befindet, und einem Höchstwerte, der erreicht wird, wenn die Windung sich mitten unter einem Pole befindet. Solange die Windung im Bereiche desselben Poles bleibt, behält die EMK die gleiche Richtung. Es tritt dagegen ein Richtungswechsel ein, sobald die Windung die neutrale Zone überschreitet und unter den entgegengesetzten Pol gelangt. In der Figur ist die Windung in 8 verschiedenen Lagen gezeichnet, und es ist jedesmal die Richtung der EMK im wirksamen Draht durch ein Kreuz, bzw. einen Punkt angegeben (vgl. § 30). Der zeitliche Verlauf der EMK während einer Umdrehung würde einer Sinuskurve entsprechen, wenn das magnetische Feld ein gleichförmiges wäre, die Kraftlinien also sämtlich parallel liefen. Diese Annahme trifft in Wirklichkeit nicht genau zu. Man kann jedoch trotzdem den Verlauf der EMK mit genügender Annäherung durch eine Sinuskurve darstellen.

Wird statt einer einzigen Drahtwindung eine aus mehreren Windungen bestehende Spule auf dem Anker angebracht, so addieren sich die in den einzelnen wirksamen Drähten erzeugten EMKe. Werden ferner die Enden der Spule nach Fig. 82 mit Schleifringen verbunden, die an der Drehung des Ankers teilnehmen, so kann die EMK

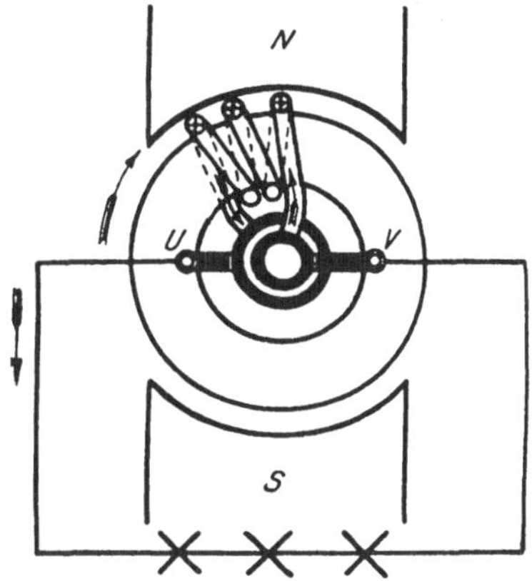

Fig. 82. Einspuliger Wechselstromanker.

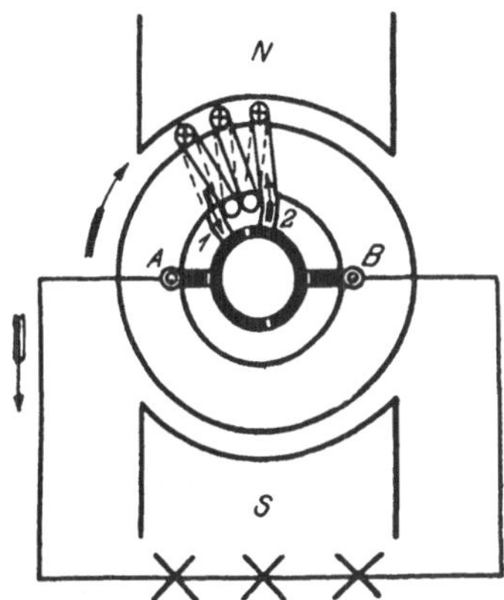

Fig. 83. Einspuliger Gleichstromanker.

der Spule mittels der beiden auf den Ringen schleifenden feststehenden Bürsten U und V dem äußeren Stromkreise — es sind in ihm einige Stromverbraucher durch Kreuze angedeutet — zugeführt werden. Eine solche Anordnung stellt den einfachsten Fall einer Wechselstrommaschine dar. Die beiden Schleifringe, die voneinander zu isolieren sind, werden auf der Ankerwelle nebeneinander angebracht und erhalten den gleichen Durchmesser; in der Figur sind sie jedoch der Deutlichkeit wegen verschieden groß gezeichnet.

Um außerhalb des Ankers einen Gleichstrom zu erhalten, kann man einen Stromwender oder Kommutator anwenden, der aus zwei Halbringen aus Kupfer besteht, die voneinander isoliert sind. Die Enden der Spule sind mit je einem der Kommutatorteile verbunden, Fig. 83. Die Stromabnahme durch die Bürsten erfolgt in der neutralen Zone. Während einer halben Umdrehung, solange sich also die Spule oberhalb der neutralen Zone befindet, steht Ende 1 der Spule in Verbindung mit Bürste A, Ende 2 dagegen in Verbindung mit Bürste B. Während der nächsten halben Umdrehung, solange sich die Spule unterhalb der neutralen Zone aufhält, ist aber umgekehrt Ende 2 der Spule mit Bürste A, Ende 1 mit Bürste B verbunden. Sobald sich also die Richtung der EMK innerhalb der Spule umkehrt, werden deren Enden gegenüber dem äußeren Stromkreise vertauscht; in diesem muß demnach der Strom dauernd die gleiche Richtung besitzen. Man hat also durch die Anbringung des Kommutators eine Gleichstrommaschine

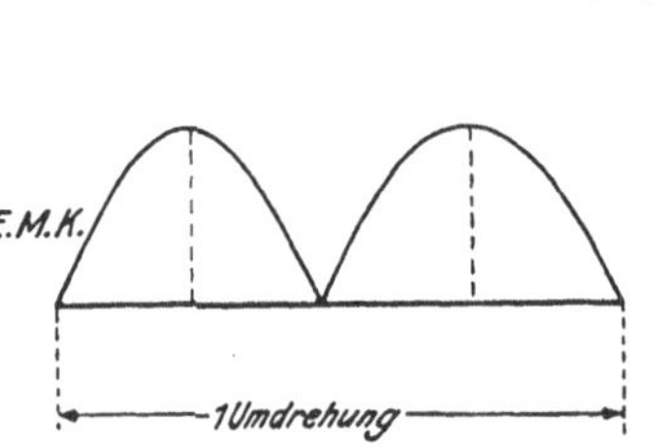

Fig. 84. EMK des einspuligen Gleichstromankers.

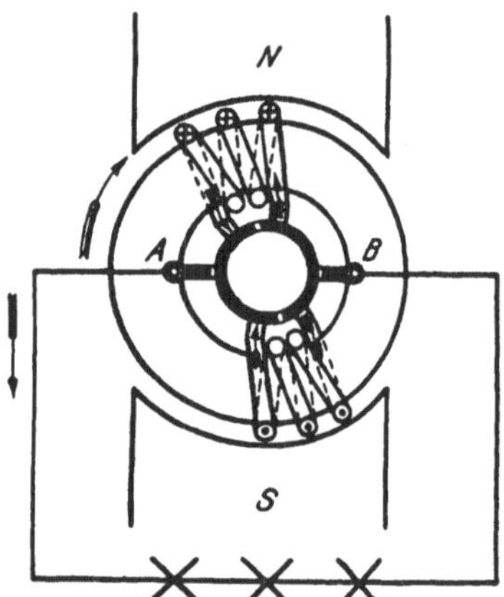

Fig. 85. Zweispuliger Gleichstromanker.

erhalten. Der zeitliche Verlauf der EMK einer solchen Maschine während einer Umdrehung entspricht der Fig. 84, aus der ersichtlich ist, daß man es mit einem pulsierenden oder intermittierenden Gleichstrome zu tun hat, da die EMK beständig zwischen Null und einem Höchstwerte schwankt.

Hieran wird auch nichts geändert, wenn auf dem Anker noch eine zweite Spule gegenüber der ersten angebracht wird, Fig. 85. In jeder Spule werden dann gleichgroße EMKe erzeugt, doch wirken diese gegeneinander, solange der äußere Stromkreis noch nicht mit den Bürsten A und B in Verbindung gebracht ist. Die Wicklung ist dann also stromlos. Wird der äußere Stromkreis dagegen angeschlossen, so vereinigen sich in ihm die von den beiden Spulen herrührenden Ströme. Die Spulen sind also alsdann parallel geschaltet. Die Anordnung kann verglichen werden mit zwei gegeneinander geschalteten Elementen (Fig. 86), deren EMKe sich aufheben. Sobald jedoch an die Elemente der äußere Draht

AB angeschlossen wird (Fig. 87), sind die Elemente parallel geschaltet, und es vereinigen sich im Draht die Ströme beider Elemente.

Um die Schwankungen der EMK zu verringern, kann ein zweites Spulenpaar senkrecht zum ersten hinzugefügt werden, Fig. 88. Der Kommutator wird dann vierteilig. Durch die auf ihm schleifenden Bürsten werden wiederum zwei parallele Zweige gebildet. Der eine Zweig besteht aus den beiden unter dem Nordpole befindlichen Spulen, der andere aus den unter dem Südpole befindlichen. Die beiden Spulen jedes Zweiges sind hintereinander geschaltet, und die in ihnen induzierten EMKe summieren sich also. Die Addition läßt sich am besten zeichnerisch vornehmen. In Fig. 89 geben die Kurven I und II den Verlauf der in den Spulen I und II induzierten EMKe wieder, wobei berücksichtigt ist, daß die EMK in den Spulen I Null ist, wenn in den Spulen II die höchste EMK induziert wird, und umgekehrt. Die Kurve I + II gibt in jedem Augenblicke die Summe beider EMKe, also die gesamte EMK der Maschine an. Man erkennt, daß diese jetzt doppelt soviel Schwankungen aufweist, als in dem Falle, wo nur ein Spulenpaar vorhanden war. Doch sind die Schwankungen an sich erheblich geringer geworden, und auf Null fällt die EMK überhaupt nicht mehr.

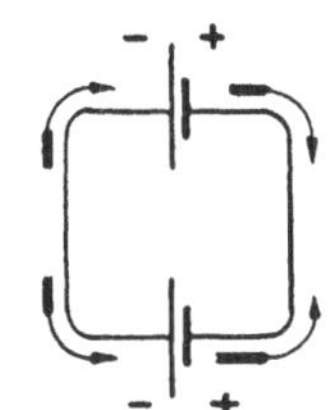

Fig. 86. Zwei gegeneinander geschaltete Elemente.

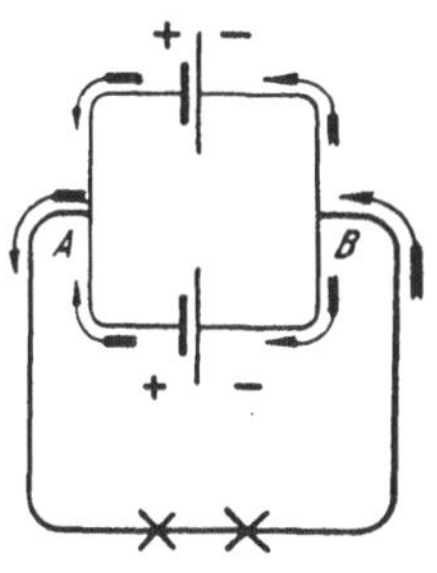

Fig. 87. Zwei parallel geschaltete Elemente.

Damit die Schwankungen noch kleiner ausfallen, die EMK also möglichst konstant wird, müssen auf dem Anker weitere Spulenpaare angeordnet werden, wie dies bei dem Pacinotti-Grammeschen Ringe geschieht. Dieser besitzt eine fortlaufende, in sich geschlossene Wicklung. Zwischen je zwei Windungen oder, falls

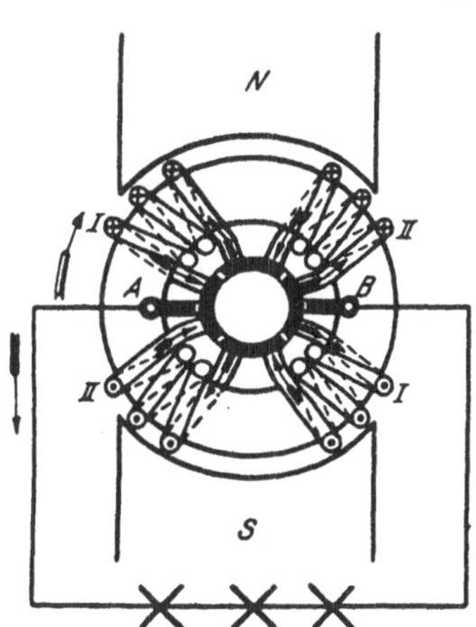

Fig. 88. Vierspuliger Gleichstromanker.

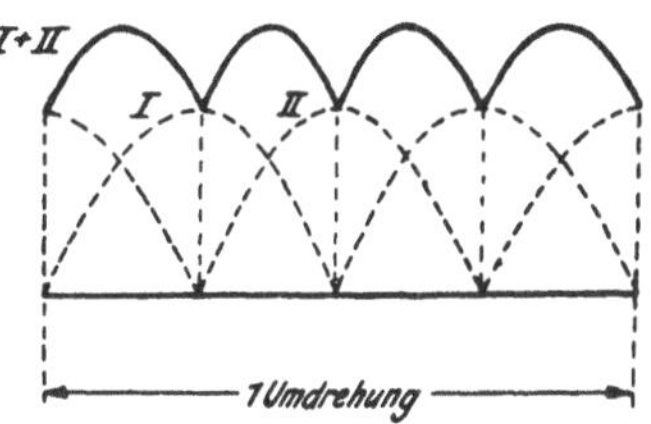

Fig. 89. EMK des vierspuligen Gleichstromankers.

mehrere Windungen zu einer Spule zusammengefaßt sind, zwischen je zwei Spulen wird eine Verbindung mit einem Kommutatorteile hergestellt. Der Kommutator muß also aus so vielen Teilen oder Lamellen zusammengesetzt werden als Spulen vorhanden sind. Einen derartigen vielteiligen Kommutator nennt man Kollektor. In Fig. 90 ist das Schema einer solchen Ankerwicklung wiedergegeben unter der Annahme von 16 wirks. Drähten, also auch 16 Windungen. Je 2 Windungen bilden eine Spule. Es ergeben sich daher im ganzen 8 Spulen, so daß auch ein achtteiliger

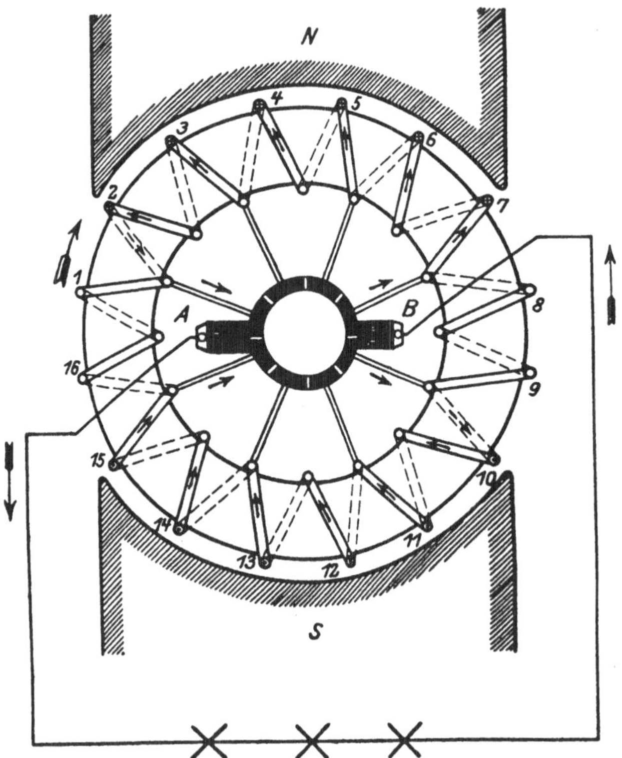

Fig. 90. Pacinotti-Grammescher Ringanker.

Kollektor erforderlich wird. Alle wirks. Drähte unter dem Nordpole sind hintereinander geschaltet. Ihre EMKe addieren sich also. Das gleiche gilt von den Drähten unter dem Südpole. Die auf diese Weise sich ergebenden Wicklungshälften werden durch die auf dem Kollektor in der neutralen Zone befindlichen Bürsten parallel geschaltet. Der positive Pol des Ankers wird durch die Bürste A gebildet, an der die Ströme beider Wicklungshälften zum äußeren Strome zusammenfließen. Die EMKe beider Zweige sind an dieser

Stelle gegeneinader gerichtet. An der den negativen Pol bildenden Bürste B tritt der äußere Strom wieder in die Wicklung ein, wird er also wieder in die beiden Ankerzweigströme zerlegt. Die EMKe beider Zweige sind hier auseinander gerichtet.

Denkt man sich jede Windung der in Fig. 90 dargestellten Wicklung durch ein Element ersetzt, so ergibt sich Fig. 91, nur sind bei der Wicklung die EMKe der Spulen nicht wie bei gleichartigen Elementen sämtlich gleichgroß, sondern von der jeweiligen Lage der Spulen abhängig.

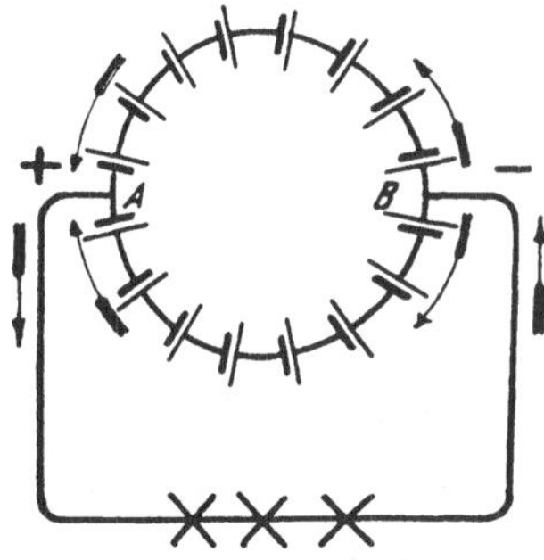

Fig. 91. Der Ringschaltung entsprechende Elementenschaltung.

Die besprochene Ringwicklung wurde von Pacinotti im Jahre 1860 angegeben, fand jedoch wenig Beachtung. Sie wurde im Jahre 1871 von Gramme von neuem erfunden und praktisch verwendet.

65. Die zweipolige Trommelwicklung.

Bei der Ringwicklung ist nur der äußere Teil jeder Windung wirksam. Die übrigen Teile dienen lediglich dazu, die Verbindung mit dem benachbarten wirks. Draht herzustellen. Wegen dieser ungünstigen Ausnützung und aus anderen hier nicht zu erörternden Gründen wird die Ringwicklung heute nur noch in Ausnahmefällen angewendet. Sie ist völlig verdrängt worden durch die von von Hefner-Alteneck im Jahre 1872 erfundene Trommelwicklung, Wenn trotzdem im vorstehenden die Ringwicklung ausführlich besprochen wurde, so geschah es, weil die Wirkungsweise der Trommelwicklung sich im wesentlichen mit derjenigen der Ringwicklung deckt, bei dieser aber die elektrischen Verhältnisse leichter zu übersehen sind.

Bei der Trommelwicklung sind die gesamten auf dem Ankerumfang gleichmäßig verteilten Drähte in der Weise zu einer Wicklung vereinigt, daß ein wirks. Draht unter dem Nordpole durch eine Stirnverbindung mit einem ihm gegenüberliegenden wirks. Draht unter dem Südpole verbunden ist. Dieser wird dann, unter Zwischenschaltung einer Kollektorlamelle, wieder mit einem vom Nordpol induzierten Draht verbunden usw. Auf diese Weise wird bei richtiger Anordnung erreicht, daß man zum Ausgangsdraht zurückkommt, nachdem alle wirks. Drähte in die Wicklung aufgenommen sind. Man erhält also, wie beim Ringanker, eine in sich geschlossene Wicklung. Der Wicklungszug von einer Lamelle bis zur nächsten Lamelle ist als eine Windung aufzufassen. Jede Windung enthält beim Trommelanker demnach zwei wirks. Drähte, während beim Ringanker auf jede Windung nur ein wirks. Draht kommt. An die Stelle einer Windung kann aber auch eine aus beliebig vielen Windungen bestehende Spule treten. Es entfällt dann, wie beim Ringanker, auf jede Spule eine Kollektorlamelle. Da jede Windung aber doppelt soviel wirks. Drähte enthält wie beim Ringanker, so folgt, daß beim Trommelanker bei der gleichen Anzahl wirks. Drähte — gleich viel Windungen pro Spule vorausgesetzt — nur halb soviel Lamellen erforderlich sind wie beim Ringanker.

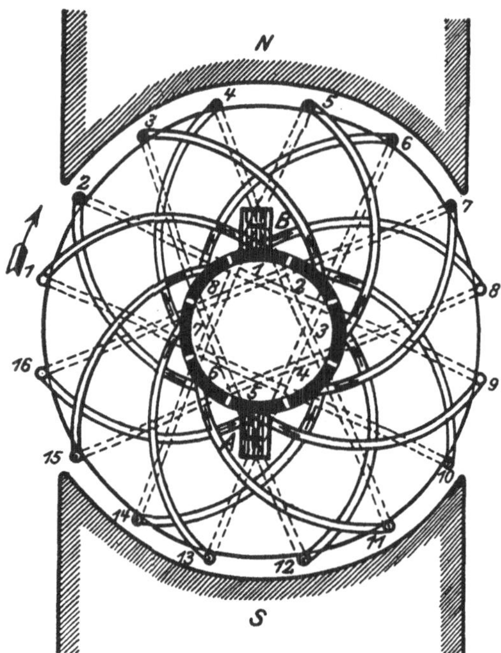

Fig. 92. Zweipoliger Trommelanker.

In Fig. 92 ist die Wicklung eines Trommelankers schematisch dargestellt, und zwar sind 16 wirks. Drähte angenommen. Es ergeben sich also 8 Windungen. Da im vorliegenden Falle jede Windung gleichbedeutend mit einer Spule ist, so ist auch der Kollektor achtteilig auszuführen[1]). Die Verbindung der Drähte unter sich und mit dem Kollektor geht auch hervor aus folgender

Wickeltabelle.

Von	Lamelle	1	nach	Draht	1,	zurück	über	Draht	10	zur	Lamelle	2
„	„	2	„	„	3,	„	„	„	12	„	„	3
„	„	3	„	„	5,	„	„	„	14	„	„	4
„	„	4	„	„	7,	„	„	„	16	„	„	5
„	„	5	„	„	9,	„	„	„	2	„	„	6
„	„	6	„	„	11,	„	„	„	4	„	„	7
„	„	7	„	„	13,	„	„	„	6	„	„	8
„	„	8	„	„	15,	„	„	„	8	„	„	1

[1]) Daß bei dem in Fig. 90 dargestellten Ringanker sich ebenfalls ein nur achtteiliger Kollektor ergibt, trotzdem für den Anker die gleiche Anzahl wirks. Drähte angenommen ist wie für den Trommelanker der Fig. 92, erklärt sich daraus, daß beim Ringanker je zwei Windungen zu einer Spule zusammengefaßt wurden.

Auch bei der Trommelwicklung muß die Stromabnahme durch die Bürsten in der neutralen Zone erfolgen, d. h. die Bürsten müssen auf Kollektorlamellen schleifen, die mit nichtinduzierten Drähten in Verbindung stehen (Lamelle 1 bzw. 5). Lediglich der Kröpfung der Ankerdrähte ist es zuzuschreiben, daß die Bürsten sich scheinbar auf mitten unter den Polen liegenden Lamellen befinden.

Durch die Bürsten wird die Wicklung, wie beim Ringanker, in zwei parallele Zweige zerlegt. Verfolgt man den Stromlauf im Schema, so ergibt sich, daß die EMKe beider Ankerhälften an der mit A bezeichneten Bürste gegeneinander gerichtet sind. Diese stellt also den positiven Pol dar, an dem die beiden Ankerzweigströme zum äußeren Strome zusammenfließen. Am negativen Pol, also der mit B bezeichneten Bürste, sind dagegen die EMKe auseinander gerichtet. Hier teilt sich der äußere Strom demnach wieder in die beiden Ankerzweigströme.

66. Mehrpolige Trommelwicklungen.

Bei größeren Maschinen begnügt man sich nicht mit zwei Polen, sondern man wendet mehrere Polpaare an. Die Pole werden so angeordnet, daß stets Nordpol und Südpol abwechseln. Fig. 93 gibt

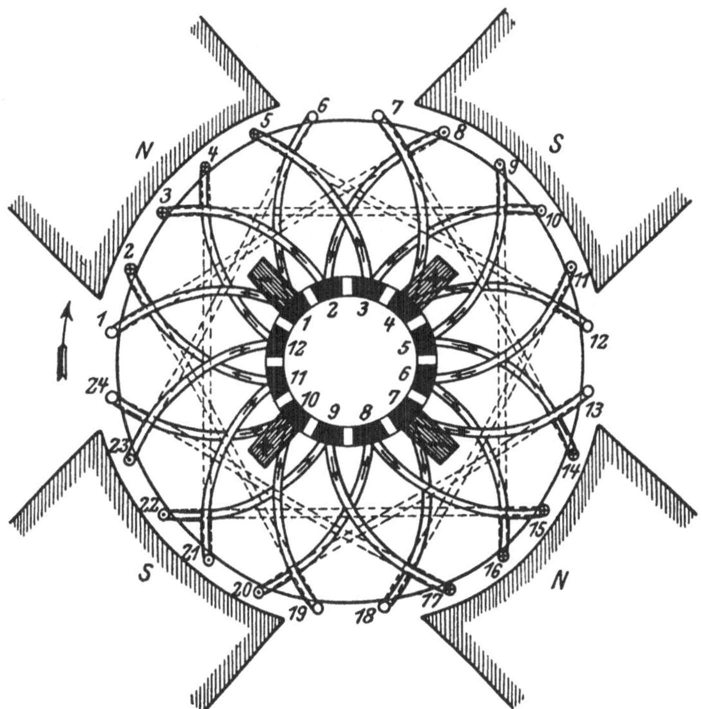

Fig. 93. Vierpoliger Trommelanker mit Parallelwicklung.

das Schema einer vierpoligen Trommelwicklung für 24 wirks. Drähte und 12 Kollektorlamellen wieder gemäß folgender

Wickeltabelle.

Von	Lamelle	1	nach	Draht	1,	zurück	über	Draht	8	zur Lamelle	2
„	„	2	„	„	3,	„	„	„	10	„ „	3
„	„	3	„	„	5,	„	„	„	12	„ „	4

usf.

Man erkennt aus dem Schema, daß jedesmal ein unter einem Nordpol befindlicher Draht mit einem solchen unter einem Südpol verbunden ist, dieser über eine Kollektorlamelle wiederum mit einem Draht unter dem ersten Nordpol usw. Verfolgt man die Stromrichtung, so findet man am Kollektor zwei Stellen, mit der Lage der neutralen Zonen zusammenfallend, an denen die EMKe von beiden Seiten gegeneinander wirken. Es sind dies die positiven Bürstenauflagestellen. Ebenso sind in den neutralen Zonen zwei negative Bürstenauflagestellen vorhanden, an denen die EMKe nach beiden Seiten auseinander gerichtet sind. Es sind also, allgemein ausgedrückt, so viel Bürstenauflagestellen vorhanden, als die Maschine Pole besitzt, und in ebenso viele parallele Zweige zerfällt auch die Wicklung. Alle positiven Bürsten werden unter sich durch einen Kupferbügel verbunden, und ebenso alle negativen Bürsten, Fig. 94. Von den Bügeln A bzw. B werden die beiden äußeren Leitungen abgenommen. Die vorstehend beschriebene Wicklung heißt Schleifen- oder Parallelwicklung.

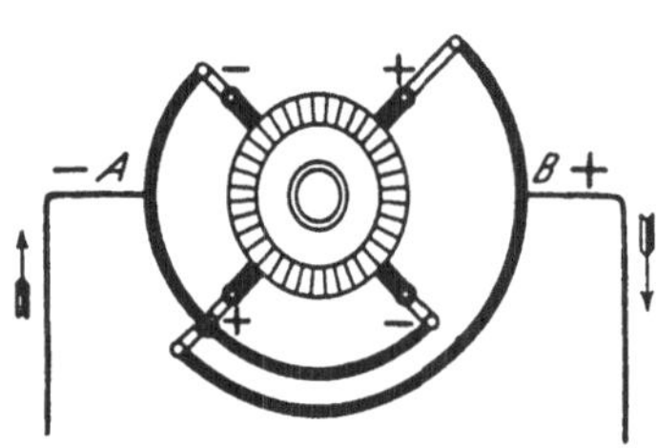

Fig. 94. Bürstenschaltung einer vierpoligen Maschine.

In Fig. 95 ist das Schema für eine vierpolige Wellen- oder Reihenwicklung wiedergegeben unter der Annahme von 26 wirks. Drähten und 13 Kollektorlamellen. Bei dieser Wicklung wird, wie bei der Parallelwicklung, ein unter einem Nordpole liegender Draht mit einem solchen unter einem Südpol verbunden, dieser aber über eine Kollektorlamelle mit einem Draht unter dem nächsten Nordpol usw., entsprechend der nachstehenden

Wickeltabelle.

Von	Lamelle	1	nach	Draht	1,	zurück	über	Draht	8	zur Lamelle	8
„	„	8	„	„	15,	„	„	„	22	„ „	2
„	„	2	„	„	3,	„	„	„	10	„ „	9

usf.

Es findet sich bei dieser Wicklung nur eine Stelle am Kollektor, an der die EMKe gegeneinander gerichtet sind, es ist dies der positive Pol; und ebenso nur eine Stelle, wo die EMKe auseinander gerichtet sind, der negative Pol. Also benötigt man auch nur an diesen beiden Stellen, die wiederum in den neutralen Zonen liegen, Bürsten, und die Wicklung zerfällt demgemäß auch nur in zwei parallele Zweige (wie bei der zweipoligen Maschine). Es bleibt jedoch freigestellt, sämtliche neutrale Zonen als Bürstenauflagestellen

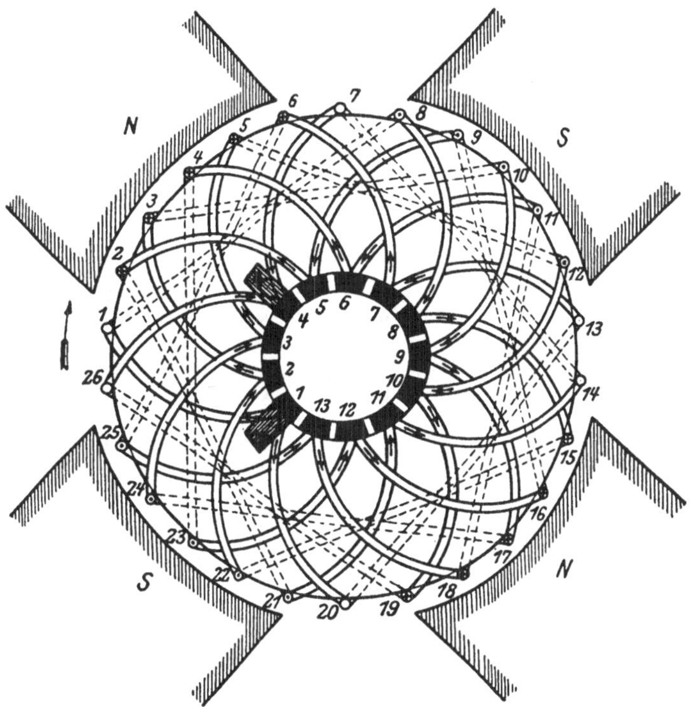

Fig. 95. Vierpoliger Trommelanker mit Reihenwicklung.

auszunutzen. An dem Stromlauf in der Wicklung wird dadurch nichts geändert, da die neutralen Zonen unter sich durch nichtinduzierte Drähte in Verbindung stehen[1]).

Außer den angeführten Wicklungen, die besonders häufig verwendet werden, gibt es noch eine große Zahl weiterer Wicklungsmöglichkeiten. So kann man z. B. durch die sogen. Reihenparallelwicklung eine beliebige, von der Polzahl unabhängige Anzahl paralleler Ankerzweige erzielen.

---

[1]) Dies kommt in Fig. 95 nur unvollkommen zum Ausdruck, weil der besseren Übersichtlichkeit wegen nur wenig wirks. Drähte angenommen sind.

67. Der Einfluß der Wicklungsart auf die EMK und Stromstärke des Ankers.

Die im Anker erzielbare Spannung ist, welches auch die Wicklungsart sei, von der Zahl der in jedem der parallelen Ankerzweige hintereinander geschalteten wirks. Drähte abhängig. Die Spannung ist also um so höher, je geringer die Zahl der parallelen Ankerzweige ist, aus denen sich die Wicklung zusammensetzt. Bei mehrpoligen Maschinen wird daher für höhere Spannungen die Reihenwicklung bevorzugt, für geringere Spannungen die Parallel- oder Reihenparallelwicklung. Die dem Anker entnehmbare Stromstärke steht im umgekehrten Verhältnis zur Spannung. Sie ist also um so größer, je kleiner diese ist, d. h. aus je mehr paralellen Zweigen die Wicklung besteht.

Bei der gleichen Drahtzahl und unter sonst gleichen Verhältnissen kann nach Vorstehendem bei einer vierpoligen Maschine mit einem Reihenanker eine doppelt so hohe Spannung erzielt werden wie mit einem Parallelanker, denn dieser besitzt doppelt soviel parallele Zweige wie jener, und es entfällt daher auf jeden Zweig nur die halbe Anzahl Drähte. Dafür kann aber der Reihenanker auch nur mit einer halb so großen Stromstärke wie der Parallelanker beansprucht werden.

Beispiel: Der Anker einer achtpoligen Maschine gibt 440 V Spannung und kann mit einer Stromstärke von 50 A belastet werden. Er besitzt Reihenwicklung. Später wird er umgewickelt, und zwar wird er bei der gleichen Drahtzahl mit Parallelwicklung ausgeführt. Für welche Spannung und Stromstärke ist der Anker nunmehr verwendbar?

Da der Reihenanker 2, der Parallelanker aber 8 paral ele Zweige besitzt, so beträgt die Spannung nach der Umwicklung nur den vierten Teil der ursprünglichen, also 110 V. Dagegen ist der Anker nunmehr für die vierfache Stromstärke, also für 200 A ausreichend.

68. Der Aufbau des Ankers.

Wie in der Wicklung, so werden auch im Eisenkörper des Ankers selbst Ströme, Wirbelströme, induziert. Um den dadurch verursachten Verlust möglichst gering zu halten, setzt man den Ankerkörper aus Blechen zusammen, die voneinander durch dünnes Seidenpapier isoliert werden. Die Bleche werden bei kleinen Trommelankern unmittelbar auf die Welle geschoben und durch Preßscheiben zusammengehalten. Bei Ringankern und größeren Trommelankern werden sie von einem besonderen Konstruktionsteile, dem Ankergehäuse, aufgenommen.

Auf dem Umfange des Eisenkörpers werden Nuten angebracht, in denen die isolierten Drähte der Wicklung eingebettet werden. Auf diese Weise lassen sich neben guter mechanischer Befestigung der Drähte schmale Lufträume zwischen Anker und Magnetpolen erreichen. Die Nuten haben gewöhnlich rechteckige Form, Fig. 96. Bei der Trommelwicklung können die einzelnen Spulen vor dem Einbau mittels besonderer Schablonen auf die erforderliche Form gebracht und dann fertig in die Nuten des Ankers gelegt werden. Solche Schablonenwicklungen bieten den Vorteil, daß die Auswechselung einer beschädigten Spule leicht möglich ist. Statt des isolierten Ankerdrahtes werden bei großen Stromstärken auch Stäbe aus Flachkupfer verwendet, die mit Isolierband umwickelt werden: Stabwicklung. Gegen die Wirkung der Zentrifugalkraft wird die Wicklung durch Bandagen geschützt.

Der Kollektor wird, der Zahl der Ankerspulen entsprechend, aus zahlreichen Lamellen zusammengesetzt. Diese werden aus gezogenem Kupfer hergestellt und dem Durchmesser des Kollektors gemäß konisch gestaltet. Sie werden abwechselnd mit der ungefähr 1 mm starken Isolierschicht aus Glimmer ringförmig aufgeschichtet und unter großem Druck zusammengepreßt. Mittels schwalbenschwanzförmiger Ansätze werden sie von dem auf der Ankerwelle ruhenden Kollektorgehäuse, von dem sie natürlich ebenfalls isoliert sein müssen, zusammengehalten. Zur Aufnahme der Ankerdrähte besitzen die Lamellen an der dem Anker zugewendeten Seite häufig eine Verlängerung, die Kollektorfahne. In einem Schlitz derselben werden die Spulenenden durch Verschrauben und Verlöten befestigt.

Fig. 96. Form der Nuten eines Gleichstromankers.

Für die zur Abnahme des Stromes vom Kollektor dienenden Bürsten wird meistens gepreßte Homogenkohle verwendet. Kupferbürsten, aus Kupfergewebe oder Blattkupfer hergestellt, kommen in der Regel nur für Maschinen sehr geringer Spannung, also im Vergleich zur Leistung großer Stromstärke in Anwendung. Die Bürsten werden mittels der Bürstenhalter federnd auf den Kollektor gepreßt. Zur Aufnahme der Bürstenhalter dienen Bürstenstifte, deren Anzahl je nach der Polzahl der Maschine und der Wicklungsart des Ankers verschieden ist. Die Bürstenstifte sind an der Bürstenbrücke befestigt, die der erforderlichen Bürstenstellung gemäß eingestellt werden kann und bei kleineren Maschinen gewöhnlich auf einem mit dem Lager verbundenen Führungsringe ruht. Bei größeren Maschinen wird die Bürstenbrücke häufig mit dem Magnetgestell in Verbindung gebracht.

69. Das Magnetgestell.

Für das Magnetgestell können Dauermagnete aus Stahl verwendet werden. Man erhält dann die magnetelektrische Maschine. Sie wird jedoch nur für kleinste Leistungen, z. B. für Apparate zur Entzündung des Gasgemisches bei Gasmaschinen, für die Kurbelwecker an Telephonen sowie für die als Stromquelle bei Isolationsmessungen häufig verwendeten Handmagnetmaschinen benutzt.

Für die Stromerzeugung in elektrischen Starkstromanlagen werden ausschließlich Maschinen mit Elektromagneten angewendet. Das Magnetgehäuse kann aus Gußeisen hergestellt werden, doch zieht man meistens Stahlguß vor, da man bei diesem Material wegen seiner besseren magnetischen Eigenschaften mit geringeren Querschnitten auskommt.

Die bei älteren zweipoligen Maschinen vielfach üblich gewesene, der Fig. 80 zugrunde gelegte Hufeisenform kommt heute nur noch vereinzelt vor. Alle maßgebenden Firmen bauen das Magnetgestell vielmehr heute nach der in Fig. 97 für eine zweipolige Maschine wiedergegebenen Lahmeyerform, die sich durch völlige Symmetrie des Kraftlinienverlaufs und außerdem dadurch auszeichnet, daß sowohl der Anker als auch die Magnetwicklung durch das sie umschließende Gehäuse gegen äußere Beschädigungen einigermaßen geschützt sind. Das Magnetgestell besitzt zwei Schenkel, auf denen die Magnetspulen untergebracht und die nach beiden Seiten durch

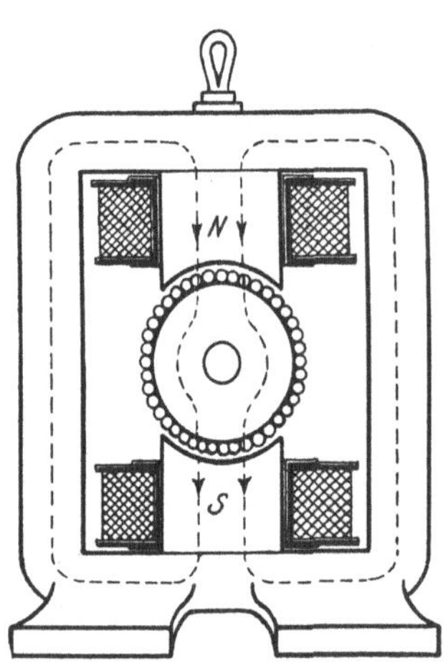

Fig. 97. Zweipolige Gleichstrommaschine.

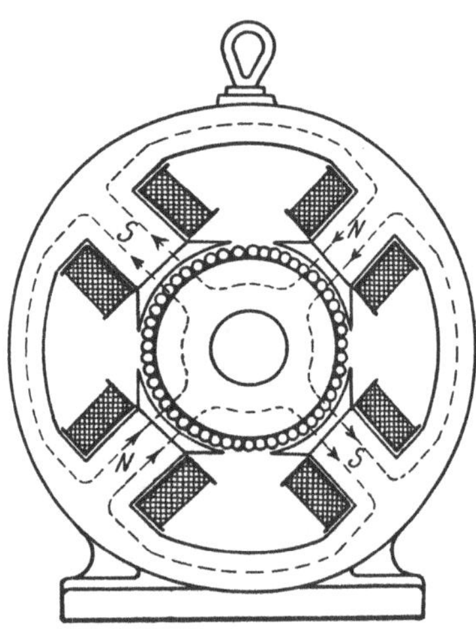

Fig. 98. Vierpolige Gleichstrommaschine.

die Schluß- oder Jochstücke verbunden sind. Die Polflächen der Schenkel werden meistens, um einen größeren Teil des Ankerumfanges zu umfassen, durch besondere Polschuhe verbreitert. Die Pole oder auch nur die Polschuhe werden wegen der in ihnen infolge der abwechselnd vorübergehenden Ankerzähne und Ankernuten auftretenden Wirbelströme vielfach aus Blechen zusammengesetzt.

Die Form des Magnetgestelles einer vierpoligen Maschine ist aus Fig. 98 zu erkennen. Die Pole werden hier ebenfalls von dem Joch, welches kreisrund oder eckig gestaltet sein kann, getragen und umschlossen.

Fig. 99 gibt die Schnittzeichnung einer zweipoligen, Fig. 100 die einer sechspoligen Gleichstrommaschine wieder. Für das Magnetgehäuse ist in beiden Fällen Stahlguß verwendet, doch sind bei der zweipoligen Maschine die Polschuhe, bei der mehrpoligen

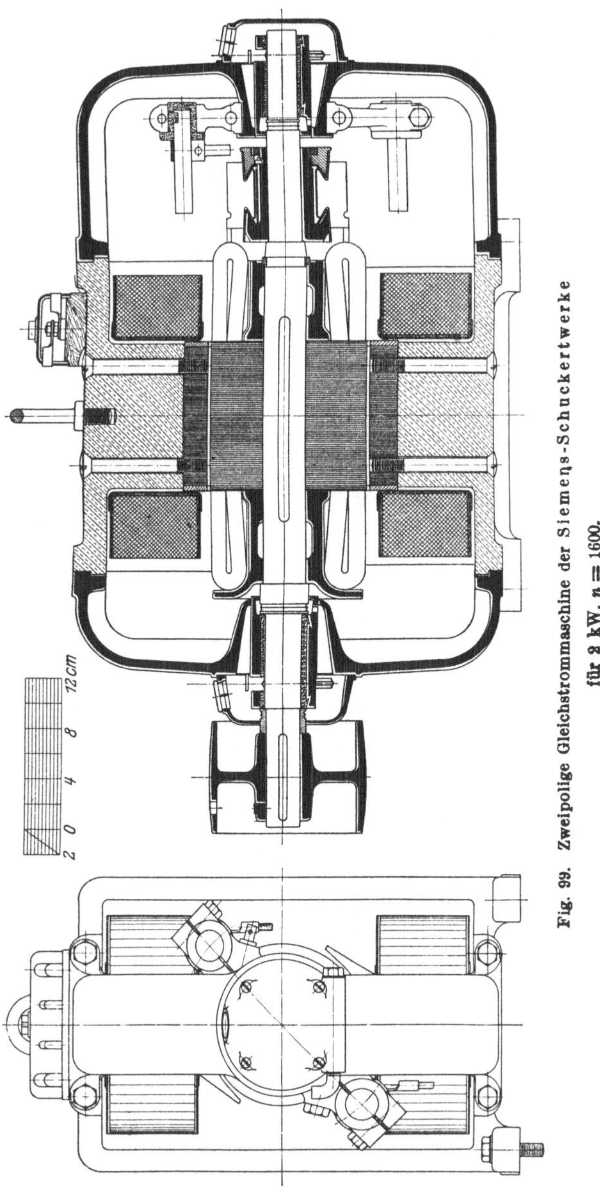

Fig. 99. Zweipolige Gleichstrommaschine der Siemens-Schuckertwerke für 2 kW, $n = 1600$.

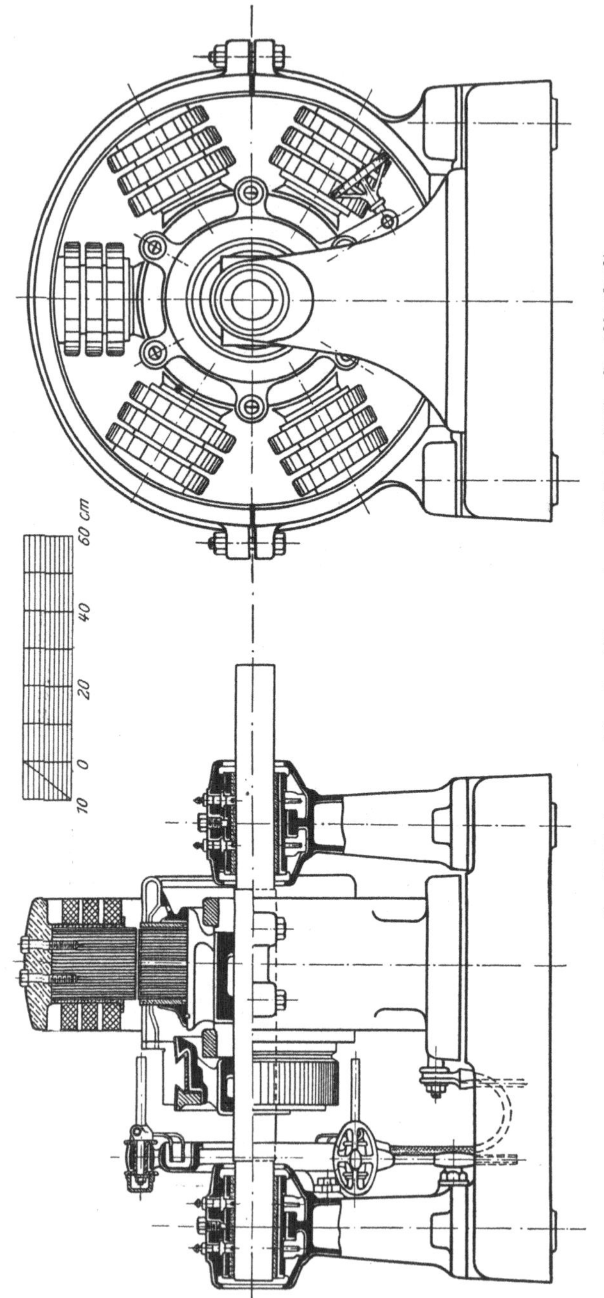

Fig. 100 Sechspolige Gleichstrommaschine der Allgemeinen Elektrizitäts-Gesellschaft für 80 kW, $n = 550$.

die ganzen Pole aus Blechen hergestellt. Bei der mehrpoligen Maschine ist das Magnetgestell zweiteilig ausgeführt. Auch ist der Anker der besseren Abkühlung wegen mit einem Luftspalt versehen. Die Magnetspulen sind aus dem gleichen Grunde dreifach unterteilt. Zum bequemen Einstellen der Bürstenbrücke ist eine durch ein Handrad zu bedienende Schraubspindel vorgesehen.

70. Ankerrückwirkung und Bürstenverschiebung.

Es wurde bisher angenommen, daß die zur Stromabnahme dienenenden Bürsten eines Gleichstromankers sich in der neutralen Zone befinden müssen. Als solche wurde die auf den Kraftlinien senkrecht stehende Durchmesserebene des Ankers angesehen. Bei dieser Bürstenstellung sind alle unter demselben Pole liegenden, also im gleichen Sinne induzierten Drähte hintereinander geschaltet, und man erhält daher an den Bürsten die größte Spannung.

Während bei leerlaufender Maschine, also bei stromlosem Anker, die neutrale Zone durch die Mitte der Polzwischenräume geht, ändert sich ihre Lage und daher auch die den Bürsten zu erteilende Stellung, wenn die Maschine belastet wird. In diesem Falle bildet sich um die stromführenden Ankerdrähte ebenfalls ein magnetisches Feld,

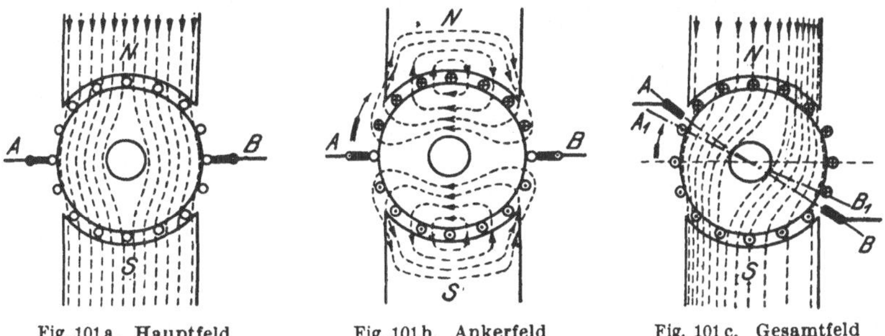

Fig. 101 a. Hauptfeld

Fig. 101 b. Ankerfeld eines Gleichstromerzeugers.

Fig. 101 c. Gesamtfeld

dessen Kraftlinien sich, die Luft durchsetzend, durch die Pole schließen und das sich mit dem vom Magnetsystem herrührenden Hauptfelde vereinigt. Für eine zweipolige Maschine ist das Hauptfeld durch Fig. 101a, das Ankerfeld bei der durch den Pfeil angegebenen Drehrichtung durch die Fig. 101b angedeutet. Die Bürsten *A* und *B* sind zunächst noch in der Mitte der Polzwischenräume angenommen. Es geht aus den Figuren hervor, daß die Kraftlinien des Ankerfeldes auf derjenigen Seite, wo die Ankerdrähte bei der Bewegung des Ankers unter den Pol treten, die entgegengesetzte, auf der Seite dagegen, wo die Drähte die Pole wieder verlassen, dieselbe Richtung wie die Kraftlinien des Hauptfeldes haben. Das Hauptfeld wird also durch das Ankerfeld auf den Poleintrittsseiten geschwächt, auf den Austrittseiten verstärkt, und es ergibt sich demnach das in Fig. 101c gezeichnete Gesamtfeld. Die neutrale Zone, d. h. die auf den Kraftlinien senkrecht stehende Durchmesserebene $A_1 B_1$ des Ankers, geht, wie aus der Figur deutlich zu erkennen ist, nun nicht mehr durch die Mitte der Polzwischenräume, sondern sie ist infolge der Rückwirkung des Ankers um einen gewissen Winkel im Sinne der Drehrichtung verschoben.

Zur Erzielung eines funkenfreien Ganges ist es jedoch erforderlich, die Bürsten nicht nur um den Verschiebungswinkel der neutralen Zone, sondern noch darüber hinaus, etwa bis in die Ebene AB der Fig. 101c, vorzustellen, wie folgende Überlegung zeigt. Da eine Bürste zeitweise mindestens zwei Kollektorlamellen bedeckt, so werden stets diejenigen Ankerspulen durch die Bürste kurzgeschlossen, die mit den gerade unter ihr befindlichen benachbarten Lamellen in Verbindung stehen. Bei der Drehung des Ankers erfolgt also nacheinander der Kurzschluß sämtlicher Ankerspulen. Zur Erläuterung diene Fig. 102, die sich auf den Ringanker bezieht, jedoch auch für den Trommelanker maßgeblich ist. In dem in der Figur angenommenen Zeitpunkt ist gerade die Spule b, die mit den Lamellen 2 und 3 verbunden ist, durch die Bürste B kurzgeschlossen. Im nächsten Augenblick, wenn die Lamelle 2 die Bürste verlassen hat, dafür aber Lamelle 4 unter die Bürste gelangt ist, wird die Spule c das gleiche Schicksal erfahren usf. Jedesmal, wenn eine Lamelle von der Bürste wieder abgleitet, wird auch der Kurzschluß einer Spule aufgehoben. Nun gehört jede Spule nach dem Kurzschlusse einem anderen Ankerzweige an als vorher. Sie führt also nach Aufhebung des Kurzschlusses Strom von der entgegengesetzten Richtung wie vor dessen Beginn. Die Stromumkehr, die durch die Selbstinduktion der Spule verzögert wird, muß zur Vermeidung von Funkenbildung an der Bürste bereits während des Kurzschlusses der Spule vollzogen werden. Es ist daher notwendig, die Bürsten so weit vorzuschieben, daß der Kurzschluß an einer Stelle erfolgt, wo bereits ein vom nächsten Pole herrührendes, die Stromwendung begünstigendes Feld vorhanden ist. Dieses muß ausreichend sein, um in der kurzgeschlossenen Spule eine kleine EMK zu induzieren, die dem fließenden Kurzschlußstrom entgegengerichtet ist, dessen Abnahme also beschleunigt, und die außerdem in ihr einen Strom von entgegengesetzter Richtung und einer solchen Stärke hervorruft, daß ihr Übertritt in die andere Ankerhälfte ohne Funkenbildung vor sich gehen kann.

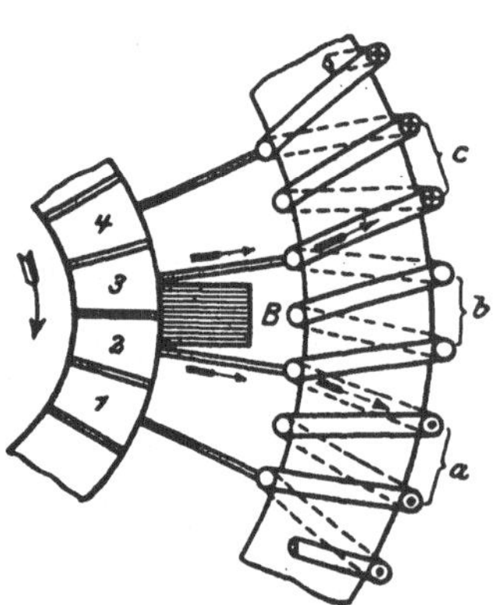

Fig. 102. Kurzschluß der Ankerspulen durch die Bürsten.

Theoretisch müßte man die Bürsten um so weiter vorstellen, je mehr die Maschine belastet wird. Die Bürsten müßten also bei jeder Belastungsänderung eine andere Stellung erhalten. Durch zweckmäßige Bauart kann man jedoch bei modernen Maschinen eine konstante Bürstenstellung erreichen in der Weise, daß die Bürsten für eine mittlere Belastung eingestellt werden und alsdann weder bei Leerlauf noch voller Belastung eine schädliche, d. h. den Kollektor angreifende Funkenbildung an ihnen auftritt.

Die Erfahrung hat gelehrt, daß sich ein funkenfreier Lauf mit Kohlebürsten besser erzielen läßt, als mit Kupferbürsten. Es erklärt sich dies u. a. daraus, daß durch die weniger gut leitende Kohle den kurzgeschlossenen Spulen ein größerer Widerstand entgegengesetzt und dadurch der Kurzschlußstrom geschwächt wird.

71. Das Querfeld und Gegenfeld des Ankers.

Bisher wurde die vom Ankerfeld auf das Hauptfeld ausgeübte Rückwirkung nur insofern untersucht, als sie eine ungleichmäßige Verteilung der von den Polen ausgehenden Kraftlinien bewirkt. An der hierdurch hervorgerufenen Feldverzerrung sind jedoch nicht alle Ankerdrähte beteiligt. Denkt man sich durch den Anker die Ebene CD (Fig. 103) gelegt, die gegenüber der Mittelebene der Polzwischenräume um den gleichen Winkel rückwärts gelegt ist, wie die Bürstenebene AB im Sinne der Drehrichtung vorgeschoben ist, so kann man sich, ohne an den magnetischen Verhältnissen des Ankers etwas zu ändern, die Ankerdrähte so zu einzelnen Windungen verbunden denken, wie es die Figur zeigt. Man erkennt dann, daß die in der Figur vertikal gezeichneten, im Winkelraum $\widehat{AD}$ bzw. $\widehat{CB}$ liegenden Windungen des Ankers ein zum Hauptfeld senkrechtes Feld, ein Querfeld, erzeugen. Sie werden daher auch als die Querwindungen des Ankers bezeichnet; nur diese sind es, die auf das Hauptfeld verzerrend einwirken. Die in der Figur horizontal, im Winkelraum $\widehat{AC}$ bzw. $\widehat{DB}$ liegenden Windungen befinden sich parallel zu der in der Figur durch einige Windungen angedeuteten Magnetwicklung, werden aber in entgegengesetzter Richtung vom Strome durchflossen. Sie ergeben also ein dem Hauptfelde paralleles, aber ihm entgegengerichtetes Feld, das Gegenfeld, und heißen daher Gegenwindungen. Durch das Gegenfeld wird das Hauptfeld geschwächt, indem ein Teil der Kraftlinien aufgehoben wird. Um diese Wirkung auszugleichen, ist es notwendig, den durch die Magnetwicklung fließenden Strom mit zunehmender Belastung zu verstärken.

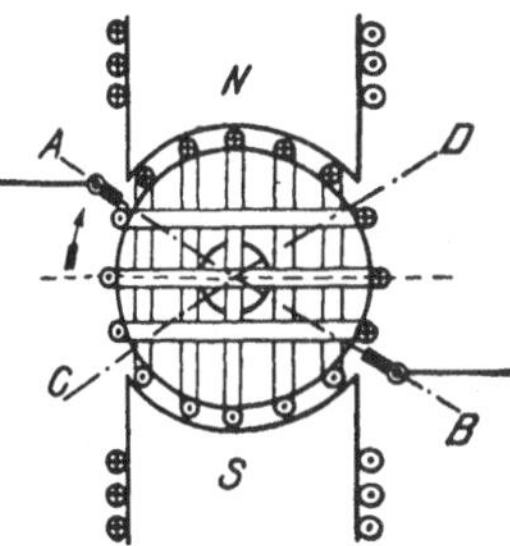

Fig. 103. Quer- und Gegenwindungen des Ankers.

72. Die Abhängigkeit der Ankerspannung von der Umdrehungszahl und Magneterregung.

Die EMK einer Maschine hängt wesentlich von der Drehgeschwindigkeit des Ankers und der Magneterregung ab. Bei konstantem Erregerstrom ist die EMK einer leerlaufenden Maschine der minutlichen Umdrehungszahl proportional.

Wird die Umdrehungszahl konstant gehalten und der Erregerstrom mittels eines Regulierwiderstandes allmählich, von Null beginnend, verstärkt, wobei wieder Leerlauf der Maschine vorausgesetzt ist, so wächst die EMK zunächst sehr rasch an, und zwar nahezu proportional mit dem Erregerstrom, später nimmt sie jedoch langsamer zu, bis schließlich eine weitere Verstärkung des Erregerstromes überhaupt kaum noch eine Erhöhung der EMK nach sich zieht. Trägt man die EMK in Abhängigkeit vom Erregerstrom bei konstanter Umdrehungszahl auf, so erhält man eine Kurve, die Leerlaufcharakteristik genannt wird und ihrer Form nach den in Fig. 32 dargestellten Magnetisierungskurven sehr ähnlich ist.

73. Die fremderregte Maschine.

Steht eine Akkumulatorenbatterie zur Verfügung, so kann dieser der für die Erregung der Magnete erforderliche Strom entnommen werden. Das Schema einer solchen fremderregten Maschine ist in Fig. 104 wiedergegeben, in der AB den Anker und JK die Magnetwicklung bedeuten, während die Erregerstromquelle durch einige Elemente angedeutet ist. Die zu speisenden Verbrauchsapparate, z. B. Glühlampen, sind zwischen den von den Bürsten ausgehenden Leitungen parallel geschaltet.

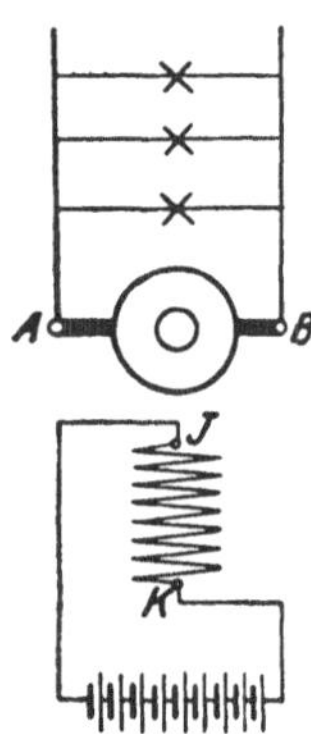

Fig. 104. Fremderregte Maschine.

Während die EMK der Maschine, konstante Umdrehungszahl vorausgesetzt, bei Leerlauf nur von dem Erregerstrome J_m abhängt, nimmt sie infolge der Ankerrückwirkung bei Belastung ab. Auch kann nicht die ganze im Anker induzierte EMK nutzbar gemacht werden, vielmehr tritt in der Ankerwicklung selbst ein Spannungsverlust auf. Dieser hat den Wert $J \cdot R_a$, wenn J den von der Maschine gelieferten Strom und R_a den Widerstand der Ankerwicklung angeben. Um diesen Spannungsabfall ist die zwischen den Bürsten A und B bestehende Spannung, die Klemmenspannung E_k, kleiner als die EMK E. Es ist also:

$$E_k = E - J \cdot R_a \quad \quad (59)$$

Fig. 105 zeigt die an einer fremderregten Maschine kleinerer Leistung experimentell aufgenommene Leerlaufcharakteristik. Das Verhalten der gleichen Maschine bei Belastung geht aus der in Fig. 106 wiedergegebenen äußeren Charakteristik hervor, in der die Abhängigkeit der Klemmenspannung vom äußeren Strom bei konstanter Umdrehungszahl und unverändertem Erregerstrome zur Darstellung gebracht ist.

Die zwischen Leerlauf und Vollast auftretende **Spannungsänderung** schwankt bei den fremderregten Maschinen je nach ihrer Größe und den besonderen Verhältnissen zwischen 4 und 10%.

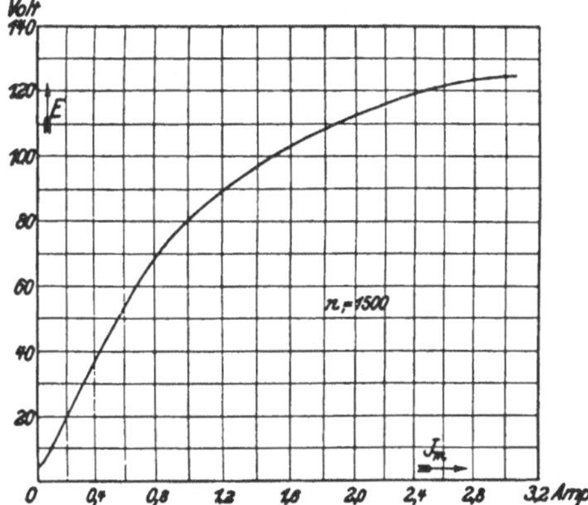

Fig. 105. Leerlaufcharakteristik einer fremderregten Maschine für 4 kW, 110 V, 36,5 A, $n = 1500$.

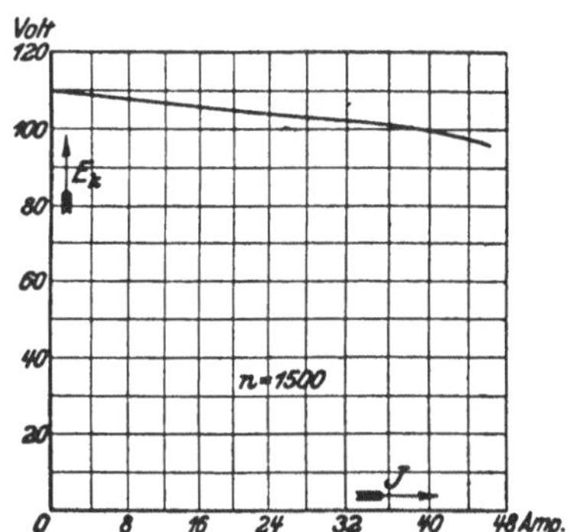

Fig. 106. Äußere Charakteristik einer fremderregten Maschine für 4 kW, 110 V, 36,5 A, $n = 1500$.

Um die Spannung bei wechselnder Belastung konstant zu halten, muß der Erregerstrom mittels eines Regulierwiderstandes, des **Magnetreglers**, beeinflußt werden. Der Drehpunkt der Widerstandskurbel ist in Fig. 107 mit s, der Kurzschlußkontakt mit t und der Ausschaltkontakt mit q bezeichnet. Je näher die Kurbel dem Kurzschlußkontakte steht, desto größer ist der Erregerstrom, desto höher also auch die Spannung der Maschine.

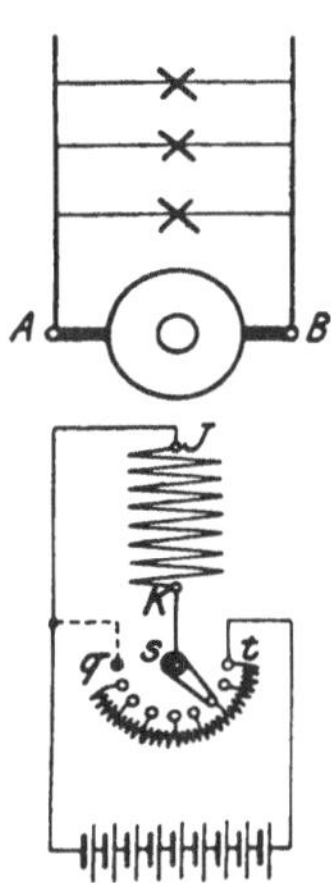

Fig. 107. Fremderregte Maschine mit Regulierwiderstand.

Vorteilhaft ist es, den Ausschaltkontakt des Magnetreglers mit dem nicht an den Drehpunkt der Reglerkurbel angeschlossenen Ende der Magnetwicklung zu verbinden. Die betreffende Leitung soll als **Ausschaltleitung** bezeichnet werden und ist in Fig. 107 gestrichelt gezeichnet. Sie hat den Zweck, den beim Ausschalten des Stromes auftretenden, durch die Selbstinduktion veranlaßten Stromstoß unschädlich zu machen, indem ihm ein geschlossener Weg durch die Magnetwicklung hindurch gewiesen wird. Durch diese Anordnung wird der am Ausschaltkontakt auftretende Unterbrechungsfunken wesentlich abgeschwächt.

Die fremderregte Maschine wird in Anlagen mit Akkumulatorenbatterien vielfach verwendet.

Beispiel: Die EMK einer fremderregten Maschine beträgt 112,4 V, der Widerstand des Ankers 0,012 Ω. Wie groß ist die Klemmenspannung der Maschine bei einem Strome von 200 A?

$$E_k = E - J \cdot R_a = 112{,}4 - 200 \cdot 0{,}012 = 110 \text{ V}.$$

74. Die Selbsterregung.

Von weittragendster Bedeutung war die im Jahre 1867 von Werner Siemens gemachte Entdeckung des dynamoelektrischen Prinzipes. Dieses besagt, daß eine Maschine den für ihre Erregung notwendigen Strom selbst liefern kann, da der im Eisen vorhandene remanente Magnetismus genügt, um eine, wenn auch zunächst nur geringe Spannung in der Ankerwicklung zu induzieren. Diese kann dazu dienen, in der Magnetwicklung einen Strom hervorzurufen und dadurch den Magnetismus etwas zu verstärken. Die Folge hiervon ist eine höhere Ankerspannung, die wiederum eine Verstärkung des Erregerstromes nach sich zieht. Auf diese Weise wird der Magnetismus sehr schnell bis zu dem für die normale Spannung erforderlichen Wert gesteigert. Maschinen, die nach diesem Prinzip gebaut sind, heißen selbsterregende oder dynamoelektrische Maschinen, werden aber meistens kurz als Dynamomaschinen bezeichnet.

Die eigentlichen Dynamomaschinen lassen sich nach der Schaltung der Magnetwicklung zum Anker einteilen in Nebenschluß-, Hauptschluß- und Doppelschlußmaschinen. Doch werden im allgemeinen auch die Maschinen mit Fremderregung den Dynamomaschinen zugerechnet.

75. Die Nebenschlußmaschine.

Bei der Nebenschlußmaschine (Fig. 108) wird die Magnetwicklung CD zum Anker AB parallel geschaltet. Es wird also für die Erregung der Magnete ein Teil des Ankerstromes abgezweigt. Wird der Ankerstrom mit J_a bezeichnet, so ist demnach der äußere Strom oder Nutzstrom

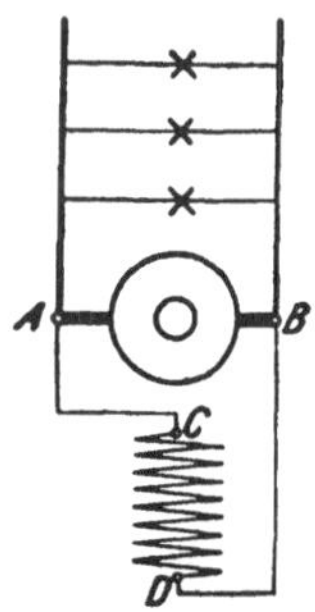

Fig. 108. Nebenschlußmaschine.

$$J = J_a - J_m \quad . \quad . \quad . \quad . \quad . \quad (60)$$

Um den Erregerstrom klein zu halten, wird die Magnetwicklung aus verhältnismäßig vielen Windungen dünnen Drahtes hergestellt.

Um aus der EMK der Maschine die Klemmenspannung (d. h. die Spannung zwischen den Bürsten A und B) zu erhalten, muß der im Anker auftretende Spannungsabfall $J_a \cdot R_a$ abgezogen werden, es ist also:

$$E_k = E - J_a \cdot R_a \quad . \quad . \quad . \quad . \quad (61)$$

Aus der Klemmenspannung kann, wenn der Widerstand R_m der Magnetwicklung bekannt ist, der Erregerstrom berechnet werden zu

$$J_m = \frac{E_k}{R_m} \quad \ldots\ldots\ldots\ldots \quad (62)$$

Die **Leerlaufcharakteristik** einer Maschine mit Nebenschlußerregung (Fig. 109) gleicht in ihrem Verlauf völlig der bei fremder Erregung aufgenommenen Kurve (Fig. 105). Da der Nebenschlußstrom eine, wenn auch nur geringfügige Belastung der Maschine bedeutet, so ist die Spannung der Nebenschlußmaschine bei gleichem Erregerstrom etwas geringer als die der fremderregten Maschine.

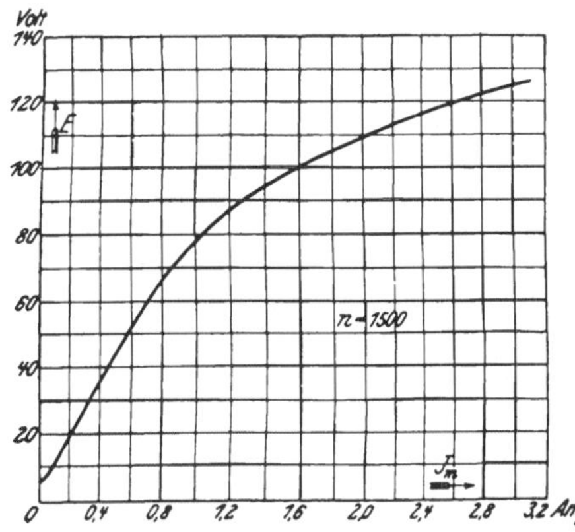

Fig. 109. Leerlaufcharakteristik einer Nebenschlußmaschine für 4 kW, 110 V, 36,5 A, $n = 1500$.

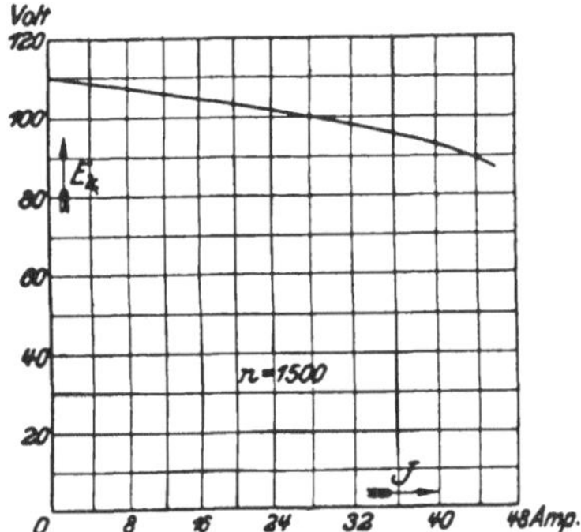

Fig. 110. Äußere Charakteristik einer Nebenschlußmaschine für 4 kW, 110 V, 36,5 A, $n = 1500$.

In Fig. 110 ist die **äußere Charakteristik** einer Nebenschlußmaschine wiedergegeben. Während ihrer Aufnahme wurde der in den Magnetstromkreis eingeschaltete Regulierwiderstand nicht beeinflußt. Die Kurve bezieht sich auf die gleiche Maschine, an der die Kurve der Fig. 106 aufgenommen wurde, nur daß bei letzterer **Fremderregung** zugrunde gelegt war. Man erkennt, daß die Kurve der Nebenschlußmaschine etwas stärker abfällt als die der fremderregten Maschine. Es hat dieses seinen Grund darin, daß mit zunehmender Belastung infolge der Abnahme der Klemmenspannung auch der Magnetstrom geschwächt wird. Gewöhnlich beträgt die zwischen Leerlauf und voller Belastung auftretende **Spannungsänderung** ungefähr 10 bis 25%.

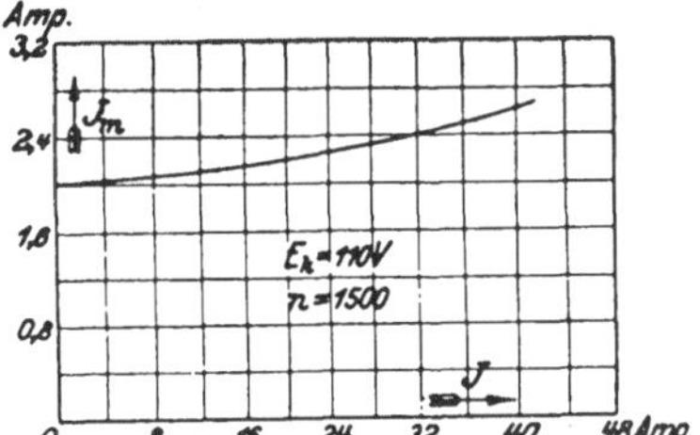

Fig. 111. Regulierungskurve einer Nebenschlußmaschine für 4 kW, 110 V, 36,5 A, $n = 1500$.

Die Regulierungskurve (Fig. 111) zeigt, in welcher Weise der Erregerstrom der Maschine verstärkt werden muß, damit bei zunehmendem Nutzstrom und gleichbleibender Umdrehungszahl die Klemmenspannung konstant bleibt.

Die Einstellung des Erregerstromes wird mittels des Nebenschlußreglers bewirkt. Seine Verbindung mit der Maschine geht aus Fig. 112 hervor. Die mit dem Kontakt q in Verbindung stehende, gestrichelt gezeichnete Leitung dient als Ausschaltleitung. Sie ermöglicht, wie in § 73 für die fremderregte Maschine ausgeführt wurde, ein selbstinduktionsfreies Abschalten des Magnetstromes.

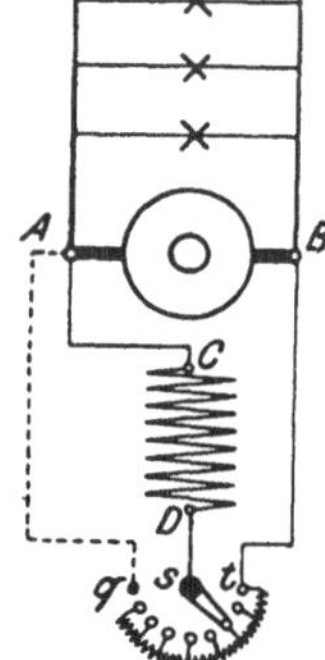

Fig. 112. Nebenschlußmaschine mit Regler.

Die Nebenschlußmaschine hat noch die besondere Eigentümlichkeit, daß sie bei einem etwaigen Kurzschluß stromlos wird. Diese Erscheinung erklärt sich daraus, daß der Widerstand der Magnetwicklung im Vergleich zu dem des kurzgeschlossenen Ankers so hoch ist, daß, dem 2. Kirchhoffschen Gesetze entsprechend, der Erregerstrom sogleich auf Null herabsinkt.

Wegen ihrer für alle vorkommenden Belastungen ziemlich gleich bleibenden Spannung, verbunden mit leichter Regulierfähigkeit, ist die Nebenschlußmaschine die weitaus am meisten verwendete Gleichstrommaschine.

Beispiel: Einer Nebenschlußmaschine wird bei einer Klemmenspannung von 440 V ein Strom von 80 A entnommen. Der Erregerstrom beträgt 3,8 A, der Ankerwiderstand 0,3 Ω. Gesucht werden der Ankerstrom, die EMK und der Widerstand der Magnetwicklung.

Aus Gl. 60 folgt:

$$J_a = J + J_m = 80 + 3{,}8 = 83{,}8 \text{ A},$$

aus Gl. 61 folgt:

$$E = E_k + J_a \cdot R_a = 440 + 83{,}8 \cdot 0{,}3 = 465{,}1 \text{ V},$$

aus Gl. 62 folgt:

$$R_m = \frac{E_k}{J_m} = \frac{440}{3{,}8} = 116 \ \Omega.$$

76. Die Hauptschlußmaschine.

Bei der Hauptschlußmaschine (Fig. 113) werden der Anker AB, die Magnetwicklung EF und der Nutzwiderstand (z. B. eine Anzahl Bogenlampen) hintereinander geschaltet. Da der volle Strom J die Magnetwicklung durchfließt, so muß für diese entsprechend dicker Draht verwendet werden. Jedoch sind nur verhältnismäßig wenige Windungen erforderlich. Die zwischen den Klemmen A und F gemessene Klemmenspannung ist um den inneren Spannungsabfall der Maschine kleiner als die im Anker erzeugte EMK. Ein Spannungsabfall tritt sowohl in der Anker- als auch in der Magnetwicklung auf. Es ist demnach die Klemmenspannung

$$E_k = E - J(R_a + R_m) \quad \ldots \ldots \ldots \quad (63)$$

Da der von der Maschine gelieferte Strom auch die Magnete erregt, so steigt die EMK und damit auch die Klemmenspannung mit zunehmender Belastung an. Bei starker Überlastung kann indes die Klemmenspannung wieder sinken, weil bei hoher magnetischer Sättigung eine nennenswerte Zunahme der EMK nicht mehr erfolgt, dagegen die Ankerrückwirkung und der innere Spannungsabfall der Maschine stets zunehmen.

Die Abhängigkeit der Klemmenspannung vom Strom zeigt für eine kleinere Hauptschlußmaschine die in Fig. 114 dargestellte äußere Charakteristik (Kurve E_k). Der Vollständigkeit wegen ist in der Figur auch die Leerlaufcharakteristik der gleichen Maschine (Kurve E) wiedergegeben, bei deren Aufnahme, damit der Anker stromlos blieb, die Erregung von einer fremden Stromquelle erfolgte.

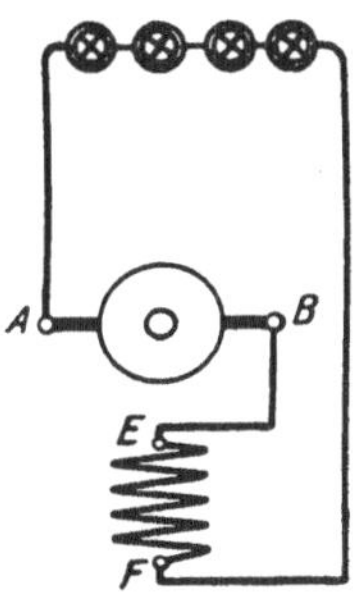

Fig. 113. Hauptschlußmaschine.

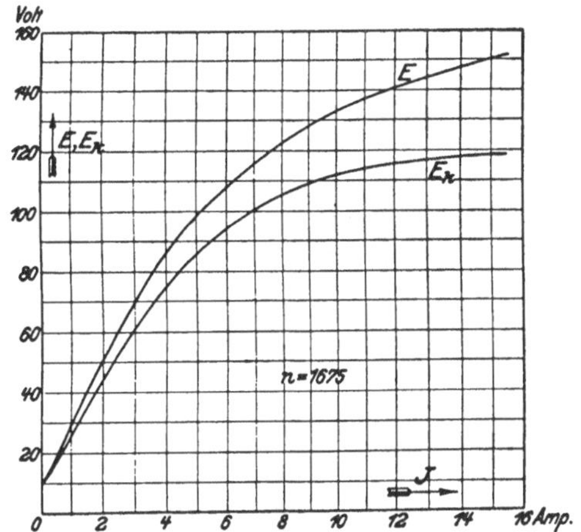

Fig. 114. Leerlauf- und äußere Charakteristik einer Hauptschlußmaschine für 1 kW, 110 V, 9,1 A, $n = 1675$.

In Anlagen, in denen die Belastung häufigen Schwankungen unterliegt, kann die Hauptschlußmaschine wegen ihrer stark veränderlichen Spannung nicht verwendet werden. Sie kommt daher für die Stromerzeugung nur in seltenen Fällen, z. B. für den ausschließlichen Betrieb hintereinander geschalteter Bogenlampen oder den eines Scheinwerfers zur Anwendung.

Beispiel: Eine Hauptschlußmaschine mit einem Ankerwiderstand von 0,4 Ω und einem Widerstand der Magnetwicklung von 0,2 Ω hat bei einem Strome von 15 A eine Klemmenspannung von 220 V. Wie groß ist die EMK der Maschine?

Aus Gl. 63 folgt:

$$E = E_k + J \cdot (R_a + R_m) = 220 + 15 \cdot 0{,}6 = 229 \text{ V}.$$

77. Die Doppelschlußmaschine.

Die Doppelschluß- oder Kompoundmaschine ist im wesentlichen als Nebenschlußmaschine gebaut, doch ist auf den Magneten außer der **Nebenschlußwicklung** *CD* noch eine meistens nur aus wenigen Windungen bestehende **Hauptschlußwicklung** *EF* untergebracht. Die Schaltung kann nach Fig. 115a oder b erfolgen. Bei Fig 115a liegt die Nebenschlußwicklung an den Klemmen der Maschine, während sie bei Fig. 115b an die Bürstenspannung angeschlossen ist. Ein wesentlicher Unterschied in den Eigenschaften der verschiedenartig geschalteten Maschinen besteht nicht.

Die Doppelschlußmaschine bietet die Möglichkeit, eine bei allen Belastungen gleichbleibende Spannung zu erhalten, indem die Hauptschlußwicklung so bemessen wird, daß durch sie der Spannungsabfall der Nebenschlußmaschine gerade ausgeglichen wird: **Maschine für konstante Spannung.** Durch stärkere Hauptschlußerregung kann man auch eine mit der Belastung ansteigende Spannung erhalten, so daß auch der in den Verteilungsleitungen auftretende Spannungsverlust ausgeglichen wird. Die äußere Charakteristik einer derartig **überkompoundierten** Maschine ist in Fig. 116 niedergelegt, in der auch die Kurve eingetragen ist, die sich ergab, als bei der betreffenden Maschine die Hauptschlußwicklung kurzgeschlossen wurde, die Nebenschlußwicklung also allein wirksam war.

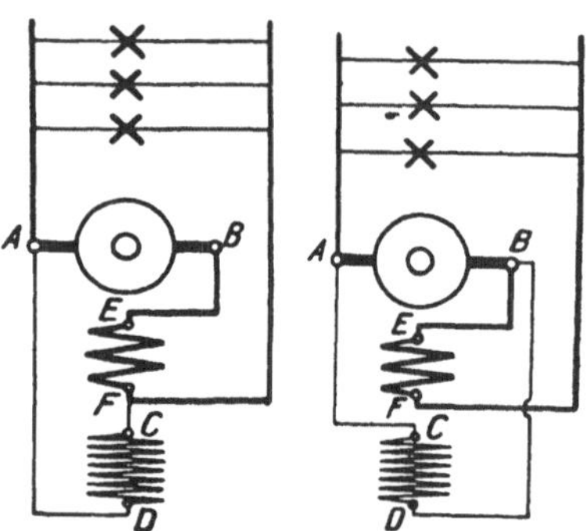

Fig. 115a. Fig. 115b.
Doppelschlußmaschinen.

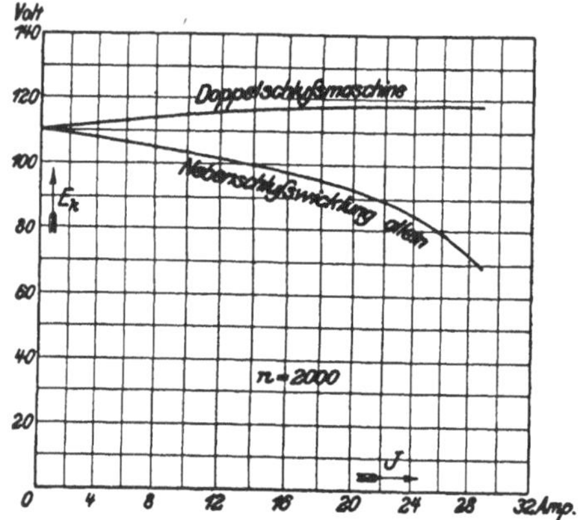

Fig. 116. Äußere Charakteristik einer Doppelschlußmaschine für 2,4 kW, 110 V, 21,8 A, $n = 2000$.

Zur Einregulierung der Spannung ist im allgemeinen auch bei der Doppelschlußmaschine ein **Nebenschlußregler** erforderlich.

Die Doppelschlußmaschine wird nicht so viel verwendet, als man auf Grund ihrer Eigenschaft, bei allen Belastungen die Spannung in der Erzeugungsstation oder gar, bei Überkompoundierung, am Verbrauchsorte konstant zu erhalten, annehmen könnte. Es ist dies auf gewisse Unzuträglichkeiten zurückzuführen, die auftreten können, wenn die Maschine in Betrieben mit einer Akkumulatorenbatterie verwendet wird. In Anlagen mit stark schwankender Belastung, z. B. in Straßenbahnzentralen, bietet die Doppelschlußmaschine jedoch nennenswerte Vorteile.

78. Maschinen mit Wendepolen und kompensierte Maschinen.

Maschinen, bei denen wegen besonders ungünstiger Betriebsverhältnisse die Erzielung eines funkenfreien Ganges erschwert ist, die also z. B. mit sehr hoher Umdrehungszahl betrieben werden, oder die starken Belastungs- bzw. Spannungsschwankungen ausgesetzt sind, werden vielfach mit Hilfspolen ausgestattet. Diese werden in der neutralen Zone, also mitten zwischen den Hauptpolen, angebracht und durch den Ankerstrom in der Weise erregt, daß jeder Hilfspol die Polarität des in der Drehrichtung folgenden Hauptpoles erhält. Das von den Hilfspolen erzeugte Feld ist dann dem Querfelde des Ankers entgegengerichtet, so daß dieses, wenn die Hilfspolwicklung richtig bemessen ist, bei jeder Belastung aufgehoben wird. Durch die Hilfspole wird ferner das Feld hervorgerufen, das für die Stromwendung in den durch die Bürsten kurzgeschlossenen Spulen erforderlich ist. Sie werden daher auch Wendepole genannt. Maschinen mit Wendepolen arbeiten ohne Bürstenverschiebung.

In Fig. 117 ist eine zweipolige Maschine dargestellt, zwischen

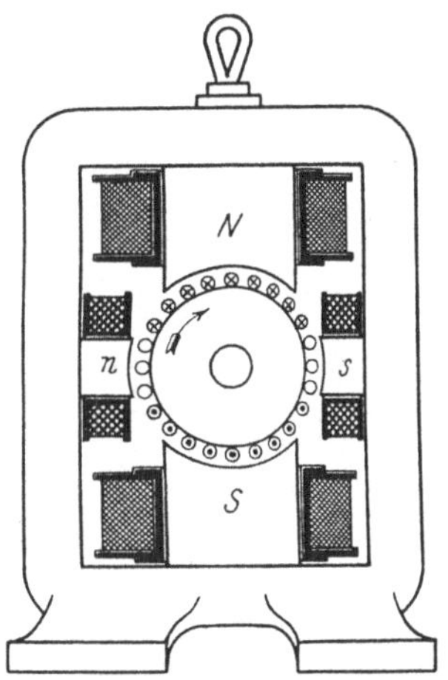

Fig. 117. Zweipolige Gleichstrommaschine mit Wendepolen.

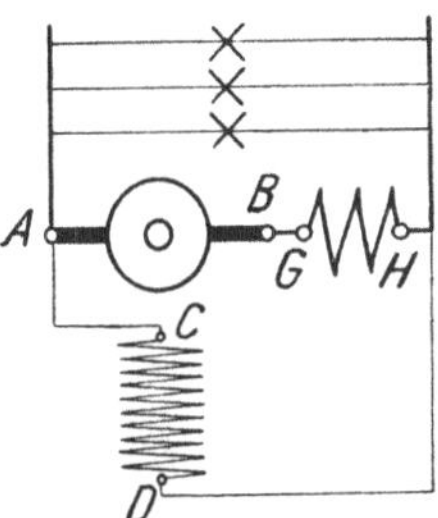

Fig. 118. Nebenschlußmaschine mit Wendepolen.

deren Hauptpolen N und S sich die Wendepole n und s befinden. Bei der angenommenen Drehrichtung ist das Ankerquerfeld (vgl. Fig. 101b) von rechts nach links gerichtet. Das Wendepolfeld verläuft dagegen, da die Kraftlinien am Nordpol austreten, von links nach rechts.

Das Schaltungsschema einer Nebenschlußmaschine mit Wendepolen zeigt Fig. 118. Die Wendepolwicklung ist mit GH bezeichnet. Durch ihre Lage ist in dem Schema angedeutet, daß das von ihr erzeugte Feld eine zum Hauptfeld senkrechte Richtung besitzt.

In noch vollkommener Weise wird die Rückwirkung des Ankers bei den Maschinen mit Kompensationswicklung aufgehoben. Diese besitzen keine ausgeprägten Pole, vielmehr ist das den Anker umschließende Magnetgestell, in seinem wirksamen Teile gewöhnlich aus Eisenblech aufgebaut, zylindrisch ausgebohrt und an seinem inneren Umfange mit Nuten versehen. Ein Teil derselben dient zur Aufnahme der Magnetwicklung. Auf die noch frei bleibenden Nuten wird dagegen die Kompensationswicklung möglichst gleichmäßig verteilt. Letztere wird durch den Ankerstrom so durchflossen, daß ihre einzelnen Drähte Strom entgegengesetzter Richtung führen wie die ihnen gegenüberliegenden Ankerdrähte. Es kann somit das Ankerfeld aufgehoben werden. Durch die Kompensationswicklung läßt sich unter Umständen auch der bei Belastung auftretende Spannungsabfall ausgleichen, so daß sich die Maschinen wie solche mit Doppelschlußwicklung verhalten.

79. Turbomaschinen.

Die Kompensationswicklung kommt vorwiegend für die schnelllaufenden Stromerzeuger zur Anwendung, welche mit Dampfturbinen gekuppelt werden. Häufig werden derartige Maschinen auch noch

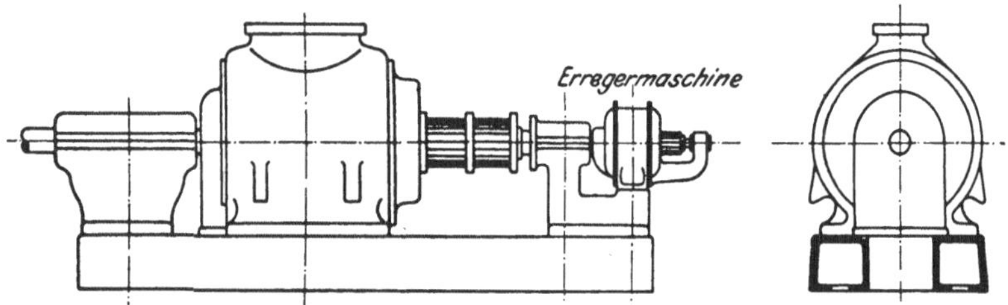

Fig. 119. Äußere Ansicht eines Gleichstromturbogenerators von Brown, Boveri & Co.

mit einer Wendepolwicklung ausgestattet, die wie die Kompensationswicklung in Nuten des hohlzylindrisch aufgebauten Magneteisens untergebracht wird. Die hohe Umdrehungszahl der Turbomaschinen bedingt auch in konstruktiver Hinsicht mannigfache Abweichungen gegenüber den langsamlaufenden Maschinen. Zur Herabsetzung der Umfangsgeschwindigkeit muß der Ankerdurchmesser verhältnismäßig klein gewählt werden, so daß nur wenige Pole eingerichtet werden können. Überhaupt fallen die Abmessungen der Maschinen im Vergleich zur Leistung klein aus. Um die infolge der Verluste in der Maschine auftretende Wärme sicher nach außen abzuführen, muß daher für eine geeignete Ventilation Sorge getragen werden. Wie Fig. 119, aus der die äußere Form einer Gleichstromturbomaschine zu ersehen ist, zeigt, werden Magnetgestell und Anker — mit Ausnahme des Kollektors, der der Bedienung zugänglich bleiben muß — durch ein Schutzgehäuse völlig abgeschlossen. Die Luft wird nun durch den Anker, der als Ventilator wirkt, von unten angesaugt und streicht durch den mit Kanälen versehenen Anker und ferner durch das ebenfalls Kanäle enthaltende Magneteisen, um die Maschine oben durch eine schachtartige Öffnung wieder zu verlassen.

Bei allen rotierenden Teilen der Maschinen wird auf bestmögliche Ausbalancierung Wert gelegt. Die Wicklung des Ankers wird durch Keile in den Nuten sicher befestigt. Die Wickelköpfe erhalten einen besonderen Halt durch Bronzekappen oder werden besonders sorgfältig bandagiert. Der Kollektor ist, da sich bei der geringen Polzahl nur wenige Stromabnahmestellen ergeben, verhältnismäßig lang und wird daher meistens noch durch von ihm isolierte Schrumpfringe zusammengehalten. In der Regel erhält jede Turbomaschine eine besondere mit ihr zusammengebaute Erregermaschine.

80. Polarität und Drehrichtung.

Die Richtung des von einer Dynamomaschine erzeugten Stromes ist abhängig von der Richtung des Erregerstromes und der Drehrichtung des Ankers. Um z. B. einer fremderregten Maschine

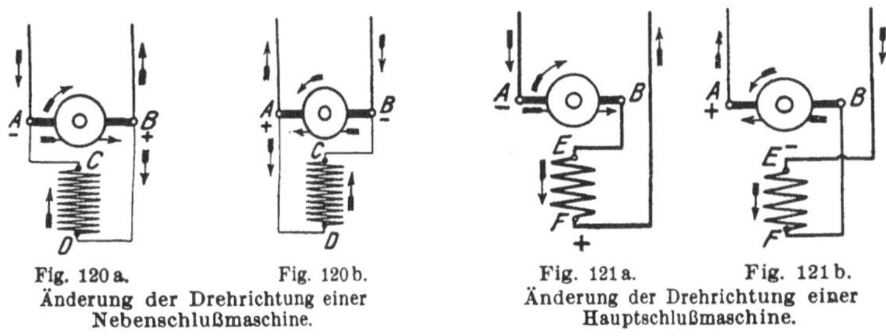

Fig. 120a. Fig. 120b. Änderung der Drehrichtung einer Nebenschlußmaschine.

Fig. 121a. Fig. 121b. Änderung der Drehrichtung einer Hauptschlußmaschine.

eine andere Polarität zu erteilen, ist entweder die Richtung des Erregerstroms umzukehren, oder es muß dem Anker ein anderer Drehsinn erteilt werden.

Damit eine auf dem dynamoelektrischen Prinzip beruhende Maschine sich erregt, muß ihr Anker mit einer derartigen Drehrichtung umlaufen, daß durch die in ihm erzeugte EMK der remanente Magnetismns verstärkt wird. Die Drehrichtung und damit auch die Polarität einer fertig geschalteten Maschine sind also durch die zufällig vorhandene Art des remanenten Magnetismus bedingt. Soll die Drehrichtung der Maschine geändert werden, so müssen, damit sie ihre Erregung nicht verliert, die Enden der Magnetwicklung in bezug auf ihre Verbindung mit dem Anker vertauscht werden. Dabei ändert sich aber auch die Polarität der Maschine. Entspricht z. B. einem bestimmten Drehsinn des Ankers die in Fig. 120a für eine Nebenschluß-, in Fig. 121a für eine Hauptschlußmaschine angegebene Polarität, so muß bei einer anderen Drehrichtung die Schaltung nach Fig. 120b bzw. 121b umgeändert werden, wobei die Maschine die entgegengesetzte Polarität annimmt.

Das für die Nebenschluß- und Hauptschlußmaschine Angegebene gilt sinngemäß auch für die Doppelschlußmaschine. Bei einer Änderung der Drehrichtung sind sowohl die Enden der Nebenschluß- als auch die der Hauptschlußwicklung gegeneinander zu vertauschen.

Insofern eine Wendepol- oder Kompensationswicklung vorhanden ist, darf diese in bezug auf ihre Verbindung mit dem Anker bei einer zwecks Umkehr der Drehrichtung erforderlichen Umschaltung nicht geändert werden.

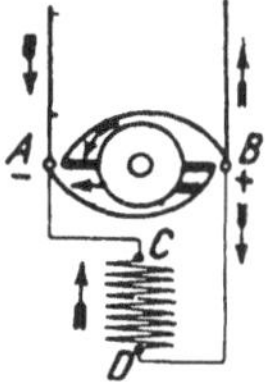

Fig. 122. Änderung der Drehrichtung einer Nebenschlußmaschine bei verstellter Bürstenbrücke.

Ein anderes Mittel, um bei veränderter Drehrichtung die Selbsterregung einer Maschine aufrechtzuerhalten, besteht darin, die Bürstenbrücke um eine Polteilung zu verschieben, bei einer zweipoligen Maschine also um 180^0, bei einer vierpoligen Maschine um 90^0 usw. Die Polarität der Maschine bleibt in diesem Falle die gleiche wie vorher, Fig. 122.

Um die Polarität einer selbsterregenden Maschine zu ändern, ohne die Drehrichtung umzukehren, muß ihr ein anders gerichteter remanenter Magnetismus erteilt werden, was dadurch geschehen kann, daß man ihrer Magnetwicklung kurze Zeit Strom in entsprechender Richtung zuführt.

81. Die Querfeldmaschine.

Während in den weitaus meisten Fällen von den Stromerzeugern eine bei den verschiedensten Belastungen möglichst konstant bleibende Spannung verlangt wird, sind für gewisse Zwecke Maschinen erwünscht, die bei jedem äußeren Widerstand eine konstante Stromstärke geben. In solchen Fällen kann eine von Rosenberg erfundene Dynamomaschine mit Vorteil verwendet werden, die in eigenartiger Weise das im Anker auftretende Querfeld nutzbar macht. Die in der neutralen Zone stehenden Bürsten A_k und B_k (Fig. 123), die hier als Hilfsbürsten dienen, sind kurzgeschlossen. Unter dem Einfluß der auf den Polen N und S befindlichen Wicklung wird auf diese Weise ein starkes Ankerquerfeld geschaffen, das sich durch die Polschuhe schließen kann, die zu diesem Zwecke besonders kräftig ausgeführt sind, während den Schenkeln und dem Joch nur ein sehr geringer Querschnitt gegeben ist. Durch das Querfeld erst wird

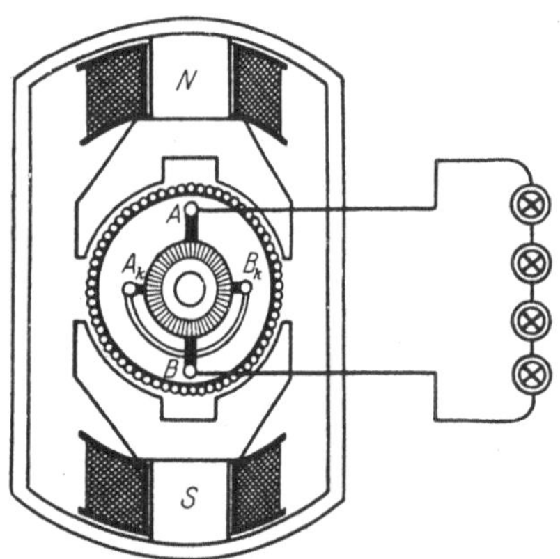

Fig. 123. Querfeldmaschine von Rosenberg.

in der Ankerwicklung die nutzbare EMK erzeugt, die durch die Hauptbürsten *A* und *B*, die mitten unter den Polen — gewissermaßen in der neutralen Zone des Ankerquerfeldes — angebracht werden, abgenommen und dem äußeren Stromkreis zugeführt wird. Die Maschine wird z. B. zum Speisen von Bogenlampen, ferner für den Betrieb von Scheinwerfern und Lichtbogenschweißapparaten angewendet. Sie kann mit Fremderregung oder auch mit Selbsterregung betrieben werden.

Eine Eigentümlichkeit der Querfeldmaschine ist es auch, daß ihre Stromstärke nahezu unabhängig von der Umdrehungszahl konstant bleibt. Auch ist die Stromrichtung bei verschiedenem Drehsinn des Ankers die gleiche. Diese Eigenschaften machen sie namentlich für die elektrische Beleuchtung von Eisenbahnzügen brauchbar, da sie unmittelbar von der Wagenachse aus angetrieben werden kann.

82. Spannung und Umdrehungszahl.

Im Laufe der Zeit haben sich für Gleichstromanlagen eine Reihe normaler Spannungen herausgebildet, und zwar 110, 220, 440, 500 und 750 V. Wegen des in den Verteilungsleitungen auftretenden Spannungsverlustes muß die Klemmenspannung der zur Stromerzeugung dienenden Maschinen um einige Prozente höher gehalten werden. Die Spannungen 500 bzw. 750 V kommen hauptsächlich für den Betrieb elektrischer Bahnen zur Anwendung. Für wesentlich höhere Spannungen als 750 V werden Gleichstrommaschinen im allgemeinen wegen der sich hinsichtlich Erzielung eines funkenfreien Ganges ergebenden Schwierigkeiten nicht hergestellt.

Gleichstrommaschinen können für jede beliebige Umdrehungszahl gebaut werden. Bei Maschinen für Riemenbetrieb wird man sich nach Möglichkeit den in den Preislisten der Firmen angegebenen Werten anpassen Je höher die Umdrehungszahl, desto kleiner und billiger ist im allgemeinen die Maschine. Bei Maschinen für direkte Kupplung richtet sich die Umdrehungszahl natürlich nach der Antriebsmaschine. Man erhält also langsamlaufende Maschinen beim direkten Antrieb durch Wasserkraft-, Kolbendampfmaschinen usw., während beim Antrieb durch Dampfturbinen die Umdrehungszahl besonders hoch ausfällt.

83. Wirkungsgrad.

Nicht alle einer Dynamomaschine zugeführte mechanische Energie wird in nutzbare elektrische Energie umgewandelt, vielmehr geht ein Teil innerhalb der Maschine als Wärme verloren. Die durch die Erwärmung der Wicklungen bedingten Leistungsverluste lassen sich nach einer der Gl. 20 bis 22 berechnen und werden als Stromwärme- oder Kupferverluste bezeichnet. Solche treten auf in der Ankerwicklung und in der Magnetwicklung. Dem Verlust in der Magnetwicklung wird gewöhnlich der im Nebenschlußregler zugerechnet. Ferner ist zu nennen der **Eisenverlust** im Anker, der sich aus dem Hystereseverluste, veranlaßt durch die abwechselnde Magnetisierung des Eisens infolge seines Vorbeiganges an den verschiedenen Polen, sowie aus dem in den Blechen auftretenden Wirbelstromverluste zusammensetzt. Schließlich sind noch die **mechanischen Verluste** zu erwähnen, die sich als Lager- und Bürstenreibung äußern, und zu denen auch die Luftreibung sowie etwaige Verluste durch künstliche Ventilation zu rechnen sind.

Der Eisenverlust im Anker ist bereits bei **leerlaufender** Maschine vorhanden, sobald sie erregt ist. Da er sich häufig nur zusammen mit den mechanischen Verlusten messen läßt, wird er mit diesen als **Leerlaufverlust** zusammengefaßt. Bei genaueren Untersuchungen ist jedoch zu berücksichtigen, daß der Eisenverlust mit der Belastung infolge der durch die Ankerrückwirkung hervorgerufenen Feldverzerrung eine, allerdings meistens nur geringe Zunahme erfährt.

Das Verhältnis der von einer Maschine nutzbar abgegebenen zur aufgewendeten Leistung nennt man ihren Wirkungsgrad. Bedeutet L_1 die der Maschine zugeführte Leistung, L_2 ihre Nutzleistung, so ist also der Wirkungsgrad

$$\eta = \frac{L_2}{L_1} \quad \ldots \ldots \ldots \ldots (64)$$

Soll der Wirkungsgrad in $^0/_0$ der zugeführten Leistung ausgedrückt werden, so ist noch mit 100 zu multiplizieren.

Die **Nutzleistung** kann nach vorstehender Gleichung aus der aufgewendeten Leistung und dem Wirkungsgrad berechnet werden zu

$$L_2 = L_1 \cdot \eta \quad \ldots \ldots \ldots \ldots (65)$$

Umgekehrt wird die für eine gewisse Nutzleistung **aufzuwendende Leistung** gefunden zu

$$L_1 = \frac{L_2}{\eta} \quad \ldots \ldots \ldots \ldots (66)$$

Es wurde bisher angenommen, daß sowohl L_1 als auch L_2 in derselben Einheit, z. B. in **Watt**, ausgedrückt sind. Vielfach wird jedoch die Leistung der Antriebsmaschine, also die dem Stromerzeuger zugeführte Leistung, in Pferdestärken angegeben. Es ist dann, wenn N die Anzahl der Pferdestärken bedeutet, entsprechend Gl. 29:

$$N \cdot 736 = L_1.$$

Der Wirkungsgrad ist im allgemeinen um so höher, je größer die Maschinenleistung ist, doch ist er auch — allerdings nur in geringem Maße — von der Umdrehungszahl der Maschine abhängig. Für jede Leistung gibt es eine mittlere Umdrehungszahl, für die der Wirkungsgrad einen günstigsten Wert annimmt, bei niedrigeren oder höheren Umdrehungszahlen fällt er etwas geringer aus. Er hängt außerdem noch von der Spannung sowie von der Konstruktion der Maschine und den besonderen Verhältnissen ab. Nähere Angaben über seine Höhe finden sich in den Preislisten der Firmen. Einen ungefähren Anhaltspunkt mögen folgende Zahlen geben.

Nutzleistung in kW	Ungefähre Umdrehungszahl	Wirkungsgrad
1	1500	76 %
10	1000	84 %
100	500	91 %

Bei den größten Maschinenleistungen werden Wirkungsgrade bis zu 95 % erreicht.

Die angegebenen Wirkungsgrade gelten für volle Belastung der Maschinen. Bei geringerer und auch bei höherer Belastung ist der Wirkungsgrad im allgemeinen kleiner, doch ist die Abnahme zwischen $^3/_4$ und $^5/_4$ Last nur unbedeutend. Bei weniger als $^3/_4$ Last tritt dagegen ein schnelleres Abfallen des Wirkungsgrades ein.

Beispiele: 1. Eine Dampfmaschine leistet 635 kW. Mit ihr gekuppelt ist eine Gleichstrommaschine. Wie groß ist deren Leistung, wenn ihr Wirkungsgrad zu 0,945 (94,5 %) angenommen wird?

$$L_2 = L_1 \cdot \eta = 635 \cdot 0{,}945 = 600 \text{ kW}.$$

2. Eine Dampfmaschine für eine Leistung von 120 PS soll zum Antrieb einer Dynamomaschine verwendet werden. Für welche Leistung ist diese zu bestellen, wenn der Wirkungsgrad zu 0,905 geschätzt wird?

$$L_2 = L_1 \cdot \eta = N \cdot 736 \cdot \eta = 120 \cdot 736 \cdot 0{,}905 = 80\,000 \text{ W} = 80 \text{ kW}.$$

3. Eine Dynamomaschine von 15 kW Leistung besitzt einen Wirkungsgrad von 86 %. Welches ist die Leistung der Antriebsmaschine?

$$L_1 = \frac{L_2}{\eta} = \frac{15\,000}{0{,}86} = 17\,450 \text{ W} = 17{,}45 \text{ kW (oder 23,7 PS)}.$$

84. Parallelbetrieb mehrerer Maschinen.

Der Parallelbetrieb von Hauptschlußmaschinen kommt praktisch nicht in Betracht. Von größter Wichtigkeit ist dagegen die Parallelschaltung von Nebenschlußmaschinen. Fig. 124 zeigt das Schema einer Anlage mit zwei Maschinen. Die positiven Pole beider Maschinen sind an die Sammelschiene *P*, die negativen Pole an die Schiene *N* angeschlossen. In der Figur ist angenommen, daß die Maschine I sich bereits im Betriebe befindet. Soll die Maschine II parallel geschaltet werden, so muß sie vorher auf die Spannung der Maschine I gebracht werden. Genau wie bei Nebenschlußmaschinen liegen die Verhältnisse bei Maschinen mit Fremderregung.

Dagegen gestaltet sich der Parallelbetrieb von Doppelschlußmaschinen (Fig. 125) nicht ganz so einfach. Tritt der Fall ein, daß während des Betriebes die Spannung einer der Maschinen sich ändert, etwa infolge Abnahme der Geschwindigkeit der Antriebsmaschine sinkt, so fließt ein Strom von der Maschine höherer Spannung zu der Maschine niederer Spannung. Die Hauptschlußwicklung der letzteren wird dabei in verkehrter Richtung durchflossen, so daß der Magnetismus der Pole geschwächt wird, die Spannung der Maschine also noch mehr nachläßt und der zwischen beiden Maschinen fließende Strom stärker wird. Dabei kann der Fall eintreten, daß die Magnetpole entgegengesetzten Magnetismus annehmen, die Maschine also umpolarisiert wird. Um dies zu verhindern, ist eine Ausgleichsleitung (*A.L.*) notwendig, die zwischen Anker- und Hauptschlußwicklung jeder Maschine angeschlossen wird und in der Figur durch eine gestrichelte Linie angedeutet ist. Bei etwaigen Spannungsverschiedenheiten der Maschinen erfolgt ein Ausgleichstrom durch diese Leitung hindurch, nicht aber durch die Hauptschlußwicklungen. Bei Nebenschlußmaschinen kann ein Umpolarisieren infolge Nach-

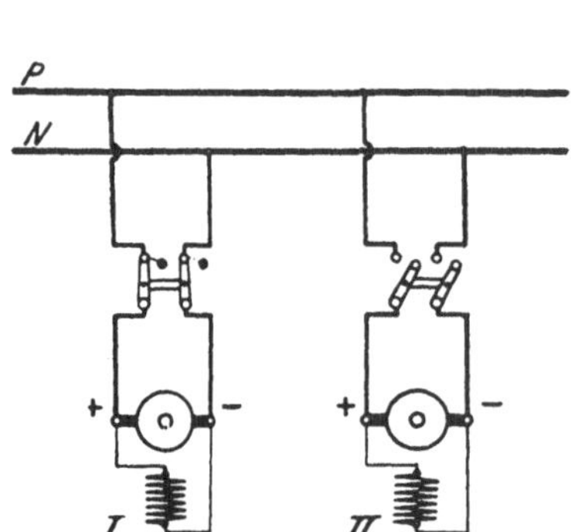

Fig. 124. Parallelbetrieb zweier Nebenschlußmaschinen.

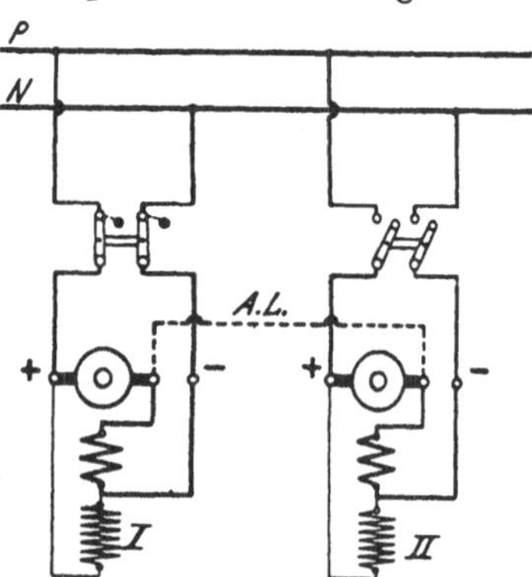

Fig. 125. Parallelbetrieb zweier Doppelschlußmaschinen.

lassens der Spannung einer Maschine nicht eintreten, da auch im Falle eines Rückstromes der Strom in der Nebenschlußwicklung stets die gleiche Richtung beibehält.

Übrigens kann man sich gegen den Rückstrom schützen, indem man statt des zweipoligen Schalters für jede Maschine zwei einpolige Schalter verwendet, von denen der eine als selbsttätiger Rückstromausschalter ausgebildet ist. Dieser unterbricht den Stromkreis der betr. Maschine, sobald die Richtung des Stromes sich ändert. Noch häufiger als die Rückstromschalter werden selbsttätige Minimalausschalter verwendet. Bei diesen erfolgt das Ausschalten bereits, sobald die Stromstärke einen gewissen Mindestwert erreicht hat, bevor also noch ein eigentlicher Rückstrom eingetreten ist (vgl. § 207).

Viertes Kapitel.
Gleichstrommotoren.

85. Bauart und Wirkungsweise der Motoren.

Wird einer Gleichstromdynamomaschine von einer äußeren Stromquelle der elektrische Strom zugeführt, so wirkt sie als Motor. Sie verwandelt in diesem Falle also die aufgenommene elektrische Energie in mechanische Energie.

In ihrer Bauart unterscheiden sich demnach die Elektromotoren in keiner Weise von den Generatoren, doch umschließt man sie häufig, um das Eindringen von Staub und Feuchtigkeit zu verhindern, ganz oder teilweise mit einem Schutzgehäuse. Völlig eingekapselte Motoren werden auch in explosionsgefährlichen Betrieben verwendet, um eine Gefahr durch die etwa am Kollektor auftretenden Funken abzuwenden. Motoren, an die besonders hohe Anforderungen hinsichtlich Überlastung, Regulierfähigkeit usw. gestellt werden, stattet man mit Wendepolen oder Kompensationswicklung aus.

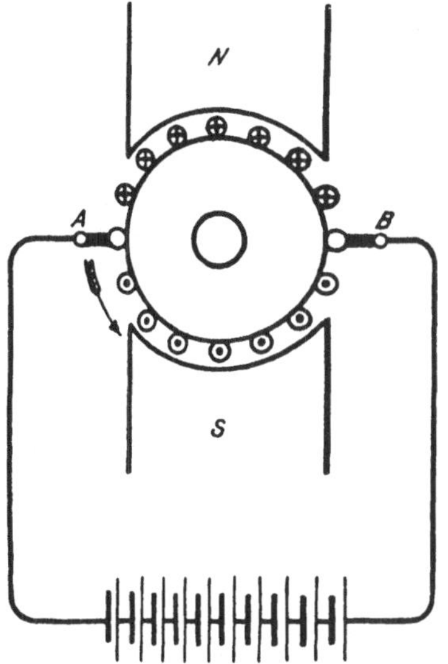

Fig. 126. Zweipoliger Gleichstrommotor.

Zur Erklärung der Wirkungsweise der Motoren werde der Einfachheit halber eine zweipolige Maschine betrachtet, Fig. 126. Die Pole N und S mögen von einer besonderen Stromquelle erregt werden. Dem Anker wird der Strom mittels der auf dem Kollektor schleifenden, in die neutrale Zone eingestellten Bürsten A und B zugeführt. Der Kollektor selbst ist in der Figur der Deutlichkeit wegen fortgelassen. Durch die Bürsten wird, ebenso wie beim Stromerzeuger, die Ankerwicklung in zwei parallele Zweige zerlegt, indem — gleichgültig ob Ring- oder Trommelwicklung vorliegt — eine Stromverzweigung in der Weise eintritt, daß die im Bereich des Nordpoles liegenden Drähte stets in entgegengesetzter Richtung vom Strome durchflossen werden wie die im Bereiche des Südpoles liegenden. Diese Stromverteilung ist unter der Wirkung des Kollektors von der jeweiligen Stellung des Ankers unabhängig und hat zur Folge, daß infolge der zwischen den Magnetpolen und den Ankerdrähten bestehenden Wechselwirkung der Anker in der einen oder anderen Richtung in Drehung gelangt, die Maschine also zur Abgabe mechanischer Energie und daher zum Antrieb anderer Maschinen Verwendung finden kann. Entspricht die Stromverteilung z. B. der in der Figur angenommenen, bei der der Strom in den Drähten unter dem Nordpol für den Beschauer von vorn nach hinten, in den Drähten unter dem Südpole von hinten nach vorn gerichtet ist, so tritt, wie mit Hilfe der Linkehandregel festgestellt werden kann, eine Drehbewegung des Ankers entgegen dem Uhrzeigersinne ein. Wie ein Vergleich mit den Figuren des § 64 ergibt, ist die Drehrichtung einer als Motor wirkenden Maschine entgegengesetzt derjenigen, mit der sie als Stromerzeuger betrieben werden muß, damit bei gleichen Magnetpolen der Ankerstrom die gleiche Richtung besitzt.

Infolge der Drehung des Ankers im magnetischen Felde wird nun, genau wie bei den Stromerzeugern, in den Ankerdrähten eine EMK induziert. In Fig. 126 z. B. wirkt diese, wie sich mittels der Rechtehandregel feststellen läßt, bei den Drähten unter dem Nordpol von hinten nach vorn, bei den Drähten unter dem Südpol von vorn nach hinten. Sie ist demnach der zugeführten Spannung entgegengerichtet, also eine elektromotorische Gegenkraft. Bezeichnet man die den Bürsten zugeführte Spannung als Klemmenspannung mit E_k, die im Anker induzierte EMG mit E, so ist die tatsächlich wirksame Spannung $E_k - E$ und demnach, wenn R_a wie früher den Ankerwiderstand bedeutet, die Stromstärke im Anker

$$J_a = \frac{E_k - E}{R_a} \quad \text{. . . . . (67)}$$

Läuft die Maschine leer, so ist die Umdrehungszahl des Ankers am größten, erreicht also auch die EMG den größten Wert. Sie wird fast so groß wie die zugeführte Spannung, und die Differenz $E_k - E$ ist mithin nahezu Null. Folglich nimmt die Maschine einen nur sehr kleinen Strom auf, einen Strom, der gerade hinreicht, um die Leerlaufverluste zu decken, und der daher auch Leerlaufstrom genannt wird. Je stärker die Maschine belastet wird, desto mehr sinkt ihre Umdrehungszahl und damit auch die EMG. Die Differenz $E_k - E$ nimmt also zu, und die Maschine empfängt einen größeren Strom. Die Stärke des vom Motor aufgenommenen Stromes stellt sich also selbsttätig der Belastung entsprechend ein.

Beispiel: Der Anker eines konstant erregten Gleichstrommotors sei an eine Spannung von 110 V angeschlossen. Sein Widerstand betrage 0,1 Ω. Sei die bei Leerlauf erzeugte EMG 109,5 V, so beträgt nach Gl. 67 der Leerlaufstrom

$$J_a = \frac{110 - 109{,}5}{0{,}1} = 5 \text{ A.}$$

Bei Belastung nimmt die EMG allmählich ab, und sie betrage bei normaler Ausnutzung des Motors noch ca. 104 V. Der Anker erhält dann also einen Strom

$$J_a = \frac{110 - 104}{0{,}1} = 60 \text{ A.}$$

Bei Überlastung würde die EMG noch weiter sinken, mithin die Stromaufnahme noch größer werden.

86. Der Anlaßwiderstand.

Würde man den Anker eines Motors ohne weiteres an die Netzspannung anschließen, so würde er im ersten Augenblicke, solange er noch nicht in Drehung geraten, eine EMG also auch noch nicht vorhanden ist, entsprechend Gl. 67 einen Strom $J_a = \frac{E_k}{R_a}$ aufnehmen. Dieser Strom ist im Vergleich zur normalen Stromstärke außerordentlich groß und würde daher die Wicklung verbrennen. Um dieses zu vermeiden, muß vor den Anker zunächst ein regulierbarer Widerstand, der Anlaßwiderstand oder kurz Anlasser, gelegt werden, der allmählich, entsprechend der Zunahme der Umdrehungszahl und der dadurch bedingten EMG, kurzgeschlossen wird. In der Regel wird ein Kurbelwiderstand verwendet. Da der Widerstand nur während der kurzen Anlaßperiode eingeschaltet ist, wird für ihn im Interesse eines geringen Preises verhältnismäßig dünner Draht benutzt, der eine dauernde Einschaltung überhaupt nicht vertragen würde. Es darf sich daher andererseits die Kurbel des Anlassers während des Betriebes nur auf dem Kurzschlußkontakt befinden, sie darf aber nicht auf einem Zwischenkontakt belassen werden. Um letzteres auszuschließen, läßt man auf die Kurbel häufig eine Feder einwirken, die bestrebt ist, sie stets in die Ausschaltstellung zurückzuziehen. Nur in der Kurzschlußstellung wird sie durch eine Klinke oder einen Elektromagneten festgehalten. Statt der Kurbelanlasser kommen auch vielfach Flüssigkeitswiderstände zur Anwendung.

Beispiel: Bei dem dem Beispiel des vorigen Paragraphen zugrunde gelegten Motor würde, wenn kein Anlaßwiderstand vorhanden wäre, der Strom beim Einschalten betragen $\frac{110}{0,1} = 1100$ A. Damit der Motor nur die normale Stromstärke von 60 A aufnimmt, muß der gesamte eingeschaltete Widerstand (Anker + Anlasser) sein

$$\frac{110}{60} = 1,83\ \Omega.$$

Demnach ist dem Anlasser, da der Ankerwiderstand 0,1 Ω beträgt, ein Widerstand von ca. 1,73 Ω zu geben.

87. Die Abhängigkeit der Umdrehungszahl von der Spannung und Magneterregung.

Der Anker eines Gleichstrommotors hat das Bestreben, sich auf eine solche Umdrehungszahl einzustellen, daß die von ihm entwickelte EMG nahezu so groß ist wie die ihm zugeführte Spannung. Wie aus der aus Gl. 67 abgeleiteten Beziehung

$$E = E_k - J_a \cdot R_a \quad \ldots\ldots\ldots \quad (68)$$

folgt, ist nämlich die EMG gleich der zugeführten Klemmenspannung vermindert um den im Anker selbst auftretenden Spannungsabfall.

Der letztere ist aber meistens sehr gering und bei Leerlauf überhaupt zu vernachlässigen. Bei Leerlauf ist daher die Umdrehungszahl des Ankers der ihm zugeführten Spannung proportional.

In hohem Maße ist die Umdrehungszahl auch von dem Erregerstrome abhängig. Sie ist um so größer, je schwächer die Magnete erregt sind, da bei geringer Erregung die erforderliche EMG nur durch eine höhere Drehgeschwindigkeit des Ankers zu erreichen ist.

88. Ankerrückwirkung und Bürstenverschiebung.

In ähnlicher Weise wie bei den Stromerzeugern wird auch bei den belasteten Motoren infolge der Ankerrückwirkung die Verteilung der Kraftlinien innerhalb der zwischen Anker und Magnetpolen befindlichen Luftspalte geändert, wodurch die neutrale Zone, die bei Leerlauf durch die Mitte der Polzwischenräume geht, eine Verschiebung erfährt, eine Wirkung, die bekanntlich den Querwindungen des Ankers zuzuschreiben ist. Da jedoch die Drehrichtung eines Motors, gleiche Magnetpole und gleiche Richtung des Ankerstromes vorausgesetzt, die entgegengesetzte wie die eines Stromerzeugers ist, so ist die Verschiebung der neutralen Zone, die bei den Stromerzeugern im Sinne der Drehrichtung erfolgt, bei den Motoren dem Drehsinn entgegengerichtet.

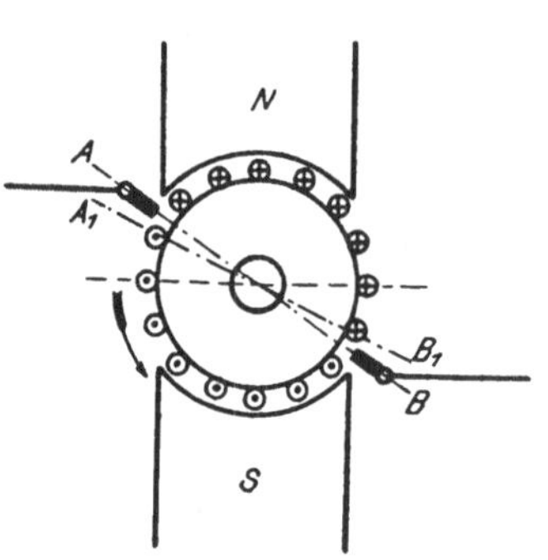

Fig. 127. Bürstenverschiebung eines Gleichstrommotors.

Um einen funkenfreien Gang zu erzielen, sind auch bei den Motoren die Bürsten im allgemeinen nicht nur um den Verschiebungswinkel der neutralen Zone, die mit der Ebene $A_1 B_1$ der Fig. 127 zusammenfallen möge, zurückzuschieben, sondern aus den bereits für die Stromerzeuger angeführten Gründen noch darüber hinaus, etwa bis in die Ebene AB zu verstellen. Aus hier nicht näher zu erörternden Gründen fällt jedoch die Bürstenverschiebung bei den Motoren im ganzen etwas kleiner als bei den Stromerzeugern aus, und durch geeignete Bauweise der Motoren läßt sich eine Bürstenverschiebung überhaupt vermeiden. Dies ist wichtig für die reversierbaren Motoren, d. h. solche, deren Drehrichtung häufig geändert werden muß (z. B. Straßenbahnmotoren, Aufzugsmotoren usw.). Bei diesen darf weder beim Betriebe in der einen noch in der anderen Drehrichtung eine schädliche Funkenbildung auftreten. Reversierbare Motoren fallen im allgemeinen etwas größer und teurer als Motoren für nur eine Drehrichtung aus.

Außer durch die Verschiebung der neutralen Zone infolge der Ankerquerwindungen macht sich die Ankerrückwirkung noch durch eine von den Gegenwindungen hervorgerufene Feldschwächung geltend. Diese sucht bei Belastung eine Erhöhung der Umdrehungszahl herbeizuführen.

89. Der fremderregte Motor.

Wird die Magnetwicklung eines Motors von einer anderen Stromquelle gespeist als die, an die der Anker angeschlossen ist, wird sie z. B. an eine abweichende Spannung angeschlossen, so erhält man den fremderregten Motor. Das Schema eines solchen mit seinem Anlaßwiderstand zeigt Fig. 128. Die Bezeichnungen für den Anker und die Magnetwicklung entsprechen den früher für die Stromerzeuger angewendeten. Die Anschlußklemmen des Anlaßwiderstandes sind durch L (Drehpunkt der Kurbel) und R (Kurzschlußkontakt) gekennzeichnet.

Die Betriebseigenschaften eines Motors mit Fremderregung entsprechen denen des Nebenschlußmotors, so daß auf diesen verwiesen werden kann.

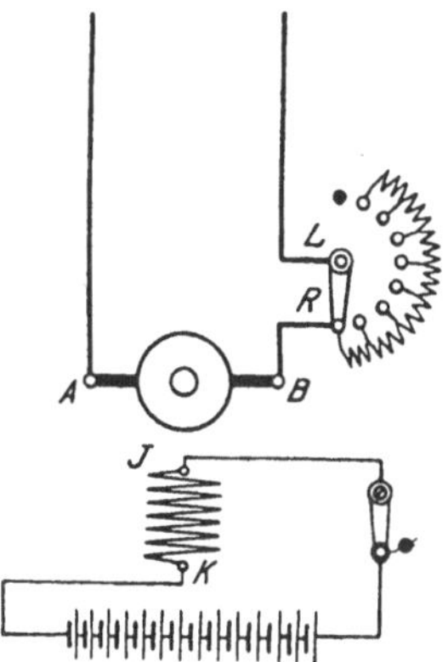

Fig. 128. Fremderregter Motor mit Anlaßwiderstand.

90. Der Nebenschlußmotor.

Von dem einem Nebenschlußmotor zugeführten Strom J wird ein kleiner Teil J_m für die Magnetwicklung abgezweigt. Es ist daher der Ankerstrom

$$J_a = J - J_m \quad . \; . \; . \quad (69)$$

Der im Anker auftretende Spannungsabfall ist $J_a \cdot R_a$. Ist der Motor an eine Klemmenspannung E_k angeschlossen, so erhält man demnach für die Ankerspannung (die sich als EMG äußert) den Ausdruck:

$$E = E_k - J_a \cdot R_a \quad . \; . \; . \; . \; . \; . \; . \; . \quad (70)$$

Da der Spannungsabfall im Anker mit zunehmender Belastung größer, die Ankerspannung selber also ein wenig kleiner wird, so muß auch die durch letztere bestimmte Umdrehungszahl des Motors etwas abnehmen. Diese durch den Spannungsabfall verursachte Verminderung der Umdrehungszahl wird aber meistens durch die Ankerrückwirkung, die die Geschwindigkeit bei Belastung zu steigern strebt, nahezu aufgehoben. Die Umdrehungszahl des Nebenschlußmotors kann daher praktisch als nahezu konstant angesehen werden, sie fällt in der Regel zwischen Leerlauf und Vollast nur um wenige Prozent. Dieser schätzenswerten Eigenschaft ist es zuzuschreiben, daß der Nebenschlußmotor der hauptsächlich verwendete Gleichstrommotor ist. Die an einem kleinen Nebenschlußmotor aufgenommene Tourenzahlkurve zeigt Fig. 129.

Bei längerem Betriebe steigt die Umdrehungszahl eines Nebenschlußmotors ein wenig an, da infolge der zunehmenden Erwärmung der Widerstand der Magnetwicklung größer, das Feld also geschwächt wird. In Fällen, wo es auf genaue Konstanthaltung der Umdrehungszahl ankommt, empfiehlt sich daher die Anwendung eines Tourenreglers (vgl. § 93).

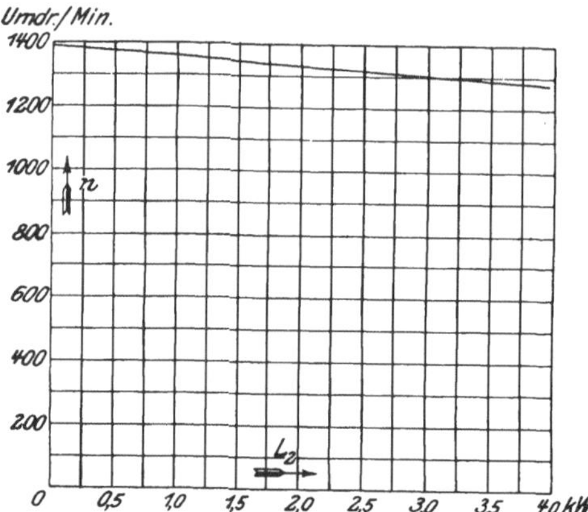

Fig. 129. Tourenzahlkurve eines Nebenschlußmotors für 3,3 kW (ca. 4,5 PS), 110 V, 36,5 A, $n = 1300$.

Um die Anzugskraft des Motors nicht zu beeinträchtigen, muß dafür Sorge getragen werden, daß durch den Anlaßwiderstand lediglich der Ankerstrom, nicht aber auch der Magnetstrom geschwächt wird. Dies kann nach Fig. 130 dadurch erzielt werden, daß am Anlasser noch eine besondere Kontaktschiene *M*, konzentrisch zur Hauptkontaktreihe, angeordnet wird, die vom ersten Arbeitskontakt bis zum Kurzschlußkontakt reicht. Mit dieser Schiene, die von der Kontaktfeder der Anlasserkurbel mit bestrichen wird, steht

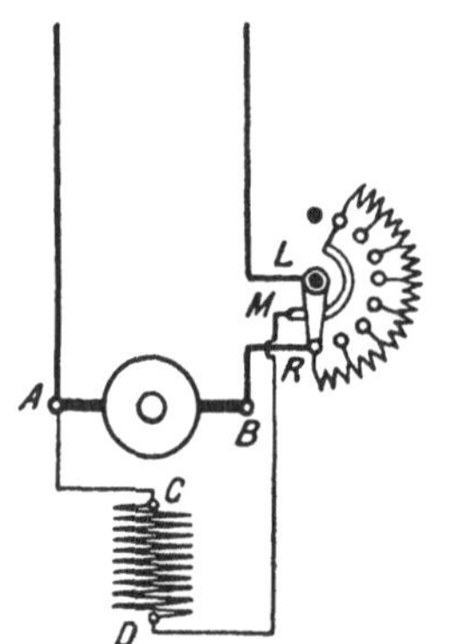

Fig. 130. Nebenschlußmotor mit Anlaßwiderstand mit Schiene.

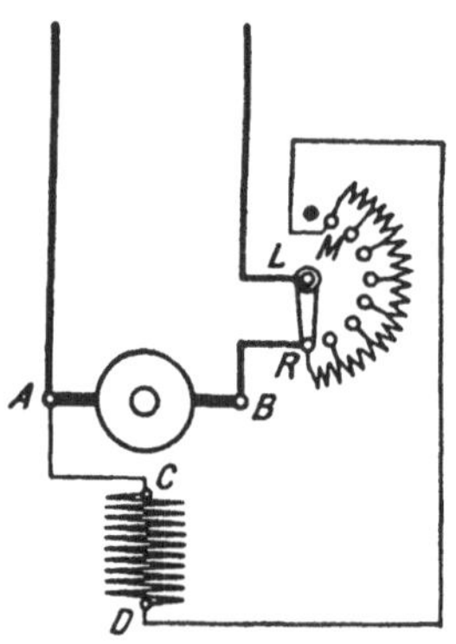

Fig. 131. Nebenschlußmotor mit Anlaßwiderstand ohne Schiene.

das eine Ende der Magnetwicklung in Verbindung, während das andere Ende unmittelbar an die entsprechende Ankerklemme angeschlossen ist. Auf diese Weise wird der Magnetwicklung beim Anlassen von vornherein die volle Spannung zugeführt. Die in der

Figur angegebene Verbindung der Schiene mit dem ersten Arbeitskontakte des Anlaßwiderstandes hat lediglich den Zweck, den beim Ausschalten entstehenden Öffnungsfunken abzuschwächen, indem dem Selbstinduktionsstrom ein geschlossener Weg durch die Magnetwicklung, den Anker und den Anlaßwiderstand geboten wird.

Um die Schiene am Anlasser zu vermeiden, kann die Schaltung nach Fig. 131 vorgenommen werden. Bei dieser Anordnung empfängt die Nebenschlußwicklung ebenfalls die volle Spannung, sobald die Kurbel auf den ersten Arbeitskontakt M gelangt. Beim weiteren Anlassen wird der Anlaßwiderstand allerdings in demselben Maße, wie er aus dem Ankerzweige entfernt wird, allmählich vor die Magnetwicklung gelegt. Einen nennenswerten Nachteil bedeutet das jedoch nicht, da der Widerstand des Anlassers im Vergleich zu dem der Magnetwicklung sehr klein ist, der Magnetstrom durch ihn also nur unwesentlich geschwächt wird.

Während des Betriebes muß der Nebenschlußmotor stets erregt sein. Wenn, etwa durch Lösen eines Verbindungsdrahtes, der Nebenschluß unterbrochen wird, so kann der Motor, da dann nur das schwache, vom remanenten Magnetismus herrührende Feld vorhanden ist, „durchgehen", d. h. seine Umdrehungszahl eine Höhe erreichen, der seine mechanische Festigkeit nicht mehr gewachsen ist. Um dieser Gefahr zu begegnen, kann die Anordnung getroffen werden, daß die Kurbel des Anlassers während des Betriebes mittels eines vom Nebenschlußstrom erregten Elektromagneten in der Kurzschlußstellung festgehalten, bei einer Unterbrechung des Nebenschlußstromes aber durch Federkraft in die Ausschaltstellung zurückgezogen wird. Die selbsttätige Ausschaltvorrichtung tritt auch dann in Wirksamkeit, wenn die Stromzufuhr des Motors eine Unterbrechung erfährt.

91. Der Hauptschlußmotor.

Das Schema eines Hauptschlußmotors und seine Verbindung mit dem Anlaßwiderstand ist in Fig. 132 wiedergegeben. Ein Spannungsabfall tritt sowohl in der Anker- als auch in der Magnetwicklung auf. Um den Betrag desselben ist die Ankerspannung E kleiner als die dem Motor zugeführte Klemmenspannung E_k (Spannung zwischen B und F). Es ist demnach, wenn der aufgenommene Strom die Stärke J besitzt,

$$E = E_k - J \cdot (R_a + R_m) \quad \ldots \ldots \quad (71)$$

Die Umdrehungszahl eines Hauptschlußmotors ist in hohem Maße von der Belastung abhängig. Je geringer diese ist, desto kleiner ist der vom Motor aufgenommene Strom, desto schwächer sind also auch die Magnete erregt, und um so höher ist daher die Drehgeschwindigkeit des Ankers. Die Umdrehungszahl ist also um so größer, je geringer die Belastung ist. Bei Leerlauf kann sie eine gefährliche Höhe annehmen. Fig. 133 zeigt die Tourenzahlkurve eines Hauptschlußmotors.

Wegen seiner Neigung zum „Durchgehen“ bei Leerlauf darf der Hauptschlußmotor im allgemeinen nicht für Riemenantrieb benutzt werden, da durch Abwerfen oder Reißen des Riemens eine plötzliche Entlastung eintreten kann. Da beim Anlassen Anker und Magnetwicklung sogleich von einem starken Strome durchflossen werden, so entwickelt der Motor eine hohe Anzugskraft. Er wird daher vorzugsweise benutzt für den Betrieb von Fahrzeugen (Straßen-

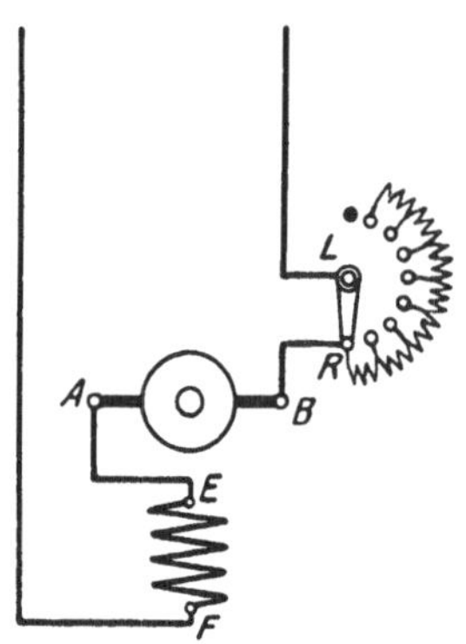

Fig. 132. Hauptschlußmotor mit Anlaßwiderstand.

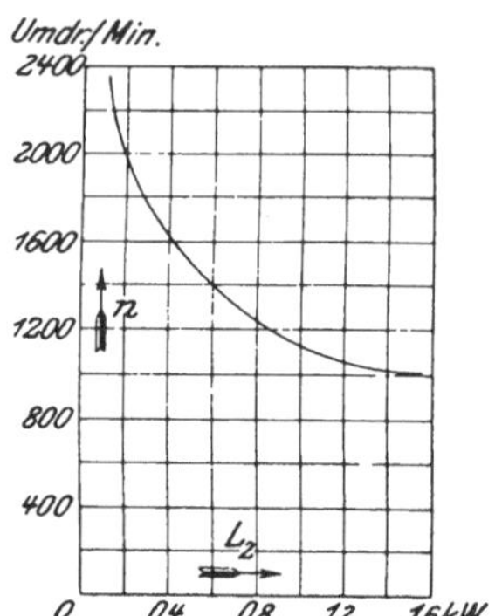

Fig. 133. Tourenzahlkurve eines Hauptschlußmotors für 0,74 kW (ca. 1 PS), 110 V, 9,1 A, $n = 1300$.

bahnwagen), Kranen sowie überhaupt in allen Fällen, wo eine völlige Entlastung nicht eintreten kann und die Abnahme der Umdrehungszahl mit der Belastung nichts schadet oder vielleicht sogar erwünscht ist.

92. Der Doppelschlußmotor.

Um die Umdrehungszahl eines Nebenschlußmotors unabhängig von der Belastung genau konstant zu halten, kann ihm noch eine aus wenigen Windungen bestehende Hauptschlußwicklung gegeben werden, die die Pole im entgegengesetzten Sinne magnetisiert wie die Nebenschlußwicklung. Durch die Hauptschlußwicklung wird dann mit steigender Belastung eine Schwächung des Magnetfeldes, also eine Zunahme der Umdrehungszahl erzielt, durch die bei richtiger Bemessung der Wicklung der bei Belastung auftretende Tourenabfall des Nebenschlußmotors gerade aufgehoben wird. Derartige Doppelschlußmotoren werden jedoch nur selten verwendet, da sie eine geringere Anzugskraft wie die normalen Nebenschlußmotoren haben. Auch wird eine genau gleichbleibende Umdrehungszahl doch nicht erreicht, weil deren Veränderung infolge der Erwärmung des Motors nicht ausgeglichen wird.

Um die Anzugskraft eines Nebenschlußmotors zu erhöhen, bringt man auf ihm in gewissen Fällen noch einige im gleichen Sinne wie die Nebenschlußwicklung wirkende Hauptschlußwindungen an. Die Tourenabnahme eines solchen Motors bei Belastung ist naturgemäß größer als bei einem gewöhnlichen Nebenschlußmotor.

93. Tourenregelung.

Eine Verringerung der normalen Umdrehungszahl eines Gleichstrommotors kann durch Verminderung der Ankerspannung erzielt werden. Zu diesem Zwecke wird durch einen Regulierwiderstand ein Teil der zugeführten Spannung vernichtet. Der Widerstand kann, falls er genügend groß ist, auch zum Anlassen benutzt werden, so daß ein besonderer Anlaßwiderstand entbehrlich wird. Andernfalls werden Anlaß- und Regulierwiderstand hintereinander geschaltet. Bei Motoren größerer Leistung fällt der erforderliche Regulierwiderstand verhältnismäßig groß und teuer aus.

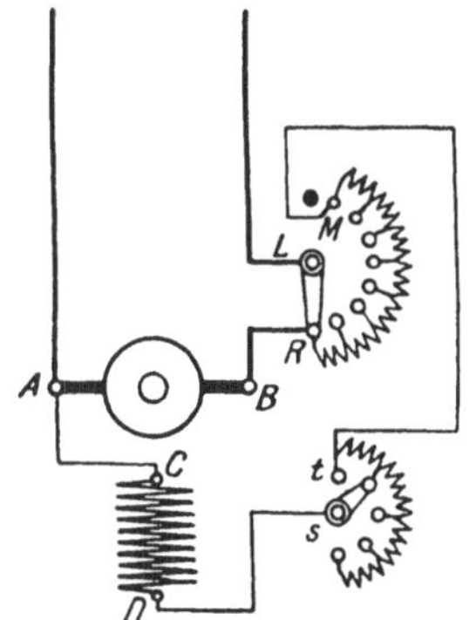

Fig. 134. Nebenschlußmotor mit Anlaßwiderstand und Tourenregler.

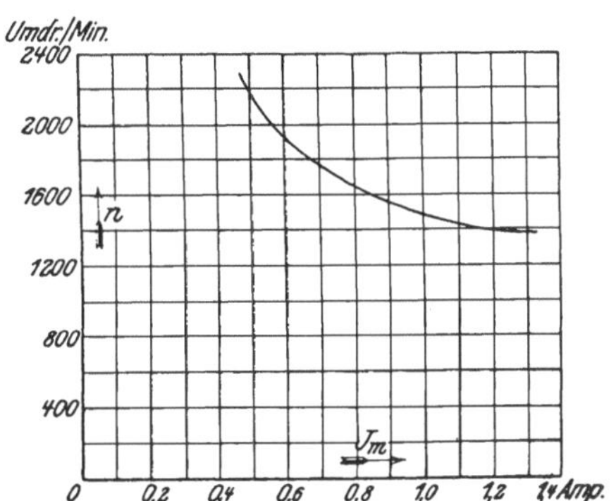

Fig. 135. Tourenregulierungskurve eines Nebenschlußmotors mit Wendepolen für 3 kW (ca. 4 PS), 110 V, 35 A, $n = 1200$.

Außerdem hat das Verfahren noch den schwerwiegenden Übelstand, daß damit eine Energievergeudung verbunden ist, da die vom Widerstand aufgenommene Energie nutzlos verloren geht. Von dieser Art der Tourenregelung wird daher nur ungern Gebrauch gemacht, um so mehr als ihr auch noch der Mangel anhaftet, daß bei geringer Motorbelastung und daher kleiner Stromaufnahme nur wenig Spannung im Widerstand aufgezehrt wird und daher die Regelung nicht so wirksam ist wie bei großer Belastung.

Wirtschaftlicher ist es, eine Regelung durch Erhöhung der Umdrehungszahl über die normale hinaus vorzunehmen, was durch Schwächung des Erregerstromes möglich ist. Beim Nebenschlußmotor wird zu diesem Behufe ein Nebenschlußregler verwendet, bei dem jedoch der Ausschaltkontakt fortgelassen wird, um eine Unterbrechung des Erregerstromes und damit ein „Durchgehen“ des Motors auszuschließen. Die Schaltung eines Nebenschlußmotors mit Anlaßwiderstand und Nebenschlußtourenregler zeigt Fig. 134. Da der Magnetstrom nur ein kleiner Teil des vom Motor aufgenommenen Stromes ist, so ist ein nennenswerter Energieverlust mit diesem Verfahren der Regelung nicht verbunden; auch erhält der Regler nur kleine Abmessungen. Die Grenze, bis zu der die Umdrehungszahl erhöht werden kann, ist gegeben einmal durch die höchstzulässige Umfangsgeschwindigkeit des Ankers, sodann durch den Umstand, daß bei schwachem Magnetfelde der Motor zur Funkenbildung neigt. Eine Erhöhung bis um etwa 20 $^0/_0$ der normalen Umdrehungszahl ist jedoch bei fast allen Motoren zulässig. Für sehr weitgehende Tourenregelung sind Motoren mit Wendepolen oder kompensierte Motoren am Platze. Fig. 135 zeigt für einen leerlaufenden Nebenschlußmotor mit Wendepolen die Abhängigkeit der Umdrehungszahl vom Erregerstrom.

Um die Umdrehungszahl eines Hauptschlußmotors durch Feldschwächung zu erhöhen, kann ein Regulierwiderstand parallel zur Magnetwicklung gelegt werden, wodurch dieser ein mehr oder weniger großer Teil des Stromes entzogen wird.

94. Umkehr der Drehrichtung.

Der Drehsinn eines Motors ist abhängig von der Richtung des Ankerstromes und des Erregerstromes. Um einen anderen Drehsinn zu erzielen, ist also einem der beiden Ströme, keinesfalls beiden, eine andere Richtung zu erteilen. Bei einem Motor mit Fremd-

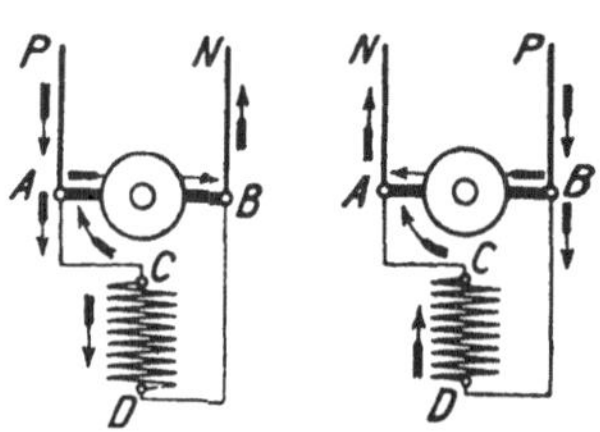

Fig. 136a. Fig. 136b.
Unabhängigkeit des Drehsinns eines Nebenschlußmotors von der Stromrichtung.

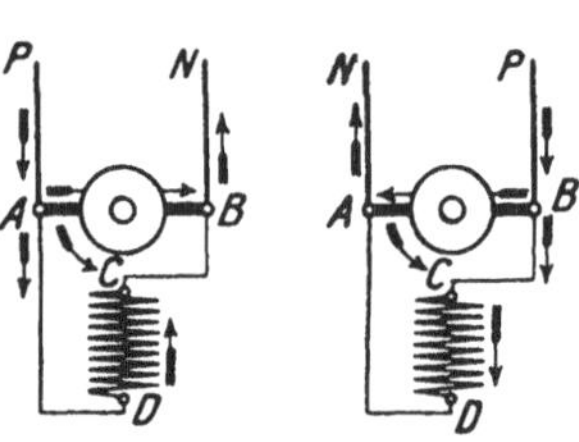

Fig. 136c. Fig. 136d.
Umschaltung für veränderten Drehsinn.

erregung kann der Drehsinn demnach in einfachster Weise entweder durch Umwechslung der beiden mit dem Anker verbundenen Hauptleitungen bewirkt werden, oder es sind die zur Magnetwicklung führenden Drähte zu vertauschen.

Anders bei den selbsterregten Motoren. Bei diesen wird eine Änderung der Drehrichtung nicht etwa durch Vertauschen der beiden Zuführungsleitungen *P* und *N* erzielt, da hierdurch, wie Fig. 136a und b für den Nebenschlußmotor und Fig. 137a und b für den Hauptschlußmotor zeigen, sowohl der Ankerstrom als auch der Magnetstrom eine andere Richtung annehmen. Es muß vielmehr eine Schaltungsänderung vorgenommen werden. Fig. 136c bzw. 137c zeigt die Umschaltung für veränderten Magnetstrom, Fig. 136d bzw. 137d die für veränderten Ankerstrom.

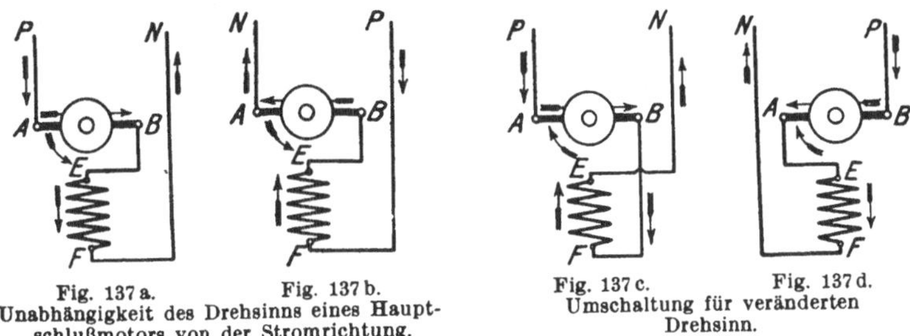

Fig. 137a. Fig. 137b.
Unabhängigkeit des Drehsinns eines Hauptschlußmotors von der Stromrichtung.

Fig. 137c. Fig. 137d.
Umschaltung für veränderten Drehsinn.

Soll die Drehrichtung eines Doppelschlußmotors geändert werden, so ist sowohl das für den Nebenschluß- als auch für den Hauptschlußmotor Angegebene sinngemäß zu berücksichtigen.

95. Umkehranlasser.

Um die Drehrichtung eines reversierbaren Motors in einfachster Weise ändern zu können, verwendet man einen Umkehranlasser. Als Beispiel ist in Fig. 138 das Schema eines solchen für einen Nebenschlußmotor wiedergegeben, und zwar nach einer Ausführung der Firma F. Klöckner, Köln.

Der Anlasser besitzt eine dreiarmige Kurbel. Die Arme 1 und 2 stehen miteinander in leitender Verbindung, während der Arm 3 von ihnen isoliert ist. Innerhalb der nach zwei Seiten symmetrisch ausgeführten Kontaktbahn des Anlaßwiderstandes befinden sich die konzentrisch zu ihr angeordneten beiden Kontaktschienen p und n, die ihrerseits wieder zwei schmälere Schienen c und d umschließen. Mit p und n stehen über die Klemmen L_1 und L_2 des Anlassers die äußeren Zuleitungen P und N, mit c und d über die Klemmen M_1 und M_2 die Enden C und D der Magnetwicklung in Verbindung. Von der Ankerklemme A ist über die Anlasserklemme R_1 eine Leitung nach dem Drehpunkt der Kurbel 3, von der Ankerklemme B über R_2 eine Leitung nach den unter sich verbundenen Kurzschlußkontakten k_1, k_2 geführt.

Nimmt die Kurbel die in der Figur gezeichnete Lage ein, so ist der Motor ausgeschaltet. Er läuft mit der einen oder anderen Drehrichtung an, je nachdem ob die Kurbel nach rechts oder links gedreht wird. Dabei schleift die Feder des Kurbelarms 1 auf der Kontaktbahn des Anlaßwiderstandes, so daß dieser allmählich kurz geschlossen wird. Mit Hilfe der an den Armen 2 und 3 angebrachten Federn wird p mit c und n mit d in Verbindung gebracht und dadurch der Magnetwicklung Strom zugeführt.

Bewegt man die Kurbel nach rechts, so erhält bei der für den zugeführten Strom angenommenen Richtung der Anker Strom in der Richtung von A nach B (Stromkreis P, L_1, p, 3, R_1, A, B, R_2, k_2, Anlaßwiderstand, 1, 2, n, L_2, N), die Magnetwicklung in der Richtung von C nach D (p, 3, c, M_1, C, D, M_2, d, 2, n). Wird die Kurbel nach links bewegt, so empfängt der Anker Strom in der Richtung von B nach A (P, L_1, p, 2, 1, Anlaßwiderstand, k_2, R_2, B, A, R_1, 3, n, L_2, N), die Magnetwicklung aber wie vorher in der Richtung von C nach D (p, 2, c, M_1, C, D, M_2, d, 3, n).

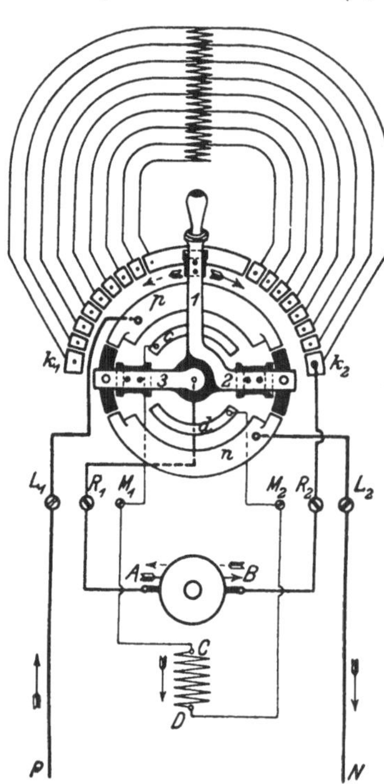

Fig. 138. Nebenschlußmotor mit Umkehranlasser.

Die Umkehr der Drehrichtung wird im vorliegenden Falle also durch Änderung der Stromrichtung im Anker bewirkt.

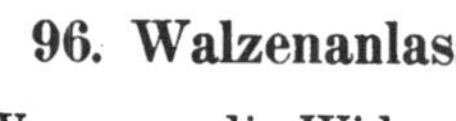

96. Walzenanlasser.

Wenn an die Widerstandsfähigkeit der zum Anlassen und Regulieren von Motoren dienenden Apparate besonders hohe Anforderungen gestellt werden, namentlich auch, wenn sie Staub oder Feuchtigkeit ausgesetzt sind — wie das z. B. beim Straßenbahn- und Kranbetrieb der Fall ist —, so werden sie in der Regel als Walzenanlasser oder Kontroller ausgebildet. Vielfach läßt sich mit ihnen auch die zur Erzielung einer anderen Drehrichtung erforderliche Schaltungsänderung vornehmen, häufig ist auch eine elektrische Bremsung (s. § 101) vorgesehen. Innerhalb eines eisernen Schutzgehäuses ist, um ihre Achse drehbar, eine Walze angebracht, der mittels einer Kurbel verschiedene Stellungen gegeben werden können. Auf ihrem Mantel ist eine Anzahl eigenartig gestalteter Kontaktstücke befestigt, auf denen Kontaktfedern schleifen. Diese sind sämtlich längs einer Mantellinie der Walze angeordnet und stellen beim Drehen der Kurbel die notwendigen Verbindungen in der richtigen Reihenfolge nacheinander her. Die bei jeder Stromunterbrechung an den Federn entstehenden Funken werden mit Hilfe einer Funkenlöschspule sofort nach ihrem Entstehen magnetisch ausgeblasen (vgl. § 21), so daß die Kontakte nicht nennenswert angegriffen werden.

Das Schaltungsschema eines reversierbaren Hauptschlußmotors

mit Kontroller zeigt Fig. 139. Die Umdrehungszahl des Motors kann durch einen vorgeschalteten Widerstand, der gleichzeitig zum Anlassen dient, reguliert werden. Durch die Zahlen 1 bis 9 sind die am Kontroller vorhandenen Kontaktfedern bezeichnet, mit denen, so wie es aus dem Schema hervorgeht, die Klemmen des Motors bzw. die Stufen des Regulierwiderstandes in Verbindung stehen. Die auf der Kontrollerwalze befindlichen Kontaktstücke sind daneben in einer Ebene ausgebreitet gezeichnet. Der Walze können elf verschiedene Stellungen gegeben werden derart, daß die Kontaktfedern jedesmal längs einer der Mantellinien a bis f_1 bzw. f_2 aufliegen. Befindet sich die Kurbel in der Stellung a, so ist der Motor ausgeschaltet. Bei der Kurbelstellung b_1 muß der Strom den Weg durch

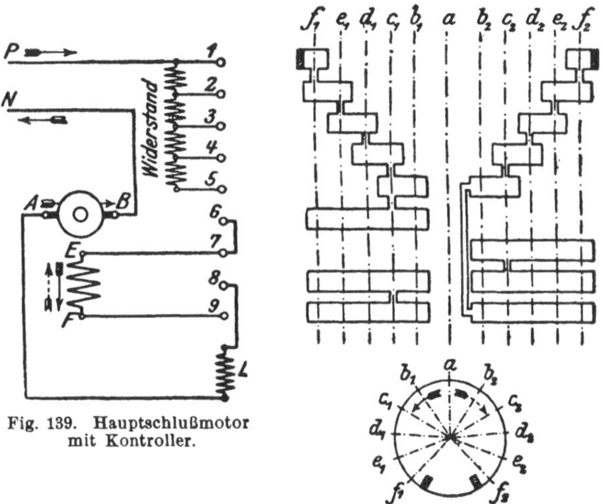

Fig. 139. Hauptschlußmotor mit Kontroller.

die sämtlichen Stufen des Widerstandes, ferner durch die Magnetwicklung EF, die Funkenlöschspule L und den Anker AB nehmen, bei c_1 ist bereits die erste Widerstandsstufe ausgeschaltet, bei d_1 die zweite, bei e_1 die dritte, bei f_1 schließlich ist der Widerstand kurzgeschlossen. Beim Rückwärtsdrehen der Walze werden die Widerstandsstufen wieder allmählich vor den Motor gelegt, dieser wird ausgeschaltet. Die Stellungen b_2 bis f_2 der Kurbel entsprechen den Stellungen b_1 bis f_1, nur hat der Magnetstrom dabei eine andere Richtung. Der Drehsinn des Motors wird also hier durch Änderung der Stromrichtung in der Magnetwicklung umgekehrt.

97. Schützensteuerung.

Walzenanlasser für Motoren großer Leistung nehmen so erhebliche Abmessungen an, daß ihre Bedienung einen bedeutenden Kraftaufwand erfordert. Ihre Handhabung ist namentlich dann anstrengend, wenn das Ein- und Ausschalten sehr oft erfolgen muß. In solchen Fällen greift man häufig zur Schützensteuerung. Zum Anlassen, Regulieren usw. des Motors dienen eine Anzahl Schütze: Schalter, die durch Elektromagnete betätigt werden. Die Schalter werden im unerregten Zustande der Magnete durch kräftige Federn offen gehalten. Werden dagegen die Magnete erregt, so schließen sie die zugehörigen Schalter. Für die Erregung der Magnete kommen nur schwache Ströme zur Verwendung, die durch eine kleine, leicht zu bedienende Schaltwalze ein- und ausgeschaltet werden können. Letztere gleicht in ihrer Ausführung einer gewöhnlichen Anlasserwalze und wird Steuer- oder Meisterwalze genannt.

Die Schützensteuerung ist auch am Platze, wenn der Motor von einem entfernten Punkte aus gesteuert werden soll. In diesem Falle sind für die Verbindung der in der Nähe des Motors aufzustellenden Schütze mit der Meisterwalze nur dünne Leitungen erforderlich.

98. Anlaßaggregate.

Beim Ingangsetzen eines Motors wird in dem ihm vorgeschalteten Anlaßwiderstand ein Teil der zugeführten Energie vernichtet. Die dadurch bedingten Verluste können sehr beträchtlich sein, wenn es sich um einen Motor von großer Leistung handelt, und wenn dieser, wie es z. B. bei Fördermotoren und Walzenzugmotoren geschieht, sehr häufig in Gang gesetzt und wieder ausgeschaltet wird. In solchen Fällen bietet die Aufstellung eines Anlaßaggregates große Vorteile. Es besteht in der von Leonard angegebenen Anordnung, Fig. 140, aus dem an das Netz angeschlossenen, mit Nebenschlußwicklung versehenen Anlaßmotor *AM* und der mit ihm direkt gekuppelten Anlaßdynamo *AD*. Letztere arbeitet auf den Anker des Hauptmotors *M*. Anlaßdynamo und Hauptmotor werden vom Netz aus erregt. Die Spannung der Anlaßdynamo kann durch einen in den Erregerkreis eingeschalteten Regulierwiderstand *RW* allmählich bis zur vollen Netzspannung gesteigert werden. Dadurch wird ein stoßfreies Anlassen des Hauptmotors bewirkt. Um dessen Drehrichtung umzukehren, wird die Richtung des Magnetstromes und damit die Polarität der Anlaßdynamo durch den Umschalter *U* geändert. Regulierwiderstand und Umschalter werden zwangläufig in der Weise miteinander verbunden, daß eine Umschaltung nur vorgenommen werden kann, wenn der volle Widerstand vor der Magnetwicklung liegt.

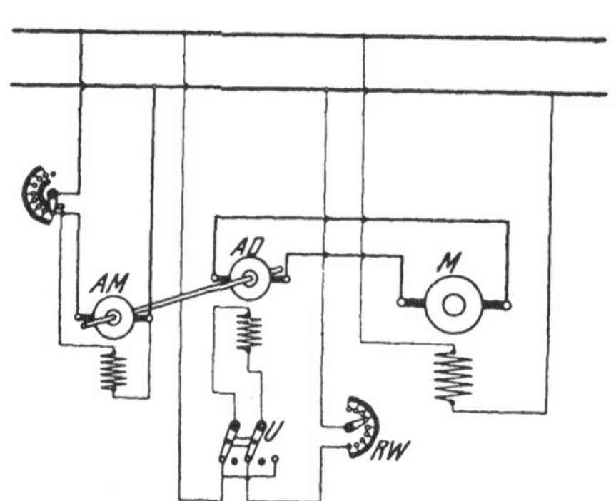

Fig. 140. Anlaßschaltung nach Leonard.

Der Vorteil der beschriebenen Anordnung besteht vor allem darin, daß beim Anlassen des Hauptmotors keine Energie in Widerständen vernichtet wird, abgesehen von dem geringfügigen Betrag, der im Magnetregler der Anlaßdynamo verbraucht wird. Die Maschinen des Anlaßaggregates werden meistens mit Wendepolen ausgestattet.

Da die Umdrehungszahl des Hauptmotors je nach der Spannung der Anlaßdynamo verschieden ist, so wird die Leonardschaltung auch in Fällen angewendet, in denen die Umdrehungszahl eines Motors innerhalb sehr weiter Grenzen veränderlich sein soll.

99. Wirkungsgrad.

Verluste der gleichen Art wie in den Stromerzeugern treten auch in den Motoren auf. Sie haben zur Folge, daß nicht alle einem Motor zugeführte elektrische Energie ihm in Form mechanischer Energie entnommen werden kann. Bezeichnen wieder L_1 die zugeführte Leistung und L_2 die Nutzleistung in Watt, so gelten die für die Stromerzeuger angegebenen auf den Wirkungsgrad bezüglichen Formeln, Gl. 64 bis 66, auch für Motoren.

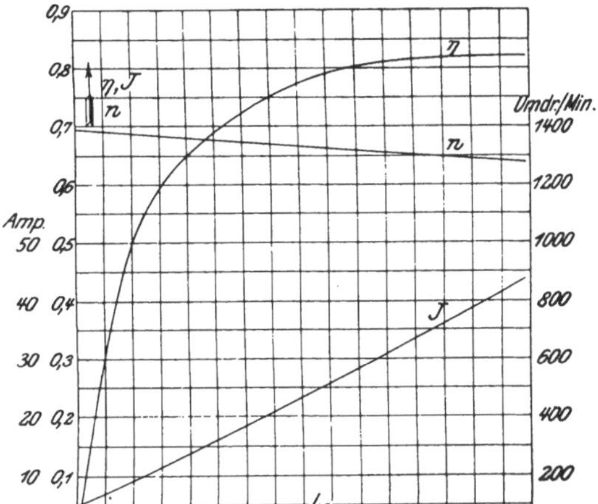

Fig. 141. Betriebskurven eines Nebenschlußmotors für 3,3 kW (ca. 4,5 PS), 110 V, 36,5 A, $n = 1300$.

Wird die Nutzleistung eines Motors in Pferdestärken angegeben, dann ist, wenn deren Anzahl durch N ausgedrückt wird:

$$N \cdot 736 = L_2.$$

Der Wirkungsgrad eines Gleichstrommotors hat ungefähr dieselbe Größe wie der eines Gleichstromerzeugers gleicher Leistung (s. Tabelle in § 83).

Als Beispiel für die Abhängigkeit des Wirkungsgrades von der Leistung ist in Fig. 141 die an einem kleineren Motor aufgenommene Wirkungsgradkurve wiedergegeben. In die Figur sind der Vollständigkeit wegen auch die Kurve der Stromstärke sowie die schon als Fig. 129 gezeigte Tourenzahlkurve eingetragen.

Beispiele: 1. Ein Gleichstrommotor, der an 110 V Spannung angeschlossen ist, nimmt bei einer Nutzleistung von 32 PS einen Strom von 242 A auf. Welcher Wirkungsgrad kommt ihm zu?

Die zugeführte Leistung ist:

$$L_1 = E \cdot J = 110 \cdot 242 = 26600 \text{ W},$$

die abgegebene Leistung:

$$L_2 = 32 \cdot 736 = 23550 \text{ W}.$$

Es ist also:

$$\eta = \frac{L_2}{L_1} = \frac{23550}{26600} = 0{,}885.$$

2. Welche elektrische Leistung nimmt ein Motor auf, dessen Nutzleistung 50 kW (68 PS) beträgt, und der einen Wirkungsgrad von 90,5 % besitzt?

$$L_1 = \frac{L_2}{\eta} = \frac{50}{0{,}905} = 55{,}3 \text{ kW}.$$

100. Umdrehungszahl, Leistung und Spannung.

Bei Verwendung von Gleichstrommotoren ist man nicht an bestimmte Umdrehungszahlen gebunden, diese können vielmehr beliebig gewählt werden. Es gelten die diesbezüglichen Bemerkungen des § 82 sinngemäß auch für Motoren.

Erfahrungsgemäß stellt sich die Umdrehungszahl einer als Motor verwendeten Gleichstrommaschine um etwa 20 % bei kleineren, bis 10 % bei größeren Maschinen niedriger ein als die Umdrehungszahl, mit der sie zur Erzielung der gleichen Spannung als Stromerzeuger betrieben werden muß. In diesem Verhältnis ist auch die Nutzleistung des Motors kleiner anzunehmen als die des Stromerzeugers.

Die für Gleichstrommotoren festgesetzten Normalspannungen sind, wie auch bereits in § 82 angegeben, 110, 220, 440, 500 und 750 V.

Beispiel: Eine als Stromerzeuger arbeitende Maschine leistet 18 kW bei $n = 1200$. Für welche Leistung und Umdrehungszahl ist sie bei der gleichen Spannung als Motor verwendbar?

Die Umdrehungszahl, auf die sich der Motor einstellt, dürfte um etwa 15 % geringer als die des Stromerzeugers sein, also ungefähr $1200 \cdot 0{,}85 = 1020$ betragen.

Im Verhältnis der Umdrehungszahlen ist auch die Leistung des Motors geringer anzunehmen:

$$L_2 = 18 \cdot \frac{1020}{1200} = 15{,}3 \text{ kW (20,8 PS)}.$$

101. Verhalten eines Stromerzeugers als Motor und umgekehrt.

Im § 85 wurde festgestellt, daß der Drehsinn einer Gleichstrommaschine bei gleichen Magnetpolen und gleichgerichtetem Ankerstrome ein anderer ist, je nachdem ob sie als Stromerzeuger oder als Motor betrieben wird. Umgekehrt läßt sich sagen, daß Stromerzeuger und Motor den gleichen Drehsinn besitzen, wenn entweder der Erregerstrom oder der Ankerstrom verschieden gerichtet ist. Sind Erregerstrom und Ankerstrom anders gerichtet, so haben Stromerzeuger und Motor wiederum entgegengesetzten Drehsinn.

Eine fremderregte Maschine wird demnach als Motor den gleichen Drehsinn annehmen wie als Stromerzeuger, wenn z. B. bei gleichbleibendem Magnetstrom der ihrem Anker zugeführte Strom die entgegengesetzte Richtung wie der vom Stromerzeuger gelieferte besitzt.

Um das Verhalten der Nebenschlußmaschine zu untersuchen, werde angenommen, daß sie als Stromerzeuger Strom von der in Fig. 142a angegebenen Richtung liefere. Wird ihr als Motor Strom von entgegengesetzter Richtung zugeführt, wie es in Fig. 142b angenommen ist, so bleibt der Magnetstrom gleichgerichtet, nicht aber der Ankerstrom. Würde ihr Strom von der gleichen Richtung, wie ihn der Stromerzeuger liefert, zugeführt werden, so bliebe umgekehrt der Ankerstrom gleichgerichtet, nicht aber der Magnetstrom. Eine Nebenschlußmaschine nimmt also, als Motor betrieben, den gleichen Drehsinn an wie als Stromerzeuger.

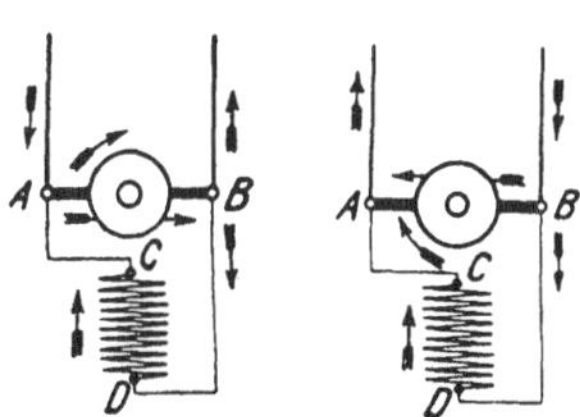

Fig. 142a. Fig. 142b. Drehsinn einer Nebenschlußmaschine als Stromerzeuger (a) und als Motor (b).

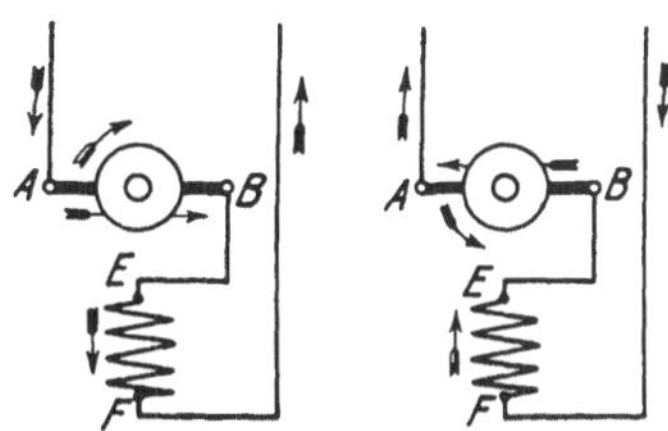

Fig. 143a. Fig. 143b. Drehsinn einer Hauptschlußmaschine als Stromerzeuger (a) und als Motor (b).

Damit umgekehrt ein Nebenschlußmotor stromerzeugend wirkt, muß er mit gleichbleibender Drehrichtung angetrieben werden, da er nur in diesem Falle, wie Fig. 142 lehrt, seinen remanenten Magnetismus beibehält. Der von der Maschine gelieferte Strom hat dann die entgegengesetzte Richtung wie der vorher vom Motor aufgenommene. Der Nebenschlußmotor wird häufig für den Betrieb von Bergbahnen verwendet, da er bei der Talfahrt ohne irgendwelche Umschaltung eine Stromrückgewinnung in das Netz gestattet.

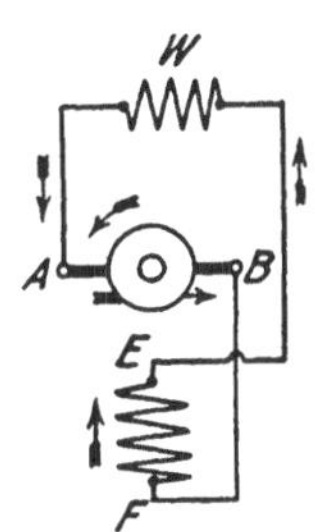

Fig. 144. Bremsschaltung eines Hauptschlußmotors.

Für die Hauptschlußmaschine schließlich sind die Verhältnisse in Fig. 143a für den Stromerzeuger und in Fig. 143b für den Motor zum Ausdruck gebracht. Man erkennt, daß bei der für den Motor angenommenen Stromrichtung sowohl Anker als auch Magnetwicklung im entgegengesetzten Sinne wie beim Stromerzeuger durchflossen werden. Bei geänderter Stromrichtung würden Anker und Magnetwicklung Strom im gleichen Sinne wie als Stromerzeuger führen. Es geht hieraus hervor, daß in jedem Falle der Drehsinn einer Hauptschlußmaschine als Motor ein anderer ist wie als Stromerzeuger.

Soll ein Hauptschlußmotor als Stromerzeuger gebraucht werden, so muß er, damit er seinen remanenten Magnetismus nicht einbüßt, im entgegengesetzten Drehsinne angetrieben werden, oder es ist bei unveränderter Drehrichtung eine Schaltungsänderung vorzunehmen in der Weise, daß die Enden der Magnetwicklung umgewechselt werden. In jenem Falle hat der erzeugte Strom die gleiche, in diesem die entgegengesetzte Richtung wie der vom Motor aufgenommene Strom.

Bei der für Straßenbahnen vielfach angewendeten Kurzschlußbremsung schließt man den als Stromerzeuger umgeschalteten Hauptschlußmotor kurz oder läßt ihn zum mindesten auf einen sehr kleinen Widerstand W (Fig. 144) arbeiten, so daß er einen großen Strom entwickelt. Hierdurch wird die im Wagen aufgespeicherte Energie innerhalb kurzer Zeit vernichtet.

Fünftes Kapitel.

Wechselstromerzeuger.

102. Allgemeines.

Die Wechselstrommaschinen werden eingeteilt in Einphasen- und Mehrphasenmaschinen. Von den letzteren haben nur die Zweiphasen- sowie ganz besonders die Dreiphasen- oder Drehstrommaschinen Bedeutung. Ist im folgenden von Wechselstrommaschinen schlechthin die Rede, so sollen darunter alle derartigen Maschinen, unabhängig von der Phasenzahl, verstanden werden.

103. Die Außenpolmaschine.

Bereits in § 64 wurde darauf hingewiesen, daß in einer zwischen zwei Magnetpolen rotierenden Spule eine EMK von wechselnder Richtung induziert wird. Indem die beiden Enden der Spule mit Schleifringen verbunden wurden, denen der Strom mittels Bürsten entnommen werden kann, ergab sich die in Fig. 82 dargestellte einfachste Anordnung einer zweipoligen Wechselstrommaschine. Für den praktischen Gebrauch wird man sich allerdings nicht mit einigen wenigen Windungen auf dem Anker begnügen, sondern nach dem Vorbilde des Gleichstromankers den ganzen Umfang für die Wicklung ausnutzen. Eine derartige Ausführung eines Wechselstromankers für Einphasenstrom ist in Fig. 145 wiedergegeben, und zwar ist zunächst Ringwicklung angenommen. Die Schleifringe sind hier an zwei gegenüberliegende Punkte der Wicklung angeschlossen; diese zerfällt daher, wie beim Gleichstromanker, in zwei parallele Zweige. Der Höchstwert der EMK tritt jedesmal auf, wenn bei der Drehung des Ankers die Anschlußpunkte in die neutrale Zone gelangen (Fig. 145a). Der eine Ankerzweig enthält dann alle vom Nordpol, der andere Zweig alle vom Südpol induzierten wirks.

Drähte, und die EMK erreicht in diesen Augenblicken den gleichen Wert wie beim entsprechenden Gleichstromanker. Die EMK ist dagegen jedesmal Null, wenn die Schleifringanschlüsse sich unter den Polmitteln befinden (Fig. 145b), da dann die eine Hälfte der Drähte jedes Ankerzweiges vom Nordpol, die andere Hälfte vom Südpol induziert wird, die EMKe in jedem Zweige sich also aufheben. Der Übergang von der höchsten EMK zum Nullwert erfolgt ganz allmählich in dem Maße, wie in jedem Wicklungszweige bei der Drehung des Ankers der Einfluß des einen Pols durch den des nächsten nach und nach aufgehoben wird. Ebenso wächst die EMK von Null allmählich wieder auf den Höchstwert an. Jedesmal wenn die vom Anker gelieferte EMK den Wert Null durchschreitet, d. h. nach jeder halben Umdrehung, wechselt sie ihre Richtung.

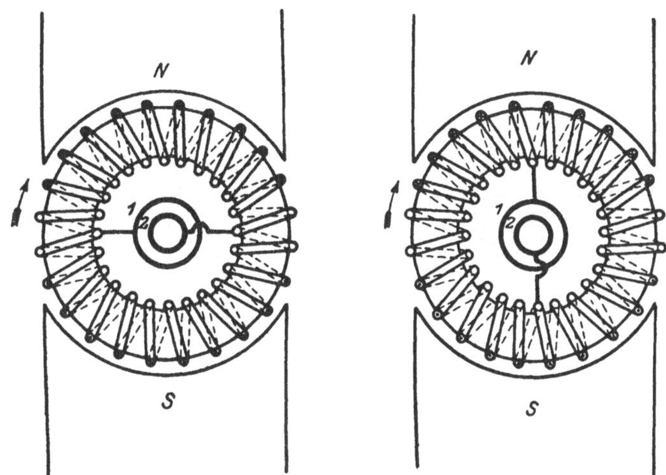

Fig. 145a. Fig. 145b.
Einphasenmaschine (Außenpolanordnung).

Auch zur Abgabe von Mehrphasenstrom kann der gleiche Anker Verwendung finden. Doch muß bei einer Zweiphasenmaschine der Anker mit vier Schleifringen ausgestattet werden, die nach Fig. 146 mit um 90^0 auseinanderliegenden Punkten der Wicklung zu verbinden sind. Der von den Schleifringen 1 und 3 entnommene Wechselstrom erreicht seinen Höchstwert immer eine Viertelumdrehung später als der von 2 und 4 abgenommene, ist also gegen diesen um eine Viertelperiode verschoben, d. h. um einen Winkel von 90^0, wenn man, wie üblich, eine volle Periode als einen Winkel von 360^0 betrachtet. Eine Drehstrommaschine erhält drei Schleifringe, und die Anschlüsse sind um je 120^0 gegeneinander zu versetzen (Fig. 147).

Die vorstehenden Betrachtungen, die sich auf die zweipolige Bauart beziehen, gelten sinngemäß auch für mehrpolige Maschinen.

Da bei diesen in jedem Drahte bereits während des Vorbeiganges an zwei benachbarten Polen eine Periode des Wechselstromes induziert wird, so müssen die Schleifringanschlüsse unter der Maßgabe erfolgen, daß dem vollen Umfange, d. h. einem Winkel von 360° des zweipoligen Ankers bei einer mehrpoligen Maschine der Winkelraum zweier Pole entspricht. Man bezeichnet daher wohl auch den Winkel, der zwei benachbarte Polteilungen umfaßt, als einen solchen von 360 „elektrischen“ Graden. An die Stelle von gegenüberliegenden Punkten beim zweipoligen Anker treten also bei der mehrpoligen Maschine Punkte der Ankerwicklung, die um eine Polteilung auseinanderliegen usw.

Die gleiche Wirkung wie mit dem Ringanker läßt sich auch mit dem Trommelanker erzielen. Da dieser bekanntlich dem Ringanker

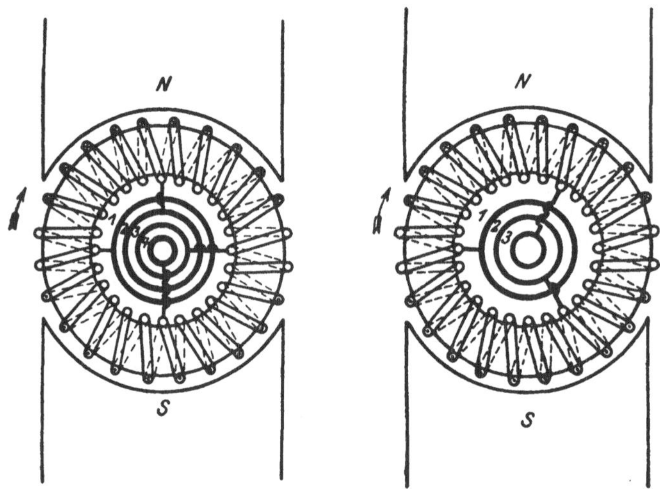

Fig. 146. Zweiphasenmaschine Fig. 147. Dreiphasenmaschine (Außenpolanordnung).

gegenüber wesentliche Vorteile bietet, so wird er fast ausschließlich verwendet. Die Verhältnisse liegen beim Trommelanker jedoch ganz ähnlich wie beim Ringanker, und es braucht daher nicht näher auf ihn eingegangen zu werden.

Die im Vorstehenden behandelte Wechselstrommaschine ist, ihrem Aufbau entsprechend, als Außenpolmaschine zu bezeichnen. Ihr Magnetsystem gleicht völlig dem der Gleichstrommaschine.

Die Erregung der Magnete muß durch Gleichstrom erfolgen, der von einer besonderen Erregermaschine oder einer Akkumulatorenbatterie geliefert wird.

Eine nennenswerte Verwendung finden die Wechselstrom-Außenpolmaschinen nicht. Sie kommen höchstens für kleinste Leistungen in Betracht. Auch liegt ihre Bauart den später zu behandelnden Einankerumformern zugrunde.

104. Die Innenpolmaschine.

Als Normaltype der Wechselstrommaschinen ist die Innenpolmaschine anzusehen. Bei dieser ist, wie Fig. 148 für eine achtpolige Maschine zeigt, der Anker außen, und zwar feststehend angeordnet, während das Magnetgestell innerhalb des Ankers rotiert. Diese Bauart bietet gegenüber der Außenpolmaschine vor allem den Vorteil, daß der in der Ankerwicklung induzierte Strom von festen Klemmen, also nicht durch Vermittlung von Schleifringen entnommen wird. Auch ist infolge der ruhenden Anordnung der Wicklung eine Beschädigung ihrer Isolation nicht so leicht zu befürchten. Es sind dies Vorzüge, die namentlich bei Hochspannungsmaschinen von Bedeutung sind.

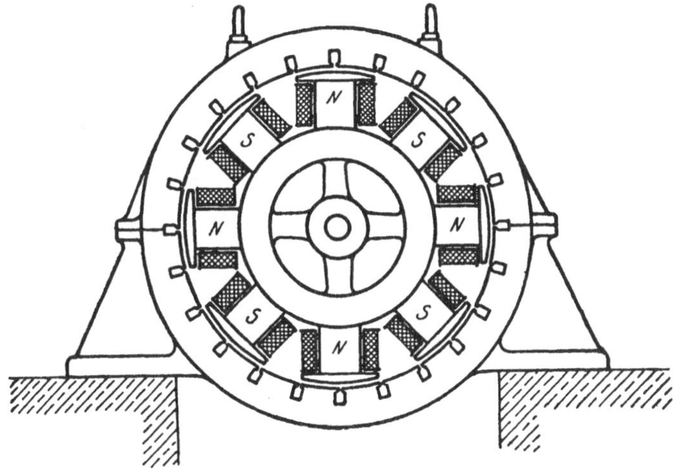

Fig. 148. Wechselstrom-Innenpolmaschine.

Der für die Magneterregung notwendige Gleichstrom muß der Magnetwicklung bei der Innenpolanordnung allerdings durch zwei besondere Schleifringe zugeführt werden. Das ist jedoch unbedenklich, da die Erregerenergie im Vergleich zur Maschinenleistung nur klein ist und ferner die Erregerspannung niedrig, etwa zu 110 V, gewählt werden kann. Die den Magnetstrom liefernde Gleichstromerregermaschine kann mit der Wechselstrommaschine unmittelbar zusammengebaut sein. In größeren Anlagen werden jedoch meistens besonders angetriebene Erregermaschinen aufgestellt.

Bei unmittelbarer Kupplung mit Kolbendampfmaschinen gibt man dem Magnetrade der Wechselstrommaschinen häufig ein so großes Gewicht, daß ein besonderes Schwungrad entbehrlich wird: Schwungradmaschinen.

Das Schema einer Einphasenmaschine zeigt Fig. 149. Der erzeugte Wechselstrom wird den Klemmen U und V des feststehenden Ankers entnommen. JK bedeutet die Magnetwicklung. Ihre

Enden stehen mit den Schleifringen in Verbindung, denen der von der Erregermaschine gelieferte Strom mittels Bürsten zugeführt wird. Die Erregerstromstärke wird durch den Regulierwiderstand q, s, t beeinflußt. Die Erregermaschine wird meistens mit Nebenschlußwicklung versehen, kann jedoch auch als Hauptschluß- oder Doppelschlußmaschine ausgebildet sein.

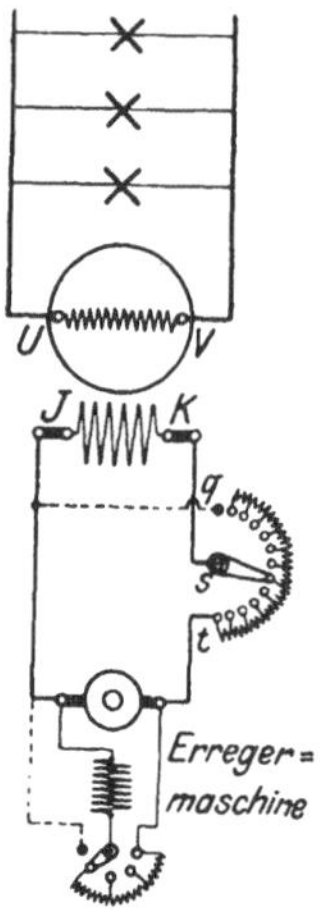

Fig. 149. Einphasenmaschine mit Magnetregler und Erregermaschine.

Die *Ankerwicklung* einer achtpoligen Einphasenmaschine ist in Fig. 150 dargestellt. Es ist eine *Trommelwicklung*, bei der die gesamten wirksamen Drähte in acht Nuten des Ankers untergebracht sind. Es entfällt also auf jeden Pol eine Nute, und es ergeben sich im ganzen vier Spulen. Jede der Spulen 1—2, 3—4, 5—6 und 7—8 setzt sich aus soviel Windungen zusammen, als eine Nute wirksame Drähte enthält. Bei der angenommenen Drehrichtung des Magnetrades ist die EMK in den unter den Nordpolen befindlichen Drähten von vorn nach hinten, in den unter den Südpolen liegenden Drähten dagegen von hinten nach vorn gerichtet[1]). Die EMKe aller wirksamen Drähte einer Spule addieren sich. Die einzelnen Spulen sind unter sich so zu verbinden, daß ihre EMKe sich ebenfalls summieren. In der Figur sind die Verbindungsleitungen der Spulen fortgelassen. Die größte EMK wird immer in den Augenblicken erzielt, in denen sich bei der Drehung des Magnetrades die Pole mitten unter den Nuten befinden. Die EMK wird dagegen Null, wenn die Pole in die Mitte zwischen zwei Nuten gelangen.

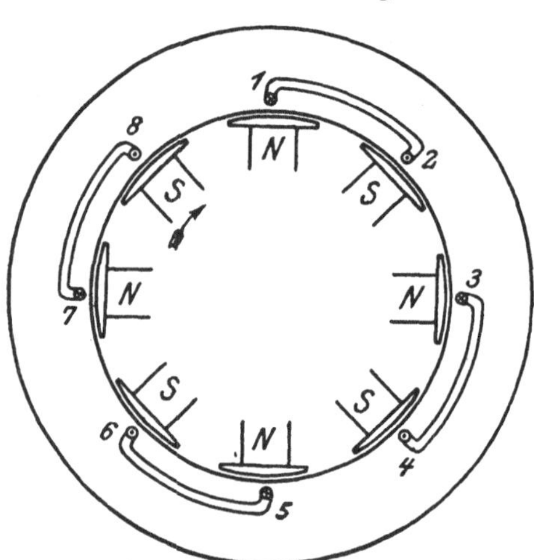

Fig. 150. Ankerwicklung einer Einphasenmaschine (eine Nute pro Pol).

Die Ankerwicklung einer *Zweiphasenmaschine* gibt Fig. 151 wieder. Sie besteht aus *zwei* Einphasenwicklungen, die gegeneinander um den halben Abstand zweier Pole, d. h. um 90 elektrische Grade versetzt sind. In der Figur sind die Spulen der einen Phase durch

[1]) Bei Anwendung der Rechtehandregel ist als Bewegungsrichtung der Drähte die der Drehung des Magnetrades entgegengesetzte Richtung anzusehen.

Schraffur kenntlich gemacht. In dem Augenblicke, in dem in der einen Wicklung die größte EMK induziert wird, ist sie in der anderen Wicklung Null, und umgekehrt. Die beiden EMKe sind also gegeneinander um eine Viertelperiode oder 90^0 verschoben. Die beiden Phasen können auf die im § 36 angegebene Weise miteinander verkettet werden.

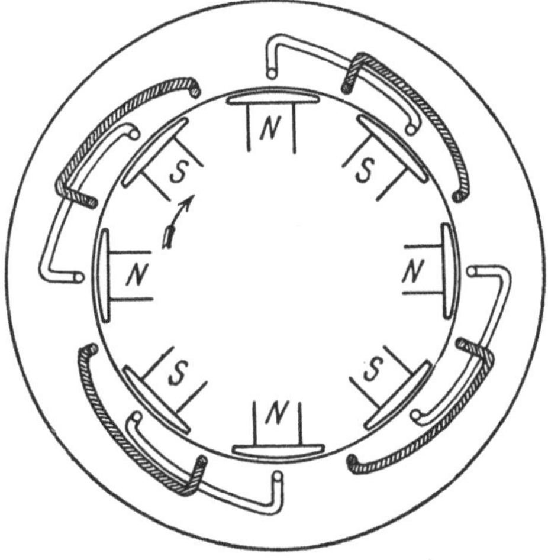

Fig. 151. Ankerwicklung einer Zweiphasenmaschine (eine Nute pro Pol und Phase).

Fig. 152 zeigt ferner die Ankerwicklung einer Dreiphasenmaschine. Sie setzt sich aus drei Wicklungen zusammen, die um je ein Drittel des doppelten Polabstandes, also um 120 elektrische Grade gegeneinander versetzt sind, so daß die in ihnen induzierten EMKe ebenfalls um je 120^0 gegeneinander abweichen. Um die Phasen deutlich voneinander unterscheiden zu können, sind die Spulen der Phase II wiederum schraffiert, die der Phase III dagegen schwarz angelegt. Die Wicklung ist in elektrischer Hinsicht völlig gleichwertig der in Fig. 153 gezeichneten. Diese kommt zuweilen zur Anwendung bei zweiteiligen Ankern, wenn die Wicklung jedes Teiles in sich abgeschlossen sein soll.

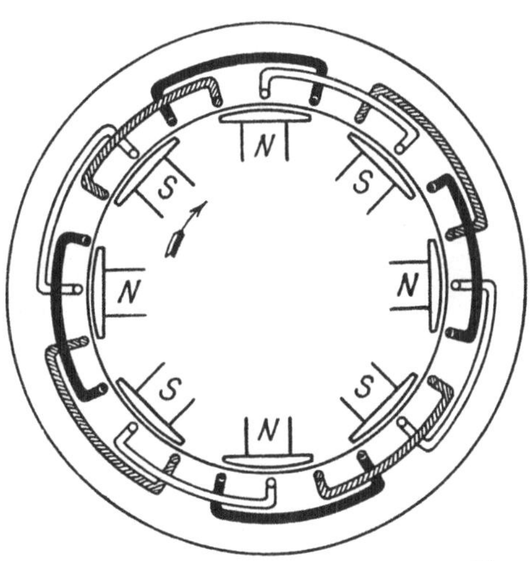

Fig. 152. Ankerwicklung einer Dreiphasenmaschine (eine Nute pro Pol und Phase).

Die in den vorstehenden Figuren dargestellten Wicklungen lassen mannigfaltige Abweichungen zu. Es sei hier nur darauf hingewiesen, daß man meistens die Drähte jeder Phase auf mehrere Nuten pro Pol verteilt. Fig. 154 zeigt z. B. eine Dreiphasenwicklung mit drei Nuten pro Pol und Phase.

Die Wicklungen der drei Phasen einer Drehstrommaschine können entweder in Stern (Fig. 155) oder in Dreieck (Fig. 156) verkettet werden. Die Klemmen der Maschine werden in jedem Falle mit U, V, W bezeichnet.

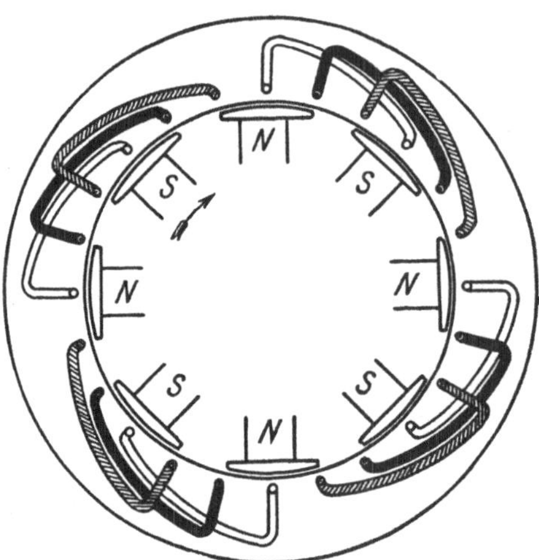

Fig. 153. Ankerwicklung einer Dreiphasenmaschine für zweiteilige Anker (eine Nute pro Pol und Phase).

Die Form der zur Unterbringung der Drähte dienenden Nuten entspricht gewöhnlich der Fig. 157. Die Nuten werden also ungefähr rechteckig hergestellt, außen aber etwas aufgeschlitzt. Auf die Isolation der Ankerwicklung ist, namentlich bei Hochspannungsmaschinen, die äußerste Sorgfalt zu verwenden. Um bei einer Isolationsbeschädigung des Drahtes eine Berührung desselben mit dem Eisenkörper auszuschließen, kleidet man die Nuten mit geschlossenen Isolierröhren aus.

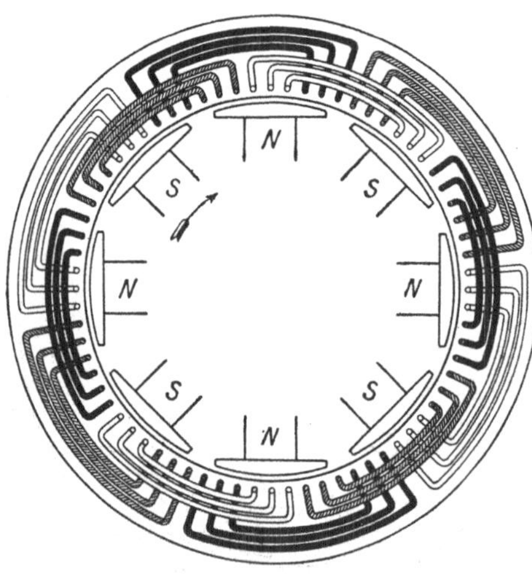

Fig. 154. Ankerwicklung einer Dreiphasenmaschine (drei Nuten pro Pol und Phase).

Fig. 158 zeigt die Schnittzeichnung eines zehnpoligen Drehstromerzeugers für eine Leistung von 290 kVA (d. h. 290 kW, wenn $\cos \varphi = 1$ vorausgesetzt wird; vgl. § 107) und die Frequenz 50. Als Einphasenmaschine ist die Leistung, weil der Wickelraum nicht so günstig ausgenutzt werden kann, geringer, und zwar 200 kVA. Das wirksame Eisen des Ankers wie auch die Pole sind aus Blechen zusammengesetzt. Doch sind in die Pole Stahlstücke von quadratischem Querschnitt eingelegt, die den Gewindeteil der zur Befestigung der Pole am Körper des Magnetrades dienenden Schrauben aufnehmen. Die Ankerwicklung ist ähnlich wie in Fig. 154 ausgeführt, doch sind nur zwei Nuten pro Pol und Phase vorgesehen. Die Welle der Maschine ist an dem einen Ende zur Aufnahme des Ankers der

Erregermaschine verlängert. Das Magnetgestell der letzteren ruht auf dem an dem Lagerbock angebauten Konsol, doch ist die Erregermaschine in der Figur fortgelassen. Zwischen dem einen Lager-

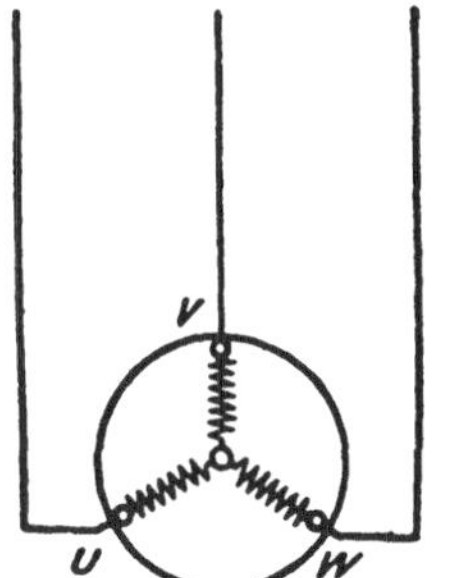

Fig. 155. Sternschaltung der Phasen einer Dreiphasenmaschine.

Fig. 156. Dreieckschaltung der Phasen einer Dreiphasenmaschine.

bock und dem Magnetrad der Wechselstrommaschine befinden sich die beiden Schleifringe, durch die der Erregerstrom der Magnetwicklung zugeführt wird. Die Leistung der Erregermaschine beträgt 6 kW bei 100 V Spannung.

105. Turbomaschinen.

In allen großen mit Dampf betriebenen Wechselstromzentralen werden heute als Betriebsmaschinen Dampfturbinen verwendet, und daher kommt den Wechselstromturbomaschinen eine besonders große Bedeutung zu. Bereits bei den Turbomaschinen für Gleichstrom (s. § 79) wurde darauf hingewiesen, daß die durch die hohe Drehzahl der Turbinen bedingte kleine Bauweise eine vorzügliche Ventilation notwendig macht; das in dieser Beziehung dort Angegebene hat sinngemäß auch für Wechselstrommaschinen Geltung.

Fig. 157. Form der Nuten einer Wechselstrommaschine.

Um eine gute Ausbalancierung zu ermöglichen, vermeidet man bei Wechselstromturbomaschinen ausgeprägte Pole, wendet vielmehr die „verteilte Erregerwicklung“ an. Der umlaufende Magnet erhält hierbei die Form eines Zylinders, der auf seinem Umfange mit einer Anzahl Nuten versehen ist, in die die Magnetwicklung eingebettet wird.

Als Beispiel für die Konstruktion ist in Fig. 159 eine Wechselstromturbomaschine für eine Leistung von 1600 kVA bei $n = 1500$ im Schnitt dargestellt. Die Frequenz ist 50, die Polzahl also 4. Sowohl das wirksame Eisen des Ankers als auch das des Magneten ist aus Blechen aufgeschichtet. In beiden Teilen sind Lüftungsspalte in reichlicher Zahl vorhanden. Man erkennt ferner noch seitlich an-

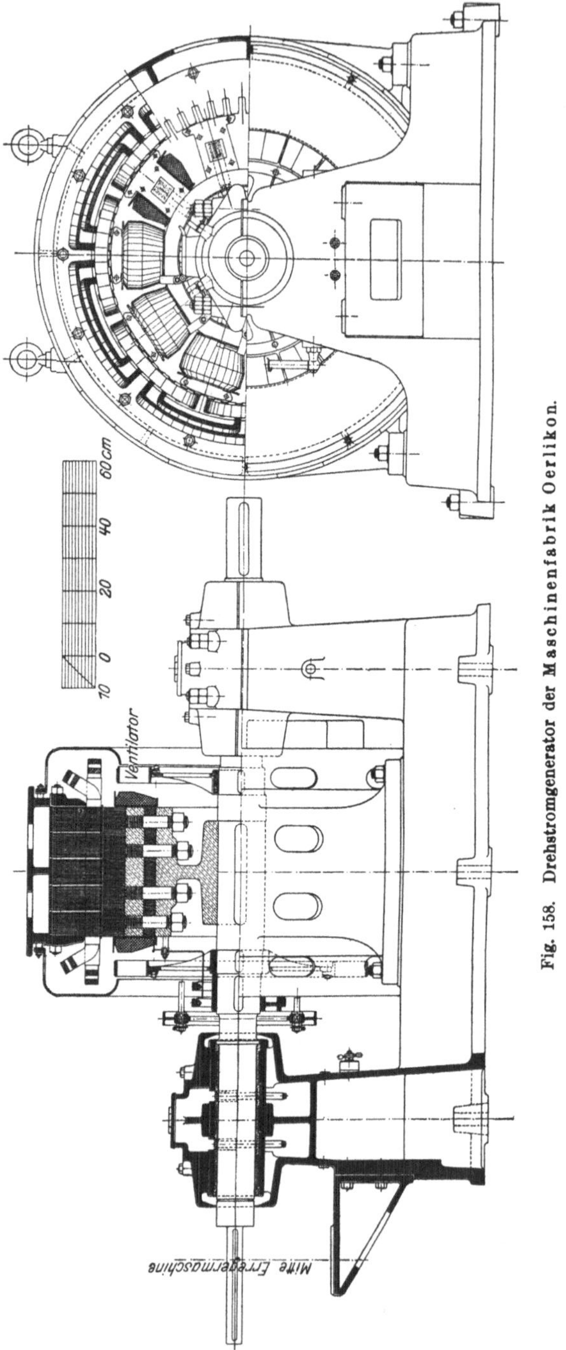

Fig. 158. Drehstromgenerator der Maschinenfabrik Oerlikon.
290 kVA, 3600 V, $f = 50$, $n = 600$.

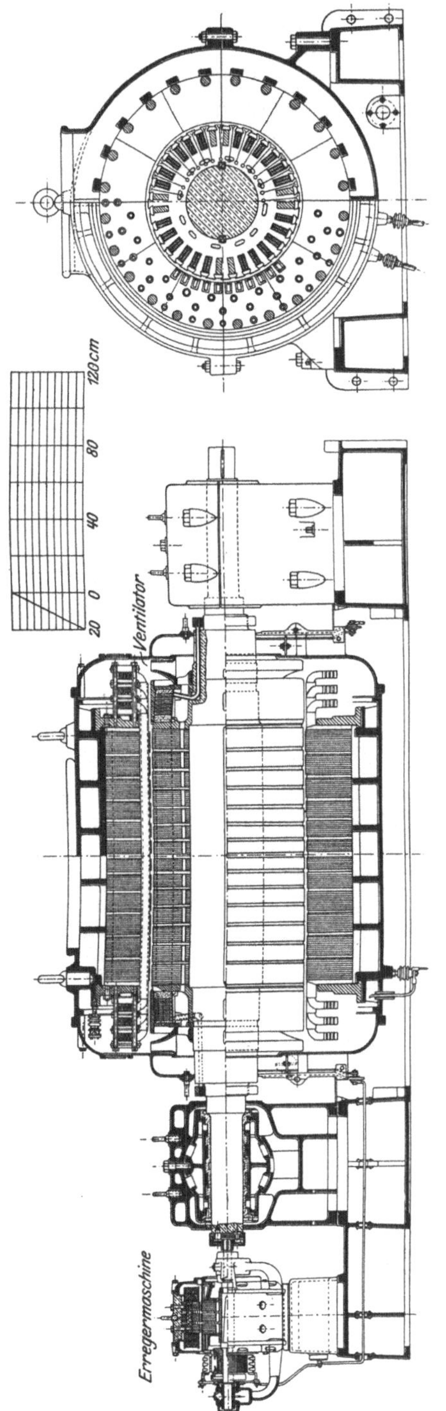

Fig. 159. Drehstromturbogenerator der Maschinenfabrik Oerlikon.
1600 kVA, 5000 V, $f = 50$, $n = 1500$
mit gekuppelter Erregermaschine.

geordnete Ventilatoren zur Ansaugung frischer Luft. Die die Wicklung enthaltenden Nuten des Magneten sind durch Keile abgedeckt. Die Wickelköpfe, die eine große Ausdehnung annehmen, werden zum Schutz gegen die Zentrifugalkraft durch bronzene Kappen zuverlässig gehalten. Zur Zuführung des Erregerstroms befindet sich je ein Schleifring auf beiden Seiten des Ankers. Die Verbindung der Schleifringe mit der Wicklung erfolgt durch Bohrungen in der Welle. Die Erregermaschine ist mit der Hauptmaschine fest gekuppelt.

106. Frequenz, Polzahl und Umdrehungszahl.

Bei einer zweipoligen Maschine wird mit jeder Umdrehung eine Periode des Wechselstroms erzeugt. Besitzt die Maschine p Polpaare, so erhält man also für jede Umdrehung auch p Perioden. Bei n minutlichen Umdrehungen ist demnach die sekundliche Periodenzahl oder die Frequenz des Wechselstromes

$$f = \frac{p \cdot n}{60} \qquad (72)$$

Es geht hieraus umgekehrt hervor, daß zur Erzielung einer bestimmten Frequenz bei gegebener Polzahl der Maschine eine ganz bestimmte Umdrehungszahl erforderlich ist. Diese kann also nicht wie bei Gleichstrommaschinen beliebig festgesetzt werden. Sie ergibt sich vielmehr nach der Formel

$$n = \frac{60 \cdot f}{p} \qquad (73)$$

Die meisten Wechselstromwerke arbeiten mit der Frequenz 50. Sie ist hinreichend hoch, um ein ruhiges Licht sowohl der Glühlampen als auch der Bogenlampen zu gewährleisten. Für Anlagen, die lediglich zum Betriebe von Motoren dienen, kann eine geringere Frequenz, z. B. eine solche von 25, gewählt werden. Die für die Frequenz 50 geltenden Umdrehungszahlen sind für die hauptsächlich vorkommenden Polzahlen in nachfolgender Tabelle zusammengestellt.

Polzahl	Umdrehungszahl der Wechselstrommaschinen bei der Frequenz 50
2	3000
4	1500
6	1000
8	750
10	600
12	500
16	375
20	300
24	250
32	188
40	150
48	125
64	94
80	75

Beispiele: 1. Eine Wechselstrommaschine besitzt 12 Pole und wird mit 400 Umdrehungen pro Minute betrieben. Welche Frequenz besitzt der von ihr erzeugte Strom?

$$f = \frac{p \cdot n}{60} = \frac{6 \cdot 400}{60} = 40.$$

2. Mit welcher Umdrehungszahl muß eine achtpolige Wechselstrommaschine betrieben werden, damit sie Strom von der Frequenz 15 erzeugt?

$$n = \frac{60 \cdot f}{p} = \frac{60 \cdot 15}{4} = 225.$$

107. Leistung der Wechselstrommaschinen.

Während die Leistung einer Gleichstrommaschine lediglich durch ihre Spannung und Stromstärke bestimmt ist, hängt sie bei Wechselstrommaschinen auch noch von der zwischen diesen beiden Größen herrschenden Phasenverschiebung ab. Allerdings wird jede Maschine für eine bestimmte Spannung und Stromstärke gebaut, und es wird daher auf dem Leistungsschilde der Maschine das Produkt dieser beiden Größen in Voltampere (VA) angegeben, weil sich hieraus ein Schluß auf ihre Leistungsfähigkeit ziehen läßt. Bei Drehstrommaschinen wird unter der Zahl der Voltampere, entsprechend Gl. 44, das Produkt von Spannung, Stromstärke und dem Zahlenwerte 1,732 verstanden.

Bei induktionsfreier Belastung ist die Zahl der Voltampere gleichbedeutend mit der von der Maschine zu erzielenden Leistung in Watt, bei induktiver Belastung dagegen ist diese je nach dem in Betracht kommenden Leistungsfaktor ($\cos \varphi$) kleiner. Eine fast induktionsfreie Belastung liegt z. B. beim ausschließlichen Betrieb von Glühlampen vor. In diesem Falle ist der $\cos \varphi$ also nahezu 1. Motoren bilden dagegen eine induktive Belastung, da sie infolge der Selbstinduktivität ihrer Wicklungen eine Phasenverzögerung des Stromes hervorrufen, so daß der $\cos \varphi$ kleiner als 1 ist. Unter Umständen kann auch eine Phasenvoreilung des Stromes eintreten, z. B. beim Betrieb übererregter Synchronmotoren (vgl. § 130).

Beispiel: Welche Leistung besitzt eine Drehstrommaschine für 290 kVA bei verschiedenen Leistungsfaktoren?

Bei $\cos \varphi = 1$ ist die Leistung $L = 290$ kW,
bei $\cos \varphi = 0{,}9$ ist $L = 290 \cdot 0{,}9 = 261$ kW,
bei $\cos \varphi = 0{,}8$ ist $L = 290 \cdot 0{,}8 = 232$ kW
usw.

Bei jeder dieser Leistungen gibt die Maschine unter Annahme derselben Spannung die gleiche Stromstärke. Diese läßt sich aus der aus Gl. 44 abgeleiteten Beziehung

$$J = \frac{L}{\sqrt{3} \cdot E \cdot \cos \varphi}$$

berechnen. Es ist z. B. bei 3600 V Spannung

$$J = \frac{290\,000}{1{,}732 \cdot 3600} = 46{,}6 \text{ A}.$$

108. Die Wechselstrommaschine bei Leerlauf.

Die im Anker der leerlaufenden Wechselstrommaschine bei gleichbleibendem Erregerstrom erzeugte EMK ist — wie bei der Gleichstrommaschine — der Umdrehungszahl proportional. Auch der Verlauf der Leerlaufcharakteristik, die die Abhängigkeit der EMK vom Erregerstrom bei gleichbleibender Umdrehungszahl zum Ausdruck bringt, ist derselbe wie bei der Gleichstrommaschine. In Fig. 160 ist die Leerlaufcharakteristik einer Drehstrommaschine dargestellt. Die Maschine ist in Stern geschaltet, und es ist sowohl die Kurve der verketteten Spannung E als auch der Sternspannung E^* gezeichnet. Man erkennt, daß für einen bestimmten Erregerstrom die verkettete Spannung das ungefähr 1,73fache der Sternspannung beträgt.

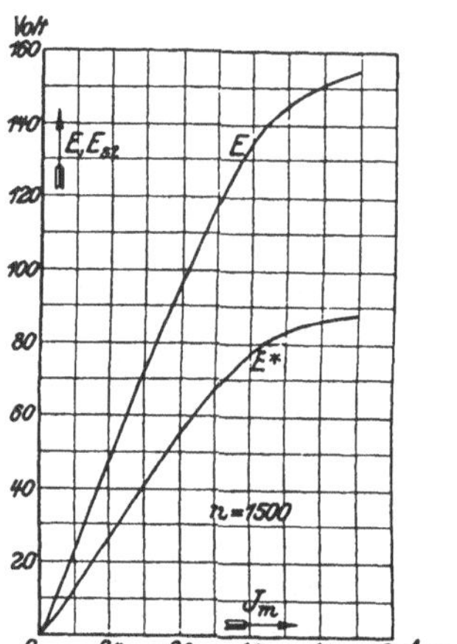

Fig. 160. Leerlaufcharakteristik einer Drehstrommaschine in Sternschaltung für 2,5 kVA, 120 V, 12 A, $f = 50$, $n = 1500$.

109. Die Wechselstrommaschine bei Belastung.

Die Klemmenspannung einer Wechselstrommaschine ist bei Belastung im allgemeinen von der EMK bei Leerlauf verschieden. Es ist hierfür eine Reihe von Gründen maßgebend. Zunächst tritt, wie bei den Gleichstrommaschinen, ein Spannungsverlust in der Ankerwicklung auf, der durch ihren Ohmschen Widerstand veranlaßt wird. Dazu kommt die Wirkung der Selbstinduktion, die sich als scheinbare Vergrößerung des Widerstandes geltend macht, und zu deren Überwindung ebenfalls ein Teil der EMK aufgewendet werden muß. Schließlich macht sich noch der Einfluß des Ankerfeldes auf das von den Polen herrührende Hauptfeld, die Ankerrückwirkung, geltend.

Die durch die Ankerrückwirkung veranlaßte Spannungsänderung ist in hohem Maße von der zwischen Spannung und Stromstärke bestehenden Phasenverschiebung abhängig. Meistens liegen die Verhältnisse derart, daß der Strom gegenüber der Spannung verzögert ist. Dieser Fall ist in Fig. 161 zum Ausdruck gebracht, die den die Spule 1—2 enthaltenden Teil des Ankers nebst zwei der Pole des Magnetrades einer Einphasenmaschine widergibt. Der Figur ist eine Phasenverschiebung von 90°, also einer Viertelperiode zugrunde gelegt, mithin die größte Phasenverschiebung, die überhaupt möglich ist. Während z. B. in den Drähten der Nute 1 ein Höchstwert der EMK induziert wird, wenn der Nordpol N bei der Drehung des Magnetrades mit seiner Mitte gerade unter die Nute gelangt, tritt die größte Stromstärke erst eine Viertelperiode später ein, wenn also der Pol sich bereits in der Mitte zwischen Nute 1 und Nute 2 befindet. Für diesen Augenblick ist die Figur gezeichnet. Der Strom ist in den Drähten der Nute 1 von vorn nach hinten gerichtet, und dieser Stromrichtung sind die Drähte noch so lange unterworfen, bis die Mitte des fraglichen Nordpols unter die Nute 2 gelangt ist. In der dem Höchstwert voraufgehenden Viertelperiode wächst die Stromstärke, vom Werte Null beginnend, allmählich an, während sie in der nächsten Viertelperiode wieder auf Null fällt. Um die vom Strome durchflossenen Drähte bilden sich nun Kraftlinien, deren Verlauf in der Figur durch eine gestrichelte Linie angedeutet ist, und deren Richtung nach § 21 festgestellt werden kann, wobei sich ergibt, daß sie den Kraftlinien des Hauptfeldes, die bekanntlich am Nordpol aus- und am Südpol eintreten, entgegengerichtet sind. Eine ähnliche Betrachtung für die Drähte der Nute 2 ergibt hinsichtlich der Richtung der sich um sie bildenden Kraftlinien das gleiche Resultat. Die Ankerrückwirkung äußert sich also durch eine Feldschwächung, d. h. eine Abnahme der von der Maschine erzeugten Spannung.

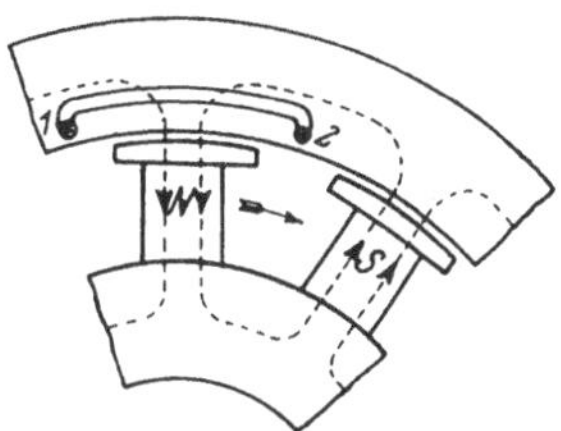

Fig. 161. Ankerrückwirkung einer Einphasenmaschine bei verzögertem Strom.

Es wurde bereits darauf hingewiesen, daß unter gewissen Bedingungen die Phasenverschiebung entgegengesetzter Natur sein kann, als bisher angenommen wurde. Der Strom kann also auch eine Voreilung gegen die Spannung besitzen. Diesem Falle — und zwar wiederum unter der Annahme einer Phasenverschiebung von 90° — entspricht Fig. 162, aus der man erkennen kann, daß durch die Ankerrückwirkung das von den Polen herrührende Hauptfeld verstärkt wird. Es kann daher bei Phasenvoreilung des Stromes die auffallende Erscheinung auftreten, daß mit zunehmender Belastung die Spannung der Maschine ansteigt.

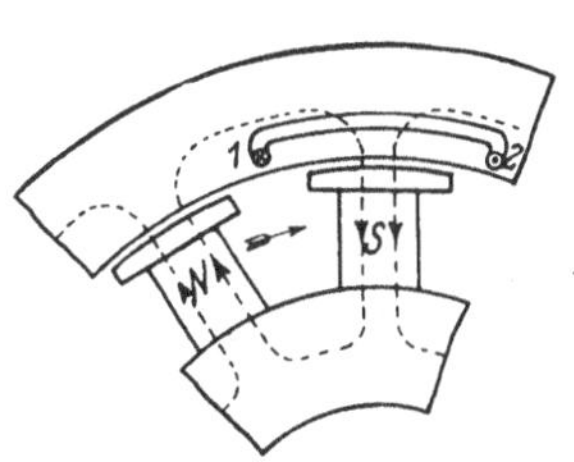

Fig. 162. Ankerrückwirkung einer Einphasenmaschine bei voreilendem Strom.

Ist endlich eine Phasenverschiebung zwischen Spannung und Stromstärke überhaupt nicht vorhanden, so fällt der Höchstwert des Stromes jedesmal zusammen mit dem Höchstwert der Spannung, Fig. 163. Es ergeben sich dann abwechselnd von einer Viertel- zu einer Viertelperiode feldschwächende und feldverstärkende Wirkungen, deren Einflüsse sich gegenseitig aufheben. Ein Spannungsabfall wird in diesem Falle lediglich durch den Ohmschen Widerstand und die Selbstinduktion der Ankerwicklung veranlaßt.

Die den obigen Betrachtungen zugrunde gelegte Phasenverschiebung von 90° ($\cos\varphi = 0$) in dem einen oder anderen Sinne ist lediglich als ein Grenzfall zu betrachten, der in Wirklichkeit nicht vorkommt. Meistens ist die Phasenverschiebung erheblich kleiner, so daß auch die Ankerrückwirkung verhältnismäßig weniger zur Geltung kommt. Ihr Einfluß muß offenbar um so geringer sein, je mehr sich der $\cos\varphi$ dem Werte 1 nähert. Das gleiche gilt aus hier nicht zu erörternden Gründen auch von dem durch die Selbstinduktion veranlaßten Spannungsabfall, der ebenfalls bei $\cos\varphi = 1$ verhältnismäßig gering, bei Phasenverschiebung dagegen erheblich größer ist.

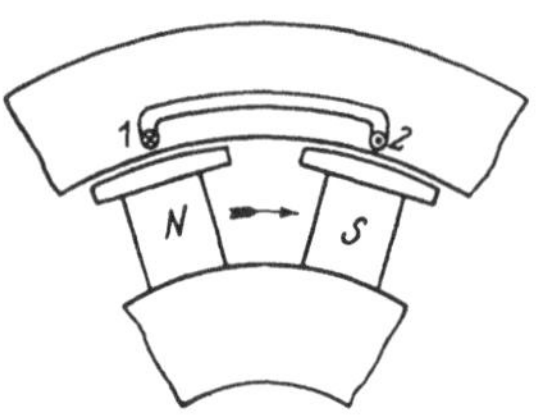

Fig. 163. Ankerrückwirkung einer Einphasenmaschine bei Phasengleichheit zwischen Strom und Spannung

Bei einer Drehstrommaschine liegen die Verhältnisse ähnlich wie bei der Einphasenmaschine. In Fig. 164 ist die äußere Charakteristik derselben Drehstrommaschine, für die auch die in Fig. 160 dargestellte Leerlaufcharakteristik gilt, für induktionsfreie Belastung ($\cos\varphi = 1$) sowie für induktive Belastung ($\cos\varphi = 0{,}8$ und $0{,}6$) wiedergegeben. Die Kurven wurden experimentell bei konstanter Stellung der Kurbel des Magnetreglers und gleichbleibender Umdrehungszahl aufgenommen. Sie bilden eine Bestätigung der vorstehenden Erörterungen, indem sie zeigen, daß die zwischen Leerlauf und Belastung auftretende Spannungsänderung erheblich kleiner ist, wenn Phasengleichheit zwischen Spannung und Strom besteht, als in dem Falle, daß der Strom gegen die Spannung verzögert ist.

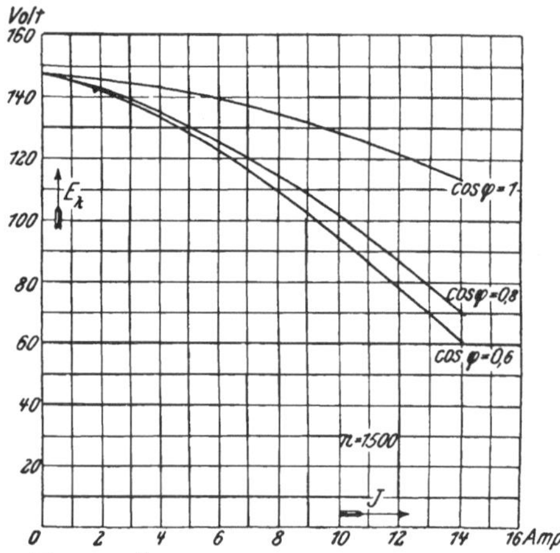

Fig. 164. Äußere Charakteristik einer Drehstrommaschine für 2,5 kVA, 120 V, 12 A, $f = 50$, $n = 1500$.

Für größere Wechselstrommaschinen beträgt die bei induktionsfreier Belastung zwischen Vollast und Leerlauf auftretende Spannungsänderung ungefähr 8 bis 10%.

110. Selbsttätige Spannungsregelung.

In den meisten Fällen erfolgt die Regelung der Spannung von Wechselstrommaschinen wie in der Regel auch bei den Gleichstrommaschinen von Hand mittels des Magnetreglers. Doch gibt es auch Einrichtungen, die die Spannung bei allen Belastungen selbsttätig konstant erhalten. Von diesen sei hier nur der von Tirrill erfundene Regler genannt, der in Wechselstromanlagen, namentlich solchen, in denen starke Belastungsschwankungen auftreten, vielfach verwendet wird, und dessen Prinzip kurz angegeben werden soll.

Der Tirrillregler gehört zur Klasse der „Schnellregler" und wirkt in der Weise, daß er die Spannung der als Nebenschlußmaschine ausgeführten Erregermaschine der Belastung der Wechselstrommaschine entsprechend einstellt. Zur Erreichung dieses Zweckes wird parallel zum Nebenschlußregler der Erregermaschine ein Kurzschlußkontakt angeordnet, durch den der im Regler eingeschaltete Widerstand unmittelbar überbrückt werden kann. Durch einen sinnreichen Mechanismus wird der Kontakt in schneller Aufeinanderfolge, mehrere hundert mal in der Minute, abwechselnd geöffnet und geschlossen. Ist der Kontakt unterbrochen, so ist die Spannung der Erregermaschine die der vorliegenden Stellung des Handreglers entsprechende, ist der Kontakt geschlossen, so erreicht die Spannung der Maschine ihren höchstmöglichen Wert. Da nun Schließen und Öffnen des Kontaktes abwechseln, so muß sich die Erregermaschine auf eine mittlere Spannung einstellen, und zwar hängt deren Höhe von dem Verhältnis der Schließungszeit zur Öffnungszeit während der einzelnen Schwingungen ab.

Der Mechanismus wirkt nun derartig, daß mit zunehmender Belastung der Wechselstrommaschine, also abnehmender Spannung dieses Verhältnis größer wird, die Spannung der Erregermaschine also ansteigt und damit auch die Spannung der Wechselstrommaschine wieder ihren normalen Wert erreicht. Bei abnehmender Belastung wird umgekehrt das Verhältnis der Schließungs- zur Öffnungszeit kleiner, und die Spannung der Erregermaschine sinkt daher auf den zur Konstanthaltung der Wechselstromspannung notwendigen Betrag. Der Tirrillregler gleicht natürlich auch solche Spannungsschwankungen aus, die durch Ungleichmäßigkeiten in der Umdrehungszahl der Antriebsmaschine verursacht werden können. Er kann auch für Gleichstrommaschinen angewendet werden, wenn diese von besonderen Maschinen erregt werden.

111. Die Wechselstrommaschine bei Kurzschluß.

Schließt man eine Wechselstrommaschine kurz, indem man ihre Ankerklemmen durch einen Strommesser von möglichst geringem Widerstande überbrückt, so findet man, daß ein verhältnismäßig schwacher Erregerstrom nötig ist, um in dem so gebildeten Stromkreise einen Strom von normaler Stärke hervorzurufen. Eine nützliche Klemmenspannung ist in der kurzgeschlossenen Maschine nicht vorhanden, vielmehr wird lediglich die geringe zur Überwindung des Ohmschen Widerstandes und der Selbstinduktion erforderliche EMK induziert, gegen die übrigens der Strom wegen des im Vergleich zum Ohmschen Spannungsverluste überwiegenden Einflusses der Selbstinduktion eine Phasenverzögerung von nahezu 90° besitzt. Da für die Erzeugung dieser EMK eine nur geringfügige Erregung erforderlich ist, so kann man mit einiger Annäherung annehmen, daß der gesamte für den Kurzschlußversuch benötigte Erregerstrom dazu dient, die bei der betreffenden Stromstärke auftretende Ankerrückwirkung auszugleichen.

Führt man den Kurzschlußversuch für verschiedene Erregerstromstärken durch, so kann man, indem man den jedesmaligen Kurzschlußstrom J_k in Abhängigkeit vom Erregerstrom J_m aufträgt, die Kurzschlußcharakteristik zeichnen. Diese ist von der Umdrehungszahl nahezu unabhängig und zeigt einen fast geradlinigen Verlauf. Die in Fig. 165 gezeichnete Kurzschlußcharakteristik ist an einer Drehstrommaschine aufgenommen, und zwar an der

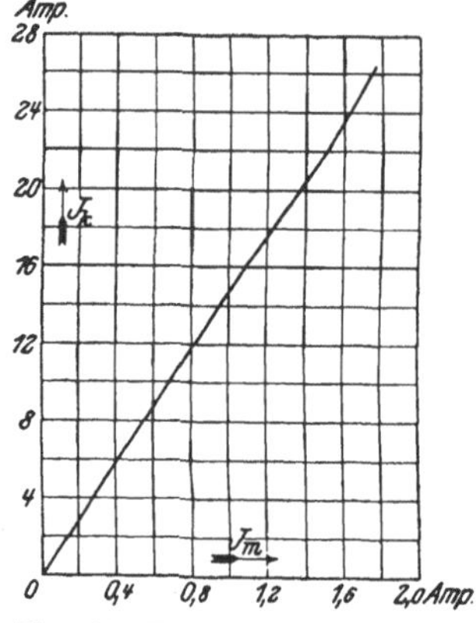

Fig. 165. Kurzschlußcharakteristik einer Drehstrommaschine für 2,5 kVA, 120 V, 12 A, $f = 50$, $n = 1500$.

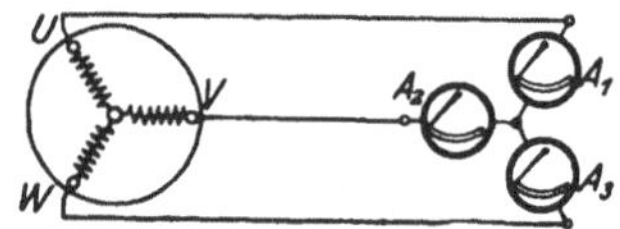

Fig. 166. Kurzschlußversuch an einer Drehstrommaschine.

gleichen Maschine, auf die sich Fig. 160 und 164 beziehen. Die Klemmen U, V, W der Maschine waren während des Versuches nach Fig. 166 durch drei Strommesser A_1, A_2 und A_3 kurzgeschlossen.

Die beim Kurzschluß an einer normal erregten Wechselstrommaschine auftretende Stromstärke ist verhältnismäßig erheblich kleiner als bei einer Gleichstrommaschine, da bei dieser der Kurzschlußstrom nur vom Ohmschen Widerstande der Ankerwicklung, nicht auch von der Selbstinduktion abhängt. Wird eine leerlaufende, auf normale Spannung erregte Maschine kurzgeschlossen, so beträgt die Stärke des dabei auftretenden Kurzschlußstromes größerer Maschinen das ungefähr 2 bis 4fache der normalen Stromstärke. Doch ist bei einem plötzlich auftretenden Kurzschluß die Stromstärke zunächst höher, da die das Feld schwächend beeinflussende Ankerrückwirkung nicht sofort zur vollen Geltung kommt.

112. Spannung.

Die Höhe der in einer Wechselstrommaschine erzielbaren Spannung ist durch die Schwierigkeiten begrenzt, die hinsichtlich Herstellung einer sicheren Isolation auftreten. Die höchste von Stromerzeugern gelieferte Spannung beträgt im allgemeinen ungefähr 10000 V.

113. Wirkungsgrad.

In den Wechselstrommaschinen treten im wesentlichen die gleichen Verluste wie in den Gleichstrommaschinen auf. Der Wirkungsgrad von Drehstrommaschinen kann, induktionsfreie Belastung vorausgesetzt, als dem der Gleichstrommaschinen ungefähr gleich angesehen werden (s. Tabelle in § 83). Bei induktiver Belastung ist er jedoch, je nach dem Leistungsfaktor, niedriger. Bei besonders großen Leistungen werden Wirkungsgrade bis zu 96 % und mehr erreicht. Einphasenmaschinen haben, da bei ihnen die Ausnutzung durch die Ankerwicklung nicht so gut ist, einen um einige Prozent geringeren Wirkungsgrad wie Drehstrommaschinen.

Beispiele: 1. Einer Einphasenmaschine wird eine mechanische Leistung von 300 PS zugeführt. Welche elektrische Leistung entwickelt sie bei einem Wirkungsgrade von 92 %? Welche Stromstärke kann ihr entnommen werden bei einer Spannung von 2100 V und dem Leistungsfaktor 0,8?

Wie für einen Gleichstromerzeuger findet man die Nutzleistung nach Gl. 65:

$$L_2 = L_1 \cdot \eta .$$

Nun ist

$$L_1 = 300 \cdot 736 = 221\,000 \text{ W},$$

also

$$L_2 = 221\,000 \cdot 0{,}92 = 203\,000 \text{ W} = 203 \text{ kW}.$$

Aus Gl. 41 folgt für die Stromstärke:

$$J = \frac{L_2}{E \cdot \cos\varphi} = \frac{203\,000}{2100 \cdot 0{,}8} = 121 \text{ A}.$$

2. Eine Drehstrommaschine liefert bei einer Spannung von 5250 V einen Strom von 259 A. Der Leistungsfaktor hat den Wert 0,85. Die von der Maschine aufgenommene mechanische Leistung beträgt 2100 kW. Welchen Wirkungsgrad besitzt die Maschine?

Die Nutzleistung der Maschine wird nach Gl. 44 gefunden:

$$L_2 = \sqrt{3} \cdot E \cdot J \cdot \cos\varphi = 1{,}732 \cdot 5250 \cdot 259 \cdot 0{,}85 = 2\,000\,000 \text{ W} = 2000 \text{ kW}.$$

Da nach Gl. 64 für den Wirkungsgrad die Beziehung gilt:

$$\eta = \frac{L_2}{L_1},$$

so folgt:

$$\eta = \frac{2\,000\,000}{2\,100\,000} = 0{,}952.$$

114. Parallelbetrieb mehrerer Maschinen.

Um eine Wechselstrommaschine mit einer anderen parallel zu schalten, genügt es nicht, sie auf die gleiche Spannung zu erregen, die die bereits im Betrieb befindliche liefert, sondern es muß auch ihre Umdrehungszahl so beeinflußt werden, daß sie Strom von genau gleicher Frequenz gibt, und schließlich ist zu beachten, daß im Augenblick des Parallelschaltens die Spannnngen beider Maschinen phasengleich sind, d. h. daß beide Spannungen gleichzeitig ihren Höchstwert, gleichzeitig den Wert Null erreichen. Sind die beiden letzten Bedingungen erfüllt, so sagt man: die Maschinen laufen *synchron*.

Um den synchronen Zustand zu erkennen, bedient man sich des *Synchronismusanzeigers*, und zwar meistens in Gestalt der *Phasenlampe*. Für *Einphasenmaschinen* zeigt ihre Schaltung Fig. 167. Es ist angenommen, daß die Maschine I sich bereits im Betriebe befindet, und daß Maschine II zu ihr parallel geschaltet werden soll. Die Phasenlampe P ist eine gewöhnliche Glühlampe für die doppelte Maschinenspannung. Sie liegt zu einem der Hebel des zweipoligen Hauptschalters der hinzuzuschaltenden Maschine parallel, während der andere Hebel durch einen Draht unmittelbar überbrückt ist. Ist die Maschine II auf die normale Spannung erregt, so haben, wenn Phasengleichheit besteht, die Spannungen beider Maschinen in jedem Augenblicke die gleiche Richtung und Größe. In bezug auf die Phasenlampe heben sie sich aber, wie Fig. 167a

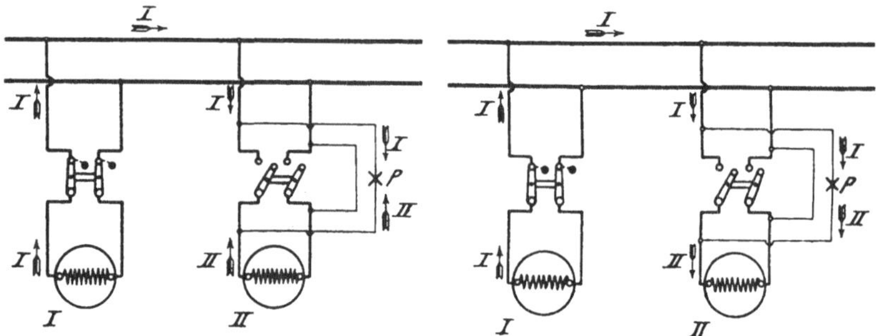

Fig. 167a. Fig. 167b.
Schaltung der Phasenlampe für Einphasenmaschinen (Dunkelschaltung).

zeigt, auf, die Lampe bleibt also dunkel. Ist dagegen zwischen den Spannungen beider Maschinen eine Phasenabweichung von 180° vorhanden, die größte Abweichung, die überhaupt eintreten kann, so haben die Spannungen in jedem Augenblicke zwar auch die gleiche Größe, aber sie sind entgegengesetzt gerichtet. In bezug auf die Lampe summieren sie sich jedoch, Fig. 167b. Es wirkt also auf die Lampe die doppelte Maschinenspannung ein, sie leuchtet hell auf. Beim Einregulieren der Umdrehungszahl der Maschine II leuchtet die Lampe, solange der Synchronismus noch nicht erreicht ist, periodisch auf, zwischendurch immer wieder dunkel werdend. Die Schwebungen des Lichtes treten immer langsamer auf, je mehr man sich dem synchronen Zustand nähert, *bis bei vollem Synchronismus die Lampe dunkel bleibt*. Sobald diese Erscheinung, die infolge der unvermeidlichen Ungleichmäßigkeiten im Gange der Antriebsmaschinen nur kurze Zeit andauert, eintritt, kann das Parallelschalten der Maschine durch Einlegen ihres Schalters erfolgen.

Bei der in Fig. 168 gezeichneten Anordnung wird der Synchronismus, umgekehrt wie bei der vorigen Schaltung, nicht durch den

Dunkelzustand, sondern durch das helle Aufleuchten der Phasenlampe kenntlich gemacht.

Statt der Phasenlampe kann auch ein Phasenvoltmeter verwendet werden: ein Voltmeter für die doppelte Maschinenspannung. Dem Lampendunkel entspricht die Nullstellung, dem hellsten Aufleuchten der größte Ausschlag des Voltmeterzeigers. Häufig werden Phasenlampe und Phasenvoltmeter gleichzeitig eingebaut.

Sind die Maschinen einmal parallel geschaltet, so bleibt der Synchronismus im allgemeinen auch bestehen, da eine synchronisierende Kraft auftritt, indem der bei dem geringsten Geschwindigkeitsunterschiede zwischen beiden Maschinen auftretende Ausgleichstrom die langsamlaufende Maschine zu beschleunigen, die schneller laufende Maschine zurückzuhalten bestrebt ist.

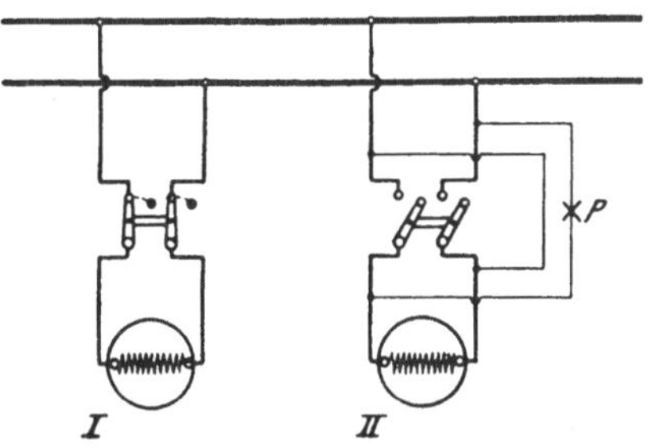

Fig. 168. Schaltung der Phasenlampe für Einphasenmaschinen (Hellschaltung).

Die Verteilung der Belastung auf die verschiedenen Maschinen kann bei Wechselstrommaschinen nicht wie bei Gleichstrommaschinen lediglich durch Verändern des Erregerstromes bewirkt werden, sondern es muß auch der mehr zu belastenden Maschine durch die Antriebsmaschine eine größere Energiemenge zugeführt werden, was z. B. bei Dampfmaschinen durch Beeinflussung des Regulators geschehen kann.

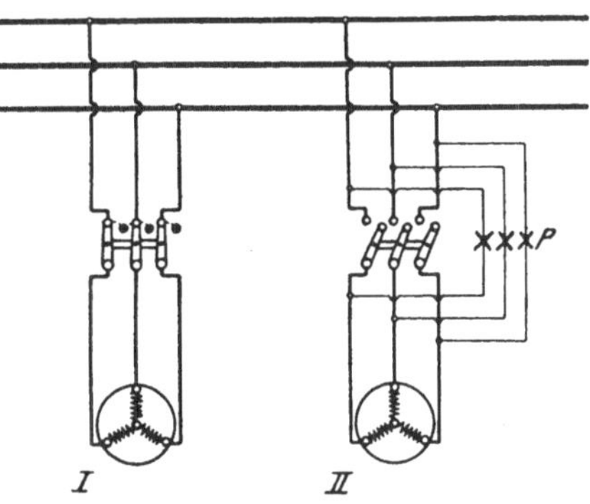

Fig. 169. Schaltung der Phasenlampen für Drehstrommaschinen (Dunkelschaltung).

Das Parallelschalten von Drehstrommaschinen erfolgt in genau derselben Weise wie bei Einphasenmaschinen. Eine Phasenlampe ist nur in einer Phase notwendig. Besteht für diese Synchronismus, so ist er auch für die anderen Phasen vorhanden. Voraussetzung ist, daß an jede Sammelschiene nur Leitungen derselben Phase angeschlossen sind. Bei der ersten Inbetriebsetzung wird man sich hiervon überzeugen müssen, und zwar kann dies z. B. dadurch geschehen, daß nach Fig. 169 jede Phase eine Lampe erhält. Die Schaltung ist richtig, wenn alle drei Lampen gleichzeitig hell und gleichzeitig dunkel werden. Andernfalls sind irgend zwei der Leitungen einer Maschine in bezug auf ihre Verbindung mit den Sammelschienen miteinander zu vertauschen. Der synchrone Zustand wird bei der in der Figur angegebenen Schaltung durch das Dunkelwerden der Lampen angezeigt.

Bei Hochspannungsmaschinen können ebenfalls Phasenlampen bzw. Phasenvoltmeter verwendet werden, doch ist dann die Zwischenschaltung kleiner Transformatoren, sogen. Spannungswandler (s. § 122), erforderlich, die die für die Apparate benötigte Energie auf eine niedrige Spannung umformen.

Sechstes Kapitel.

Transformatoren.

115. Allgemeines.

Der Wechselstrom besitzt die besonders angenehme Eigenschaft, daß sich seine Spannung in bequemster Weise verändern läßt. Zur Spannungsumformung dienen die Transformatoren, die sich durch sehr einfachen Bau auszeichnen und, da sie bewegliche Teile nicht besitzen, fast keiner Bedienung bedürfen. Sie können zur Spannungserhöhung oder zur Spannungserniedrigung verwendet werden. Transformatoren zum Heraufsetzen der Spannung kommen namentlich in den elektrischen Zentralstationen zur Aufstellung, wenn die Übertragungsspannung höher ist als die in den Maschinen unmittelbar erzeugte Spannung. Transformatoren zur Spannungserniedrigung werden allgemein benutzt, um die den Verbrauchsorten zugeführte Hochspannung so weit herunterzusetzen, daß der Strom gefahrlos in die Häuser eingeführt und zum Betriebe von Lampen, Motoren usw. verwendet werden kann.

116. Wirkungsweise.

Die Transformatoren bestehen aus einem zur Verminderung des Wirbelstromverlustes aus Blechen zusammengesetzten Eisenkörper, auf dem sich zwei elektrisch nicht miteinander verbundene Wicklungen befinden. Die Form des Eisenkörpers möge der Fig. 170 entsprechen: zwei zur Aufnahme der Wicklungen dienende Kerne sind durch Jochstücke zu einem geschlossenen magnetischen Kreise verbunden. Wird die auf einem der Kerne befindliche primäre Wicklung uv an eine bestimmte Wechselspannung angeschlossen, so werden in dem Eisengestell Kraftlinien (durch die gestrichelte Linie angedeutet) wachgerufen, deren Zahl und Richtung periodischen Schwankungen unterworfen sind, die den Schwankungen des die Wicklung durchfließenden Wechselstromes genau entsprechen. Da die auf dem anderen Schenkel untergebrachte sekundäre Wicklung UV von den Kraftlinien durchsetzt wird, so muß in ihr eine

EMK von wechselnder Richtung induziert werden, deren Frequenz mit derjenigen des primären Stromes übereinstimmt.

Aber auch in der Primärwicklung selbst wird infolge der Selbstinduktion eine EMK hervorgerufen. Diese ist (vgl. die Wirkungsweise der Drosselspule, § 35) der zugeführten Spannung entgegengerichtet und daher als eine elektromotorische Gegenkraft aufzufassen. Sie ist — ebenso wie z. B. die bei den Gleichstrommotoren auftretende EMG — bei Leerlauf, d. h. bei offener sekundärer Wicklung fast so groß wie die zugeführte Klemmenspannung. Infolgedessen ist die Stromaufnahme sehr gering. Dem Leerlaufstrom kommt im wesentlichen nur die Rolle des Magnetisierungsstromes zu. Er ist gegen die Spannung um fast 90^0 verschoben, also nahezu wattlos.

Wird der Transformator belastet, indem ihm von den sekundären Klemmen Strom entnommen wird, so hat der sekundäre Wechselstrom in jedem Augenblicke die entgegengesetzte Richtung wie der primäre, da er nach dem Induktionsgesetz stets den durch die Änderungen des primären Stromes hervorgerufenen Feldänderungen entgegenwirkt. Das primäre Feld wird also durch das vom sekundären Strom herrührende Feld geschwächt. Die Folge dieser Feldschwächung ist eine geringere EMG, so daß die primäre Spule sofort aus dem Netz einen größeren Strom empfängt, wodurch das magnetische Feld in der ursprünglichen Stärke wiederhergestellt wird. Die Stromaufnahme des Transformators paßt sich also selbsttätig der Belastung an.

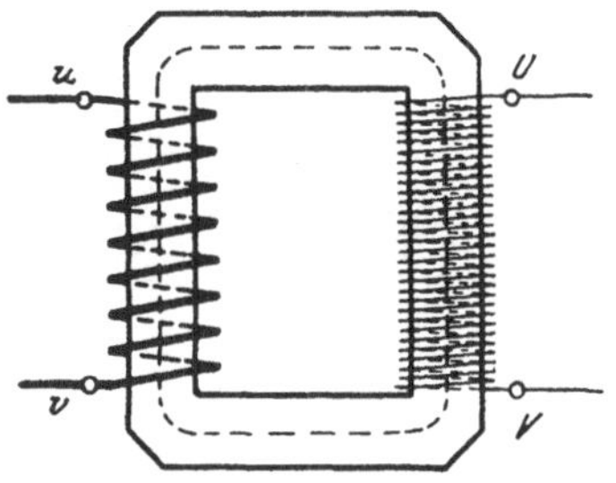

Fig. 170. Magnetischer Kreis eines Transformators.

Besteht die sekundäre Wicklung aus ebenso vielen Windungen wie die primäre, so hat die in ihr induzierte EMK dieselbe Größe wie die primäre EMK. Ist die sekundäre Windungszahl doppelt so groß wie die primäre, so hat auch die sekundäre EMK den doppelten Wert der primären. Bei der halben Windungszahl ergibt sich auch nur die halbe EMK usw. Das Verhältnis der primären zur sekundären EMK, die Übersetzung des Transformators, ist also gleich dem Verhältnis der primären zur sekundären Windungszahl. Bezeichnet man die Windungszahl mit w, die EMK wie früher mit E, und wird die Zugehörigkeit zur primären bzw. sekundären Seite durch kleine Zahlen angedeutet, so ist demnach:

$$\frac{E_1}{E_2} = \frac{w_1}{w_2} \quad \dots\dots\dots\dots \quad (74)$$

Es ist klar, daß die von einem Transformator primär aufgenommene Leistung gleich der sekundär abgegebenen sein muß, wenn von den Verlusten innerhalb des Transformators abgesehen wird. Da bei induktionsfreier Belastung die Leistung gleich dem Produkt von Spannung und Stromstärke ist, so muß demnach die sekundäre Stromstärke in demselben Verhältnis geringer werden, wie die Spannung erhöht wird, und umgekehrt. Die Stromstärken in den beiden Wicklungen verhalten sich also umgekehrt wie die Spannungen.

117. Bauart der Einphasentransformatoren.

In Fig. 170, die einen Kerntransformator darstellt, wurde angenommen, daß die primäre und sekundäre Wicklung auf verschiedenen Kernen untergebracht sind. Diese Anordnung hat den Nachteil, daß nicht alle von der primären Spule erzeugten Kraftlinien auch die sekundäre Spule durchsetzen, da ein Teil sich unmittelbar durch die Luft schließt, also durch Streuung verloren geht

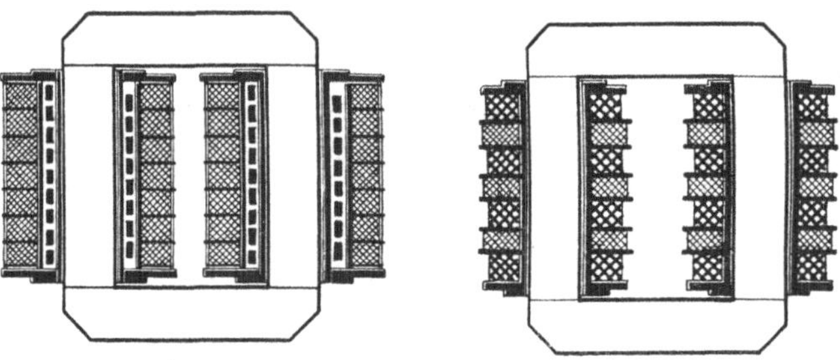

Fig. 171. Fig. 172.
Kerntransformatoren für Einphasenstrom.

(vgl. Fig. 31). Dies hat zur Folge, daß die in der sekundären Wicklung erzeugte EMK geringer ist, als dem Verhältnis der Windungszahlen beider Wicklungen entspricht. Zur Verminderung der Streuung bringt man daher stets auf jedem der Kerne einen Teil der primären und der sekundären Wicklung unter. Bei der in Fig. 171 schematisch dargestellten Bauweise sind die beiden Wicklungen konzentrisch angeordnet. Die Niederspannungswicklung ist in Form von Spiralen aus Vierkantkupfer hergestellt, die unmittelbar auf die mit Isoliermaterial umkleideten Kerne geschoben sind. Sie wird umschlossen von der Hochspannungswicklung, die in zahlreiche, hintereinander geschaltete Spulen unterteilt ist. Hoch- und Niederspannungswicklung sind sowohl gegeneinander als auch gegen das Eisen vorzüglich zu isolieren, ein wesentliches Erfordernis für die Betriebssicherheit eines Transformators.

Fig. 172 zeigt einen Transformator, bei dem auch die Niederspannungswicklung aus einer Reihe einzelner Spulen besteht, die je nach den Umständen parallel oder hintereinander geschaltet werden. Die Anordnung kann als geschichtete Wicklung bezeichnet werden, da sämtliche Spulen übereinander gelagert sind, und zwar, um dem Einfluß der Streuung möglichst zu begegnen, Hochspannungs- und Niederspannungsspulen abwechselnd.

Eine andere Bauart des Transformators ist in Fig. 173 wiedergegeben, der Manteltransformator. Bei diesem werden beide Wicklungen von einem einzigen Kern aufgenommen und von dem Joch nach zwei Seiten umschlossen. Der Kraftlinienverlauf ist wieder durch gestrichelte Linien angegeben. Dem Kern muß bei dieser Anordnung der doppelte Querschnitt des Joches gegeben werden, wenn die Kraftliniendichte in allen Teilen des magnetischen Kreises die gleiche sein soll.

Fig. 173. Manteltransformator für Einphasenstrom.

118. Bauart der Mehrphasentransformatoren.

Die Spannungsumformung von Zweiphasenstrom läßt sich mit Hilfe von zwei, die von Drehstrom mit Hilfe von drei Einphasentransformatoren bewirken, die entsprechend geschaltet werden. Doch zieht man es bei Drehstrom meistens vor, die Wicklungen der

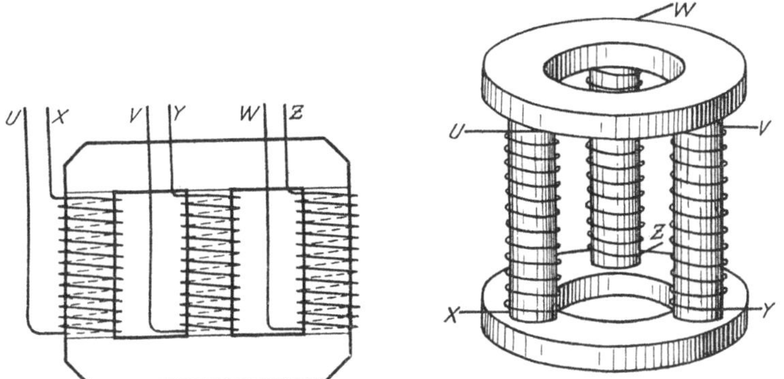

Fig. 174 und 175. Kerntransformatoren für Drehstrom.

drei Phasen auf einem Eisengestell zu vereinigen. Fig. 174 und 175 zeigen den allgemeinen Aufbau von Kerntransformatoren für Drehstrom. Jeder der drei Kerne trägt die primäre und sekundäre Wicklung einer Phase. In den Figuren ist der Deutlichkeit wegen jedoch auf jedem Kern nur eine Wicklung (UX, VY, WZ) angegeben. Die Phasen werden je nach den Spannungsverhältnissen in Stern oder in Dreieck verkettet.

Ein Manteltransformator für Drehstrom ist in Fig. 176 dargestellt.

119. Öltransformatoren.

Vielfach werden die Transformatoren in mit Öl gefüllte Kästen eingebaut und dann als Öltransformatoren bezeichnet. Es wird hierdurch eine bessere Abführung der in den Transformatoren entwickelten Wärme ermöglicht. Auch kommt bei sehr hohen Spannungen die isolierende Wirkung des Öles günstig in Betracht. Schließlich wird dadurch das von den Transformatoren entwickelte brummende Geräusch vermindert. Bei Transformatoren für besonders große Leistungen wird das Öl häufig noch durch ein Rohrsystem, das

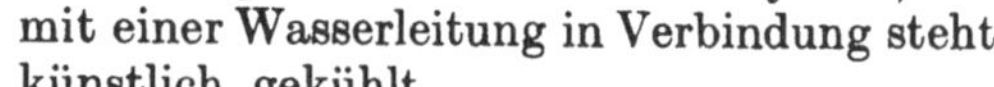

mit einer Wasserleitung in Verbindung steht, künstlich gekühlt.

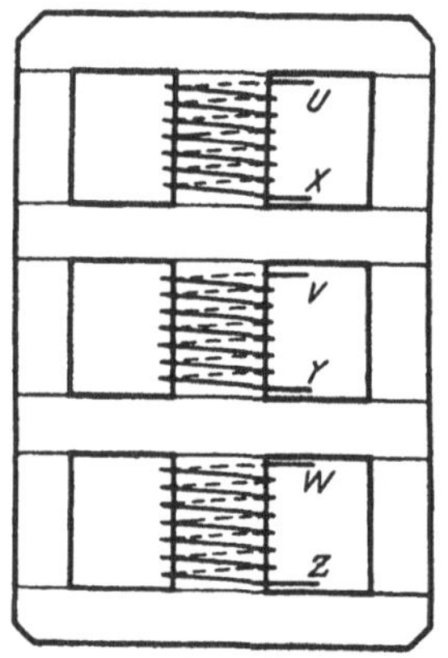

Fig. 176. Manteltransformator für Drehstrom.

Ein Drehstromöltransformator (ohne Wasserkühlung) ist in Fig. 177 im Schnitt dargestellt. Er ist als Kerntransformator (nach Fig. 174) gebaut. Die Kerne haben runden Querschnitt und sind durch schmiedeeiserne Teile und Bolzen mit den Jochstücken verbunden. Hoch- und Niederspannungswicklung sind konzentrisch zueinander angeordnet, doch ist die Niederspannungswicklung geteilt und auf beide Seiten der aus einer Reihe von Spulen bestehenden Hochspannungswicklung gelegt. Die Wicklungen werden durch Holzbalken gestützt, die auf besonderen Trägern längs der Joche verlaufen. Die Klemmen sitzen auf Durchführungsisolatoren, die an einem Gerüst aus Winkeleisen montiert sind. Zum bequemen Herausnehmen des Transformators aus dem aus Wellblech hergestellten Ölkasten dient ein kräftiger schmiedeeiserner Bügel.

120. Spannungsänderung.

Die sekundäre Klemmenspannung eines an eine konstante Primärspannung angeschlossenen Transformators nimmt im allgemeinen mit zunehmender Belastung ab. Diese Erscheinung ist zum Teil auf den in jeder der beiden Wicklungen auftretenden Ohmschen Spannungsabfall zurückzuführen, der bei guten Transformatoren allerdings sehr gering ist. Die primäre EMK ist um den Ohmschen Spannungsabfall in der primären Wicklung kleiner als die primäre Klemmenspannung, es ist also unter Benutzung der früheren Bezeichnungen:

$$E_1 = E_{k_1} - J_1 \cdot R_1 \quad \ldots \ldots \ldots \quad (75)$$

Die sekundäre Klemmenspannung ist um den Ohmschen Spannungsabfall in der sekundären Wicklung kleiner als die sekundäre EMK, also ist:

$$E_{k_2} = E_2 - J_2 \cdot R_2 \quad \ldots \ldots \ldots \quad (76)$$

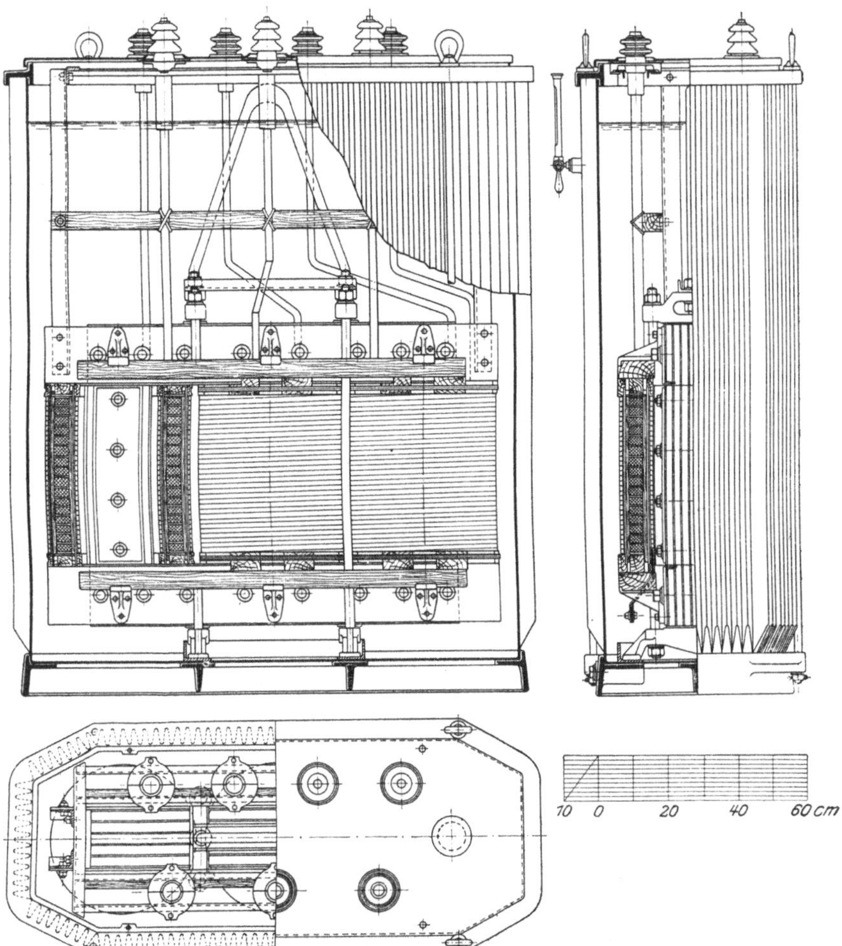

Fig. 177. Drehstromtransformator von Brown, Boveri u. Co. für 200 kVA, 13500/120 V, $f = 42$.

Nun folgt aus Gl. 74:

$$E_2 = E_1 \cdot \frac{w_2}{w_1}.$$

Demnach kann für Gl. 76 geschrieben werden:

$$E_{k_2} = E_1 \cdot \frac{w_2}{w_1} - J_2 \cdot R_2.$$

Wird für E_1 der Wert aus Gl. 75 eingesetzt, so folgt:

$$E_{k_2} = (E_{k_1} - J_1 \cdot R_1) \cdot \frac{w_2}{w_1} - J_2 \cdot R_2$$

oder:

$$E_{k_2} = E_{k_1} \cdot \frac{w_2}{w_1} - J_1 R_1 \cdot \frac{w_2}{w_1} - J_2 \cdot R_2 \quad . \quad . \quad . \quad . \quad (77)$$

Hiernach kann die sekundäre Klemmenspannung aus der primären berechnet werden.

Ein Spannungsverlust wird ferner durch die Kraftlinienstreuung hervorgerufen, da auch bei bester Anordnung nicht alle von der Primärwicklung erzeugten Kraftlinien die Sekundärwicklung tatsächlich durchsetzen. Bei Leerlauf ist die Streuung verschwindend klein. Sie nimmt jedoch bei Belastung zu, und zwar macht sich ihr Einfluß namentlich bei induktiver Belastung bemerkbar, während er bei induktionsfreier Belastung zu vernachlässigen ist. In dem allerdings nur selten vorkommenden Fall, daß der Strom der Spannung vorauseilt, kann bei Belastung sogar eine Spannungserhöhung eintreten.

Bei induktionsfreier Belastung kann die Spannungsänderung guter Transformatoren, außer bei den kleinsten Leistungen, zu höchstens 2 bis $2^1/_2\,^0/_0$ angenommen werden, während er bei induktiver Belastung mit einem Leistungsfaktor von 0,8 das ungefähr zwei- bis dreifache beträgt.

Da bei Leerlauf ein Spannungsabfall in der sekundären Wicklung überhaupt nicht vorhanden ist und auch der primäre Spannungsabfall infolge des geringen Leerlaufstromes verschwindend klein ist, so sind die EMKe in den beiden Wicklungen gleichbedeutend mit den Klemmenspannungen. Gl. 74 geht für Leerlauf demnach über in:

$$\frac{E_{k_1}}{E_{k_2}} = \frac{w_1}{w_2} \quad . \quad . \quad . \quad . \quad . \quad . \quad . \quad . \quad . \quad . \quad (78)$$

Die Übersetzung des Transformators ist also gleich dem Verhältnis der Klemmenspannungen bei Leerlauf.

121. Der Transformator bei Kurzschluß.

Legt man einen Transformator an eine sehr geringe primäre Spannung, so kann man seine sekundären Klemmen, ohne den Transformator zu gefährden, durch einen Strommesser kurzschließen. Der von letzterem angezeigte Strom wird Kurzschlußstrom genannt. Wegen des bedeutenden Einflusses der Selbstinduktion im Vergleich zu dem des Widerstandes der Sekundärwicklung ist der Kurzschluß als eine stark induktive Belastung anzusehen. Da beim Kurzschluß die sekundäre Klemmenspannung Null ist, so dient die primäre Klemmenspannung lediglich dazu, die Ohmschen Widerstände zu überwinden sowie den infolge der Streuung auftretenden Spannungsabfall auszugleichen. Die primäre Spannung, die beim Kurzschluß die normale sekundäre Stromstärke hervorruft, gibt daher unmittelbar ein Maß für den dieser Stromstärke entsprechenden, bei induktiver Belastung auftretenden Spannungsabfall an.

Fig. 178 zeigt die an einem Einphasentransformator aufgenommene Kurzschlußcharakteristik. Sie gibt die Abhängigkeit des sekundären Kurzschlußstromes J_k von der Kurzschlußspannung, d. h. der primären Klemmenspannung E_{k_1} an. Man erkennt, daß der Kurzschlußstrom innerhalb weiter Grenzen der Kurzschlußspannung proportional ist.

122. Spannungs- und Stromwandler.

Um in Hochspannungsanlagen Spannungsmessungen mit Niederspannungsvoltmetern ausführen zu können, verwendet man Spannungswandler, kleine Transformatoren, durch welche die Span-

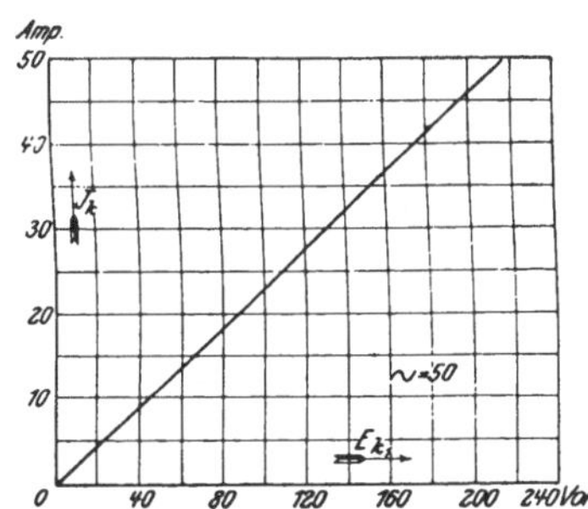

Fig. 178. Kurzschlußcharakteristik eines Einphasentransformators für 5 kVA, 120/5000 V, 44/1 A, $f = 50$.

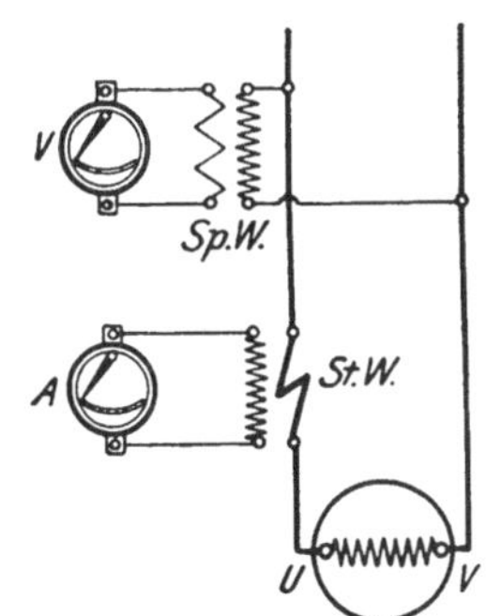

Fig. 179. Spannungs- und Strommessung bei Verwendung von Spannungs- und Stromwandler.

nung auf den gewünschten Betrag, meistens ungefähr 110 V, herabgesetzt wird.

In ähnlicher Weise kann man sich auch bei Strommessungen von der Hochspannung unabhängig machen durch Anwendung von Stromwandlern. Bei diesen wird die sekundäre Spule, die im Vergleich zur primären aus vielen Windungen besteht, durch das Instrument kurzgeschlossen. Die Stärke des sekundären Stromes ist, wie im vorigen Paragraphen festgestellt wurde, der an den Primärklemmen herrschenden Spannung und daher auch der primären Stromstärke proportional. Bei einem bekannten Übersetzungsverhältnis kann also aus der Stärke des sekundären auf die des primären Stromes geschlossen werden.

Fig. 179 zeigt das Schaltschema, nach welchem der Anschluß der Meßinstrumente zu erfolgen hat, wenn Spannung und Stromstärke einer Wechselstrommaschine *UV* unter Benutzung eines Spannungswandlers (*Sp. W.*) und eines Stromwandlers (*St. W.*) festzustellen sind.

Die Spannungs- und Stromwandler können außer für Meßzwecke auch zur Betätigung aller der in Hochspannungsanlagen einzubauenden Apparate Verwendung finden, denen die hohe Spannung ferngehalten werden soll. So stellt Fig. 180 den Anschluß einer als *Synchronismusanzeiger* dienenden Phasenlampe P dar (vgl. § 114). Es handelt sich um eine „Dunkelschaltung“, da sich die auf die Lampen einwirkenden Spannungen der Maschinen I und II aufheben, sobald letztere sich synchron verhalten.

123. Spartransformatoren.

In gewissen Fällen ist es zweckmäßig, Transformatoren mit nur *einer* Wicklung zu verwenden. Wird dieser die primäre Wechselspannung zugeführt, so läßt sich ein beliebiger Teil derselben als sekundäre Spannung abnehmen. Um z. B. die der Wicklung UV eines *Einphasentransformators*, Fig. 181, aufgedrückte Primär-

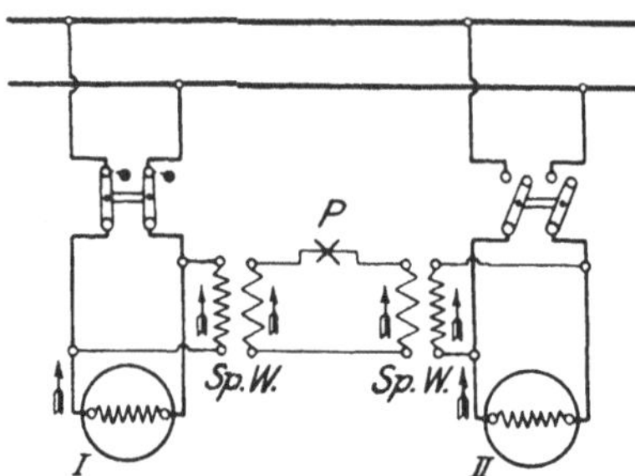

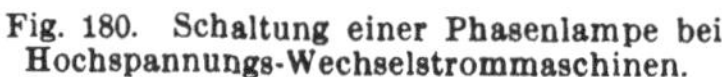
Fig. 180. Schaltung einer Phasenlampe bei Hochspannungs-Wechselstrommaschinen.

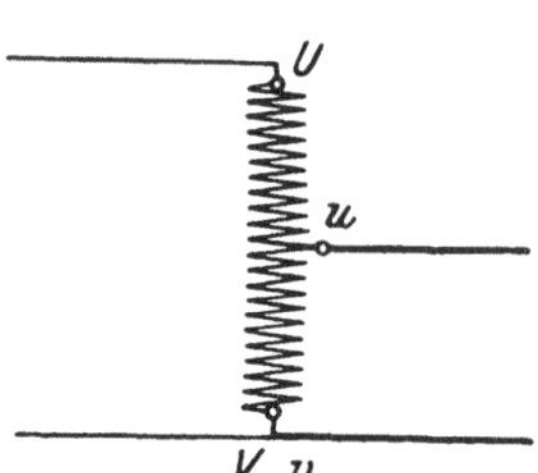

Fig. 181. Spartransformator für Einphasenstrom.

spannung auf die Hälfte zu vermindern, hat der Anschluß der sekundären Leitungen so zu erfolgen, daß zwischen ihnen die halbe Wicklung, etwa der Teil uv, liegt. Soll die sekundäre Spannung den dritten Teil der primären betragen, so muß der zwischen den Anschlußpunkten der sekundären Leitungen liegende Wicklungsteil ein Drittel der ganzen Wicklung umfassen usw. Eine derartige Anordnung, die in entsprechender Weise auch für *Drehstromtransformatoren* angewendet wird, nennt man *Sparschaltung*, weil nur ein Teil der Leistung (in Fig. 181 die Hälfte) im Transformator wirklich umgeformt, der andere Teil aber dem primären Netz unmittelbar entnommen wird. Die Spartransformatoren fallen daher billiger als gewöhnliche Transformatoren aus und besitzen einen besseren Wirkungsgrad. Sie bieten namentlich dann Vorteil, wenn der Unterschied zwischen der primären und sekundären Spannung verhältnismäßig gering ist. Sie sind dagegen ungeeignet zur Umwandlung von sehr hohen Spannungen in Niederspannung, schon weil in diesem Falle das Niederspannungsnetz nicht von dem Hochspannungsnetz isoliert ist.

Wie zur Spannungserniedrigung können Spartransformatoren auch zur Erhöhung der Spannung Verwendung finden. In diesem Falle ist die primäre Spannung nur einem Teile der Wicklung zuzuführen, die sekundäre Spannung aber von der ganzen Wicklung abzunehmen.

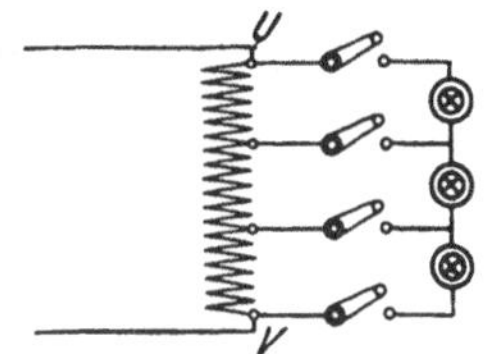

Fig. 182. Spannungsteiler.

Spartransformatoren werden vielfach zur Spannungsteilung verwendet, z. B. wenn es sich darum handelt, an eine bestimmte Spannung eine Reihe von Bogenlampen anzuschließen, von denen jede auch einzeln brennen soll. Fig. 182 zeigt das Schema für den Anschluß von drei Bogenlampen an den Spartransformator *UV*.

124. Reguliertransformatoren.

Bei Transformatoren wird zuweilen eine Spannungsregelung in der Weise vorgenommen, daß die Niederspannungswicklung an verschiedenen Punkten „angezapft“ und eine der Niederspannungsleitungen mit den verschiedenen Anzapfpunkten, etwa unter Verwendung eines Schiebekontaktes oder einer Kurbel, in Verbindung gebracht wird, während die andere Leitung mit einem Wicklungsende fest verbunden ist. Auf diese Weise kann das Übersetzungsverhältnis geändert werden. Fig. 183 zeigt einen Reguliertransformator in schematischer Darstellung. *v* ist der bewegliche Kontakt.

Besonders beliebt ist für Reguliertransformatoren die Sparschaltung. Diese ist bei dem in Fig. 184 veranschaulichten Drehstromtransformator in Anwendung gebracht. Der Transformator ist in „Stern“ geschaltet. Die drei Regulierkontakte *u*, *v*, *w* sind zwangläufig miteinander verbunden, so daß die von den drei Phasen abgenommenen Spannungen stets unter sich gleich groß sind.

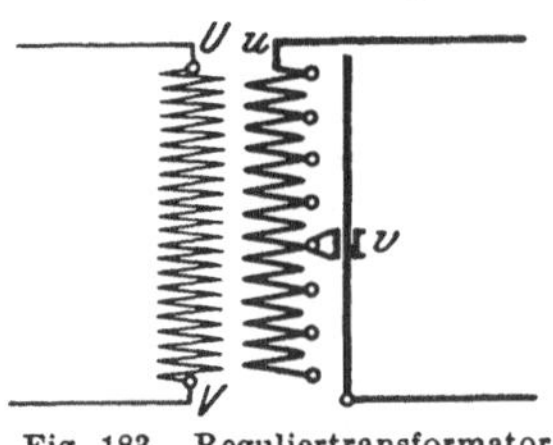

Fig. 183. Reguliertransformator für Einphasenstrom.

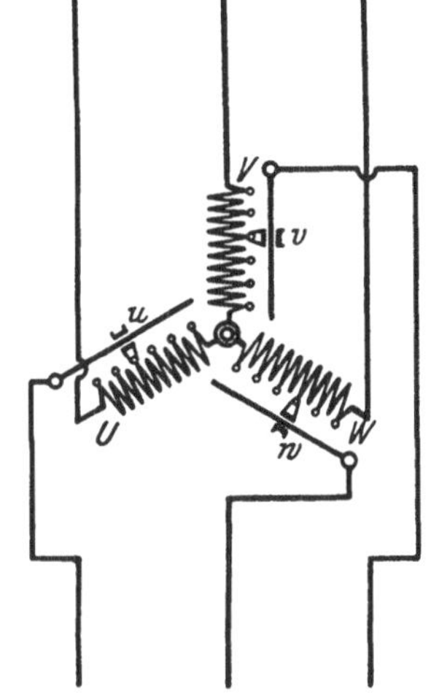

Fig. 184. Reguliertransformator in Sparschaltung für Drehstrom.

125. Spannung und Frequenz.

Die Transformatoren können für jedes beliebige Übersetzungsverhältnis hergestellt werden. Es werden Oberspannungen bis zu mehr als 100 000 V erreicht. Ausnahmsweise sind Transformatoren bis zu 500 000 V Spannung gebaut worden.

Für eine bestimmte Leistung fällt ein Transformator im allgemeinen um so teurer aus, je geringer die Frequenz des Wechselstromes ist.

126. Wirkungsgrad.

Die Verluste eines Transformators setzen sich aus den Stromwärmeverlusten in der primären und sekundären Wicklung sowie den Eisenverlusten (hervorgerufen durch Hysterese und Wirbelströme) zusammen. Die Eisenverluste werden auch als Leerlaufverluste bezeichnet, da sie schon bei Leerlauf vorhanden sind. Die Stromwärme- oder Kupferverluste dagegen werden erst durch die Belastung hervorgerufen.

Der Wirkungsgrad eines Transformators, also das Verhältnis der sekundär abgegebenen Leistung L_2 zu der primär zugeführten Leistung L_1,

$$\eta = \frac{L_2}{L_1},$$

ist selbst bei kleiner Leistung verhältnismäßig hoch. Es geht dies aus folgender Tabelle hervor, die Mittelwerte für Einphasen- und Drehstromtransformatoren, bezogen auf die Frequenz 50, enthält. Die Wirkungsgrade gelten für induktionsfreie Belastung, bei induktiver Belastung sind sie geringer.

Nutzleistung in kW	Wirkungsgrad
1	93 %
10	96 %
100	98 %

Bei der Konstruktion eines Transformators hat man es bis zu einem gewissen Grade in der Hand, die Eisenverluste und Kupferverluste beliebig zu verteilen. Namentlich bei Transformatoren, die dauernd am Netz liegen, aber nur verhältnißmäßig selten voll belastet sind, ist man bemüht, den Eisen-, also den Leerlaufverlust möglichst gering zu halten (z. B. durch Verwendung von legiertem Blech, s. § 29). Es ergibt sich dann auch bei geringer Belastung ein guter Wirkungsgrad, und somit fällt der Jahreswirkungsgrad, unter dem man das Verhältnis der während eines Jahres vom Transformator nutzbar abgegebenen Arbeit zu der in derselben Zeit aufgenommenen Arbeit versteht, möglichst hoch aus. Der Jahreswirkungsgrad ist nur dann gleich dem normalen Wirkungsgrad, wenn der Transformator dauernd voll belastet ist, was im allgemeinen nicht der Fall ist. Sonst fällt er stets kleiner aus.

Beispiele: 1. Welchen Wirkungsgrad besitzt ein Transformator, der bei einer sekundären Leistung von 4,5 kW primär 4,740 kW aufnimmt?

$$\eta = \frac{L_2}{L_1} = \frac{4500}{4740} = 0,95.$$

2. Ein an eine elektrische Zentrale angeschlossener Transformator für eine Leistung von 12 kW hat, wie aus den Ablesungen am Zähler hervorgeht, während eines Jahres eine Arbeit von 38 520 kWh nutzbar abgegeben. Die während des gleichen Zeitraumes von ihm aufgenommene Arbeit betrug 45 300 kWh. Wie groß war der Jahreswirkungsgrad des Transformators?

$$\text{Jahreswirkungsgrad} = \frac{38\,520}{45\,300} = 0,85$$

(der normale Wirkungsgrad eines 12 kW-Transformators beträgt ca. 0,96).

127. Parallelbetrieb mehrerer Tranformatoren.

In ausgedehnten Stromverteilungsnetzen wird stets eine größere Anzahl von Transformatoren parallel geschaltet. Solange es sich nur um den Parallelbetrieb der Primärseiten handelt, die Sekundärseiten aber auf besondere Stromkreise arbeiten, treten hierbei Schwierigkeiten nicht auf. Doch sollen die parallel zu schaltenden Transformatoren möglichst gleichen Ohmschen Spannungsabfall und gleiche Kurzschlußspannung besitzen, da sich andernfalls die Belastung

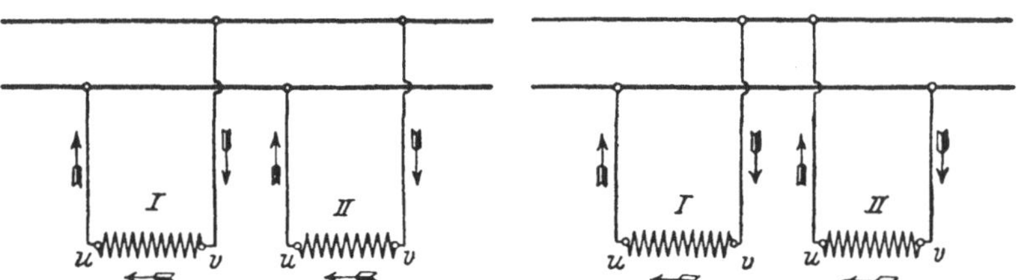

Fig. 185a. Richtiger Anschluß Fig. 185b. Falscher Anschluß. sekundär parallel zu schaltender Einphasentransformatoren.

nicht in der gewünschten Weise auf die einzelnen Transformatoren verteilt, vielmehr diejenigen mit dem kleineren Spannungsabfall eine zu große Belastung übernehmen.

Sollen auch die sekundären Seiten der Transformatoren parallel geschaltet werden, so ist gleiches Übersetzungsverhältnis Voraussetzung. Außerdem muß Phasengleichheit hinsichtlich der sekundären Spannung bestehen. Der Anschluß der sekundären Klemmen darf also nicht beliebig vorgenommen werden, sondern hat bei Einphasentransformatoren so zu erfolgen, wie Fig. 185a zeigt, in der die Pfeile die Stromrichtung in den sekundären Wicklungen uv der beiden Transformatoren I und II in einem beliebigen Zeitpunkt angeben. Die Verbindung nach Fig. 185b würde dagegen einem Kurzschluß entsprechen. Vor dem Anschluß des parallel zu schaltenden Transformators hat man daher, etwa durch Anwendung einer Phasenlampe (s. § 114), die richtige Schaltung festzustellen.

Bei Drehstromtransformatoren, die primär und sekundär parallel arbeiten sollen, ist die Verkettungsart der Phasen sowie der Wickelsinn zu beachten. Es ist einleuchtend, daß ein Parallelbetrieb von Transformatoren möglich ist, die primär und sekundär die gleiche Verkettung (z. B. Stern) und den gleichen Wickelsinn aufweisen. Doch können unter Umständen auch Transformatoren verschiedener Verkettungsart parallel arbeiten. Ohne hier auf die verschiedenen Möglichkeiten einzugehen, sei nur angeführt, daß nach den M.N. alle Transformatoren ihrer Schaltung nach in 3 Gruppen, *a*, *b* und *c*, eingeteilt werden derart, daß die verschiedenen Ausführungsformen einer jeden Gruppe unter sich parallel arbeiten können. Auf dem Leistungsschilde des Transformators soll durch den entsprechenden Buchstaben kenntlich gemacht werden, welcher dieser Gruppen die Schaltungsart entspricht.

Siebentes Kapitel.

Wechselstrommotoren.

A. Synchronmotoren.

128. Wirkungsweise.

Da eine jede Gleichstromdynamomaschine auch als Motor verwendbar ist, so liegt die Frage nahe, ob diese Umkehrbarkeit auch bei Wechselstrommaschinen besteht. Zu ihrer Beantwortung sei auf Fig. 186 verwiesen, die einen Teil einer Einphasenmaschine darstellt. Die Spule 1—2 des Ankers werde in einem bestimmten Augenblicke in der durch Kreuz und Punkt gekennzeichneten Richtung von dem der Wicklung zugeführten Wechselstrom durchflossen. Die durch Gleichstrom erregten Pole N und S des zunächst stillstehend gedachten Magnetrades mögen sich etwa mitten unter den die Spule enthaltenden Nuten befinden. Der Strom habe gerade seinen Höchstwert erreicht. Zwischen den vom Strome durchflossenen Drähten und den Magnetpolen tritt nun eine Kraftwirkung auf, die, wie mit Hilfe der Ampereschen Regel festgestellt werden kann, das Magnetrad in der durch den Pfeil angegebenen Richtung zu drehen sucht. Ehe aber noch die mechanische Trägheit des Rades überwunden und dieses in Bewegung gelangt ist, hat der Strom seine Richtung gewechselt, und die Kraft wirkt daher nunmehr im entgegengesetzten Sinne. Die Richtung der Kraft wechselt also ebensooft, wie der Strom seine

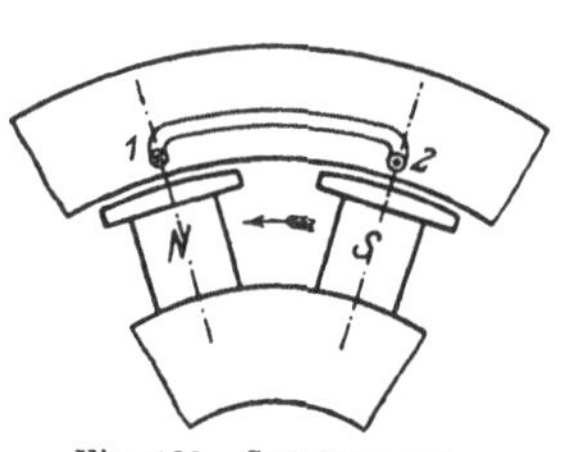

Fig. 186. Synchronmotor für Einphasenstrom.

Richtung ändert, und eine Drehbewegung des Rades ist unter diesen Umständen völlig ausgeschlossen.

Ganz anders gestalten sich aber die Verhältnisse, wenn das Magnetrad zunächst infolge äußerer Einwirkung in Drehung versetzt wird, und zwar mit der synchronen Umdrehungszahl. Es ist dies die durch die Polzahl der Maschine und die Frequenz des Stromes gegebene Umdrehungszahl, die sich nach Gl. 73 berechnen läßt (vgl. auch Tabelle in § 106). Entsprechen in einem bestimmten Augenblicke die Stellung des mit dieser Geschwindigkeit umlaufenden Magnetrades und die Richtung des Ankerstromes wieder der Fig. 186, so wird auch wieder auf das Magnetrad eine Kraft im Sinne des Pfeils ausgeübt. Die Richtung der Kraft wird aber nun immer die gleiche bleiben, da jedesmal nach Verlauf einer halben Periode zwar der Strom seine Richtung gewechselt hat, dafür aber unter die Nuten Pole entgegengesetzten Vorzeichens gelangt sind. Das Magnetrad wird demzufolge mit unveränderter, also mit der synchronen Geschwindigkeit in Drehung bleiben. Motoren

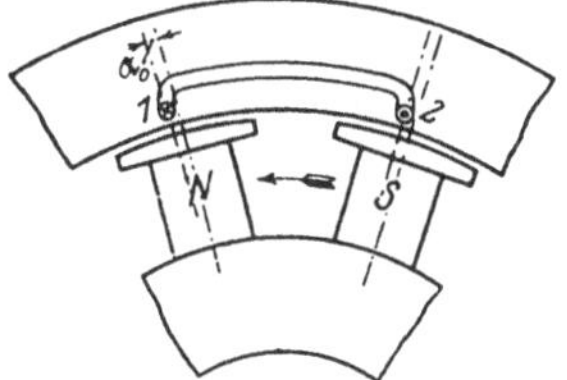

Fig. 187 a.

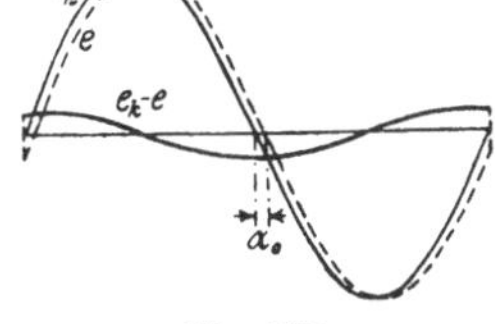

Fig. 187 b.

Synchronmotor bei Leerlauf.

dieser Bauart werden daher Synchronmotoren genannt. Sie können in jeder Drehrichtung betrieben werden, diese hängt lediglich davon ab, in welchem Sinne sie angedreht werden.

Die Stromaufnahme des Motors wird geregelt durch die infolge der Drehung des Magnetrades in der Ankerwicklung induzierte EMK, der wieder die Bedeutung einer elektromotorischen Gegenkraft zukommt. Diese hat, richtige Magneterregung vorausgesetzt, ungefähr dieselbe Größe wie die zugeführte Spannung und ist bei Leerlauf mit ihr nahezu in Phase. Wird der Motor belastet, so hat das Magnetrad die Tendenz, etwas zurückzubleiben. Infolgedessen ist die relative Lage des letzteren, ohne daß seine Geschwindigkeit vom Synchronismus abweicht, gegenüber dem Anker ein wenig verzögert, d. h. die Pole gelangen mit ihren Mitten immer erst dann unter die Nuten, wenn die dem Anker zugeführte Spannung ihren Höchstwert bereits überschritten hat. Also muß auch die EMG hinter der zugeführten Spannung zurückbleiben, und zwar ist der Verzögerungswinkel um so größer, je mehr der Motor belastet wird. Zur Klarstellung der Verhältnisse dienen die Fig. 187 und 188. Beim leerlaufenden Motor tritt, wie Fig. 187a zeigt, nur die geringe durch die eigenen Widerstände des Motors veranlaßte Verzögerung des Magnetrades um den Winkel α_0 auf. Folglich ist auch die EMG e (Fig. 187b) nur unbedeutend gegen die zugeführte Klemmenspannung e_k verschoben. Die tatsächlich wirksame Spannung findet man, wenn man in jedem Augenblicke die Differenz $e_k - e$ bildet. Da diese sehr gering ist, so nimmt der Anker auch nur einen schwachen Strom, eben den Leerlaufstrom, auf. Der größeren Verzögerung des Magnetrades bei Belastung um den Winkel α (Fig. 188a) entspricht auch eine größere Verzögerung von e gegen e_k. Dies hat, wie Fig. 188b zeigt, zur Folge, daß auch die wirksame Spannung größer ausfällt, der Anker also einen stärkeren Strom empfängt. Die Stromaufnahme richtet sich also auch bei diesem Motor nach der Belastung. Wird der Motor so stark überlastet, daß die relative Verzögerung des Magnetrades gegen den Anker zu groß wird, so fällt er aus dem Tritt, er bleibt stehen.

Ebenso wie Einphasenmaschinen lassen sich auch Mehrphasenmaschinen als Synchronmotoren betreiben. Es gilt dabei für jede Phase sinngemäß das für Einphasenmotoren angegebene.

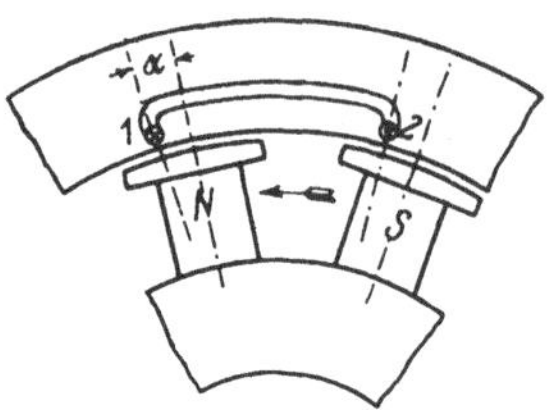

Fig. 188a.

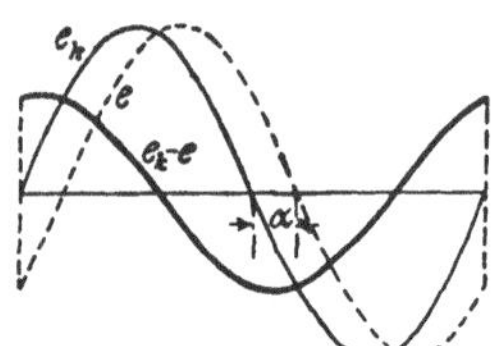

Fig. 188b.

Synchronmotor bei Belastung.

Der häufig wünschenswerten Eigenschaft des Synchronmotors, seine Umdrehungszahl bei allen Belastungen genau konstant zu erhalten, stehen nachteilig gegenüber die Umständlichkeit des Anlassens sowie die Notwendigkeit, die Magnete mit Gleichstrom zu erregen, Übelstände, die seine Verwendung in den meisten Fällen ausschließen.

129. Das Anlaßverfahren.

Um einen Synchronmotor an ein Netz anzuschließen, ist er zunächst anzutreiben, worauf bei einigermaßen richtiger Drehgeschwindigkeit der Erregerstrom so einzuregulieren ist, daß die vom Motor entwickelte EMK, die während des Betriebes die Rolle der EMG übernimmt, gleich der Netzspannung wird. Sodann ist der Motor auf die genau richtige Umdrehungszahl zu bringen, und schließlich ist dafür Sorge zu tragen, daß im Augenblick des Einschaltens seine EMK mit der Netzspannung phasengleich ist. Die beiden letztgenannten Bedingungen erkennt man mittels eines Synchronismusanzeigers. Das Anlassen eines Synchronmotors gestaltet sich also genau so wie das Parallelschalten eines Wechselstromerzeugers zu bereits im Betriebe befindlichen Maschinen.

Um den Motor auf Touren zu bringen, kann man sich, wenn eine Akkumulatorenbatterie zur Verfügung steht, eines kleinen Nebenschlußmotors bedienen, welcher mit ihm unmittelbar gekuppelt wird, und dessen Geschwindigkeit durch einen Nebenschlußregler geändert werden kann. Ist der synchrone Zustand erreicht und die Wechselstrommaschine eingeschaltet, so wird der Gleichstrommotor von der Batterie abgeschaltet, oder er wird, nunmehr als Stromerzeuger arbeitend, zu deren Ladung verwendet.

130. Der Synchronmotor als Phasenregler.

Die Veränderung des Erregerstromes eines leerlaufenden oder belasteten Synchronmotors hat auf seine Umdrehungszahl keinen Einfluß, da diese lediglich durch die Polzahl und die Stromfrequenz gegeben ist. Es wird aber dadurch die Stärke des vom Motor aufgenommenen Stromes verändert. Diese ist bei einer gewissen Erregung am geringsten; sie steigt jedoch trotz gleichbleibender Belastung, wenn der Motor schwächer oder stärker erregt wird. Dieses Verhalten zeigt deutlich Fig. 189, in der die Abhängigkeit der Stromstärke vom Erregerstrom eines synchronen Drehstrommotors für Leerlauf und normale Belastung durch die sog. V-Kurven dargestellt ist.

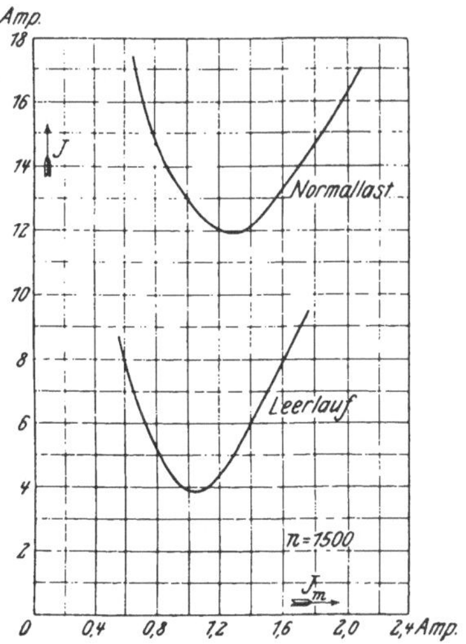

Fig. 189. V-Kurven eines synchronen Drehstrommotors für 2 kW (ca. 2,7 PS), 120 V, 12 A, $f = 50$, $n = 1500$.

Zur Erklärung der genannten Erscheinung diene folgendes. Bei richtiger Erregung sind Spannung und Stromstärke in Phase, es ist also $\cos\varphi = 1$, und der Motor nimmt den geringsten Strom auf. Bei Untererregung tritt dagegen eine Phasenverzögerung des Stromes gegen die Spanung ein, so daß der Motor nunmehr zur Erzielung der gleichen Leistung dem Netz einen größeren Strom entziehen muß. Bei Übererregung schließlich eilt der Strom der Spannung voraus. Es ergibt sich also jetzt eine negative Phasenverschiebung, die ebenfalls eine größere Stromaufnahme bedingt. Durch Übererregen von an ein Wechselstromnetz angeschlossenen Synchronmotoren hat man es daher in der Hand, die in dem Netz fast stets vorhandene Phasenverzögerung des Stromes ganz oder zum Teil aufzuheben.

B. Asynchrone Drehfeldmotoren.

131. Das Drehfeld.

Die ausgedehnte Verwendung des Mehrphasenstromes ist begründet in dem Umstande, daß er für den Betrieb von Motoren geeignet ist, bei denen die Übelstände des Synchronmotors vermieden sind, die also keiner besonderen Gleichstromerregung bedürfen, und die in einfachster Weise angelassen werden können. Diese Motoren laufen nicht synchron und werden daher Asynchronmotoren genannt. Sie beruhen anf der Erscheinung des Drehfeldes.

Wenn auch die überwiegend große Mehrzahl der Asynchronmotoren mit Dreiphasenstrom betrieben wird, dessen Name „Drehstrom" gerade auf die Möglichkeit, mit ihm ein Drehfeld zu erzeugen, zurückzuführen ist, so soll im folgenden doch des einfacheren Verständnisses wegen das Zustandekommen des Drehfeldes zunächst an dem Zweiphasenstrom erläutert werden. Bei diesem hat man es bekanntlich mit zwei nach Fig. 190 um 90° gegeneinander verschobenen Wechselströmen zu tun. Die beiden Ströme mögen nun je einer von zwei Wicklungen zugeführt werden, die nach Art der Fig. 191 auf einem eisernen, aus Blechen zusammengesetzten und als Hohlzylinder ausgebildeten feststehenden Anker angebracht und gegeneinander ebenfalls um 90° versetzt sind. Jede der Wicklungen besteht aus einem Paar Spulen. Das Spulenpaar I wird vom Wechselstrom I, das Spulenpaar II vom Wechselstrom II durchflossen. Um die Anfänge und Enden der Wicklungen voneinander unterscheiden zu können, sind die letzteren durch unterstrichene Zahlen kenntlich gemacht. In einem bestimmten Augenblicke, der in Fig. 190 durch die Linie *a* gekennzeichnet ist, besitzt der Wechselstrom I gerade seinen Höchstwert, während der Wechselstrom II den Wert Null erreicht hat. In diesem Augenblick wird der Hohlzylinder also lediglich durch das Spulenpaar I magnetisiert, während das Spulenpaar II wirkungslos ist. Die augenblicklichc Stromrichtung im Spulenpaar I entspreche dem in Fig. 191a eingezeichneten Pfeil, dessen Länge auch ein ungefähres Maß für die Stromstärke geben soll. Die Richtung der sich in dem Ringe bildenden Kraftlinien kann nach § 21 bestimmt werden, wobei man findet, daß die durch die beiden zur Wicklung I gehörenden Spulen erzeugten Kraftlinien einander entgegen wirken. Infolgedessen tritt eine Art Stauung der Kraftlinien ein, die zur Folge hat, daß ein Teil von ihnen den Weg durch die Luft hindurch nimmt, so etwa, wie es die Figur andeutet. Es bildet sich also oben im Ringe, wo die Kraftlinien aus dem Eisen austreten, ein Nordpol, und unten, wo sie wieder eintreten, ein Südpol.

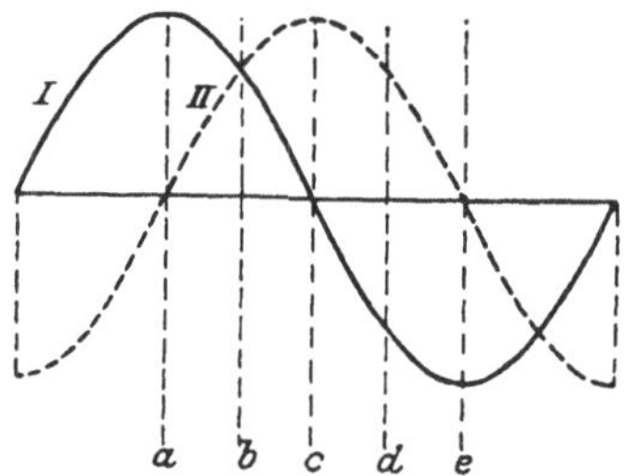

Fig. 190. Zweiphasenstrom.

Nachdem der Augenblick *a* überschritten ist, nimmt die Stärke des Wechselstromes I allmählich ab, während der Strom II anwächst, und nach einer Achtelperiode (bei *b* in Fig. 190) sind die beiden Ströme gleichstark geworden, was in Fig. 191b auch durch die Pfeil-

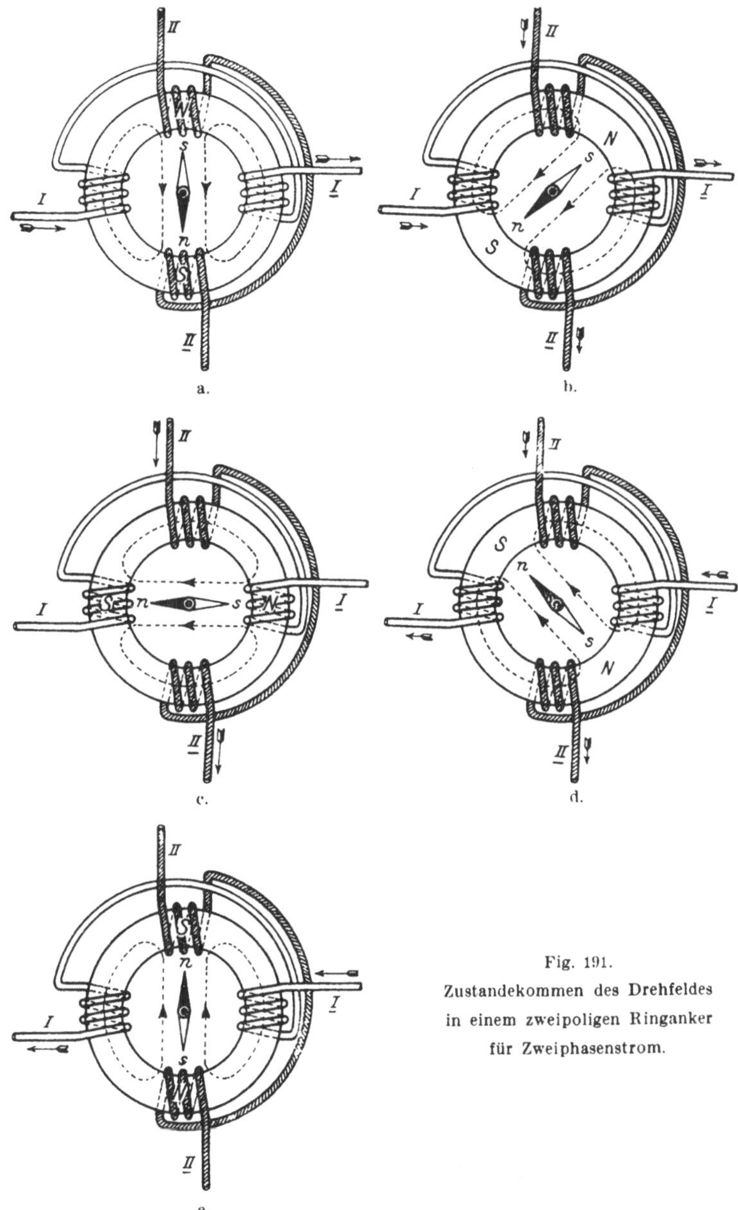

Fig. 191.
Zustandekommen des Drehfeldes in einem zweipoligen Ringanker für Zweiphasenstrom.

längen zum Ausdruck gebracht ist. Bei der für das Spulenpaar II angenommenen Stromrichtung haben die Kraftlinien, die von der linken und der oberen Spule erzeugt werden, gleiche Richtung; ihnen setzen sich jedoch die von der rechten und der unteren Spule hervorgerufenen Kraftlinien entgegen. Die Pole haben sich also, wie die Figur zeigt, um ein Achtel des Ringumfanges im Sinne des Uhrzeigers verschoben. Nach einer weiteren Achtelperiode (bei *c*) ist der Strom I Null geworden, der Strom II hat seinen Höchstwert erreicht. Nur von diesem rühren also die Kraftlinien (Fig. 191c) her, aus deren Verlauf man erkennt, daß die Pole im Ringe wieder weiter gewandert sind. Nach wiederum einer Achtelperiode (bei *d*) hat der Strom I seine Richtung geändert, das Kraftlinienfeld entspricht jetzt der Fig. 191d, während schließlich die Verhältnisse nach abermals einer Achtelperiode (bei *e*) durch Fig. 191e wieder-

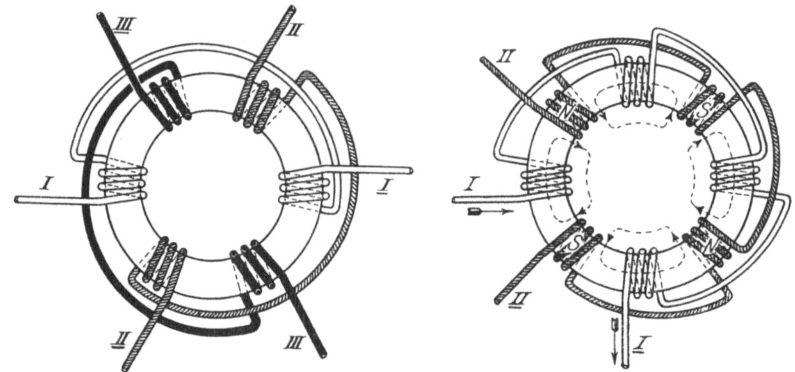

Fig. 192. Zweipoliger Ringanker für Dreiphasenstrom.

Fig. 193. Vierpoliger Ringanker für Zweiphasenstrom.

gegeben sind. Man erkennt deutlich, daß das die Luft durchsetzende Kraftlinienfeld während des betrachteten Zeitraumes, also während einer halben Periode, gerade eine halbe Umdrehung ausgeführt hat. Einer vollen Periode des Wechselstromes entspricht demnach auch eine volle Umdrehung des Feldes. Bei einer Frequenz von beispielsweise 50 würde also das Drehfeld minutlich 3000 Umdrehungen ausführen. Die Erscheinung des Drehfeldes kann sichtbar gemacht werden durch eine in das Innere des Hohlzylinders gebrachte drehbare Magnetnadel. Auch ein Stück unmagnetisches Eisen wird unter dem Einflusse des Feldes in Drehung versetzt.

In der gleichen Weise wie mit Zweiphasenstrom kann ein Drehfeld mittels Dreiphasenstrom erzeugt werden. In diesem Falle müssen auf dem Hohlzylinder drei um je 120° gegeneinander versetzte Spulenpaare (Fig. 192) angeordnet werden, denen je einer der Wechselströme zugeführt wird. Um mit drei Zuführungsleitungen auszukommen, sind die Wicklungen in Stern oder Dreieck zu verketten. Während die Stärke des mittels Zweiphasenstrom erregten Drehfeldes gewissen Schwankungen unterworfen ist, zeichnet sich das durch Drehstrom erzeugte Feld durch völlige Gleichmäßigkeit aus.

Bei den in Fig. 191 und 192 gezeichneten Wicklungen treten stets nur zwei Pole im Ringe gleichzeitig auf. Um die doppelte

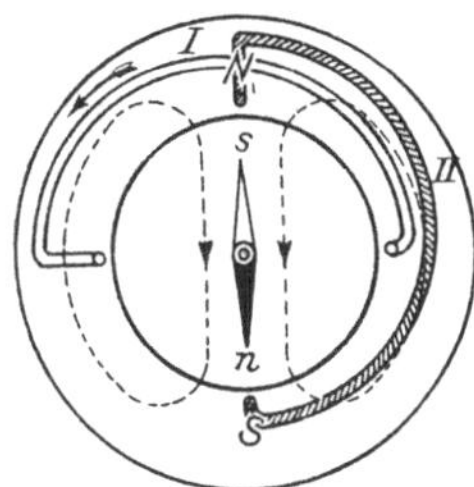

Fig. 194 a.

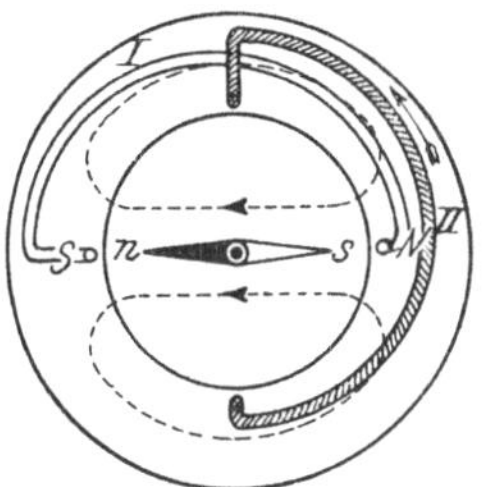

Fig. 194 b.

Zweipoliger Trommelanker für Zweiphasenstrom (eine Nute pro Pol und Phase).

Anzahl Pole hervorzurufen, muß für die Wicklung jeder Phase auch die doppelte Zahl von Spulenpaaren angewendet werden, wie es für Zweiphasenstrom Fig. 193 zeigt. Die Pole sind für den Augenblick *a* der Fig. 190 eingetragen. Der Wechselstrom I befindet sich also im Höchstwerte, Wechselstrom II ist dagegen Null. In entsprechender Weise kann auch jede beliebige andere Polzahl herge-

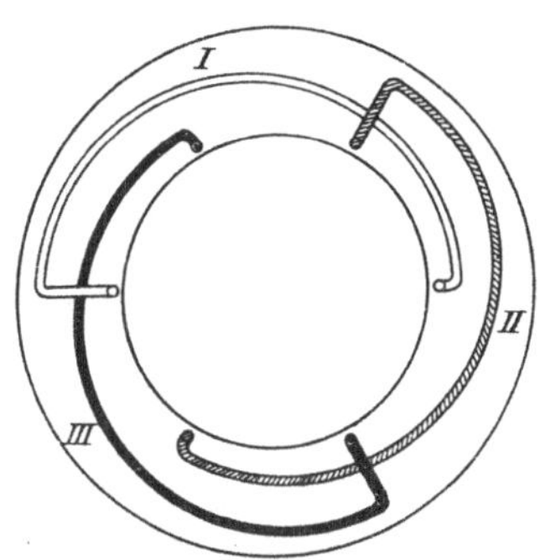

Fig. 195.
Zweipoliger Trommelanker für Dreiphasenstrom (eine Nute pro Pol und Phase).

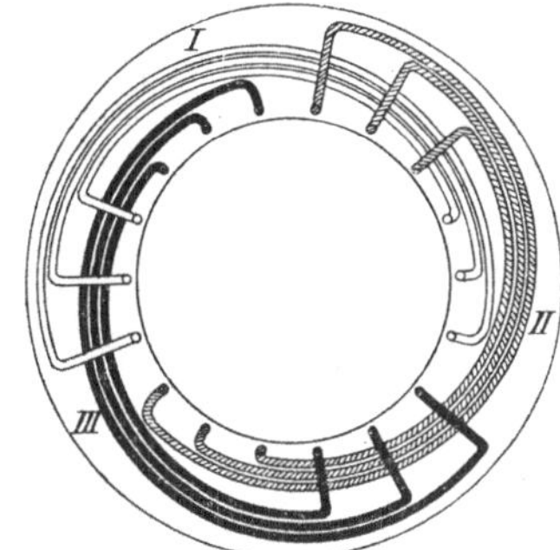

Fig. 196.
Zweipoliger Trommelanker für Dreiphasenstrom (drei Nuten pro Pol und Phase).

stellt werden. Einer Periode des Stromes entspricht bei einer vierpoligen Maschine eine halbe, bei einer sechspoligen Maschine eine drittel Umdrehung des Feldes usw.

Die Wicklung wurde der besseren Anschauung wegen bisher stets als Ringwicklung gedacht, doch wird praktisch ausschließlich die Trommelwicklung verwendet. Fig. 194 zeigt eine zweipolige Trommelwicklung für Zweiphasenstrom unter der Annahme von nur einer Nute pro Pol und Phase. Fig. 194a bezieht sich auf den Augenblick, in dem der Wechselstrom I sich im Höchstwert befindet, während bei Fig. 194b der Strom II den Höchstwert erreicht hat. Man übersieht leicht, daß ein Drehfeld genau wie bei der Ringwicklung entsteht.

Eine zweipolige Trommelwicklung für Dreiphasenstrom zeigt Fig. 195. Auch hier ist pro Pol und Phase nur eine Nute angenommen. Meistens wird man allerdings die Wicklung jeder Phase auf zwei oder, wie in Fig. 196, auf drei Nuten pro Pol verteilen. Die dargestellten Wicklungen der Drehfeldmotoren unterscheiden sich in keiner Weise von denen der Mehrphasenerzeuger. Es sei daher auf § 104 verwiesen, in dem sich eine Anzahl mehrpoliger Wicklungen für Zwei- und Dreiphasenstrom wiedergegeben findet.

132. Motoren mit Kurzschlußläufer.

Um das Drehfeld für motorische Zwecke nutzbar zu machen, bringt man in das Innere des Hohlzylinders, durch einen nur schmalen Luftspalt von ihm getrennt, einen drehbar gelagerten, aus Blechen zusammengesetzten Eisenzylinder. Durch diesen wird einmal der Widerstand für die Kraftlinien außerordentlich verringert; außerdem dient er zur Aufnahme einer Wicklung. Diese besteht im einfachsten Falle aus einer Reihe von Kupferstäben, die nahe am Umfang des Zylinders in das Eisen eingebettet und auf den Stirnseiten durch Kupferringe sämtlich kurzgeschlossen sind. Eine derartige Wicklung wird Käfigwicklung genannt. Es kann jedoch auch eine Phasenwicklung angewendet werden, die — ähnlich wie die Wicklung des zur Erzeugung des Drehfeldes dienenden Ankers — aus mehreren gegeneinander versetzten Abteilungen besteht, die untereinander kurzgeschlossen werden.

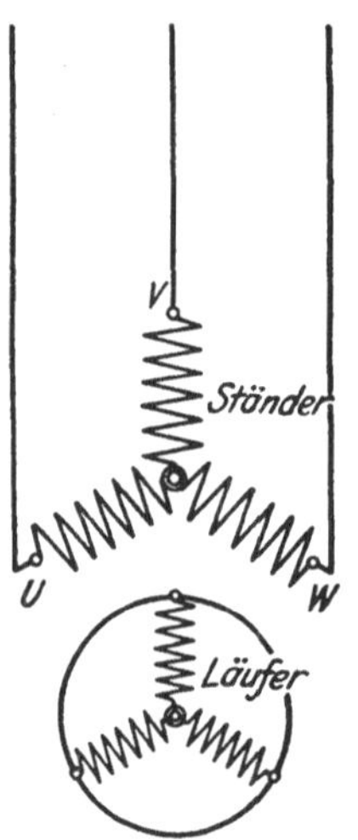

Fig. 197. Asynchroner Drehstrommotor mit Kurzschlußläufer.

Man nennt den Anker, d. h. den fest angeordneten Teil des Motors, häufig auch Ständer, den drehbaren Teil dagegen Läufer. Ist, wie oben angenommen, die auf letzterem untergebrachte Wicklung kurzgeschlossen, so wird er als Kurzschlußläufer bezeichnet. Fig. 197 zeigt das Schema eines Drehstrommotors mit Kurzschlußläufer. Es ist angenommen, daß die Ständerwicklung in Stern geschaltet ist. Es kann jedoch auch Dreiecksverkettung vorliegen. Der Strom wird dem Motor durch die Klemmen *U*, *V*, *W* zugeführt. Die kurzgeschlossene Läuferwicklung besteht aus drei Phasen, die ebenfalls in Stern verkettet sind.

Da die Anordnung eines solchen Motors einem Transformator

nicht unähnlich ist, dessen primäre Wicklung auf dem Ständer, dessen sekundäre Wicklung auf dem Läufer angebracht ist, so wird der Ständer auch wohl Primäranker, der Läufer Sekundäranker genannt. Abgesehen davon, daß beim Motor die sekundäre Wicklung drehbar angeordnet ist, besteht ein Unterschied gegenüber dem Transformator nur insofern, als man es bei dem Motor nicht mit einem geschlossenen, sondern mit einem offenen magnetischen Kreise zu tun hat.

Sobald dem Primäranker Strom zugeführt wird, das Drehfeld also zustande kommt, schneiden die von diesem herrührenden Kraftlinien die Wicklung des Sekundärankers. Die dabei in ihr induzierten Ströme sind nach dem Prinzip von Lenz so gerichtet, daß sie zufolge der zwischen stromführenden Leitern und einem Magneten bestehenden Wechselwirkung die Bewegung des Drehfeldes zu hemmen suchen. Es kann sich dies nur dadurch äußern, daß der Läufer in derselben Richtung wie das Feld in Drehung gerät. Der Vorgang ist etwa vergleichbar damit, daß sich jemand an ein in Bewegung befindliches Karussell klammert, um es zum Stillstand zu bringen, dabei aber von dem Karussell, statt daß dieses aufgehalten wird, mitgerissen wird. Da der Läufer das Bestreben hat, sich mit derselben Geschwindigkeit zu drehen wie das Feld, so kommt er in immer schnellere Bewegung. Bei Leerlauf wird er, weil nennenswerte Widerstände nicht zu überwinden sind, vielmehr nur die Reibung der eigenen Lager in Betracht kommt, den synchronen Lauf, d. h. die Geschwindigkeit des Drehfeldes, auch nahezu erreichen. Würde voller Synchronismus erreicht werden, der Läufer sich also ebenso schnell drehen wie das Feld, so würde die Läuferwicklung von Kraftlinien nicht geschnitten werden. Infolge des geringen Unterschiedes zwischen der Umdrehungszahl des Läufers und der des Feldes wird jedoch ein Schneiden von Kraftlinien eintreten, und daher wird in der Läuferwicklung eine kleine Spannung induziert, die einen schwachen Strom zur Folge hat, wodurch (entsprechend dem Verhalten des Transformators) der Primäranker veranlaßt wird, dem Netz einen ebenfalls schwachen Strom, den Leerlaufstrom, zu entziehen. Wird nunmehr der Motor belastet, so wird der Unterschied zwischen Läufer- und Drehfeldgeschwindigkeit, die sog. Schlüpfung, größer, die Läuferwicklung also häufiger von den Kraftlinien geschnitten und demnach in ihr eine größere Spannung, ein stärkerer Strom induziert. Dieser bedingt aber auch eine stärkere Stromaufnahme des Primärankers aus dem Netz. Die Stromaufnahme des Motors entspricht also, wie bei allen anderen Elektromotoren, der Belastung.

Wegen der Induktivität seiner Wicklungen tritt zwischen der dem Motor zugeführten Spannung und dem von ihm aufgenommenen Strome eine Phasenverschiebung auf. Der Leistungsfaktor der Motoren liegt bei voller Belastung gewöhnlich zwischen 0,8 und 0,9 (s. § 139). Bei geringer Belastung oder gar Leerlauf ist er allerdings erheblich niedriger.

Da die Schlüpfung auch bei Vollast nur gering ist (s. § 138), so ist die Umdrehungszahl der asynchronen Motoren bei allen Belastungen nahezu konstant; sie ändert sich in ähnlicher Weise wie etwa beim Gleichstromnebenschlußmotor.

Die Motoren mit Kurzschlußanker zeichnen sich durch denkbar einfache Bauart aus. Sie besitzen, abgesehen von den Lagern, keine der Abnutzung unterworfenen Teile. Das Anlassen erfolgt lediglich dadurch, daß der Primäranker mittels eines Schalters mit dem Netz in Verbindung gebracht wird. Ein Anlaßwiderstand ist also nicht erforderlich. Doch besitzen die Motoren den Nachteil, daß sie mit einem großen Stromstoß angehen, da gerade beim Anlauf, solange also der Läufer noch nicht in Drehung geraten ist, die Läuferwicklung von den Kraftlinien des Drehfeldes am schnellsten geschnitten, in ihr also auch die größte Spannung induziert wird. Der Kurzschlußanker wird daher im allgemeinen nur bei Motoren kleinerer Leistung verwendet.

133. Motoren mit Schleifringläufer.

Um den hohen Anlaufstrom zu vermeiden, könnte man vor die verschiedenen Phasen des Primärankers eines Asynchronmotors Anlaßwiderstände legen, durch welche die Spannung dem Motor nur allmählich zugeführt wird. Mit einer solchen Anordnung wäre jedoch der Nachteil einer erheblich verringerten Anzugskraft verbunden, da diese in hohem Maße von der zugeführten Spannung abhängt. Man legt darum die Anlaßwiderstände in den sekundären Teil des Motors, dessen Wicklung dann dreiphasig ausgeführt wird. Die Verbindung der Wicklung mit den Widerständen kann naturgemäß nur durch Vermittlung von Schleifringen und Bürsten erfolgen. Man erhält auf diese Weise den Schleifringläufer. Die drei Widerstände werden durch eine dreiteilige Anlasserkurbel gleichzeitig bedient, wie aus dem Schema Fig. 198 zu ersehen ist. Die Klemmen des Ständers sind wieder mit U, V, W bezeichnet, die des Läufers und des Anlaßwiderstandes heißen u, v, w. Beim Anlassen wird, nachdem der Ständer durch Schließen des Hauptschalters an das Netz gelegt ist, der Anlaßwiderstand durch Drehen der Kurbel langsam kurzgeschlossen. Ist dieser Zustand erreicht, so verhält sich der Läufer wie ein solcher mit Kurzschlußwicklung. Ausschaltkontakte werden am Anlasser meistens nicht vorgesehen, um das Auftreten von Unterbrechungsfunken beim Abstellen des Motors zu vermeiden. Häufig wird statt des im Schema angenommenen Anlassers mit Drahtwiderständen ein Flüssigkeitsanlasser verwendet.

Um den Verlust in den Verbindungsleitungen zwischen Motor und Anlasser zu vermeiden, wird häufig die Einrichtung getroffen, daß sich die Schleifringe, nachdem der Motor angelassen ist, unter sich kurzschließen lassen. Alsdann können auch die Bürsten von den Schleifringen abgehoben werden, um diese nicht unnötig abzunutzen, und um die Bürstenreibung aufzuheben. Es muß jedoch dafür Sorge getragen werden, daß die zum Kurzschließen der Schleifringe und Abheben der Bürsten notwendigen Handhabungen zwangläufig nacheinander erfolgen.

Es braucht kaum noch darauf hingewiesen zu werden, daß sich die Betriebseigenschaften des Motors mit Schleifringläufer, abgesehen von dem verminderten Anlaufstrom, nicht von denen des Kurzschlußmotors unterscheiden. Was Einfachheit der Bauweise betrifft, so steht er diesem nicht erheblich nach. Er ist der verbreitetste Drehstrommotor.

Fig. 199 gibt einen Drehstrommotor mit Schleifringläufer im Schnitt wieder, aus dem sein Aufbau zu ersehen ist. Die im Eisen des Läufers erkennbaren Durchbohrungen dienen zur Lüftung der Maschine. Die Wicklung des Ständers ist achtpolig, und zwar mit zwei Spulen pro Pol und Phase ausgeführt, die des Läufers als Stabwicklung ausgebildet. Die drei Schleifringe sind freischwebend auf das eine Wellenende gesetzt.

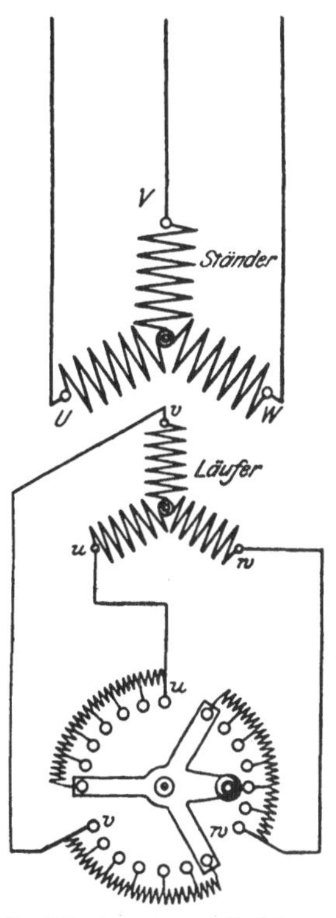

Fig. 198. Asynchroner Drehstrommotor mit Schleifringläufer nebst Anlasser.

134. Stern-Dreieck-Umschaltung.

Der einfachen Bauweise des Drehstrommotors mit Kurzschlußläufer steht als Nachteil nur der große Stromstoß beim Anlassen gegenüber. Es gibt verschiedene Möglichkeiten, um diesen Übelstand in mehr oder weniger vollkommener Weise zu beheben. So können die drei Phasen des Ständers normalerweise in Dreieck verkettet, beim Anlassen jedoch zunächst in Stern verbunden werden. Da bei der Sternschaltung jede Phase nur einen Teil der Netzspannung erhält, so ist auch die Stromaufnahme bei der Sternschaltung kleiner als bei der Dreieckschaltung. Durch die Umschaltung wird demnach der beim Anlassen auftretende Stromstoß in zwei Teile zerlegt.

Die Umschaltung kann mittels eines gewöhnlichen dreipoligen Umschalters nach Fig. 200 vorgenommen werden. Die Stellung 1 des Schalters bildet die Anlaßstellung, 2 die Betriebsstellung. Durch Anwendung besonderer Stern-Dreieck-Umschalter wird die richtige Reihenfolge der zum Anlassen erforderlichen Schaltbewegungen gewährleistet und ferner der Motor beim Ausschalten durch Abtrennen vom Netz spannungslos gemacht.

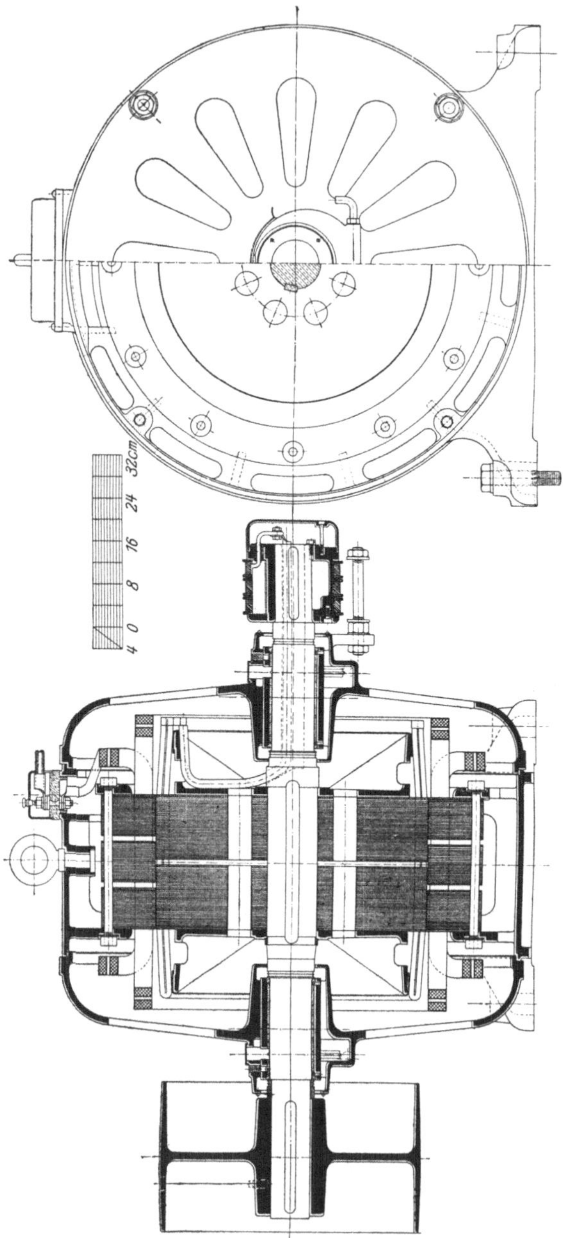

Fig. 199 Asynchroner Drehstrommotor mit Schleifringläufer der Siemens-Schuckertwerke für 30 kW (ca. 41 PS), 500 V, $f = 50$, $n = 750$.

135. Motoren mit Gegenschaltung.

Ein Anlaßwiderstand ist auch entbehrlich bei dem Drehstrommotor mit Gegenschaltung der Siemens-Schuckertwerke. Bei diesem besteht jede der drei Phasen des Läufers aus zwei Spulen von ungleicher Windungszahl, Fig. 201. Beide Spulen sind zunächst gegeneinander geschaltet. Infolgedessen kommt beim Anlauf in jeder Phase nur ein Strom von verhältnismäßig geringer Stärke zustande, so daß auch dem Netz durch den Ständer ein nur schwacher Strom entzogen wird. Sobald jedoch der Motor seine normale Umdrehungszahl nahezu erreicht hat, werden die Spulen aller Phasen des Läufers mittels eines Zentrifugalapparates unter sich kurzgeschlossen, indem der Kontaktfinger C mit den festen Kontaktstücken A und B in Berührung kommt. Nunmehr arbeitet der Motor wie ein solcher mit Kurzschlußanker. Durch die Gegenschaltung wird der Stromstoß beim Anlaufen zwar wesentlich abgeschwächt, nicht aber vollständig vermieden.

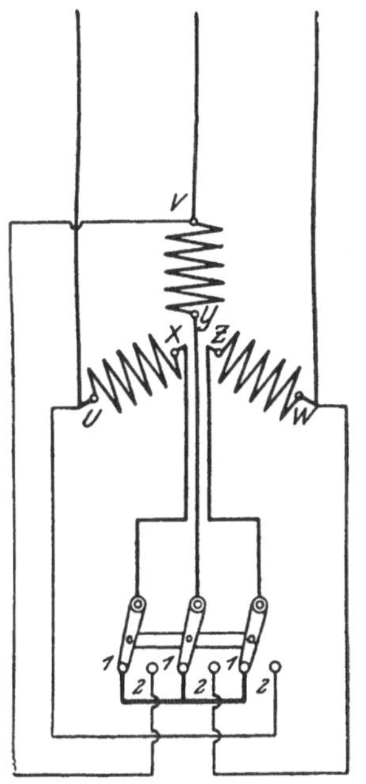

Fig. 200. Ständer eines Drehstrommotors mit Stern-Dreieck-Umschaltung.

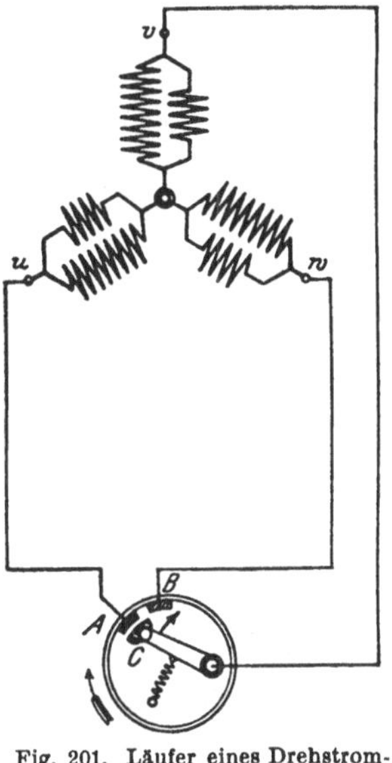

Fig. 201. Läufer eines Drehstrommotors mit Gegenschaltung.

136. Tourenregelung.

Die Umdrehungszahl eines Asynchronmotors kann durch Widerstände verändert werden, die nach Art der Anlaßwiderstände vor den Läufer geschaltet werden. Der Anlasser selbst kann als Regler Verwendung finden, wenn er für Dauerbelastung eingerichtet ist.

11*

In den Widerständen tritt naturgemäß ein Spannungsverlust auf. Damit trotzdem in der Wicklung des Läufers (und damit auch in der Ständerwicklung) eine der jeweiligen Belastung entsprechende Stromstärke zustande kommt, muß in ihr eine entsprechend höhere Spannung induziert werden, was nur durch eine Zunahme der Schlüpfung möglich ist. Es wird also durch die Widerstände eine Verminderung der Umdrehungszahl herbeigeführt. Die Methode hat jedoch die gleichen Nachteile wie die Tourenerniedrigung von Gleichstrommotoren durch vorgeschaltete Widerstände, namentlich ist mit ihr ein Energieverlust verbunden, der um so bedeutender ist, je weiter die Umdrehungszahl herabgesetzt wird.

Bei der Kaskadenschaltung wird dieser Verlust dadurch vermieden, daß die im Läufer des Motors erzeugte Energie nicht vernichtet, sondern dem Ständer eines zweiten Asynchronmotors zugeführt wird, der mit dem ersten mechanisch gekuppelt ist. Durch eine derartige Anordnung wird die Umdrehungszahl auf einen Wert herabgesetzt, der der Summe der Polzahlen beider Maschinen entspricht, also z. B. auf die Hälfte, wenn beide Motoren gleich viel Pole besitzen.

Auch durch Umschalten der Ständerwicklung des Motors auf eine andere Polzahl kann seine Umdrehungszahl beeinflußt werden. Doch wird das Verfahren der Polumschaltung nur selten angewendet, weil einerseits der Aufbau des Motors an Einfachheit einbüßt und andererseits, ebenso wie bei der Kaskadenschaltung, nur eine sprungweise Änderung der Umdrehungszahl möglich ist.

137. Umkehr der Drehrichtung.

Die Drehrichtung eines Asynchronmotors läßt sich in besonders einfacher Weise verändern. Bei einem Zweiphasenmotor sind lediglich die Zuführungsleitungen einer der beiden Phasen zu vertauschen, da dann, wie sich an Hand der Fig. 191 nachweisen läßt, das Drehfeld in entgegengesetzter Richtung umläuft. Bei Drehstrommotoren wird der Umlaufsinn geändert, wenn man irgend zwei der drei Zuführungsleitungen gegeneinander umwechselt.

138. Umdrehungszahl und Spannung.

Ebenso wie die Wechselstromerzeuger können auch die Wechselstrommotoren nur mit den durch die Frequenz des Stromes und die Polzahl der Maschine gegebenen Drehzahlen betrieben werden, die sich nach Gl. 73 berechnen lassen. Die für die Frequenz 50 möglichen Umdrehungszahlen sind in der in § 106 gegebenen Tabelle zusammengestellt. Während sie jedoch von den Synchronmotoren genau eingehalten werden, gelten sie bei den Asynchronmotoren nur angenähert, da die Umdrehungszahl bei Belastung um den Betrag der

Schlüpfung kleiner ist. Diese beträgt bei Motoren kleinster Leistung bis zu 8 %, während sie bei solchen größerer Leistung nur ungefähr $1\frac{1}{2}$ bis 2 % ausmacht. Bei Leerlauf ist die Schlüpfung verschwindend klein, wird also die synchrone Umdrehungszahl nahezu erreicht.

Größere Asynchronmotoren können für Spannungen bis zu mehreren tausend Volt gebaut werden, während man bei kleineren Motoren den Anschluß an ein Niederspannungsnetz vorzieht. Als Normalspannungen sind für Wechselstrommotoren festgesetzt: 120, 220, 380, 500, 1000, 2000, 3000, 5000 und 6000 V.

Auf dem Leistungsschilde der Motoren mit Schleifringläufer soll außer der Betriebsspannung auch die Anlaßspannung, d. h. die im offenen Sekundäranker bei Stillstand auftretende Spannung angegeben werden. Diese ist (vgl. § 132, letzter Absatz) nicht unbedeutend. Durch geeignete Bemessung der Wicklung ist sie auf einen solchen Wert zu bringen, daß die Bedienung des Anlassers keinesfalls mit Gefahr verbunden ist.

139. Wirkungsgrad und Leistungsfaktor.

Die in einem asynchronen Motor vorhandenen Verluste setzen sich zusammen aus den Stromwärmeverlusten in den Wicklungen, dem Eisenverlust im Ständer — der Eisenverlust im Läufer ist wegen der geringen Schlüpfungsfrequenz nur unbedeutend — und den mechanischen Verlusten. Letztere sind bei den asynchronen Motoren im allgemeinen geringer als bei den Gleichstrommotoren, da die Bürstenreibung weniger ausmacht bzw. bei den Kurzschlußläufermotoren und den mit Bürstenabhebevorrichtung ausgestatteten Motoren mit Schleifringläufer völlig fortfällt. Es ist dies einer der Gründe, warum der Wirkungsgrad der asynchronen Drehstrommotoren im allgemeinen um ein geringes größer ist als derjenige der Gleichstrommotoren.

Die folgenden Angaben, aus denen auch der Leistungsfaktor bei Vollast zu ersehen ist, sind Mittelwerte für Drehstrommotoren und beziehen sich auf die Frequenz 50.

Nutzleistung in kW	Ungefähre Leerlaufumdrehungzsahl	Wirkungsgrad	Leistungsfaktor
1	1500	80 % (für Motoren mit Kurzschlußläufer 83 %)	0,84
10	1000	86 %	0,86
100	500	92 %	0,87

In welcher Weise sich Wirkungsgrad und Leistungsfaktor mit der Belastung ändern, zeigt für einen vierpferdigen Drehstrommotor mit Schleifringläufer Fig. 202, in die auch die Kurven der vom Motor aufgenommenen Leistung und Stromstärke sowie der Umdrehungszahl eingetragen sind.

Aufgabe: Welche Stromstärke nimmt ein Drehstrommotor bei einer Nutzleistung von 12 kW, einer Spannung von 120 V, einem Wirkungsgrad von 88 % und einem Leistungsfaktor von 0,86 auf?

Die dem Motor zuzuführende Leistung ist:

$$L_1 = \frac{L_2}{\eta} = \frac{12000}{0{,}88} = 13650 \text{ W}.$$

Aus Gl. 44 findet man für die Stromstärke:

$$J = \frac{L_1}{\sqrt{3} \cdot E \cdot \cos\varphi} = \frac{13650}{1{,}732 \cdot 120 \cdot 0{,}86} = 76{,}4 \text{ A}.$$

140. Asynchrone Einphasenmotoren.

Unterbricht man eine Phase eines Drehstromasynchronmotors während des Betriebes, so tritt die bemerkenswerte Erscheinung auf, daß der Motor weiter arbeitet, wenn auch naturgemäß mit vermin-

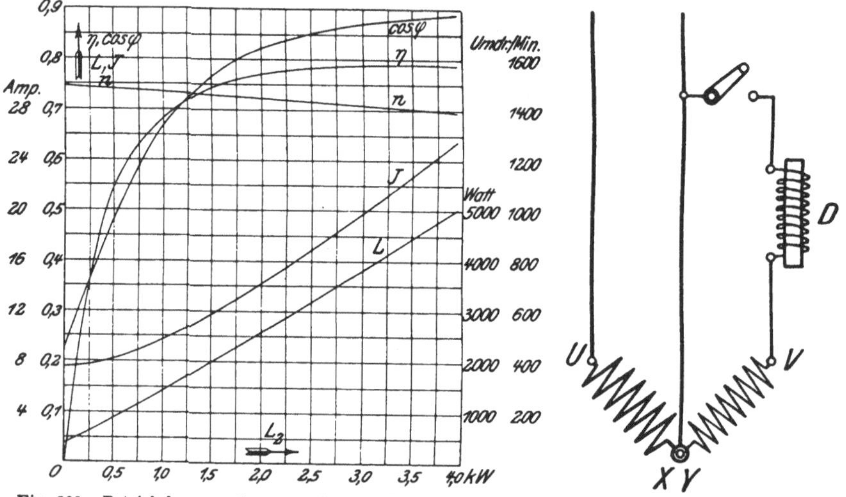

Fig. 202. Betriebskurven eines asynchronen Drehstrommotors mit Schleifringläufer für 3 kW (ca. 4,1 PS), 120 V, 20 A, $f = 50$, $n = 1430$.

Fig. 203. Ständer eines asynchronen Einphasenmotors mit Hilfsphase.

derter Leistung. Durch diese Tatsache ist die Möglichkeit **asynchroner Einphasenmotoren** gegeben. Allerdings läuft ein einphasig gewickelter Motor nicht von selber an. Man muß dem Läufer vielmehr zunächst einen Bewegungsanstoß in der einen oder anderen Richtung erteilen. Alsdann kommt er jedoch in der betreffenden Drehrichtung zur vollen Wirksamkeit.

Um einen selbsttätigen Anlauf zu erzielen, gibt man dem Ständer außer der eigentlichen **Arbeitswicklung** UX (Fig. 203) noch eine besondere gegen diese versetzte **Hilfswicklung** VY. Dieser wird ein vom Arbeitsstrom abgezweigter Strom zugeführt.

Zwischen dem Arbeitsstrom und dem Hilfsstrom wird nun künstlich eine Phasenverschiebung hervorgerufen, indem einer der Wicklungen, meistens der Hilfswicklung, eine Drosselspule D vorgeschaltet wird, wodurch der Strom in ihr verzögert wird. Statt der Drosselspule kann auch ein Kondensator verwendet werden, der (vgl. § 33) eine Voreilung des Stromes bewirkt. Die so erzeugte Phasenverschiebung ist ausreichend, um den Läufer in Drehung zu versetzen. Jedoch läuft ein solcher Einphasenmotor nicht mit voller Last, sondern nur leer oder höchstens schwach belastet an. Man stattet ihn daher gewöhnlich mit einer doppeltbreiten Riemenscheibe aus und läßt den Riemen zunächst auf eine Leerscheibe arbeiten, um ihn erst nach der Anlaufperiode auf die Arbeitsscheibe überzulegen. Ist der Motor im Betriebe, so wird die Hilfswicklung unterbrochen. Die Drehrichtung des Motors läßt sich durch Umschalten der Hilfsphase beliebig einstellen.

Die asynchronen Einphasenmotoren gleichen äußerlich den Mehrphasenmotoren, namentlich besteht hinsichtlich des Läufers volle Übereinstimmung. Auch die Betriebseigenschaften sind wesentlich dieselben wie die der Mehrphasenmotoren. In allen Fällen, in denen eine hohe Anzugskraft gefordert wird, wie beim Betriebe von Fahrzeugen, Kranen usw., sind sie jedoch völlig ungeeignet. Wirkungsgrad und Leistungsfaktor der Einphasenmotoren sind etwas niedriger als bei Drehstrommotoren gleicher Leistung.

C. Kollektormotoren.

141. Allgemeines.

Während elektrische Straßenbahnen fast allgemein mit Gleichstrom betrieben werden, ist man bei dem immer mehr zur Einführung kommenden elektrischen Betrieb der Vollbahnen wegen der in Betracht kommenden großen Entfernungen und der dadurch bedingten hohen Spannungen (vgl. § 195) auf Wechselstrom angewiesen. Als ganz besonders hierfür geeignet hat sich der einphasige Wechselstrom erwiesen, da er nur zwei Leitungen für die Stromzuführung benötigt, während beim Drehstrom drei Leitungen erforderlich sind. Der im vorigen Paragraphen beschriebene asynchrone Einphasenmotor ist jedoch, da seine Anzugskraft zu gering und außerdem seine Umdrehungszahl nicht regulierbar ist, als Bahnmotor nicht brauchbar. Die Bemühungen, einen solchen zu schaffen, haben vielmehr zu einer Reihe verschiedener Konstruktionen geführt, die alle das gemeinsam haben, daß der drehbare Teil im wesentlichen wie ein Gleichstromanker ausgeführt, also mit einem Kollektor ausgestattet ist. Maschinen dieser Bauart werden daher Kollektormotoren genannt. Sie finden außer als Bahnmotoren auch für viele andere Zwecke ausgiebige Verwendung.

Die Vorteile, die die Einphasenkollektormotoren, besonders hinsichtlich ihrer Regulierfähigkeit, bieten, haben auch zur Ausbildung von Kollektormotoren für Drehstrom geführt. Diese werden vielfach statt der gewöhnlichen asynchronen Drehstrommotoren benutzt, wenn eine veränderliche Umdrehungszahl gefordert wird.

142. Der Einphasenhauptschlußmotor.

Bei einem mit Gleichstrom gespeisten Nebenschluß- oder Hauptschlußmotor ist, wie in § 94 nachgewiesen, die Drehrichtung unabhängig von der Richtung des zugeführten Stromes. Die Motoren müssen sich daher auch mit Wechselstrom betreiben lassen. Praktisch kommt für Wechselstrom jedoch nur der Hauptschlußmotor in Betracht, doch darf das Magnetgestell mit Rücksicht auf die durch die wechselnde Magnetisierung in ihm hervorgerufenen Wirbelströme nicht massiv hergestellt sein, sondern es muß aus Blechen zusammengesetzt werden.

Infolge der hohen Induktivität seiner Wicklungen würde dem Hauptschlußmotor gewöhnlicher Bauart jedoch ein nur geringer Leistungsfaktor eigen sein, so daß er einen im Vergleich zur Leistung großen Strom aufnehmen müßte. Um diesen Übelstand zu beseitigen, bringt man auf dem Magnetgestell eine Kompensationswicklung an, die das vom Anker hervorgerufene magnetische Feld und damit auch die Selbstinduktion der Ankerwicklung aufhebt. Die Kompensationswicklung kann bei Motoren, die nach Art der Gleichstrommaschinen gebaut sind, in den Polschuhen untergebracht werden. Doch wird im allgemeinen das Magnetgestell der Wechselstromkollektormotoren überhaupt nicht mit ausgeprägten Polen, sondern, wie der Ständer eines Asynchronmotors, als Hohlzylinder ausgeführt, der an seinem inneren Umfange zur Aufnahme der Magnetwicklung mit Nuten versehen ist. Die Kompensationswicklung wird bei dieser Bauart in besonderen Nuten des Ständers untergebracht. Sie muß so geschaltet werden, daß ihre Drähte in jedem Augenblick im entgegengesetzten Sinne vom Strom durchflossen werden wie die gegenüberliegenden Drähte der Ankerwicklung. Sie ist ferner so zu bemessen, daß durch ihre magnetische Wirkung das Ankerfeld gerade kompensiert wird. Um auch die Selbstinduktion der Magnetwicklung zu vermindern, gibt man ihr verhältnismäßig wenig Windungen, arbeitet man also mit einem schwachen Felde. Durch diese Maßnahmen läßt es sich erreichen, daß der Leistungsfaktor des Motors nicht wesentlich kleiner als 1 ist. Eine Funkenbildung am Kollektor kann durch geeignete Hilfsmittel nahezu völlig vermieden werden.

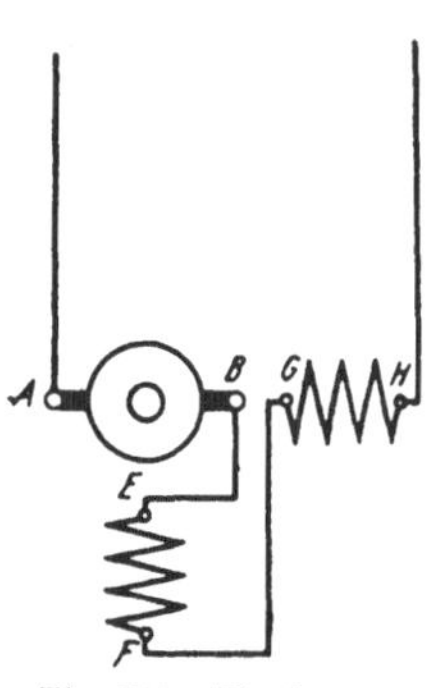

Fig. 204. Einphasenhauptschlußmotor.

Das Schema eines **kompensierten Einphasenhauptschlußmotors** zeigt Fig. 204, in der AB den Läufer (Anker), EF die Ständerwicklung und GH die Kompensationswicklung bedeuten.

Der Wechselstromhauptschlußmotor hat ähnliche Eigenschaften wie der Gleichstrommotor mit Hauptschlußwicklung. **Er besitzt also eine hohe Anzugskraft. Seine Umdrehungszahl wächst mit abnehmender Belastung und würde bei Leerlauf eine gefährliche Höhe erreichen.**

Um zum Anlassen oder zur Regelung der Umdrehungszahl die dem Motor zugeführte Spannung herabzusetzen, verwendet man einen **Reguliertransformator**, ein Verfahren, das gegenüber der bei Gleichstrom notwendigen Vorschaltung von Widerständen den Vorteil hat, daß damit fast kein Energieverlust verbunden ist, besonders wenn der Transformator in Sparschaltung ausgeführt wird. Eine Änderung der Drehrichtung kann durch Umschalten der Läufer- oder der Ständerwicklung erzielt werden.

143. Der Einphasenkurzschlußmotor.

Bei einem anderen Wechselstromkollektormotor wird der Strom lediglich der Magnetwicklung zugeführt, während die Ankerwicklung durch die auf dem Kollektor schleifenden Bürsten kurzgeschlossen wird. Zur Erklärung der Wirkungsweise des Motors diene Fig. 205,

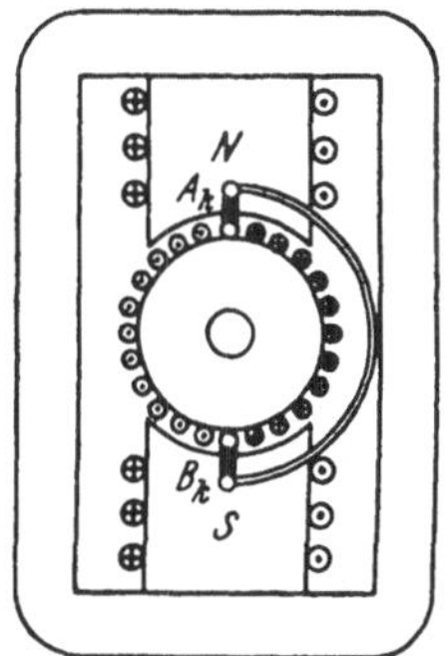

Fig. 205 a.

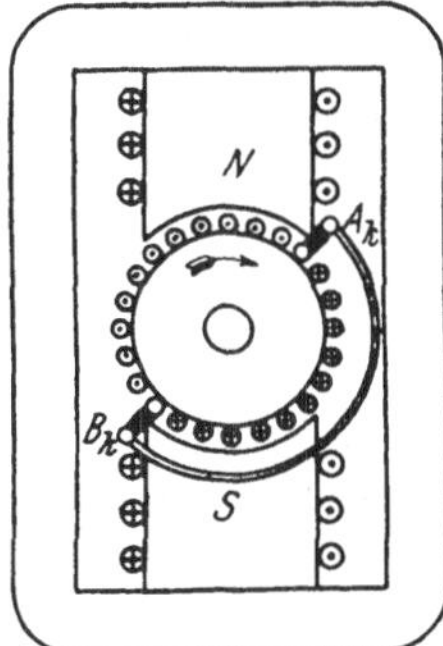

Fig. 205 b.

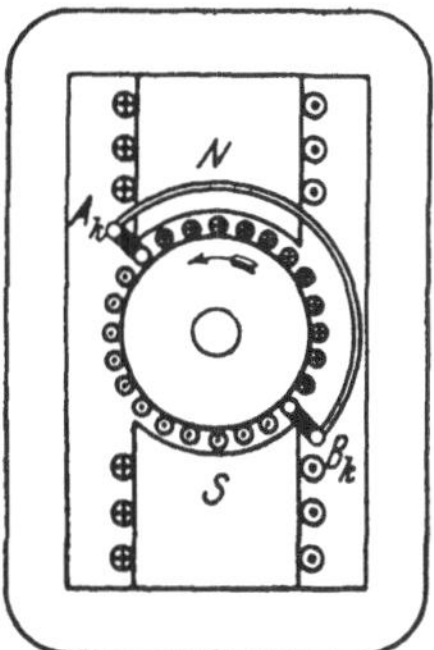

Fig. 205 c.

Wirkungsweise des Einphasenkurzschlußmotors.

die einen zweipoligen Motor darstellt. In Fig. 205a ist angenommen, daß die Bürsten A_k und B_k sich mitten unter den Polen befinden. In einem bestimmten Augenblick wird der Strom in der durch einige Windungen angedeuteten Magnetwicklung die in der Figur durch Kreuz und Punkt angegebene Richtung besitzen, der obere Pol also nordmagnetisch, der untere Pol südmagnetisch sein (vgl. § 21). Es wird dann, wie in der Sekundärwicklung eines Transformators, in der Ankerwicklung ein Strom induziert, der die entgegengesetzte Richtung hat wie der als Primärstrom aufzufassende Magnetstrom. Es werden also alle Drähte der rechten Ankerhälfte von vorn nach hinten, alle Drähte der linken Ankerhälfte von hinten nach vorn vom Strom durchflossen. Sobald der die Magnete erregende Wechselstrom seine Richtung ändert, wird auch der in der Ankerwicklung induzierte Strom seine Richtung wechseln. Eine Kraftwirkung zwischen Anker und Magnetpolen kann offenbar nicht eintreten, da sich unter jedem Pol stets ebensoviel Drähte der einen wie der anderen Stromrichtung befinden. Die Verhältnisse ändern sich jedoch wesentlich, wenn die Bürsten nach Fig. 205b aus der Mittel- oder Nullage verschoben werden. Die Stromrichtung in jeder der beiden Wicklungshälften wird dann durch die Richtung der EMKe bestimmt, die in der Mehrzahl der in ihr enthaltenen wirks. Drähte induziert werden, und die Stromverteilung ist demnach die in der Figur angegebene. Nunmehr tritt zwischen Anker und Magnetpolen eine Kraft auf, deren Richtung mit Hilfe der Linkehandregel bestimmt werden kann, und die stets die gleiche bleibt, da bei jedem Richtungswechsel des zugeführten Wechselstromes auch der Ankerstrom seine Richtung ändert. Der Anker muß sich daher der Kraftrichtung gemäß in Bewegung setzen. Werden die Bürsten in entgegengesetzter Richtung verschoben, so ändert sich auch der Drehsinn des Ankers (Fig. 205c).

Der vorstehend beschriebene Motor wurde zuerst von Thomson angegeben. Er wird Repulsionsmotor oder Kurzschlußmotor genannt. Schematisch ist er in Fig. 206 dargestellt, in der A_k und B_k wiederum die kurzgeschlossenen Bürsten des Läufers (Ankers) bedeuten, während CD die Ständerwicklung darstellt. Daß das Feld der Ständerwicklung gegen die Richtung der Bürsten geneigt ist, ist im Schema zum Ausdruck gebracht.

Der Kurzschlußkollektormotor zeichnet sich durch einen hohen Leistungsfaktor aus. Seine Betriebseigenschaften sind denen des Hauptschlußmotors ähnlich. Er besitzt also eine hohe Anzugskraft und eine bei Entlastung stark anwachsende Drehzahl,

Wie beim Hauptschlußmotor wendet man auch beim Kurzschlußmotor in seiner praktischen Ausführung keine ausgeprägten Pole an, sondern einen Ständer nach Art desjenigen der asynchronen Motoren. Bei dem von der Firma Brown, Boveri & Co. vorzüglich durchgebildeten Repulsionsmotor von Déri geschieht das Anlassen und Umsteuern, wie auch das Regulieren der Umdrehungszahl unter Fortfall jeglicher Widerstände lediglich durch Änderung der Bürstenstellung.

144. Der Einphasenhauptschluß-Kurzschlußmotor.

An der grundsätzlichen Wirkungsweise des Kurzschlußmotors wird offenbar nichts geändert, wenn statt des von der Ständerwicklung CD (Fig. 206) herrührenden Feldes gleichzeitig zwei Felder zu Hilfe genommen werden, von denen das eine in die Richtung der kurzgeschlossenen Bürsten fällt, während das andere darauf senkrecht steht. Die beiden Felder setzen sich dann zu einem gemeinsamen Felde zusammen, das, wie beim Kurzschlußmotor, gegen die Bürstenachse geneigt ist. Das Schema eines derartigen Motors zeigt Fig. 207, in der EF und GH die felderzeugenden Wicklungen bedeuten.

Die Wicklung GH, die das zur Richtung der Bürsten senkrechte Feld schafft, ist entbehrlich, wenn man statt dessen ein Läuferfeld in der gleichen Richtung ausbildet Das kann dadurch geschehen, daß man den Wechselstrom auch dem Läufer zuführt, und zwar durch Bürsten A und B, die zu den kurzgeschlossenen Bürsten senkrecht angeordnet sind. Man kommt dann auf das Schema Fig. 208, aus dem man erkennt, daß der Motor, abgesehen von den kurzgeschlossenen Bürsten, wie ein Hauptschlußmotor geschaltet ist. Der Motor kann daher Hauptschluß-Kurzschlußmotor genannt werden. Er wurde von Latour sowie von Winter und Eichberg erfunden und besitzt alle für Bahnbetrieb erwünschten Eigenschaften in hohem Maße. Dabei kann sein Leistungsfaktor den Wert 1 erreichen. Die Umsteuerung kann durch Umschalten der Läuferwicklung AB erfolgen.

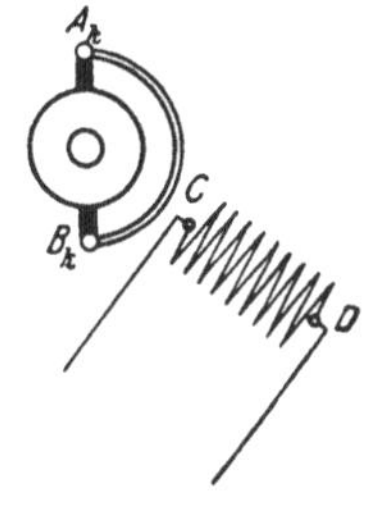

Fig. 206. Einphasenkurzschlußmotor.

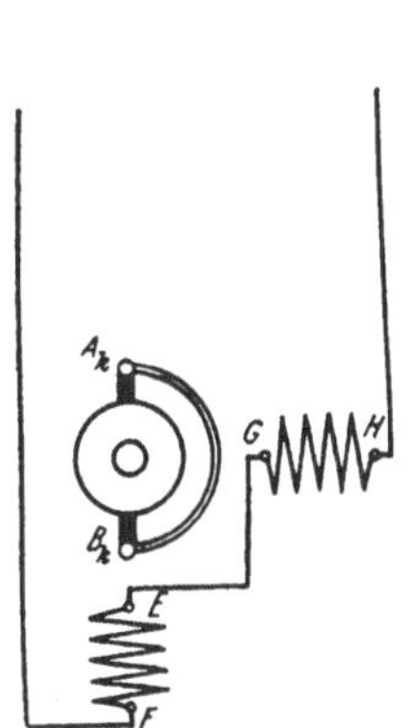

Fig. 207. Einphasenkurzschlußmotor mit doppelter Felderregung.

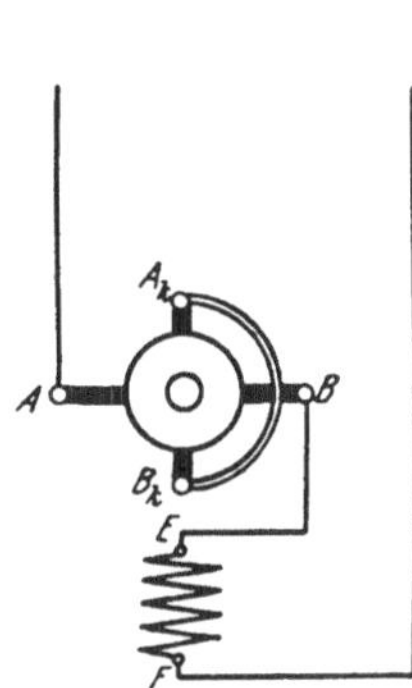

Fig. 208. Einphasenhauptschluß-Kurzschlußmotor.

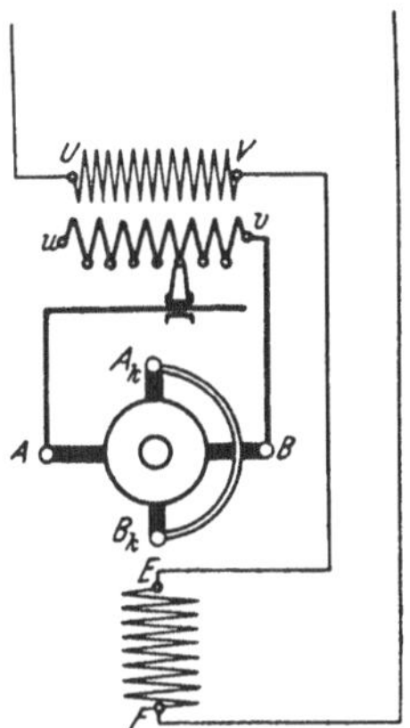

Fig. 209. Einphasenhauptschluß-Kurzschlußmotor mit Reguliertransformator.

Eine Änderung der Umdrehungszahl wird durch Anwendung eines Reguliertransformators (gegebenenfalls als Spartransformator ausgebildet) erzielt, Fig. 209.

145. Der Drehstromhauptschlußmotor.

Der Drehstromhauptschlußmotor der Siemens-Schuckertwerke ist durch das Schema Fig. 210 gekennzeichnet. Er besteht aus dem Ständer, dessen Wicklungen UX, VY, WZ denen eines gewöhnlichen asynchronen Drehstrommotors gleichen, und dem Läufer, der wie bei den Einphasenkollektormotoren als Gleichstromanker ausgeführt ist. Auf dem Kollektor schleifen pro Polpaar drei um 120° gegeneinander versetzte Bürsten *u*, *v*, *w*, mit denen die Enden *X*, *Y*, *Z* der Ständerphasen verbunden sind. Ständer und Läufer sind also hintereinander geschaltet. Da der Kollektor nur eine verhältnismäßig geringe Spannung verträgt, so wird mit dem Motor in der Regel noch ein Transformator verbunden. Dieser wird entweder vor den Ständer gelegt: Vordertransformator, oder zwischen Ständer und Läufer angeordnet: Zwischentransformator.

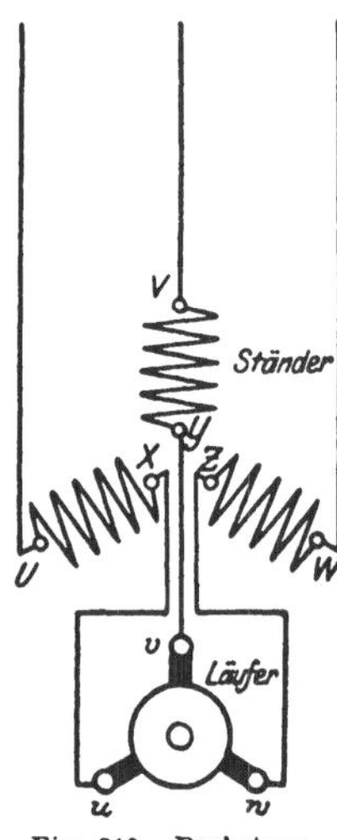

Fig. 210. Drehstromhauptschlußmotor.

Zum Anlassen des Motors werden die Bürsten, wie beim Einphasenkurzschlußmotor, aus ihrer Nullage verdreht. Die Drehrichtung ist davon abhängig, nach welcher Seite die Bürstenverstellung erfolgt. Die Umdrehungszahl des Motors ist je nach der Belastung verschieden, und zwar ändert sie sich in der allen Hauptschlußmotoren eigentümlichen Weise. Bei Entlastung nimmt sie also eine den Motor gefährdende Höhe an. Durch Verschieben der Bürsten oder auch durch Verändern der zugeführten Spannung mittels eines Reguliertransformators kann die Umdrehungszahl innerhalb weiter Grenzen geregelt werden. Der Wirkungsgrad des Drehstromhauptschlußmotors ist um einige Prozent kleiner als der eines asynchronen Drehfeldmotors gleicher Leistung. Sein Leistungsfaktor ist dagegen außerordentlich günstig und kann den Wert 1 erreichen. Es läßt sich mit dem Motor sogar Phasenvoreilung des Stromes erzielen.

146. Der Drehstromnebenschlußmotor.

Ein Drehstromkollektormotor, dessen Umdrehungszahl mit der Belastung nur wenig abnimmt, wurde von Winter und Eichberg angegeben und wird von der Allgemeinen Elektrizitätsgesellschaft ausgeführt: der Drehstromnebenschlußmotor. Seine Schaltung geht aus Fig. 211 hervor. Die dreiphasige Ständerwicklung *U*, *V*, *W* liegt unmittelbar am Netz. Der nach Art eines Gleichstromankers ausgeführte Läufer, der, wie beim Drehstromhauptschlußmotor, drei um 120° gegeneinander versetzte Bürsten *u*, *v*, *w* erhält, ist ebenfalls an das Netz angeschlossen, jedoch unter Vermittlung eines Reguliertransformators. Zweckmäßig ist es, diesen in Sparschaltung auszuführen. Um von ihm auch höhere Spannungen als die Netzspannung abnehmen zu können, sind die in Stern verketteten drei Phasen *U'*, *V'*, *W'* über den Verkettungspunkt hinaus verlängert.

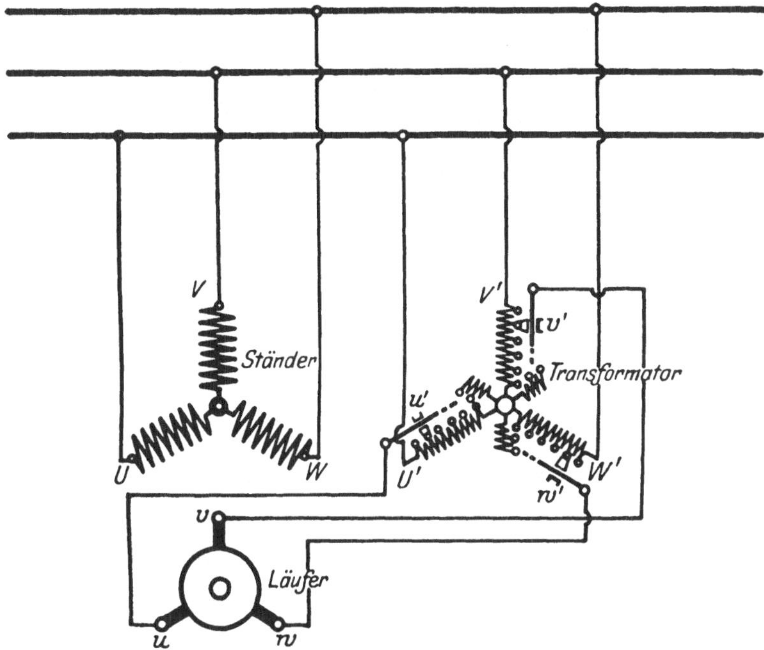

Fig. 211. Drehstromnebenschlußmotor mit Reguliertransformator.

Sind die Bürsten des Läufers unter sich kurzgeschlossen, befinden sich also die beweglichen Kontakte u', v', w' des Reguliertransformators in dessen Sternpunkte, so wirkt der Läufer genau wie beim asynchronen Drehfeldmotor. Er stellt sich also auf eine Umdrehungszahl ein, die nahezu die synchrone erreicht. Um beim asynchronen Motor eine geringere Drehzahl zu erhalten, muß bekanntlich (s. § 136) durch Einschalten von Widerstand in den Läuferkreis künstlich ein Spannungsverlust hervorgerufen werden. Beim Drehstromnebenschlußmotor wird der gleiche Erfolg dadurch erzielt, daß dem Läufer durch den Reguliertransformator eine Gegenspannung aufgedrückt wird. Durch Verändern dieser Gegenspannung kann jede beliebige Drehzahl zwischen Synchronismus und Null eingestellt werden. Es kann aber auch ein übersynchroner Betrieb eintreten, indem dem Läufer statt einer Gegenspannung eine

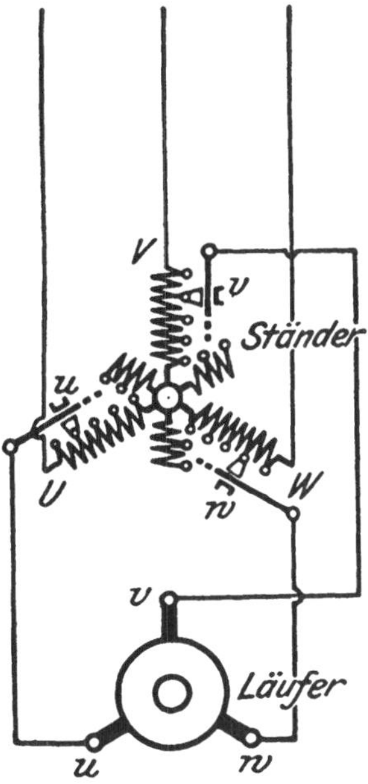

Fig. 212. Drehstromnebenschlußmotor mit Anzapfungen der Ständerwicklung.

Zusatzspannung aufgedrückt wird. In diesem Falle müssen die Kontakte am Reguliertransformator über den Sternpunkt hinaus verschoben werden. Es können so viel Tourenstufen erzielt werden, wie der Reguliertransformator Anzapfungen besitzt. Bei jeder Stufe bleibt die Umdrehungszahl ziemlich konstant, sie fällt — wie beim asynchronen Drehfeldmotor oder auch wie beim Gleichstromnebenschlußmotor — nur wenig mit der Belastung. Ein Energieverlust ist mit der geschilderten Art der Tourenregulierung nicht verbunden. Die durch die vergrößerte Schlüpfung freiwerdende Energie wird eben nicht in Widerständen vernichtet, sie wird vielmehr durch den Reguliertransformator dem Netz wieder zugeführt. Das Anlassen des Motors geschieht ebenfalls mittels des Transformators, indem die von ihm gelieferte Gegenspannung allmählich verringert wird.

Um einen besonderen Transformator zu vermeiden, wird meistens die Ständerwicklung des Motors selber als Reguliertransformator ausgebildet, indem sie mit Anzapfungen versehen wird. Es ergibt sich dann das in Fig. 212 gegebene Schema. Auch beim Drehstromnebenschlußmotor kann der Leistungsfaktor den Wert 1 annehmen.

Achtes Kapitel.

Umformer.

147. Motorgeneratoren.

Wesentlich unbequemer als die Transformierung von Wechselstrom ist die Umformung von Gleichstrom auf eine andere Spannung. Man benötigt hierzu zwei Maschinen: einen für die primäre Spannung gewickelten Motor und einen von diesem angetriebenen Generator für die sekundäre Spannung. Meistens wird man beide Maschinen unmittelbar miteinander kuppeln. Die dadurch entstehende Doppelmaschine wird Motorgenerator genannt.

Motorgeneratoren finden auch ausgedehnte Verwendung zur Umwandlung von Gleichstrom in ein- oder mehrphasigen Wechselstrom — Gleichstrommotor gekuppelt mit Wechselstromerzeuger — oder, was häufiger vorkommt, zur Umwandlung von Wechselstrom in Gleichstrom — Wechselstrommotor gekuppelt mit Gleichstromerzeuger. Als Wechselstrommotor wird bei Motorgeneratoren meistens der asynchrone Drehfeldmotor benutzt, doch kommt, namentlich für größere Leistungen, auch der Synchronmotor zur Anwendung, da er den Vorteil bietet, daß durch ihn die Phasenverschiebung des Netzes beeinflußt werden kann. Zum Anlassen des Synchronmotors kann die mit ihm gekuppelte Gleichstrommaschine von einer vorhandenen Gleichstromquelle, z. B. einer Akkumulatorenbatterie, zunächst als Motor betrieben und damit die Wechselstrommaschine auf Synchronismus gebracht werden.

148. Einankerumformer.

Die Umwandlung von Gleichstrom in Wechselstrom oder von Wechselstrom in Gleichstrom kann auch durch Einankerumformer geschehen. Diese sind genau wie Gleichstrommaschinen gebaut. Sie besitzen aber außer dem Kollektor für den Gleichstrom noch Schleifringe für den Wechselstrom. Die Schleifringe werden auf der dem Kollektor entgegengesetzten Seite des Ankers angeordnet. Ihr Anschluß an die Wicklung erfolgt in der gleichen Weise wie bei den als Außenpolmaschinen gebauten Wechselstromerzeugern (s. § 103). Es sind also z. B. für Einphasenstrom zwei, für Dreiphasenstrom drei Schleifringe notwendig.

Für die Umformung von Gleichstrom in Wechselstrom wird der Einankerumformer wie ein gewöhnlicher Gleichstrommotor mittels eines Anlaßwiderstandes angelassen. Bei der Umformung von Wechselstrom in Gleichstrom verhält sich die Maschine wie ein Synchronmotor, und sie muß daher auch wie ein solcher in Gang gebracht werden, was meistens von der Gleichstromseite aus geschieht (wie beim Motorgenerator).

Die Einankerumformer werden namentlich für den Betrieb mit Drehstrom verwendet. Umformer für Einphasenstrom neigen zur Funkenbildung am Kollektor. Zu beachten ist, daß Gleichstrom- und Wechselstromspannung beim Einankerumformer nicht wie beim Motorgenerator unabhängig voneinander sind, sondern in einem ganz bestimmten Verhältnis stehen, und zwar beträgt die Spannung des Einphasen- und Zweiphasenstromes ungefähr 71%, die des Dreiphasenstromes 61% der Gleichstromspannung. Um ein bestimmtes Spannungsübersetzungsverhältnis zu erzielen, ist daher in den meisten Fällen noch ein Transformator erforderlich. Eine Regulierung der einem Einankerumformer entnommenen Gleichstromspannung kann nur durch Anwendung besonderer Hilfsmittel erreicht werden; durch Verändern des Erregerstromes wird lediglich die Phasenverschiebung des aufgenommenen Wechselstromes beeinflußt.

Der Wirkungsgrad eines Einankerumformers ist höher als der eines Motorgenerators gleicher Leistung, selbst wenn man die Verluste mit berücksichtigt, die in dem meist noch erforderlichen Transformator auftreten.

149. Kaskadenumformer.

Die Kaskadenumformer dienen ebenfalls dazu, Wechselstrom in Gleichstrom überzuführen, oder auch umgekehrt Gleichstrom in Wechselstrom zu verwandeln. Fig. 213 zeigt das Schema eines Drehstrom-Gleichstrom-Umformers. Er besteht aus einem asynchronen Drehstrommotor und einer mit ihm direkt gekuppelten Gleichstrommaschine. U, V, W sind die Klemmen des Drehstrommotors, dessen Läuferwicklung ux, vy, wz in gewöhnlicher Weise durch Vermittlung von Schleifringen mit dem Anlaßwiderstand u,

v, w in Verbindung steht. Außerdem ist aber die Läuferwicklung mit der Ankerwicklung der Gleichstrommaschine hintereinander geschaltet, indem ihre mit dem Anlaßwiderstand nicht verbundenen Enden x, y, z zu Punkten der Wicklung des Gleichstromankers geführt sind, die um je 120 elektrische Grade auseinander liegen. Durch die auf dem Kollektor befindlichen Bürsten A und B wird der Gleichstrom dem Anker entnommen. Die Erregerwicklung CD der Gleichstrommaschine liegt im Nebenschluß zum Anker. Doch kann auch Fremderregung Platz greifen. Das Aggregat wird meistens von der Wechselstromseite aus, also mittels des Asynchronmotors angelassen. Es läuft im normalen Betriebe synchron mit einer Umdrehungszahl, die durch die Summe der Pole der Wechselstrom- und der Gleichstrommaschine bestimmt ist.

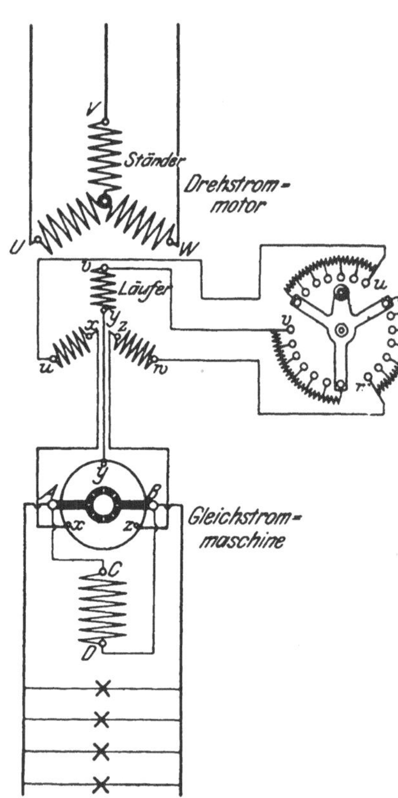

Fig. 213. Kaskadenumformer.

Bei dem Kaskadenumformer wird nur ein Teil der dem Wechselstrommotor zugeführten Energie zum mechanischen Antrieb der Gleichstrommaschine benutzt, der übrige Teil tritt unmittelbar als Wechselstrom in die Gleichstrommaschine über und wird in dieser, wie in einem Einankerumformer, in Gleichstrom verwandelt.

Ohne auf die Wirkungsweise des Kaskadenumformers näher einzugehen, sei nur bemerkt, daß seine Abmessungen kleiner ausfallen als die eines Motorgenerators gleicher Leistung, und daß er einen höheren Wirkungsgrad besitzt. Gegenüber dem Einankerumformer ist als Vorzug anzuführen, daß Gleichstrom- und Wechselstromspannung unabhängig voneinander sind.

150. Quecksilberdampfgleichrichter.

Zur Umformung von Wechselstrom in Gleichstrom kommen, namentlich für kleinere Leistungen, noch verschiedene Systeme von Gleichrichtern in Betracht. Von diesen soll hier nur der Quecksilberdampfgleichrichter besprochen werden. Er hat die Form eines luftleer gepumpten Glaskolbens, der, je nachdem ob er für Einphasenstrom oder für Drehstrom bestimmt ist, mit zwei oder drei seitlichen Armen versehen ist. Die Arme dienen zur Aufnahme der aus Graphit hergestellten positiven Elektroden oder Anoden. Außerdem ist eine negative Elektrode oder Kathode vorhanden, die aus Quecksilber gebildet ist, das im unteren Teile des Glasgefäßes angesammelt ist.

Fig. 214 zeigt die Schaltung eines Einphasengleichrichters, Da die Umwandlung des Gleichstromes in Wechselstrom nach einem ganz bestimmten Spannungsverhältnis erfolgt, so wird der Wechselstrom mittels eines Spartransformators zunächst auf eine der gewünschten Gleichstromspannung entsprechende Spannung transformiert. Die primären Klemmen des Transformators sind mit *u* und *v* bezeichnet. Die sekundären Klemmen *U* und *V* sind mit den Anoden A_1 und A_2 des Gleichrichters *G* verbunden. Die Entnahme des Gleichstroms erfolgt von der Kathode *K* einerseits und dem Mittelpunkt *0* der Transformatorwicklung andererseits. Die Wirkungsweise des Apparates beruht darauf, daß der sich beim Betriebe entwickelnde Quecksilberdampf die Stromleitung (unter Lichterscheinungen, vgl. § 184) übernimmt, wobei der Durchgang des Stromes aber lediglich in der Richtung von den Graphitelektroden zur Quecksilberelektrode erfolgt. Besitzt der Wechselstrom in einem bestimmten Augenblick die Richtung des Pfeils 1, so kann er also nur durch die linke Hälfte des Stromkreises (OUA_1KO) fließen. Sobald der Wechselstrom dagegen die Richtung des Pfeils 2 annimmt, kann er lediglich den Weg durch die rechte Hälfte des Kreises (OVA_2KO) einschlagen. In jedem Falle ist also die Richtung des Stromes zwischen *K* und *0* dieselbe. Durch die Drosselspule *D* werden die Schwankungen in der Stärke des Gleichstromes einigermaßen ausgeglichen. *H* ist eine zum Anlassen dienende Hilfselektrode aus Quecksilber, die durch den Widerstand *W* mit einer der Anoden in Verbindung steht. Zum Anlassen wird das Glasgefäß so weit gekippt, bis das in *K* und *H* angesammelte Quecksilber miteinander in Berührung kommt. Durch den sich beim Zurückkippen bildenden Unterbrechungsfunken wird Quecksilber verdampft und der Stromdurchgang eingeleitet.

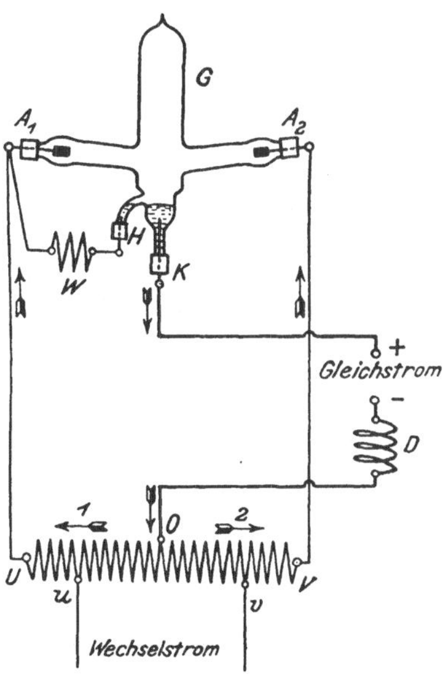

Fig. 214. Quecksilberdampfgleichrichter.

Seit kurzem sind auch Großgleichrichter auf den Markt gebracht worden, die ebenfalls als Quecksilberdampfapparate gebaut sind, bei denen aber der Glaskolben durch ein eisernes Gehäuse ersetzt ist.

Neuntes Kapitel.

Der Betrieb elektrischer Maschinen.

151. Inbetriebsetzung der Maschinen.

Ehe eine fertig aufgestellte elektrische Maschine in Betrieb genommen wird, ist es erforderlich, sie von dem während der Montage aufgenommenen Schmutz und Staub gründlich zu reinigen, wobei man sich für die inneren Teile zweckmäßigerweise eines kleinen Blasebalges oder einer Luftspritze bedient, falls nicht etwa eine Staubabsaugevorrichtung zur Verfügung steht.

Ferner muß man sich von dem guten Zustande der Lager, besonders davon überzeugen, ob sich die Welle in ihnen leicht dreht. Das Lagerinnere ist zunächst mit Petroleum auszuspülen und erst dann bis zur vorgeschriebenen Höhe mil Öl zu füllen. Auf die richtige Auswahl des zur Verwendung kommenden Öles — säurefreies Mineralöl, sogenanntes Dynamoöl — ist größter Wert zu legen. In größeren Betrieben empfiehlt es sich, das zur Verwendung kommende Öl mittels eines Ölprüfapparates, z. B. desjenigen von Dettmar, einer regelmäßigen Kontrolle zu unterziehen. Bei Ringschmierlagern ist darauf zu achten, daß die Schmierringe von der Welle sicher mitgenommen werden und genügend Öl aus dem Becken mitbringen. Treibriemen dürfen nicht straffer angespannt werden, als für ein sicheres Arbeiten notwendig ist, da andernfalls eine unzulässige Erwärmung der Lager hervorgerufen werden kann.

Besonderes Augenmerk ist auf Kollektor und Schleifringe zu richten, die vollkommen rund laufen müssen. Die auf dem Kollektor befindlichen Bürsten müssen von vornherein gut eingeschliffen sein. Kohlebürsten werden zu diesem Zwecke zunächst mit der Feile einigermaßen passend bearbeitet. Nachdem sie alsdann in die Bürstenhalter eingesetzt sind, wird ein um den Kollektor gelegter Streifen Glaspapier, mit der rauhen Fläche nach außen, so lange zwischen Kollektor und Bürsten hin und her gezogen, bis die Auflagefläche der Kohlen die gleiche Rundung aufweist wie die Lauffläche des Kollektors, Fig. 215. Die der neutralen Zone entsprechende Bürstenstellung ist meistens durch eine farbige Marke gekennzeichnet. Während die Bürsten bei den Stromerzeugern im allgemeinen etwas im Sinne der Drehrichtung über die neutrale Zone hinaus vorgestellt werden müssen, sind sie bei den Motoren ein wenig zurückzuschieben. Die genaue Einstellung der Bürsten wird am besten während des Betriebes vorgenommen, indem die Stelle aufgesucht wird, wo die geringste Neigung zur Funkenbildung auftritt. Reversierbare Motoren arbeiten ohne jede Bürstenverschiebung.

Bevor man dazu übergeht, eine Maschine auf Spannung zu bringen, hat man sich zu überzeugen, ob sie sich in gutem Isolationszustande befindet (vgl. § 158). Sollte sie während der Aufstellung oder auf dem Transporte Feuchtigkeit aufgenommen haben, so ist sie vorher auszutrocknen, da andernfalls leicht ein Durchschlagen der Isolation erfolgen kann. Das Austrocknen kann entweder dadurch geschehen, daß der Raum, in dem sich die Maschine befindet, längere Zeit geheizt wird, oder die Maschine wird von innen heraus getrocknet, indem man ihr elektrischen Strom von geringer Spannung zuführt. Bei einem Stromerzeuger kann eine Durchwärmung auch erzielt werden, indem man ihn kurzschließt und mit so schwacher Erregung, gegebenenfalls bei verminderter Umdrehungszahl, betreibt, daß in der Wicklung ein Strom von nur ungefähr normaler Stärke auftritt. Nebenschlußmaschinen müssen hierbei von einer fremden Stromquelle aus erregt werden, da sie beim Kurzschluß ihre eigene Erregung verlieren (s. § 75). Es empfiehlt sich, den Kurzschluß der zu erwärmenden Maschine durch einen zwischen die Klemmen der Maschine gelegten Strommesser zu bewirken, um die Stromstärke jederzeit feststellen zu können. Die beim Kurzschluß in der Wicklung induzierte Spannung ist im allgemeinen sehr gering. Nur bei Hochspannungsdrehstrommaschinen kann sie, worauf ausdrücklich hingewiesen sei, infolge gewisser Ausgleichsvorgänge unter Umständen eine gefährliche Höhe annehmen. Es ist daher bei solchen Maschinen ein Befühlen der kurzgeschlossenen Wicklung mit der Hand zu unterlassen.

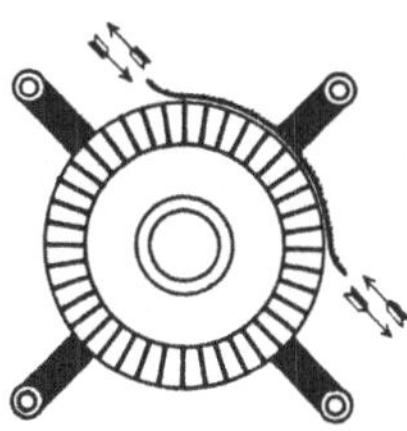

Fig. 215. Einschleifen von Kohlebürsten.

Beim Füllen und Nachfüllen von Öl in Öltransformatoren hat man sich nach den hierfür gegebenen besonderen Vorschriften der liefernden Firma zu richten.

Die zur Maschine gehörenden Apparate, namentlich die Widerstände sind, bevor sie in Gebrauch genommen werden, nachzusehen und zu reinigen. Flüssigkeitsanlasser sind zu füllen, und zwar mit einer 10- bis 15-prozentigen Lösung von Soda oder Pottasche, der, um sie vor dem Gefrieren zu schützen, etwas Glyzerin zugefügt wird.

Die Verbindungen der Maschine mit dem Regulier- bzw. Anlaßwiderstand sind an Hand eines Schaltungsschemas vor der Inbetriebsetzung genau zu verfolgen, damit man sich von der Richtigkeit der Anschlüsse überzeugt. Bei Gleichstrommaschinen, die unter sich oder mit einer Akkumulatorenbatterie parallel arbeiten sollen, ist vor der ersten Inbetriebsetzung darauf zu achten, daß nur gleichartige Pole mit derselben Sammelschiene verbunden sind.

Um bei einer Nebenschluß- oder Doppelschlußmaschine mit Sicherheit die für den Parallelbetrieb erforderlichen Pole zu erhalten, empfiehlt es sich, sie von den Sammelschienen aus zu erregen. Ist diese Art der Erregung in der betreffenden Anlage nicht von vornherein vorgesehen (vgl. § 217), so sind bei der Inbetriebsetzung die Bürsten zunächst von dem Kollektor abzuheben, und es ist die Maschine sodann kurze Zeit an das von den anderen Maschinen oder der Batterie gespeiste Netz anzuschließen. Hierbei wird der Hebel des Nebenschlußreglers allmählich in die Kurzschlußstellung gebracht, so daß die Magnetwicklung vollen Strom erhält. Unter dem Einflusse des nach dem Ausschalten zurückbleibenden remanenten Magnetismus wird die Maschine nunmehr die für das Parallelarbeiten notwendige Polarität annehmen, vorausgesetzt, daß sie sich überhaupt erregt. Sollte bei der vorliegenden Drehrichtung eine Selbsterregung der Maschine nicht erfolgen, so müssen (vgl. § 80) die Enden der Magnetwicklung hinsichtlich ihrer Verbindung mit dem Anker gewechselt werden, und es ist alsdann das vorstehend beschriebene Verfahren zu wiederholen, d. h. der Magnetwicklung nochmals einen Augenblick lang von den Sammelschienen aus Strom zuzuführen. Die Maschine wird sich dann sicher erregen und dabei die richtigen Pole aufweisen.

Bei einer Drehstrommaschine ist, ehe sie mit anderen Maschinen parallel geschaltet wird, festzustellen, ob ihre Phasen in der richtigen Reihenfolge mit den Sammelschienen verbunden sind (vgl. § 114).

Erst wenn man sich nach gewissenhafter Prüfung davon überzeugt hat, daß sich die Maschine im besten Zustande befindet und Schaltfehler nicht vorliegen, darf sie in Betrieb genommen werden, doch empfiehlt es sich, sie zunächst einige Stunden leer laufen zu lassen und auch dann nur allmählich zu belasten.

Die vorstehend gegebenen Anweisungen sind auch dann zu befolgen, wenn eine Maschine längere Zeit außer Betrieb gesetzt war und von neuem in Gebrauch genommen werden soll.

152. Wartung der Maschinen.

Während die im vorigen Paragraphen gegebenen Anweisungen sich wesentlich auf die erste Inbetriebnahme einer Maschine beziehen, sind die nachstehend gegebenen Vorschriften im Interesse eines sicheren Betriebes dauernd zu beachten. An erster Stelle sei wieder größte Reinlichkeit anempfohlen. Nach jedem Gebrauch ist die Maschine unter Benutzung von Blasebalg und Pinsel zu säubern.

Das in den Lagern enthaltene Öl soll, da es mit der Zeit dickflüssig und harzig wird, von Zeit zu Zeit abgelassen und, nachdem die Lager mit Petroleum ausgespült sind, durch frisches ersetzt werden. Während des Betriebes muß stets eine genügende Menge Öl in den Lagern vorhanden sein. Die Lagertemperatur ist durch Befühlen mit der Hand häufig zu kontrollieren. Kugellager bedürfen besonderer Aufmerksamkeit; es sind die dafür gegebenen besonderen Betriebsvorschriften maßgebend.

Die größte Sorgfalt ist der Behandlung des Kollektors zu widmen. Bei richtiger Bedienung wird der Kollektor guter Maschinen eine glatte Oberfläche, häufig sogar eine Art Politur aufweisen. Man erreicht diesen Zustand, indem man den Kollektor, namentlich in der ersten Zeit des Betriebes, täglich mit feinem Glaspapier behandelt, das man zweckmäßig auf ein Holzbrett leimt, gegen das man den Kollektor laufen läßt. Einzelne Firmen liefern zu jeder Maschine einen Schleifklotz aus Holz mit, der auf der einen Seite der Rundung des Kollektors entsprechend ausgearbeitet und mit Glaspapier versehen ist. An dem einen Ende der Schleiffläche befindet sich eine Nute, in der sich der beim Schleifen entstehende Metallstaub ansammeln soll. Die mit der Nute versehene Seite ist daher stets der Drehrichtung des Kollektors entgegen zu halten. Das Abschleifen des Kollektors soll möglichst im kalten Zustande der Maschine, also nicht unmittelbar, nachdem sie stillgesetzt ist, vorgenommen werden. Schmirgelleinen ist als Schleifmittel nicht zu empfehlen, dagegen wird vielfach Karborundumpapier mit Erfolg verwendet. Während des Laufens soll der Kollektor häufig mit einem reinen, nur wenig mit Öl angefeuchteten Lappen abgerieben werden. Die Ansichten über die Zweckmäßigkeit der Verwendung des sog. Kollektorbalsams sind geteilt. In den meisten Fällen dürfte Öl die gleichen Dienste leisten. Ist der Kollektor im Laufe der Zeit stark unrund geworden. so muß er abgedreht werden. Kleinere Anker werden zu diesem Zwecke auf die Drehbank genommen, während zum Abdrehen größerer Anker ein besonders ausgebildeter Support unmittelber an den Maschinen befestigt wird.

Die auf den verschiedenen Bürstenstiften befindlichen Bürsten sind gegeneinander so zu versetzen, daß der Kollektor auf der ganzen Schleiffläche möglichst gleichmäßig abgenutzt wird. Die Bürsten sollen mit geringem Druck aufliegen. Keinesfalls dürfen die Federn der Bürstenhalter zu stark angespannt sein, da sich der Kollektor sonst infolge der großen Reibung zu stark erwärmen kann. Andererseits gibt eine zu lockere Auflage der Bürsten Anlaß zur Funkenbildung. Beim Ersatz aufgebrauchter Kohlebürsten durch neue ist unbedingt darauf zu achten, daß wieder die für die betreffende Maschine vorgeschriebene Kohlenmarke zur Verwendung gelangt. Man kann häufig beobachten, daß bei Verwendung falscher Bürsten Funkenbildung auftritt. Im allgemeinen werden für höhere Spannungen härtere, für niedrigere Spannungen dagegen weichere Kohlensorten bevorzugt. Die Ersatzbürsten müssen in der im vorigen Paragraphen angegebenen Weise eingeschliffen werden. Sollte die Maschine mit Kupferbürsten ausgestattet sein, so sind deren

Enden, sobald sie ausgefranst sind, mit einer Schere gerade zu schneiden.

Schleifringe erfordern nur wenig Bedienung, doch ist bei ihnen ebenfalls für gleichmäßige Abnutzung Sorge zu tragen. Auch sollen sie des öfteren mit einem in Benzin getauchten sauberen Lappen abgerieben und schwach eingefettet werden.

Alle Schrauben und Klemmen an den Maschinen wie auch den zugehörigen Apparaten sind von Zeit zu Zeit nachzuziehen. Die Kontakte der Regulier- und Anlaßwiderstände sind ab und zu mit feinem Schmirgelleinen abzureiben, etwaige durch Funken verursachte Brandstellen mit einer Feile zu schlichten. Auch empfiehlt es sich, die Kontaktflächen leicht zu ölen. Bei Flüssigkeitswiderständen ist die Füllung zeitweilig zu erneuern.

Um einen Stromerzeuger auf Spannung zu bringen, ist die Kurbel des in dem Magnetkreise befindlichen Regulierwiderstandes langsam in der Richtung zum Kurzschlußkontakt zu drehen, bis die Spannung den gewünschten Wert erreicht hat. Soll die Maschine durch Öffnen des Hauptschalters vom Netz getrennt werden, so ist sie vorher möglichst zu entlasten. Um sie spannungslos zu machen, ist der Magnetregler langsam auszuschalten. Ehe die Kurbel des Widerstandes in die Ausschaltstellung gebracht wird, soll sie so lange auf dem letzten Arbeitskontakt belassen werden, bis die Spannung der Maschine auf den diesem Kontakt entsprechenden Wert gesunken ist.

Beim Anstellen von Gleichstrommotoren ist der Hauptschalter erst einzulegen, nachdem man sich überzeugt hat, daß die Kurbel des Anlaßwiderstandes sich in der Ausschaltstellung befindet. Sodann ist die Kurbel der zunehmenden Umdrehungszahl entsprechend langsam, ohne jedoch auf einem Kontakt länger als wenige Sekunden zu verweilen, in die Kurzschlußstellung zu bringen. Niemals darf sie in einer Zwischenstellung belassen werden, es sei denn, daß der Widerstand ausdrücklich für die Regelung der Umdrehungszahl, also für Dauerbelastung eingerichtet ist. Das Stillsetzen des Motors soll in der Regel mit dem Anlasser vorgenommen werden, indem seine Kurbel in die Ausschaltstellung zurückgeführt wird. Erst nachdem dieses geschehen, ist der Hauptschalter zu öffnen. Das für Gleichstrommotoren Angegebene gilt sinngemäß auch für das Anlassen von asynchronen Drehstrommotoren.

Es ist im vorstehenden angenommen, daß Anlasser mit Drahtwiderständen Verwendung finden, doch erfolgt die Bedienung von Flüssigkeitsanlassern in entsprechender Weise. Beim Einschalten von Motoren sind also die als Elektroden dienenden Platten langsam in die Flüssigkeit einzusenken, bis die Kurzschlußstellung erreicht ist. Flüssigkeitsanlasser für mit Bürstenabhebevorrichtung ausgestattete Drehstrommotoren sind nach dem Abheben der Bürsten wieder auszuschalten, damit die Platten des Anlassers nicht unnötig von der Flüssigkeit angegriffen werden.

153. Betriebsstörungen an Maschinen.

Bei sachgemäßer Behandlung werden an den elektrischen Maschinen nur verhältnismäßig selten Fehler auftreten. Voraussetzung hierfür ist, daß sie mit der auf dem Leistungsschilde angegebenen Spannung und Umdrehungszahl betrieben werden, daß sie nicht dauernd überlastet werden, und daß ferner der Isolationszustand der Maschinen stets ein guter ist. Ein etwaiger Schluß einer Wicklung gegen das Gestell oder gegen eine andere Wicklung ist sofort, nötigenfalls durch Einsenden der fehlerhaften Teile zur Fabrik, zu beseitigen. Im folgenden sollen die bei Maschinen sonst noch vorkommenden hauptsächlichsten Störungen kurz besprochen und Mittel zu ihrer Beseitigung angegeben werden.

a) Heißwerden der Lager.

Die Ursache für eine übermäßige Erwärmung der Lager ist meistens in ungenügender Schmierung zu suchen. Bei Ringschmierlagern kann es auch vorkommen, daß die Schmierringe nicht frei spielen und daher nicht genügend Öl auf die Welle befördern. Dem Übel muß natürlich schnellstens abgeholfen werden. Auch verdicktes oder verschmutztes Öl kann eine zu starke Erwärmung verursachen. Weist ein Lager eine abnormal hohe Temperatur auf, so empfiehlt es sich daher, zunächst das alte Öl abzulassen und es, nach gründlicher Reinigung des Lagers, durch frisches Öl zu ersetzen. Das Heißwerden eines Lagers kann auch darauf zurückzuführen sein, daß die Lagerschalen zu fest angezogen sind oder bei Riemenbetrieb der Riemen zu straff gespannt ist.

b) Nichterregen der Maschinen.

Läßt sich ein Stromerzeuger nicht auf Spannung bringen, so kann dies durch eine Unterbrechung des Magnetstromkreises veranlaßt sein; sei es, daß sich eine Klemmverbindung an der Maschine oder am Magnetregler gelöst hat, sei es auch, daß eine Magnetspule beschädigt ist. Man erkennt den Fehler daran, daß auch bei Anwendung einer besonderen Erregerstromquelle ein in den Magnetkreis eingeschalteter Strommesser nicht ausschlägt. In einem solchen Falle sind die in Betracht kommenden Verbindungen nachzuziehen. Schadhafte Spulen müssen ausgewechselt werden.

Auch falsche Schaltung der Magnetspulen kann die Ursache für das Nichterregen einer Maschine sein. Mit Hilfe einer Magnetnadel wird man festzustellen haben, ob die Pole abwechselnd verschiedenes Vorzeichen haben.

Wenn sich Gleichstrommaschinen, namentlich solche für besonders niedrige Spannung, nicht erregen, so ist der Grund hierfür häufig darin zu sehen, daß die Glimmerisolation zwischen den einzelnen Kollektorlamellen etwas hervorgetreten ist; vielleicht, daß der Glimmer besonders hart ist und sich daher nicht in dem Maße abnutzt wie das Kupfer der Lamellen, und daß infolgedessen der Kontakt zwischen dem Kollektor und den Bürsten unzureichend ist. Um den Fehler zu beseitigen, genügt es mitunter schon, die Bürsten kräftig auf den Kollektor zu drücken. Besser ist es, diesen mit Sand- oder Karborundumpapier abzuschleifen. Nötigenfalls ist die Isolation an der Oberfläche des Kollektors vorsichtig etwas auszukratzen.

Zuweilen kommt es auch vor, daß sich eine auf dem dynamoelektrischen Prinzip beruhende Maschine nicht von selbst erregt, weil sie ihren remanenten Magnetismus verloren hat. Es kann dies z. B. durch einen starken Kurzschluß veranlaßt sein, bei dem die Ankerrückwirkung so bedeutend gewesen ist, daß die Gegenwindungen des Ankers auf die Magnetpole entmagnetisierend oder gar umpolarisierend eingewirkt haben. Abhilfe wird geschaffen, indem man die Magnetwicklung von dem Anker trennt und ihr von einer äußeren Stromquelle — es genügen meistens einige Elemente — Strom zuführt, wobei natürlich die Stromrichtung so zu wählen ist, daß sich wieder die gleichen Pole wie vorher bilden. Arbeitet die betreffende Maschine mit anderen Maschinen oder einer Akkumulatorenbatterie parallel, so kann man ihr die richtige Polarität am einfachsten nach dem in § 151 angegebenen Verfahren erteilen.

Daß sich eine dynamoelektrische Maschine nicht erregt, wenn sie mit falscher Drehrichtung betrieben wird, ist bereits im § 80 erörtert worden. Bei einer Reparatur der Maschine können ferner die Anschlüsse der Magnetwicklung vertauscht sein. Auch falsche Bürstenstellung kann für das Nichterregen einer Maschine verantwortlich gemacht werden.

Wenn sich eine Nebenschlußmaschine nicht erregt, so kann dies auch auf einen Kurzschluß im Netz zurückzuführen sein (vgl. § 75). In kleineren Anlagen kann die Störung schon dadurch eintreten, daß sich die Anlasserkurbel eines angeschlossenen, stillstehenden Motors versehentlich in der Kurzschlußstellung befindet. Daß ein Kurzschluß die Ursache der Störung ist, erkennt man daran, daß die Maschine Spannung gibt, sobald sie vom Netz abgetrennt wird.

c) Heißwerden des Ankers.

Eine zu starke Erwärmung des Ankers ist in den meisten Fällen auf eine Überlastung der Maschine zurückzuführen. Besonders häufig werden Motoren überlastet, da der Leistungsverbrauch der von ihnen angetriebenen Arbeitsmaschinen häufig zu klein angenommen wird. Durch Einschalten eines Strommessers sollte man sich in jedem Falle zunächst einmal davon überzeugen, ob nicht dem Motor eine zu große Leistung zugemutet wird. Auch falsche Bürstenstellung kann ein Heißwerden des Ankers veranlassen. Werden die Bürsten mit zu starkem Druck auf den Kollektor gepreßt, so kann die dadurch verursachte starke Erwärmung des Kollektors sich auch über den ganzen Anker verbreiten.

d) Funkenbildung am Kollektor.

Starkes Feuern der auf dem Kollektor einer Gleichstrommaschine schleifenden Bürsten ist meistens durch falsche Bürstenstellung veranlaßt, kann aber auch durch sonstige unsachgemäße Behandlung der Maschine hervorgerufen sein. Es sei in dieser Beziehung auf die in § 151 und 152 gegebenen Vorschriften hingewiesen.

Neigung zur Funkenbildung ist ferner vorhanden, wenn die Maschine überlastet oder wenn sie mit zu geringer Spannung oder zu hoher Umdrehungszahl betrieben wird. Auch wenn die Glimmerisolation etwas über die Lamellen hervorgetreten ist und die Bürsten infolgedessen beim Laufen der Maschine vibrieren, ist Funkenbildung unvermeidlich (Abhilfe siehe unter b). Heftiges Feuern tritt auch auf, falls eine oder mehrere Bürsten schlecht aufliegen. Auch ein Drahtbruch oder eine Isolationsbeschädigung der Ankerwicklung äußert sich durch Funkenbildung, ebenso ein Lockerwerden der Kollektorlamellen. Die Maschine bedarf in derartigen Fällen einer gründlichen Reparatur. Bei Maschinen mit Wendepolen hat man sich bei Bürstenfeuer auch zu überzeugen, ob die Wendepolwicklung richtig geschaltet ist (s. § 78).

e) Nichtanlaufen eines Motors.

Es kommt zuweilen vor, daß Motoren schlecht oder überhaupt nicht anlaufen. Bei Nebenschlußmotoren kann dies auf eine Unterbrechung des Magnetstromes zurückzuführen sein. Die Maschine steht dann lediglich unter dem Einflusse des remanenten Magnetismus und zeigt daher, wenn der Anker überhaupt in Drehung kommt und nicht etwa die Sicherungen vorher schmelzen, Neigung zum Durchgehen. Dabei tritt starkes Feuern an den Bürsten auf. Man wird festzustellen haben, ob sich vielleicht innerhalb des Motors oder des Anlassers eine Verbindung gelöst hat. Auch die Magnetspulen können falsch verbunden sein. Man hat sich daher von der richtigen Aufeinanderfolge der Pole zu überzeugen.

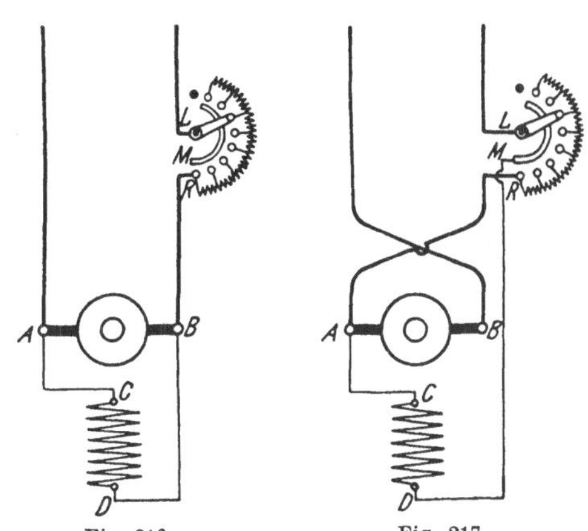

Fig. 216. Fig. 217.
Falsche Schaltungen eines Nebenschlußmotors.

Meistens hat das Nichtangehen eines Nebenschlußmotors jedoch seine Ursache in einer falschen Schaltung des Anlaßwiderstandes. So kann der Fall vorliegen, daß die Magnetwicklung beim Einschalten nicht sofort die volle Spannung erhält, daß vielmehr der Magnetstrom zunächst durch den Anlaßwiderstand geschwächt wird, Fig. 216 (vgl. die richtige Schaltung Fig. 130 und 131). Oder es können auch die zu den Ankerklemmen des Motors führenden Hauptleitungen vertauscht sein und daher die beiden Enden der Magnetwicklung an dem gleichen Pole des Netzes liegen, Fig. 217. Falls der Motor in diesem Falle überhaupt angeht, liegt die Gefahr des Durchgehens vor, in derselben Weise als ob die Magnetwicklung unterbrochen wäre. Abhilfe kann durch Vertauschen der mit den Ankerklemmen verbundenen Hauptleitungen oder dadurch geschaffen werden, daß das mit der einen Ankerklemme verbundene Ende der Magnetwicklung an die andere Ankerklemme gelegt wird.

Bei asynchronen Drehstrommotoren ist die Ursache für das Nichtangehen meistens in der Unterbrechung einer der Zuführungsleitungen zu suchen. Es kann z. B. eine Sicherung geschmolzen sein. Tritt während des Betriebes in einer der Leitungen eine Unterbrechung ein, so läuft der Motor bei mäßiger Belastung weiter, und der Fehler macht sich dann lediglich durch ein starkes Brummen bemerkbar.

154. Hochspannungsmaschinen.

Die Bedienung von Maschinen für hohe Spannungen erfordert eine eingehende Kenntnis der Gefahren, die mit Hochspannungsanlagen verknüpft sind, und es soll daher auf diesen Punkt etwas näher eingegangen werden.

Wenn auch im allgemeinen Spannungen bis zu mehreren hundert Volt nicht gerade als lebensgefährlich gelten, so muß doch darauf hingewiesen werden, daß unter Umständen auch mit erheblich niedrigeren Spannungen Gefahren verbunden sind. Hinsichtlich der Beeinflussung des Menschen kommt es lediglich auf die Stärke des seinen Körper durchfließenden Stromes an. Die Stromstärke ist aber, dem Ohmschen Gesetze entsprechend, außer von der Spannung auch von dem Widerstande abhängig. Nun kann der Widerstand, den der menschliche Körper dem Strome entgegensetzt, ein sehr verschiedener sein. Namentlich spielt der Übergangswiderstand an den Berührungsstellen eine große Rolle. Dieser kann aber, z. B. durch Feuchtigkeit, ganz erheblich herabgesetzt werden. Für die elektrischen Anlagen in feuchten Räumen bestehen daher auch verschärfte Sicherheitsvorschriften, ebenso für die in durchtränkten Räumen, in denen durch Verunreinigungen, besonders chemischer Natur, die dauernde Erhaltung normaler Isolation erschwert ist. Selbstverständlich ist auch die Gefahr größer, wenn jemand mit den Leitungen in innigen Kontakt kommt, als wenn er sie nur locker berührt. Unter besonders ungünstigen Umständen kann eine Spannung von etwa 100 V bereits lebensgefährlich sein.

Ein weit vorbreiteter Irrtum ist die Annahme, daß die Berührung *einer* stromführenden Leitung keine Gefahr mit sich bringt, daß eine solche vielmehr erst dann auftritt, wenn man gleichzeitig mit beiden Polen in Kontakt kommt. Daß in der Tat schon das Berühren einer einzigen Leitung gefährlich sein kann, leuchtet ein, wenn man bedenkt, daß zufällig die andere Leitung der Anlage infolge eines Isolationsfehlers Erdschluß besitzen kann. In diesem Falle würde die die Leitung berührende Person, ohne es zu wissen, sich mit beiden Polen in Verbindung befinden.

Bei hoher Spannung ist das Berühren einer Leitung aber auch dann äußerst bedenklich, wenn die Isolation der Anlage eine vorzügliche ist. Dies erklärt sich daraus, daß die die Leitung berührende Person wie auch der Erdboden, auf dem sie sich befindet, elektrisch geladen werden. Bei einer Gleichstromanlage würde die Person im Augenblicke der Berührung von dem *Ladestrom* und beim Loslassen der Leituug von dem entgegengesetzt gerichteten *Entladestrom* durchflossen werden. Bei Wechselstrom würde die mit der Leitung in Verbindung kommende Person sogar beständig, der Frequenz des Stromes entsprechend, geladen und wieder entladen werden. Die hierbei auftretende Stromstärke ist im wesentlichen von der *Oberfläche* des zu ladenden Körpers abhängig. Seine Wirkungen werden daher erheblich abgeschwächt, wenn die Person, welche die Leitung berührt, vom Erdboden isoliert ist; es wird dann lediglich die Person, nicht aber auch die Erde geladen. *Ist ein Berühren von unter Spannung stehenden Teilen nicht zu vermeiden, so muß sich daher die betreffende Person vor allem isoliert aufstellen.* Dies kann geschehen durch Anwendung einer *trockenen* Holzunterlage sowie durch Anlegen von Gummischuhen (am besten beides gleichzeitig). Außerdem sind Gummihandschuhe anzuziehen, doch bilden diese allein keineswegs einen hinreichenden Schutz. *Arbeiten unter Hochspannung dürfen nur in Notfällen und nur in Gegenwart einer hierfür bestimmten Aufsichtsperson vorgenommen werden.* Es sind ferner die weitgehendsten Vorsichtsmaßnahmen zu treffen. *In jedem Falle müssen die vom V. D. E. aufgestellten B. V. unbedingte und sorgfältigste Beachtung finden.*

Die B. V. sollten allen in elektrischen Betrieben beschäftigten Personen geläufig sein, ebenso die „*Anleitung zur ersten Hilfeleistung bei Unfällen im elektrischen Betriebe*". In letzterer ist namentlich auf die Notwendigkeit hingewiesen, den Verunglückten, falls er sich noch mit der Leitung in Verbindung befindet, der Einwirkung des elektrischen Stromes zu entziehen, indem die Leitung sofort spannungslos gemacht oder der Verunglückte vom Erdboden aufgehoben und von der Leitung entfernt wird. Bei diesen Verrichtungen muß sich der Hilfeleistende zum Schutze seiner eigenen Person selbst vom Erdboden isolieren, Gummihandschuhe anziehen usw. Das Berühren unbekleideter Körperteile des Verunglückten ist, solange er sich noch mit der unter Spannung stehenden Leitung in Verbindung befindet, zu vermeiden. Ist der Verunglückte bewußtlos, so ist sofort zum Arzt zu schicken. Fehlt die Atmung, so ist diese künstlich einzuleiten, da in vielen Fällen lediglich eine Betäubung vorliegt.

Um bei der Bedienung elektrischer Maschinen eine Gefahr für das Personal möglichst auszuschließen, sind bei der Aufstellung von Hochspannungsmaschinen besondere Maßnahmen zu treffen. Die Bedienung der Maschinen wäre z. B. dann mit Lebensgefahr verbunden, wenn einer der beiden Pole infolge eines Isolationsfehlers in der Wicklung Schluß gegen das Maschinengestell erhielte. Die bloße Berührung des Gestells wäre in diesem Fall gleichbedeutend mit der Berührung einer Leitung. Man tritt, den E. V. gemäß, der hierdurch bedingten Gefahr dadurch entgegen, daß das Maschinengestell geerdet, d. h. mit der Erde in gut leitende Verbindung gebracht wird, wobei es gleichzeitig mit dem Fußboden, soweit dieser in der Nähe der Maschine leitend ist, leitend zu verbinden ist. Eine Gefahr für das Bedienungspersonal ist in diesem Falle vermieden, weil es beim Berühren des Gestelles keinem Spannungsunterschied zwischen Füßen und Händen ausgesetzt ist. Statt der Erdung des Maschinengestelles kann auch das entgegengesetzte Mittel angewendet, die Maschine vom Erdboden gut isoliert werden. In diesem Falle muß sie aber noch mit einem gut isolierenden Bedienungsgange umgeben sein, damit das Personal beim Bedienen der Maschine mit dem Erdboden nicht in leitender Verbindung steht.

Für Hochspannungstransformatoren, deren Gestell nicht betriebsmäßig geerdet ist, müssen Vorkehrungen getroffen sein, die jederzeit gestatten, die Erdung gefahrlos vorzunehmen, oder es muß die Möglichkeit geschaffen sein, die Transformatoren allseitig abzuschalten.

Die Wartung von Hochspannungsanlagen erfordert große Umsicht und Zuverlässigkeit sowie Verständnis für die auftretenden Gefahren. Das Bedienungspersonal soll daher nur aus pflichtgetreuen und nüchternen Leuten zusammengesetzt werden.

Zehntes Kapitel.

Die Untersuchung elektrischer Maschinen.

155. Allgemeines.

Um festzustellen, ob eine Maschine den an sie billigerweise zu stellenden Anforderungen genügt, oder ob die bei ihrem Kauf vom Fabrikanten gegebenen Garantien eingehalten sind, ist es nötig, sie einer mehr oder weniger eingehenden Prüfung zu unterwerfen. Die

Gesichtspunkte, die für derartige Untersuchungen maßgebend sein sollen, sind vom V. D. E. in den M. N. niedergelegt. In Anlehnung an diese sollen sie im folgenden kurz erörtert werden. Wegen aller Einzelheiten sei jedoch auf die Normalien selbst sowie auf die dazu herausgegebenen Erläuterungen verwiesen.

156. Leistung und Erwärmung.

Im Gegensatz zu den Maschinen für Dauerbetrieb, die, ohne eine zu große Erwärmung zu erfahren, ihre Leistung während beliebig langer Zeit abgeben können, versteht man unter den Maschinen für kurzzeitigen Betrieb solche, welche ihre Leistung nur während einer vereinbarten Zeit innehalten können. Bei den Maschinen für kurzzeitigen Betrieb soll sich auf dem Leistungsschilde eine Angabe über die zulässige Betriebsdauer befinden. Als normale Betriebszeiten gelten 10, 30, 60 und 90 Minuten.

Die Untersuchung, ob mit einer Maschine die angegebene Leistung erzielt werden kann, wird man meistens mit der Feststellung der Erwärmung verbinden, indem man die Maschine einer Dauerprobe bei normaler Belastung unterwirft. In Fällen, wo die Belastung nicht durch die angeschlossenen Stromverbraucher — Lampen und Motoren — erfolgen kann, ist man auf künstliche Belastungswiderstände angewiesen. Bei kleineren Leistungen kann man sich mit einem transportablen oder für den vorliegenden Fall zusammengestellten Glühlampenwiderstande behelfen. Bei größeren Leistungen empfiehlt sich die Herstellung eines Flüssigkeitswiderstandes. In einen mit Wasser gefüllten hölzernen Bottich läßt man als Elektroden zwei Eisenplatten eintauchen. Während die eine fest angebracht wird, kann die andere beliebig tief in die Flüssigkeit gesenkt werden, wodurch dem Widerstande die erforderliche Größe gegeben wird. Der Widerstand des Wassers kann durch Zusatz von Soda oder dgl. verringert werden.

Bei Maschinen für Dauerbetrieb soll die Erwärmung gemessen werden, wenn beim Betrieb mit der normalen Leistung eine gegenüber der Umgebung annähernd gleichbleibende Übertemperatur eingetreten ist, spätestens jedoch nach 10 Stunden. Bei Maschinen für kurzzeitigen Betrieb sind die Messungen nach Ablauf eines ununterbrochenen Betriebes während der auf dem Leistungsschilde verzeichneten Betriebszeit vorzunehmen, wobei vom kalten Zustand der Maschine ausgegangen wird. Die Maschinen sollen sich während der Untersuchung in betriebsmäßigem Zustande befinden. Gekapselte Motoren dürfen also nicht geöffnet werden. Eine durch den praktischen Betrieb hervorgerufene Kühlung darf bei der Prüfung nachgeahmt werden. Dies bezieht sich jedoch bei Straßenbahnmotoren nicht auf den durch die Fahrt hervorgerufenen Luftzug. Bei Berechnung der Übertemperatur wird als „Temperatur der Umgebung" die der Luft in Höhe der Maschinenmitte und in ungefähr 1 m Abstand von der Maschine angesehen. Bei Maschinen mit künstlicher Luftkühlung wird die Temperatur der zuströmenden Luft beim Eintritt in die Maschine in Rechnung gestellt.

Die Bestimmung der Erwärmung soll im allgemeinen mittels des Thermometers erfolgen, doch soll für alle diejenigen Wicklungen, bei denen eine Widerstandsmessung leicht durchführbar ist, d. h. für alle ruhenden Wicklungen und alle durch Gleichstrom erregten Magnetwicklungen die Erwärmung aus der Widerstandszunahme berechnet werden.

Demnach soll bei Gleichstrommaschinen, Wechselstromaußenpolmaschinen und Einankerumformern die Erwärmung der Magnetwicklung aus der Widerstandszunahme, die der Ankerwicklung mittels des Thermometers bestimmt werden. Bei Wechselstrominnenpolmaschinen kommt sowohl für die Magnetwicklung als auch die Ankerwicklung die Widerstandsmessung in Betracht. Bei den asynchronen Drehfeld- und den Kollektormotoren ist die Erwärmung der Ständerwicklung durch Widerstandsmessung, der Läuferwicklung mittels des Thermometers zu ermitteln. Für die Wicklungen der Transformatoren ist die Widerstandszunahme maßgebend.

Die zur Ermittlung der Erwärmung notwendigen Widerstandsmessungen sind unmittelbar vor bzw. nach der Dauerprobe vorzunehmen. Meistens wird man sich hierbei der indirekten Methode (s. § 49) bedienen. Für eine Anfangstemperatur von ungefähr 15° C kann der Temperaturkoeffizient des Widerstandes zu 0,004 angenommen werden (vgl. § 4). Für andere Temperaturen treten Abweichungen von diesem Wert ein. Genaue Angaben über den Temperaturkoeffizienten befinden sich in den M. N.

Bei Messungen mit dem Thermometer ist dafür Sorge zu tragen, daß dieses in innige Berührung mit den zu untersuchenden Teilen der Maschine kommt, was z. B. durch Stanniolumhüllung der Thermometerkugel erreicht werden kann. Um Wärmeverluste zu vermeiden, empfiehlt es sich, außerdem die Kugel des Thermometers einschließlich der Meßstelle mit trockner Putzwolle oder dgl. zu bedecken.

Unter der Voraussetzung, daß die Temperatur der Umgebung nicht mehr als 35° C beträgt, soll die Temperaturzunahme im allgemeinen folgende Werte nicht übersteigen:

a) an ruhenden Gleichstrommagnetwicklungen bei Isolierung durch
   unimprägnierte Baumwolle 50° C,
   imprägnierte Baumwolle oder Papier 60° C,
   Email, Asbest, Glimmer und deren Präparate 80° C;

an Transformatorenwicklungen bei Isolierung durch
   unimprägnierte Baumwolle in Luft 50° C,
   imprägnierte Baumwolle oder Papier in Luft 60° C,
   Baumwolle oder Papier in Öl 70° C,
   Email, Asbest, Glimmer und deren Präparate 80° C,
   Öl, an der Oberfläche 60° C;

an umlaufenden Wicklungen oder in Nuten eingebetteten Wechselstromwicklungen bei Isolierung durch
   unimprägnierte Baumwolle 40° C,
   imprägnierte Baumwolle 50° C,

Baumwolle mit Füllmasse innerhalb der Nuten sowie Papier 60° C, Email, Asbest, Glimmer und deren Präparate 80° C;

— bei dauernd kurzgeschlossenen isolierten Wicklungen ist eine um 10° C höhere Teperaturzunahme zulässig —

b) an Kollektoren von Maschinen bis einschließlich 10 V Spannung 60° C, an solchen von Maschinen über 10 V Spannung 55° C;

c) an Eisen von Generatoren und Motoren, in das Wicklungen eingebettet sind, und an Schleifringen, je nach Isolierung der Wicklungen bzw. der Schleifringe die Werte unter a);

d) an Lagern 45° C.

Bei Maschinen für Bahn- und Kraftfahrzeuge dürfen, um den günstigeren Abkühlungsverhältnissen Rechnung zu tragen, welche sich durch den bei der Fahrt auftretenden natürlichen Luftzug ergeben, die nach einstündigem ununterbrochenen Betriebe mit normaler Belastung im Untersuchungsraum ermittelten Temperaturzunahmen die vorstehend angegebenen Werte um 20° C überschreiten; ausgenommen hiervon sind die Lager.

Die Dauerprobe bietet auch Gelegenheit, bei solchen Maschinen, die mit einem Kollektor versehen sind, dessen Verhalten zu beobachten. Es wird, eingelaufene Bürsten vorausgesetzt, bei allen Belastungen ein praktisch funkenfreies Arbeiten verlangt, und zwar soll, außer bei Maschinen mit betriebsmäßiger Bürstenverstellung, die Bürstenstellung für Belastungsschwankungen innerhalb weiter Grenzen unverändert bleiben.

Beispiel: Der Widerstand der Magnetwicklung einer Gleichstrommaschine beträgt im kalten Zustande 43,2 Ω bei einer Lufttemperatur von 12° C. Nach zehnstündigem Dauerbetrieb ergab die Messung einen Widerstand von 53,3 Ω bei einer Lufttemperatur von 20° C. Welche Temperaturzunahme erfuhr die Wicklung während des Betriebes?

Nach Gl. 10 ist

$$T = \frac{\frac{53,3}{43,2} - 1}{0,004} = 59^{0}\ \mathrm{C}.$$

Die Wicklung hat also, da die ursprüngliche Temperatur 12° C war, eine Temperatur von 71° C erreicht. Das bedeutet gegenüber der Lufttemperatur am Schlusse des Versuches eine Zunahme von 51° C.

157. Überlastbarkeit.

In den M. N. wird gefordert, daß die elektrischen Maschinen $^1/_2$ Stunde lang eine Überlastung von 25 % vertragen sollen. Außerdem müssen sie — ausgenommen die Stromerzeuger — 3 Minuten lang um 40 % überlastbar sein. Die Spannung der Stromerzeuger soll bei normaler Umdrehungszahl und im warmen Zustande der Maschine bis zu 15 % Überlastung konstant gehalten werden können. Die Überlastungsprobe ist ohne Rücksicht auf die Erwärmung und darum im allgemeinen nicht im unmittelbaren Anschluß an die Dauerprobe, vielmehr bei einem solchen Temperaturzustand vorzunehmen, daß die höchste zulässige Temperatur nicht überschritten wird. Zur

Prüfung auf ihre mechanische Festigkeit sollen die Maschinen bei Leerlauf 5 Minuten lang einer um 15 % erhöhten Umdrehungszahl ausgesetzt werden.

Beispiele: 1. Ein Stromerzeuger für eine Normalleistung von 200 kW entspricht dann den Vorschriften der M.N., wenn er für die Dauer von $^1/_2$ Stunde eine Belastung von 250 kW verträgt.

2. Ein Motor für 40 kW Nutzleistung ist bei der Prüfung auf Überlastbarkeit einer halbstündigen Belastungsprobe mit 50 kW zu unterwerfen und außerdem 3 Minuten lang einer Belastung von 56 kW auszusetzen.

158. Isolationsprüfung.

Um den Isolationswiderstand der Wicklungen gegen das Eisengestell der Maschine zu bestimmen, kann man die im § 52 angegebene Voltmetermethode benutzen. Die Spannung der zu verwendenden Stromquelle soll dabei möglichst der Maschinenspannung entsprechen.

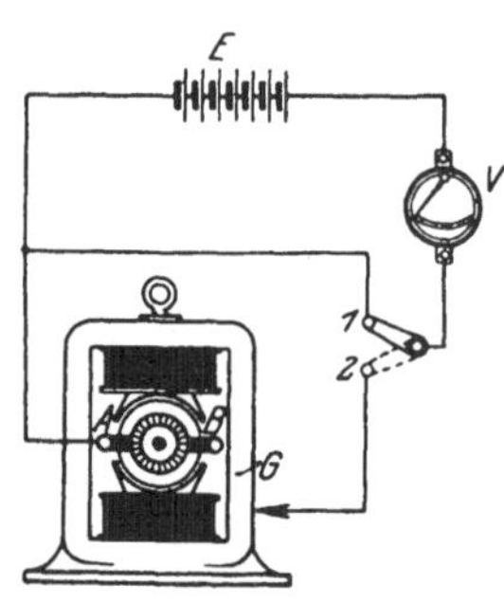

Fig. 218. Bestimmung des Isolationswiderstandes einer Maschine mittelst einer Meßbatterie.

Um den Isolationswiderstand z. B. der Ankerwicklung AB einer Maschine zu messen, ist die Schaltung nach Fig. 218 vorzunehmen. Eine etwa bestehende Verbindung der Ankerwicklung mit anderen Wicklungen ist vor dem Versuche aufzuheben. Zunächst wird mittels eines Umschalters (Kontakt 1) das Voltmeter V, ein Drehspulinstrument von hohem Widerstande, unmittelbar an die Klemmen der Stromquelle, etwa einer Meßbatterie, gelegt, wobei es deren Spannung E angibt. Sodann wird (Kontakt 2) der eine Pol der Stromquelle mit der Wicklung, also z. B. mit der Bürste A, der andere Pol unter Zwischenschaltung des Voltmeters mit dem Eisengestell G der Maschine verbunden. Dabei zeige das Voltmeter die Spannung E_1 an. Nach Gl. 55 ist dann der Isolationswiderstand

$$R_i = R_g \cdot \left(\frac{E}{E_1} - 1\right) \quad . \; . \; . \; . \; . \; . \; . \; . \quad (79)$$

In entsprechender Weise kann der Isolationswiderstand der Magnetwicklung gegen das Gestell oder der Widerstand zweier verschiedenen Wicklungen gegeneinander bestimmt werden.

An die Stelle der Meßbatterie kann auch eine kleine Handmagnetmaschine treten, die je nach der Umdrehungszahl eine bestimmte Spannung liefert. An der Handmaschine der Weston-Gesellschaft ist ein kleines Voltmeter fest angebracht, das Marken für verschiedene Spannungen besitzt und so die richtige Drehgeschwindigkeit zu kontrollieren erlaubt.

Auch die Spannung der zu untersuchenden Maschine selbst kann für die Isolationsmessung nutzbar gemacht werden. In Fig. 219 ist die in diesem Falle erforderliche Schaltung für eine Gleichstrommaschine angegeben, und zwar wieder für die Bestimmung des Ankerisolationswiderstandes. Während der Messung muß die Maschine fremd erregt werden.

Der Isolationswiderstand wird durch die verschiedensten Umstände beeinflußt. So ist er von der Temperatur abhängig, durch Spuren von Feuchtigkeit kann er ganz erheblich herabgesetzt werden, auch durch Staubablagerung auf der Wicklung wird er wesentlich beeinträchtigt. Ferner ist das Meßergebnis je nach der für die Messung benutzten Spannung verschieden. Diese Umstände haben dazu geführt, daß in den M. N. die Bestimmung des Isolationswiderstandes überhaupt nicht gefordert, vielmehr lediglich eine Prüfung auf Isolierfestigkeit, eine sogenannte Durchschlagsprobe, verlangt wird.

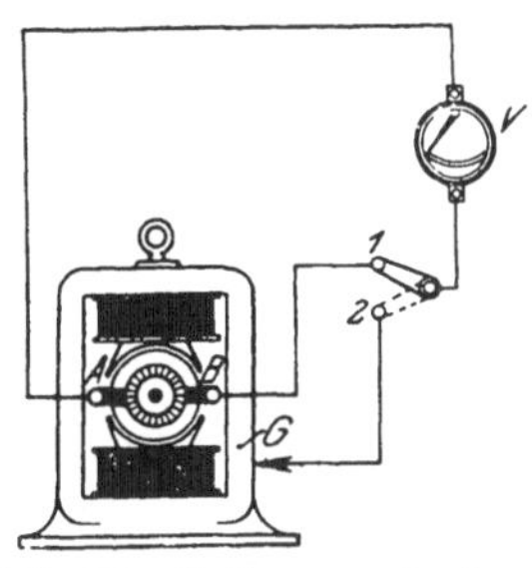

Fig. 219. Bestimmung des Isolationswiderstandes einer Maschine mittelst ihrer Eigenspannung.

Die Prüfung soll sowohl die Isolation der Wicklungen gegen das Maschinengestell als auch die Isolation der elektrisch nicht miteinander in Verbindung stehenden Wicklungen gegeneinander in Betracht ziehen. Die Prüfung soll auf die Dauer von 1 Minute beschränkt und möglichst im warmen Zustande der Maschine vorgenommen werden. Die Prüfspannung hat nach den M. N. zu betragen:

bei Maschinen bis 40 V . . . . mindestens 500 V,
" " von 40 bis 5000 V die $2^1/_2$fache Spannung, " 1000 "
" " " 5000 bis 7500 V . . . . die normale Spannung + 7500 "
" " " 7500 bis 50000 V . . . . die 2fache Spannung,
" Magnetspulen mit Fremderregung die 3fache Erregerspannung, mindestens 1000 "
" Sekundärankern von Asynchronmotoren die $2^1/_2$fache Anlaßspannung, mindestens 500 "

Kurzschlußanker brauchen keiner Prüfung unterworfen zu werden.

Die vorgeschriebene Prüfspannung bezieht sich auf Wechselstrom. Bei einer Prüfung mit Gleichstrom ist eine ungefähr 1,4 mal so hohe Spannung anzuwenden, also eine Spannung, die dem Höchstwert der Wechselstromspannung entspricht (vgl. § 32).

Beispiel: An einer Maschine für eine Spannung von 220 V wurde der Isolationswiderstand der Wicklungen gegen das Gestell bestimmt. Als Stromquelle diente dabei eine Handmagnetmaschine von Weston. Das verwendete Voltmeter besaß einen Eigenwiderstand von 90000 Ω. Für die Ankerwicklung ergab sich

$$E = 220 \text{ V},$$
$$E_1 = 12{,}4 \text{ V};$$

für die Magnetwicklung wurde gefunden

$$E = 220 \text{ V},$$
$$E_1 = 8{,}2 \text{ V}.$$

Wie groß sind die Isolationswiderstände?

Der Isolationswiderstand der Ankerwicklung ist nach Gl. 79:

$$R_i = 90000 \cdot \left(\frac{220}{12{,}4} - 1\right) = 1510000\ \Omega,$$

der Isolationswiderstand der Magnetwicklung:

$$R_i = 90000 \cdot \left(\frac{220}{8{,}2} - 1\right) = 2320000\ \Omega.$$

159. Wirkungsgrad.

Unter dem Wirkungsgrad einer Maschine wird das Verhältnis der von ihr nutzbar abgegebenen zur aufgenommenen Leistung verstanden. Wird jene mit L_2, diese mit L_1 bezeichnet, so ist also (Gl. 64) der Wirkungsgrad

$$\eta = \frac{L_2}{L_1}.$$

Der Wirkungsgrad soll stets für die dem normalen Betriebe entsprechende Erwärmung angegeben werden. Es empfiehlt sich daher, seine Bestimmung im Anschluß an eine Dauerprobe vorzunehmen. Bei seiner Ermittlung ist die für die Magneterregung erforderliche Leistung auch dann als Verlust in Rechnung zu stellen, wenn die Erregung von einer besonderen Stromquelle geliefert wird. In die Erregerleistung ist auch die im Magnetregler sowie in der Erregermaschine verlorene Leistung einzubeziehen. Bei künstlicher Kühlung wird der durch diese verursachte Verlust bei der Bestimmung des Wirkungsgrades im allgemeinen mit berücksichtigt. Bei Wechselstromerzeugern, Synchronmotoren und Transformatoren ist der Wirkungsgrad, wenn nichts Gegenteiliges festgesetzt ist, für Phasengleichheit zwischen Strom und Spannung zu ermitteln.

Von den zahlreichen in den M. N. beschriebenen Methoden zur Bestimmung des Wirkungsgrades sollen im folgenden nur die wichtigsten angeführt werden.

a) Die elektrische Methode.

In besonders einfacher Weise läßt sich der Wirkungsgrad der verschiedenen Umformerarten ermitteln, da sich bei ihnen sowohl die abgegebene als auch die zugeführte Leistung durch elektrische Messungen bestimmen läßt. Bei Gleichstrom wird die Leistung am einfachsten durch Strom- und Spannungsmessung festgestellt, während bei Wechselstrom die Anwendung eines Leistungsmessers erforderlich ist.

Beispiel: Bei der Bestimmung des Wirkungsgrades eines Motorgenerators zur Umformung von Drehstrom von 120 V in Gleichstrom von 110 V Spannung ergab sich bei voller Belastung und bei gleichzeitigem Ablesen der benutzten Meßinstrumente auf der Gleichstromseite eine Spannung von 110 V und eine Stromstärke von 327 A, also eine Leistung von $110 \cdot 327 = 36000$ W, auf der Drehstromseite eine Leistung von 47000 W. Mithin ist der Wirkungsgrad

$$\eta = \frac{36000}{47000} = 0{,}766.$$

b) Die mechanische Methode.
(Bremsmethode).

Bei der Bestimmung des Wirkungsgrades eines Motors kann in der Weise vorgegangen werden, daß einerseits die ihm zugeführte elektrische Leistung, andererseits die von ihm abgegebene mechanische Nutzleistung gemessen wird.

Die Ermittlung der zugeführten Leistung erfolgt in bekannter Weise mittels Strom- und Spannungsmessers bzw. Leistungsmessers. Zur Feststellung der Nutzleistung kann der Motor mittels eines Bremszaumes belastet werden. Dieser besteht in seiner einfachsten Form aus einem über die Riemenscheibe gelegten Bremsband in Gestalt eines Riemens oder Gurtes, Fig. 220. Durch U-fömig gebogene Eisenstücke wird ein seitliches Abrutschen des Bremsbandes von der Scheibe verhütet. Das Band wird an den beiden frei herunterhängenden Enden durch Gewichte G_1 bzw. G_2 beschwert. Die zwischen der Scheibe und dem Bande auftretende Reibung sucht die Bremse im Sinne der Drehrichtung mitzunehmen. Dies kann verhindert werden, indem das der Drehrichtung entgegengesetzte Ende des Bandes stärker belastet wird als das im Drehsinne gelegene. Befindet sich die Bremse im Gleichgewichtszustand, so gilt, wenn r den Halbmesser der Riemenscheibe in Meter und n die mittels eines Umdrehungszählers oder eines Tachometers festgestellte minutliche Umdrehungszahl bedeuten, für die Nutzleistung der Maschine in Watt die Beziehung:

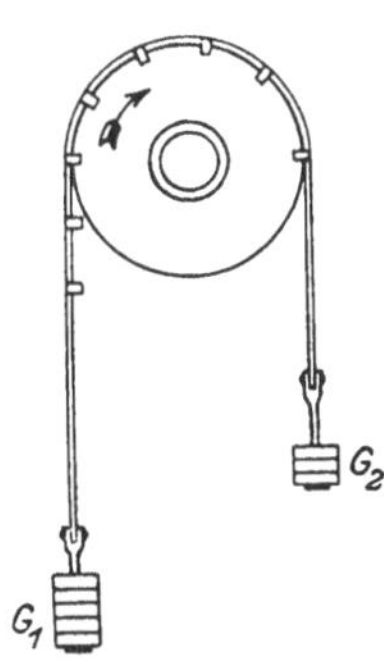

Fig. 220. Bandbremse.

$$L_2 = 1{,}027 \cdot (G_1 - G_2) \cdot r \cdot n \quad . \quad . \quad . \quad . \quad . \quad . \quad (80)$$

Die Gewichte sind hierbei in Kilogramm einzusetzen. Durch gleichzeitiges Verändern beider Gewichte kann die Leistung beliebig eingestellt werden.

Eine andere bewährte Form der Bremse ist von Brauer angegeben worden, Fig. 221. Um die Riemenscheibe oder eine besondere, auf die Welle des Motors gesetzte Bremsscheibe wird ein eisernes Bremsband gelegt. Dieses ist mit einem eisernen Rahmen verbunden, der an der einen Seite eine Gewichtsschale trägt, während auf der anderen Seite ein Ausgleichsgewicht g angebracht ist. Das eine Ende des Bandes

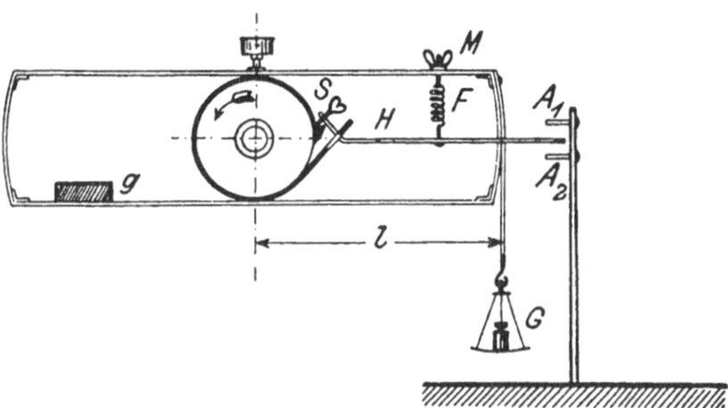

Fig. 221. Bremse nach Brauer.

ist zu einer Öse ausgebildet, durch das der Hebel H hindurchgeführt ist. Dieser trägt in seinem kurzen umgebogenen Teile die Schraube S, mittels der das Bremsband mehr oder weniger fest angezogen werden kann. Die Spiralfeder F stellt die Verbindung des Hebels mit dem Rahmen her. Durch Anspannen der Feder mittels der Mutter M kann eine feinere Einstellung der Bremse erfolgen, als dies durch die Schraube S möglich ist. Die zwischen Scheibe und Band infolge der Reibung auftretende Kraft kann durch ein auf die Schale gelegtes Gewicht ausgeglichen werden. Besteht Gleichgewicht, so läßt sich aus dem Gewichte G in Kilogramm, dem Hebelarme l der Bremse in Meter sowie der minutlichen Umdrehungszahl n des Motors die Nutzleistung in Watt bestimmen gemäß der Formel:

$$L_2 = 1{,}027 \cdot G \cdot l \cdot n \quad (81)$$

Nimmt aus irgendeinem Grunde die am Bremsband auftretende Reibung unbeabsichtigterweise zu, so schlägt das freie Ende des Hebels H, der in der Nähe des Bremsrahmens gabelförmig auseinandergebogen ist, gegen den Anschlag A_1, wodurch das Bremsband selbsttätig gelockert wird. Der Anschlag A_2 unterstützt die Bremse bei ihrer Entlastung.

Die Abführung der beim Bremsen an der Scheibe auftretenden Wärme macht bei größeren Leistungen Schwierigkeiten, und zwar selbst dann, wenn die Scheibe innen mit einem Hohlraum versehen wird, dem man Kühlwasser zuführt. Es kommt daher die Bremsmethode hauptsächlich für kleinere Maschinen in Anwendung.

Wesentlich sicherer als die mechanischen Bremsen, bei denen eine längere Aufrechterhaltung des Gleichgewichtszustandes wegen der Veränderlichkeit der Reibungsverhältnisse nur schwer zu erreichen ist, arbeiten die Wirbelstrombremsen. Diese bestehen aus einer auf die Welle der zu untersuchenden Maschine gesetzten Kupferscheibe, die sich zwischen den Polen eines kräftigen Elektromagneten bewegt. In der Scheibe werden dabei Wirbelströme induziert. Da diese bremsend wirken, so wird die Maschine durch sie belastet. Bei diesem Vorgange wird auf den auf Schneiden gelagerten Elektromagneten eine Kraft ausgeübt, die bestrebt ist, ihn im Sinne der Drehrichtung mitzunehmen. Durch ein an einem Hebelarme des Magneten angebrachtes verschiebbares Gewicht kann dem jedoch entgegengewirkt werden, so daß er in der Gleichgewichtslage erhalten bleibt. Durch Verändern der Erregerstromstärke des Magneten kann die Belastung des zu untersuchenden Motors innerhalb der gegebenen Grenzen beliebig geändert und durch Verschieben des Laufgewichtes der Gleichgewichtszustand stets wieder hergestellt werden. Die Nutzleistung des Motors wird wie bei den mechanischen Bremsen nach Gl. 81 gefunden.

Nach der Bremsmethode kann auch der Wirkungsgrad von Stromerzeugern ermittelt werden, sofern sie sich als Motoren betreiben lassen. Die Betriebsverhältnisse müssen dann während der

Bremsung so gewählt werden, daß sie von den normalen möglichst wenig abweichen.

Beispiele: 1. Ein Gleichstromnebenschlußmotor mit Wendepolen für eine normale Nutzleistung von 3 kW und eine Spannung von 110 V wurde zur Bestimmung seines Wirkungsgrades mit einer Brauerschen Bremse untersucht. Der Hebelarm der Bremse betrug 0,5 m. Wurde die Bremse mit 5 kg belastet und durch Anziehen des Bremsbandes in den Gleichgewichtzustand gebracht, so nahm der Motor einen Strom von 36,8 A auf. Die Klemmenspannung des Motors wurde zu 109 V, die Umdrehungszahl zu 1200 gemessen. Gesucht sind Nutzleistung und Wirkungsgrad des Motors.

Nach Gl. 81 ist die während der Bremsung vorhandene Nutzleistung:

$$L_2 = 1{,}027 \cdot 5 \cdot 0{,}5 \cdot 1200 = 3080 \text{ W} \quad (= 4{,}2 \text{ PS})$$

Die zugeführte Leistung ist:

$$L = E \cdot J = 109 \cdot 36{,}8 = 4010 \text{ W},$$

folglich ist der Wirkungsgrad:

$$\eta = \frac{3080}{4010} = 0{,}768.$$

2. Es sollen Wirkungsgrad und Leistungsfaktor eines Drehstrommotors für 1,5 kW Normalleistung und 120 V Spannung ermittelt werden. Zu diesem Zwecke wurde der Motor mit Hilfe einer Wirbelstrombremse belastet. Das Bremsgewicht betrug 1,432 kg und ist auf einem Arm verschiebbar. Bei dem Versuch betrug der Hebelarm 0,584 m. Die zugeführte Leistung wurde nach der Zweiwattmetermethode bestimmt, und zwar zu 1519 W. Außerdem wurden Klemmenspannung und Stromstärke gemessen. Jene wurde zu 127 V, diese zu 9,55 A ermittelt. Die Umdrehungszahl ergab sich zu 1400.

Demnach ist:

$$L_2 = 1{,}027 \cdot 1{,}432 \cdot 0{,}584 \cdot 1400 = 1200 \text{ W} \quad (= 1{,}63 \text{ PS})$$

also:

$$\eta = \frac{1200}{1519} = 0{,}79.$$

Nach Gl. 58 ist ferner:

$$\cos\varphi = \frac{L_1}{\sqrt{3} \cdot E \cdot J} = \frac{1519}{1{,}732 \cdot 127 \cdot 9{,}55} = 0{,}724.$$

c) Die Leerlaufmethode.

Bei den bisher beschriebenen Methoden wird die Wirkungsgradbestimmung in der Weise vorgenommen, daß man die der Maschine zugeführte und die von ihr abgegebene Leistung ermittelt. Doch kann der Wirkungsgrad auch dadurch festgestellt werden, daß man lediglich die in der Maschine auftretenden Leistungsverluste bestimmt. Bringt man diese von der zugeführten Leistung in Abzug, so erhält man die Nutzleistung der Maschine, umgekehrt erhält man die zugeführte Leistung, indem man die Verluste der Nutzleistung zurechnet.

Die Verluste setzen sich nun zusammen aus den Stromwärmeverlusten in den Wicklungen und den Leerlaufverlusten. Zu letzteren gehören die Eisenverluste — Hysterese- und Wirbelstromverluste — und die Reibungsverluste — Lager-, Luft- und Bürstenreibung.

Die Ermittlung des Stromwärmeverlustes in der Ankerwicklung erfolgt nach Gl. 22, setzt also die Kenntnis des Widerstandes der Wicklung voraus. Dieser kann nach einer der im II. Kapitel angegebenen Methoden ermittelt werden. Besonders einfach gestaltet sich die Widerstandsmessung bei den Wicklungen der feststehenden Anker (Ständer) von Wechselstrommaschinen. Bei Gleichstromankern ist dagegen die genaue Bestimmung des Widerstandes häufig mit Schwierigkeiten verknüpft, weil er sich zusammensetzt aus dem Widerstande der Wicklung selbst, dem Bürstenwiderstande und dem zwischen Bürsten und Kollektor auftretenden Übergangswiderstande. Der letztere kann ziemlich erheblich sein und hängt von den verschiedensten Umständen ab, z. B. dem Auflagedruck der Bürsten, der Umfangsgeschwindigkeit des Kollektors u. a. m. Es sei in dieser Beziehung auf die Erläuterungen zu den M. N. verwiesen.

Um den Stromwärmeverlust im Läufer eines asynchronen Wechselstrommotors zu bestimmen, kann man die Schlüpfung messen. Es läßt sich nachweisen, daß diese der im Läufer verzehrten Leistung entspricht. Es kann daher der prozentuale Stromwärmeverlust in der Läuferwicklung gleich der prozentualen Schlüpfung gesetzt werden. Bei der Umrechnung ist der prozentuale Stromwärmeverlust auf die dem Läufer übermittelte Leistung, d. i. die gesamte dem Motor zugeführte, vermindert um die im Ständer verbrauchte Leistung, zu beziehen.

Der Stromwärmeverlust in der Magnetwicklung wird bei Nebenschlußmaschinen am besten nach Gl. 20 als das Produkt der Klemmenspannung und des für die betreffende Belastung erforderlichen Erregerstromes bestimmt. Es ist alsdann der im Magnetregler auftretende Verlust mit eingeschlossen. Ebenso wird der Verlust in fremderregten Magnetwicklungen als das Produkt der vollen Erregerspannung und des Erregerstromes ermittelt.

Die Leerlaufverluste schließlich findet man als die von der Maschine aufgenommene Leistung, wenn man sie in eingelaufenem Zustande als Motor mit normaler Umdrehungszahl leer laufen läßt und ihr eine Spannung von solcher Höhe zuführt, daß die dabei in ihr auftretende EMK gleich der bei normaler Belastung vorhandenen EMK ist. In der Regel wird bei Leerlauf der in der Maschine auftretende Spannungsverlust so gering sein, daß die EMK als der Klemmenspannung gleich angenommen werden kann. Es empfiehlt sich, Gleichstrommaschinen für den Leerlaufversuch von einer besonderen Stromquelle aus zu erregen. Andernfalls muß, um die Leerlaufverluste zu erhalten, die für die Erregung der leerlaufenden Maschine benötigte Leistung von der aufgenommenen Leistung in Abzug gebracht werden.

Die Summe der Stromwärme- und Leerlaufverluste stellt den „meßbaren Verlust“ dar. Der wirklich auftretende Verlust ist größer, namentlich weil der Eisenverlust bei Belastung eine Steigerung erfährt (vgl. § 83). Doch sind die „zusätzlichen Verluste“, namentlich bei Maschinen größerer Leistung, verhältnismäßig gering, besonders wenn sie eine nur geringe Ankerrückwirkung haben. Aus letztgenanntem Grunde können sie bei Gleichstrommaschinen mit Wendepolen und bei kompensierten Maschinen meistens vernachlässigt werden.

Beispiele: 1. Für den dem Beispiel 1 auf Seite 197 zugrunde gelegten Gleichstrommotor wurde auch eine Wirkungsgradbestimmung nach der Leerlaufmethode vorgenommen. Zunächst wurde der Widerstand der Ankerwicklung (mit Einschluß der Wendepolwicklung) bestimmt zu 0,376 Ω. Der Erregerstrom wurde bei normaler Belastung der Maschine zu 1,26 A gemessen. Wird die dem Motor zugeführte Stromstärke, wie in dem erwähnten Beispiel, zu 36,8 A angenommen, so ist nach Gl. 69 der Ankerstrom

$$J_a = J - J_m = 36{,}8 - 1{,}26 = 35{,}54 \text{ A}.$$

Demnach ist der Stromwärmeverlust in der Anker- + Wendepolwicklung

$$J_a^2 \cdot R_a = 35{,}54^2 \cdot 0{,}376 = 475 \text{ W}.$$

Der Stromwärmeverlust in der Magnetwicklung ist bei einer Klemmenspannung von 110 V

$$E_k \cdot J_m = 110 \cdot 1{,}26 = 139 \text{ W}.$$

Der Leerlaufversuch wurde bei fremder Erregung vorgenommen. Die Umdrehungszahl wurde durch Beeinflussung des Erregerstromes auf 1200 einreguliert, und es wurde dem Motor eine Spannung zugeführt, die ungefähr gleich der bei Belastung auftretenden EMK der Maschine ist. Letztere findet man nach Gl. 70 zu

$$E = E_k - J_a \cdot R_a = 110 - 35{,}54 \cdot 0{,}376 = 96{,}6 \text{ V}.$$

Bei der Messung betrug die tatsächliche Spannung 96,5 V, wobei der Motor einen Strom von 3,4 A aufnahm. Also ist der Leerlaufverbrauch

$$96{,}5 \cdot 3{,}4 = 328 \text{ W}.$$

Der gesamte meßbare Verlust ist demnach

$$475 + 139 + 328 = 942 \text{ W}.$$

Nun ist die dem Motor zugeführte Leistung

$$L_1 = E \cdot J = 110 \cdot 36{,}8 = 4050 \text{ W},$$

folglich ist die vom Motor nutzbar abgegebene Leistung

$$L_2 = 4050 - 942 = 3108 \text{ W}, \quad (= 4{,}23 \text{ PS}).$$

Der Wirkungsgrad ergibt sich zu

$$\eta = \frac{3108}{4050} = 0{,}767.$$

Die zusätzlichen Verluste können, da der Motor Wendepole besitzt, nur unbedeutend sein. (Vergl. den nach der „mechanischen Methode" ermittelten Wirkungsgrad des gleichen Motors.)

2. Es soll der Wirkungsgrad eines sechspoligen asynchronen Drehstrommotors mit Schleifringläufer und Bürstenabhebevorrichtung für 37 kW Nutzleistung bei 120 V Spannung ermittelt werden.

Bei ungefähr normaler Belastung wurden für den Motor folgende Daten ermittelt: Klemmenspannung 124 V, Stromstärke 219 A, aufgenommene Leistung 44500 W, Frequenz 50, Umdrehungszahl 972. Die Bürsten waren während der Untersuchung abgehoben.

Die Ständerwicklung ist in Dreieck geschaltet. Die Stromstärke pro Phase ist demnach, Gl. 46 entsprechend,

$$J_P = \frac{219}{1{,}732} = 127 \text{ A}.$$

Jede Phase besitzt, wie Messungen mit der Wheatstoneschen Brücke ergaben, einen Widerstand von 0,05 Ω. Demnach ist der Stromwärmeverlust in der Ständerwicklung

$$3 \cdot 127^2 \cdot 0,05 = 2420 \text{ W}.$$

Der Spannungsverlust pro Phase ist

$$127 \cdot 0,05 = 6,3 \text{ V}.$$

Also beträgt die EMK

$$124 - 6,3 = 117,7 \text{ V}.$$

An diese Spannung ist der Motor beim Leerlaufversuche anzuschließen. Sie stand jedoch nicht zur Verfügung. Vielmehr mußte der Versuch bei 128 V Klemmenspannung durchgeführt werden, wobei der Motor 1650 W aufnahm. Bei der geringen Abweichung von der richtigen Spannung kann aber der in Betracht kommende Leerlaufsverbrauch durch proportionale Umrechnung gefunden werden zu

$$1650 \cdot \frac{117,7}{128} = 1520 \text{ W}.$$

Diese Leistung enthält den primären Eisenverlust — der sekundäre Eisenverlust kann wegen der geringen Schlüpfungsfrequenz vernachlässigt werden — und den Reibungsverlust des Läufers. Mit einiger Annäherung kann man annehmen, daß auf den primären Eisenverlust die Hälfte des Leerlaufverbrauches entfällt, so daß man für die vom Läufer bei normaler Belastung aufgenommene Leistung

$$44\,500 - 2420 - 760 = 41\,320 \text{ W}$$

erhält.

Da bei normaler Belastung die Umdrehungszahl 972 war, so beträgt die Schlüpfung 28 Umdrehungen oder, auf die synchrone Umdrehungszahl von 1000 bezogen, 2,8 $^0/_0$. Folglich ist der sekundäre Stromwärmeverlust

$$0,028 \cdot 41\,320 = 1160 \text{ W}.$$

Sollte bei der Schätzung des primären Eisenverlustes ein Fehler unterlaufen sein, so würde dies für die Berechnung des sekundären Stromwärmeverlustes nur von ganz untergeordneter Bedeutung sein.

Der gesamte meßbare Verlust setzt sich nun aus primärem Stromwärmeverlust, sekundärem Stromwärmeverlust und Leerlaufverlust zusammen, ist also

$$2420 + 1160 + 1520 = 5100 \text{ W}.$$

Da die vom Motor aufgenommene Leistung

$$L_1 = 44\,500 \text{ W}$$

ist, so ist die Nutzleistung

$$L_2 = 44\,500 - 5100 = 39\,400 \text{ W}$$
$$(= 53,5 \text{ PS}).$$

Der Wirkungsgrad beträgt also

$$\eta = \frac{39\,400}{44\,500} = 0,885.$$

Schätzt man die zusätzlichen Verluste zu 0,5 $^0/_0$, so erhält man für den Wirkungsgrad 88,0 $^0/_0$.

d) Die Leerlauf- und Kurzschlußmethode.

Die in einem Transformator auftretenden Verluste bestehen nach § 126 aus den Stromwärme- und den Eisenverlusten. Beide Verlustarten lassen sich auf dem Wege des Versuchs bestimmen. Die Eisenverluste sind gleich der vom leerlaufenden Transformator bei normaler Frequenz und normaler EMK aufgenommenen Leistung. Die Stromwärmeverluste lassen sich als die vom Transformator bei Kurzschluß aufgenommene Leistung ermitteln, wenn die Stromstärke in der kurzgeschlossenen Wicklung den normalen Wert hat. Die durch den Kurzschlußversuch gefundenen Stromwärmeverluste sind gleich den im Transformator tatsächlich auftretenden Verlusten. Sie sind, da in den Wicklungen des Transformators selbst Wirbelströme induziert werden, etwas größer als die aus den Ohmschen Widerständen berechneten Verluste.

Beispiel: Es ist der Wirkungsgrad eines Einphasentransformators für eine Leistung von 5 kVA, $^{120}/_{5000}$ V und $f = 50$ zu bestimmen. Wird der Wirkungsgrad zunächst mit 95% angenommen, so erhält man für die vom Transformator bei Vollast aufgenommene primäre Leistung $\frac{5000}{0,95} = 5260$ W. Die primäre Stromstärke ist also $\frac{5260}{120} = 44$ A. Der Widerstand der primären Wicklung wurde zu 0,0335 Ω gemessen. Folglich ist nach Gl. 75 die EMK gleich $120 - 44 \cdot 0,0335 = 118,5$ V. An diese Spannung angeschlossen, nahm der Transformator bei Leerlauf 112 W auf. Sodann wurde die Niederspannungswicklung des Transformators kurzgeschlossen und der Hochspannungswicklung eine solche Spannung zugeführt, daß in der kurzgeschlossenen Wicklung eine Stromstärke von 44 A auftrat. Dabei betrug die Leistungsaufnahme des Transformators 153 W. Die Gesamtverluste sind also gleich $112 + 153 = 265$ W. Bei einer Nutzleistung $L_2 = 5000$ W ist also die aufgenommene Leistung $L_1 = 5265$ W und folglich der Wirkungsgrad

$$\eta = \frac{5000}{5265} = 0,95\,,$$

wie von vornherein geschätzt war.

160. Spannungsänderung.

Die Spannung eines Stromerzeugers ist von der Belastung abhängig. Bei den meisten Maschinen tritt mit zunehmender Belastung ein Spannungsabfall ein, doch kann — z. B. bei Gleichstromdoppelschlußmaschinen — auch eine Spannungserhöhung erfolgen.

Um eine Maschine hinsichtlich ihrer Spannungsänderung zu untersuchen, ist sie, den M. N. gemäß, bei normaler Klemmenspannung und unveränderter Drehzahl von Vollast bis auf Leerlauf zu entlasten. Während des Versuches ist bei fremderregten Maschinen der Erregerstrom, bei selbsterregten Maschinen die Stellung des Magnetreglers nicht zu ändern. Bei Doppelschlußmaschinen ist der Verlauf der Spannung zwischen Vollast und Leerlauf aufzunehmen und als Spannungsänderung der Unterschied zwischen der höchsten und niedrigsten Spannung anzusehen.

Wird bei Wechselstrommaschinen die Spannungsänderung für induktive Belastung ohne Nennung des Leistungsfaktors angegeben, so bezieht sie sich auf den Leistungsfaktor 0,8.

Bei Transformatoren soll sowohl der Ohmsche Spannungsverlust als auch die Kurzschlußspannung (s. § 121) bei normaler

Stromstärke angegeben werden, beide auf den Sekundärkreis bezogen. Wird die Kurzschlußspannung bei einer von der normalen etwas abweichenden Stromstärke gemessen, so ist sie auf die normale Stromstärke proportional umzurechnen.

Beispiele: 1. Bei der Bestimmung der Spannungsänderung einer durch eine Dampfmaschine angetriebenen Gleichstromnebenschlußmaschine für $^{110}/_{150}$ V, $^{245}/_{180}$ A, $n = {}^{650}/_{750}$ wurden folgende Versuchswerte erhalten:

245 A	$n = 650$	110 V
150 A	$n = 642$	118 V
62 A	$n = 650$	124 V
Leerlauf	$n = 650$	126 V

Die Spannungsänderung beträgt also 16 V, d. h. 14,5% der normalen Spannung.

2. Zur Bestimmung des Ohmschen Spannungsverlustes des bereits im Beispiel zu § 159 d) behandelten Einphasentransformators für 5 kVA, $^{120}/_{5000}$ V und $f = 50$ wurde der Widerstand der Wicklungen mittels der Wheatstoneschen Brücke gemessen. Dabei wurde gefunden

$$R_1 = 0{,}0335\,\Omega,$$
$$R_2 = 51{,}8\,\Omega.$$

Bei voller Belastung und $\cos\varphi = 1$ beträgt die sekundäre Stromstärke 1 A. Der Ohmsche Spannungsverlust in der sekundären Wicklung ist also $1 \cdot 51{,}8 = 51{,}8$ V. Bei 95% Wirkungsgrad ist die primäre Stromstärke 44 A und demnach der primäre Ohmsche Spannungsverlust $44 \cdot 0{,}0335 = 1{,}47$ V. Um diesen Wert auf den sekundären Kreis zu beziehen, ist er mit dem Verhältnis der sekundären zur primären Spannung zu multiplizieren, so daß sich ergibt $1{,}47 \cdot \frac{5000}{120} = 61{,}3$ V. Der gesamte Ohmsche Spannungsverlust ist mithin $51{,}8 + 61{,}3 = 113{,}1$ V.

Die Kurzschlußspannung kann aus der in Fig. 178 dargestellten Kurve, die sich auf den vorliegenden Transformator bezieht, entnommen werden. Bei 44 A beträgt sie 192 V.

Elftes Kapitel.

Akkumulatoren.

161. Allgemeines.

Vielfach ist in Stromerzeugungsanlagen das Bedürfnis vorhanden, elektrische Energie aufzuspeichern, um sie nach Bedarf wieder verwenden zu können. Die Verhältnisse sind nicht unähnlich denjenigen in einem Gas- oder einem Wasserwerke. In Gasanstalten wird zur Aufspeicherung des Gases ein Gasometer vorgesehen. In Wasserwerken wird ein Hochbehälter angewendet, der mit dem Rohrleitungsnetz und den Pumpen in Verbindung steht. Die Einrichtung eines solchen Wasserwerkes ist in Fig. 222 schematisch wiedergegeben. Die Pumpe P drückt das Wasser aus dem Brunnen B in den Hochbehälter H oder in das Rohrnetz N. Entspricht der Verbrauch in dem Netze gerade der Leistung der Pumpe, so strömt das ganze von dieser gelieferte Wasser in das Netz. Wird der Verbrauch im Netz geringer als die Pumpenleistung, so geht der überschüssige Teil des Wassers in den Behälter. Ist der Verbrauch größer, so wird das fehlende Wasser aus dem Behälter geliefert. Der Hochbehälter tritt auch dann in Wirksamkeit, wenn die Pumpe stillgesetzt wird oder infolge einer Störung versagt. In diesem Falle schließt sich das Rückschlagventil V, und die Pumpe wird hierdurch selbsttätig von dem Hochbehälter abgeschaltet. Dieser bleibt dagegen mit dem Netz verbunden und liefert das benötigte Wasser. Man wird im allgemeinen den Betrieb des Wasserwerkes so einzurichten versuchen, daß man an einem bestimmten Teile des Tages die Pumpen laufen läßt, und zwar mit möglichst gleichmäßiger Belastung, daß man sie dagegen in der übrigen Zeit still setzt und die Lieferung des Wassers ausschließlich dem Hochbehälter überträgt. Während des Betriebes der Pumpen muß also der Behälter den Ausgleich übernehmen und ferner so weit gefüllt werden, daß er den Bedarf für die Zeit decken kann, in der die Pumpen stehen.

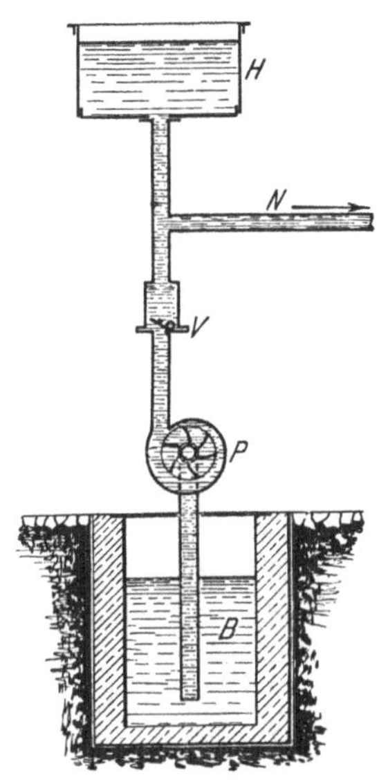

Fig. 222. Wasserwerk mit Hochbehälter als Ausgleichs- und Reserveorgan.

Den gleichen Erfolg, den man in Wasserwerken durch die Aufstellung eines Hochbehälters erzielt, erreicht man in einem Elektrizitätswerke durch Anwendung von Akkumulatoren oder Sammlern. Bei diesen handelt es sich allerdings in Wirklichkeit nicht um eine unmittelbare Aufspeicherung der Elektrizität, sondern es muß, wie im folgenden Paragraphen näher ausgeführt wird, die elektrische Energie zunächst in eine andere Energieform übergeführt werden.

162. Wirkungsweise und Bauart des Bleiakkumulators.

Im § 18 wurde bereits darauf hingewiesen, daß man einer Wasserzersetzungszelle, nachdem ihr vorher einige Zeit lang Strom zugeführt wurde, einen Strom von entgegengesetzter Richtung, den Polarisationsstrom, entnehmen kann. Dieser ist aber nur von kurzer Dauer, da er nur so lange anhält, als die Platinelektroden noch mit Gasbläschen beladen sind. Die Wirkung wird jedoch wesentlich günstiger, wenn statt des den chemischen Einflüssen widerstehenden Platins als Elektrodenmaterial Metalle verwendet werden, mit denen die Zersetzungsprodukte der Flüssigkeit Verbindungen eingehen. Als ganz besonders geeignet hat sich in dieser Beziehung das Blei erwiesen. In neuerer Zeit werden allerdings auch andere Metalle verwendet. Doch ist der Bleiakkumulator noch heute von so überwiegender Bedeutung, daß die folgenden Darlegungen sich wesentlich auf diesen beziehen sollen.

In seiner einfachsten Gestalt besteht der Bleiakkumulator aus einem Glasgefäß, das mit verdünnter Schwefelsäure gefüllt ist, und in das zwei Bleiplatten eintauchen. Von diesen wird beim Anschluß an eine Stromquelle, beim Laden, die positive infolge des an ihr auftretenden Sauerstoffs (Oxyds) in Bleiüberoxyd verwandelt, so daß sich also im geladenen Zustande des Akkumulators eine positive Bleiüberoxydplatte und eine negative Platte aus reinem Blei gegenüberstehen. Wie bei einem gewöhnlichen Elemente zwischen den verschiedenen Metallen ein Spannungsunterschied, eine EMK besteht, so tritt eine solche auch zwischen den beiden ihrer chemischen Zusammensetzung nach verschiedenen Platten des Akkumulators auf. Es kann diesem also nunmehr Strom entnommen, er kann wieder entladen werden, und zwar hat der Entladestrom die entgegengesetzte Richtung wie der Ladestrom. Die bei der Entladung auftretenden chemischen Prozesse haben zur Folge, daß sich sowohl die positive als auch die negative Platte allmählich in schwefelsaures Blei umwandeln, so daß schließlich infolge der Gleichartigkeit der beiden Pole ein Spannungsunterschied zwischen ihnen nicht mehr besteht. Ehe aber noch der Akkumulator völlig entladen ist, wird man eine Wiederaufladung vornehmen, wobei die positive Platte wiederum in Bleiüberoxyd, die negative Platte dagegen in reines Blei umgewandelt wird. Durch den Entladevorgang wird der Flüssigkeit Schwefelsäure entzogen, gleichzeitig wird auch Wasser frei. Die Säure nimmt daher während der Entladung einen höheren Grad der Verdünnung an. Bei der Ladung wird die Schwefelsäure wieder frei, gleichzeitig Wasser gebunden. Die Säure wird daher während der Ladung wieder konzentrierter.

Die Wirkungsweise des Akkumulators beruht also, wie aus vorstehendem hervorgeht, darauf, daß die ihm bei der Ladung zugeführte elektrische Energie chemische Umwandlungen vollzieht, und daß die dafür aufgewendete Arbeit, abgesehen von den unvermeidlichen Verlusten, bei der Entladung zu beliebigen Zeiten wieder in elektrische Energie zurückverwandelt werden kann.

Damit die bei der Ladung und Entladung auftretenden chemischen Prozesse nicht nur auf die Oberfläche der Platten einwirken, sondern auch ihre inneren Teile beeinflussen, kann der Akkumulator nach einem von Planté angegebenen Verfahren „formiert“ werden, indem er vor der Inbetriebnahme häufig geladen und wieder entladen wird, wobei immer tiefere Schichten der Platten an den Vorgängen teilnehmen, ein Erfolg, der durch gelegentliches Vertauschen der Pole beim Laden noch begünstigt werden kann. Der langwierige und teure Formierungsprozeß kann nach einem später von Faure angegebenen Verfahren erheblich abgekürzt werden, indem man die Bleiplatten gitterförmig ausbildet und die entstehenden Lücken mit Bleisalzen ausfüllt. Dabei wird für die positive Platte Mennige, für die negative Platte Bleiglätte verwendet. Die wirksame Masse der so hergestellten Platten ist verhältnismäßig locker und gibt den chemischen Einflüssen sofort Folge. Es genügt daher bereits eine einmalige längere Ladung, um die Platten zu formieren. Diese befinden sich eben gleich von vornherein annähernd in demjenigen Zustande, den sie sonst erst nach einem längeren Formierungsprozesse annehmen würden. Man bezeichnet die nach dem Verfahren von Faure verfertigten Platten als Masseplatten.

Während man für den negativen Pol heute wohl allgemein Masseplatten verwendet, werden die positiven Platten meistens nach dem Verfahren von Planté behandelt. Der Formierungsprozeß wird jedoch durch den Zusatz besonderer, das Blei angreifender Substanzen, die

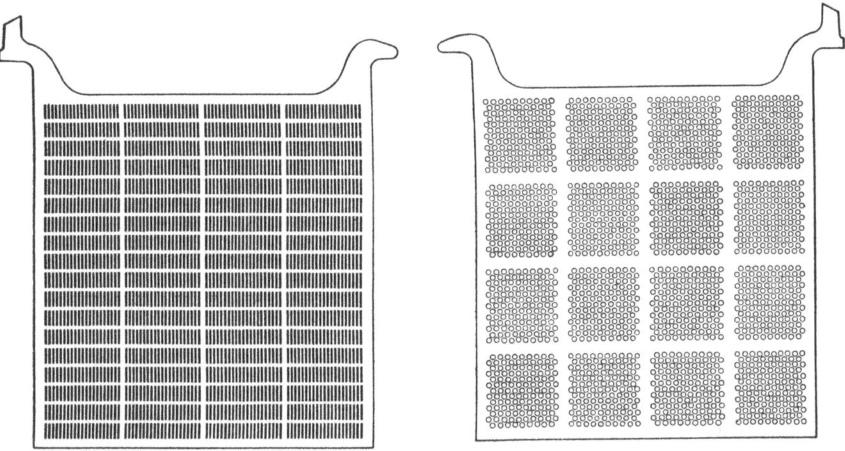

Fig. 223a. Positive Platte Fig. 223b. Negative Platte eines Bleiakkumulators der Akkumulatoren-Fabrik-Aktiengesellschaft.

nach beendeter Formation wieder entfernt werden, außerordentlich abgekürzt. Auch werden die Platten nicht massiv hergestellt, sondern aus sehr dünnen Rippen zusammengesetzt, die durch einzelne Stege zusammengehalten werden. Da die nutzbare Oberfläche der Platten auf diese Weise ganz erheblich vergrößert wird, nennt man sie Großoberflächenplatten. Sie haben vor den Masseplatten, bei denen das wirksame Material leicht abfallen kann, den Vorzug größerer Haltbarkeit. Ein Lösen der wirksamen Masse von den negativen Platten wird durch geeignete Gestaltung der letzteren vermieden.

Die übliche Form der Akkumulatorenplatten ist aus Fig. 223a und b zu erkennen. Es sind eine positive Großoberflächen- und eine negative Masseplatte eines Bleiakkumulators der Akkumulatoren-Fabrik-Aktiengesellschaft, Berlin-Hagen i. W., dargestellt.

Die negative Platte ist kastenförmig aufgebaut, und die Masse tritt durch zahlreiche kleine Öffnungen der Bleideckel mit der Säure in Berührung.

Die Leistungsfähigkeit eines Akkumulators hängt im wesentlichen von der Größe der zur Verwendung kommenden Platten ab. Mit Rücksicht auf eine zweckmäßige Form des Akkumulators vermeidet man aber allzu große Platten und schaltet statt dessen lieber mehrere kleinere parallel. Da stets eine positive Platte zwischen zwei negativen Platten angeordnet wird, so ist in jeder Akkumulatorenzelle die Zahl der letzteren um 1 größer als die der positiven. Äußerlich sind die positiven Platten an ihrer dunkelbraunen, die negativen an ihrer hellgrauen Färbung zu erkennen. Die Platten werden mittels nasenartiger Ansätze (vgl. Fig. 223) an den Wandungen der Gefäße aufgehängt. Die gleichpoligen Platten jeder Zelle werden unter sich durch eine Bleileiste verbunden. Um dies bequem bewirken zu können, erhalten die Platten oben noch eine fahnenartige Verlängerung. Die Platten werden so in die Gefäße eingesetzt, daß die Fahnen sich bei den positiven Platten einer Zelle auf der einen Seite, bei den negativen auf der anderen Seite befinden. Fig. 224 zeigt eine Zelle in der Aufsicht. Sie enthält fünf positive und sechs negative Platten. Erstere sind durch kräftige, letztere durch dünnere Striche angedeutet.

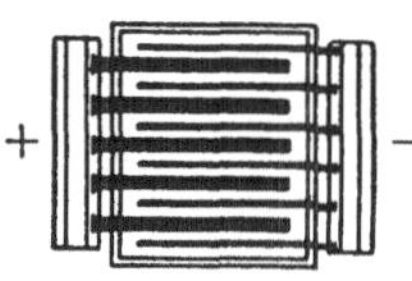

Fig. 224. Anordnung der Platten eines Bleiakkumulators.

Bei größeren Zellen verwendet man gewöhnlich statt der Glasgefäße mit Blei ausgeschlagene Holzkästen. Es werden dann zum Aufhängen der Platten besondere Glasscheiben im Kasten einander gegenübergestellt.

Damit eine Berührung der Platten eines Akkumulators unter sich nicht eintreten kann, werden sie durch Glasröhren voneinander getrennt. Um ein Überbrücken benachbarter Platten durch abgebröckeltes Material zu vermeiden, verwendet die Firma Gottfried Hagen, Köln, perforierte Hartgummischeiben. Diese werden beiderseits gegen die negativen Platten gepreßt und schließen ein Herausquellen der Masse aus, ohne den Zutritt der Säure zu den Platten nennenswert zu beeinträchtigen. Die Akkumulatoren-Fabrik-Aktiengesellschaft verwendet dünne Holzfurniere, die in die Mitte des Zwischenraumes zweier Platten gebracht und durch Holzstäbe in dieser Lage erhalten werden. Die aus dem Holze allmählich in Lösung tretenden Stoffe wirken auch günstig auf die Haltbarkeit der Platten ein.

163. Spannung, Kapazität und Wirkungsgrad.

Die EMK eines Akkumulators ist in hohem Maße von seinem Ladezustand abhängig. Sie steigt während der Ladung, sinkt während der Entladung. Die Klemmenspannung ist bei der Ladung um den im Element selber auftretenden, durch seinen inneren Widerstand bedingten Spannungsabfall größer, bei der Entladung um eben diesen Betrag kleiner als die EMK. Die in Fig. 225 wiedergegebenen Kurven geben ein Bild des Verlaufs der Lade- und Entladespannung für den Fall, daß sowohl bei der Ladung als auch bei der Entladung die Stromstärke konstant gehalten wird. Aus der Darstellung geht hervor, daß die Ladespannung, von 2,1 V beginnend, zunächst langsam auf 2,3 V und dann schneller bis auf 2,8 V steigt. Zweckmäßig ist es, gegen Schluß der Ladung die Stromstärke herabzusetzen. Die Spannung erreicht dann nicht ganz den angegebenen Wert. Wird gegen Schluß der Ladung die Stromstärke auf die Hälfte ermäßigt, so ist die höchste Spannung ungefähr 2,75 V. Unmittelbar nach dem Abstellen der Ladung geht die Spannung auf etwa 2,1 V zurück. Die Entladespannung setzt bei ungefähr 1,95 V ein, fällt aber rasch auf 1,93 V und sodann ganz allmählich auf 1,83 V. Über diesen Punkt hinaus darf eine Entladung nicht vorgenommen werden, da sonst die Spannung sehr schnell auf Null sinken und der Akkumulator Schaden nehmen würde.

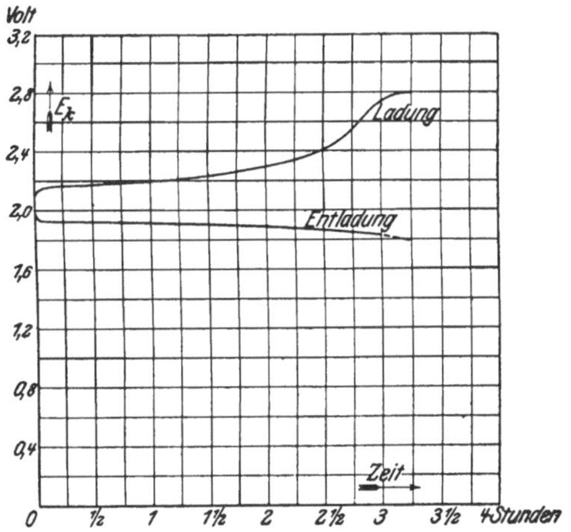

Fig. 225. Lade- und Entladespannung eines Bleiakkumulators.

Die Leistungsfähigkeit eines Akkumulators wird durch seine Kapazität ausgedrückt. Man versteht darunter die gesamte Elektrizitätsmenge, die man einem geladenen Akkumulator entnehmen kann, bis seine Spannung auf die untere zulässige Grenze gesunken ist. Die Kapazität wird in Amperestunden gemessen. Sie ist von der Entladezeit abhängig. Je langsamer, d. h. mit je geringerer Stromstärke ein Akkumulator entladen wird, desto größer ist seine Kapazität. Zur eindeutigen Festlegung der Leistungsfähigkeit eines Akkumulators ist daher die Kapazität unter Hinzufügung der Entladezeit anzugeben.

Es ist selbstverständlich, daß nicht alle dem Akkumulator bei der Ladung zugeführte Energie ihm bei der Entladung wieder entnommen werden kann. Es wird z. B. in seinem inneren Widerstande sowohl bei der Ladung als auch bei der Entladung eine gewisse Energie aufgezehrt. Ferner bedeuten auch die gegen Ende der Ladung aus dem Akkumulator aufsteigenden Gasbläschen einen Energieverlust, da zu ihrer Entwicklung eine gewisse Arbeit notwendig ist, die an der chemischen Umbildung der Platten nicht teilnimmt. Der Wirkungsgrad, d. h. das Verhältnis der dem geladenen Akkumulator entnehmbaren zu der ihm während der

Ladung zugeführten Arbeit (in Wattstunden gemessen) ist je nach der Größe des Akkumulators verschieden und hängt auch von der Art des Betriebes, z. B. von der Lade- und Entladestromstärke ab. Er kann für kleine und mittlere Größen zu ungefähr 75% angenommen werden.

Beispiel: Eine gewisse Akkumulatorentype der Akkumulatoren-Fabrik-Aktiengesellschaft besitzt eine Kapazität von 653 Ah bei 10stündiger Entladung. Für 5stündige Entladung beträgt die Kapazität des gleichen Akkumulators nur 540 Ah und für 3stündige Entladung nur 486 Ah. Welche Stromstärke kann dem Akkumulator entnommen werden?

Der Akkumulator für 10stündige Entladung kann mit $\frac{653}{10} = 65$ A, der für 5stündige Entladung mit $\frac{540}{5} = 108$ A und der für 3stündige Entladung mit $\frac{486}{3} = 162$ A beansprucht werden.

164. Akkumulatorenbatterie und Zellenschalter.

Zur Erreichung der in elektrischen Anlagen gebräuchlichen Spannungen muß eine größere Anzahl von Akkumulatorenzellen hintereinander geschaltet werden. So sind bei einer Spannung von 110 V, die geringste Entladespannung zu 1,83 V angenommen, $\frac{110}{1,83} = 60$ Zellen erforderlich, bei 220 V Spannung werden 120 Zellen und bei 440 V 240 Zellen benötigt. Die Hintereinanderschaltung der Zellen erfolgt gewöhnlich durch die im vorigen Paragraphen erwähnten Bleileisten, die zum Parallelschalten der gleichpoligen Platten einer Zelle dienen, die aber auch gleichzeitig die Platten entgegengesetzter Polarität der nächsten Zelle aufnehmen. Die Anordnung ist in Fig. 226 für drei hintereinandergeschaltete Zellen schematisch dargestellt.

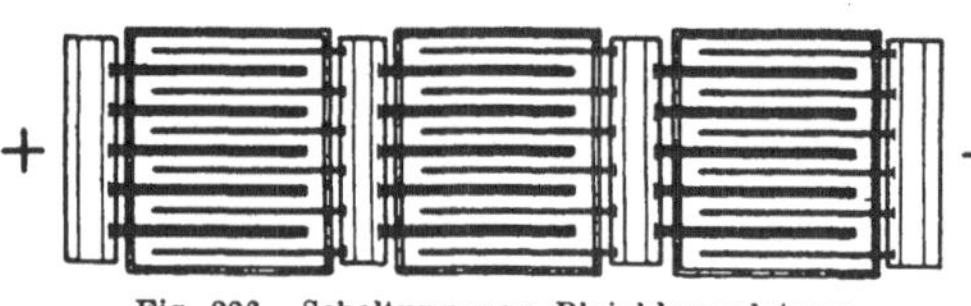

Fig. 226. Schaltung von Bleiakkumulatoren.

Da die Spannung einer Akkumulatorenzelle bei Beginn der Entladung höher als 1,83 V ist, so ergibt sich für die Batterie eine zu hohe Anfangsentladespannung. Dem muß dadurch entgegengetreten werden, daß zunächst einige Zellen abgeschaltet werden. Hierzu dient der Zellenschalter. Er besteht in der am meisten verbreiteten Form aus einer Anzahl Kontakte, die auf einem Kreisbogen angeordnet sind und beim Drehen einer Kurbel von einer Schleifbürste bestrichen werden. In Fig. 227 sind für den Zellenschalter Z sechs Kontakte angenommen, entsprechend fünf Schaltzellen. Die Pole jeder dieser Zellen stehen durch Leitungen mit zwei benachbarten Kontakten in Verbindung. Es sind lediglich die nicht abschaltbaren Stammzellen eingeschaltet, wenn sich die Kurbel auf dem innersten Kontakt befindet. Diese Stellung entspricht also dem Beginne der Entladung. In dem Maße nun, wie die Spannung der Zellen während der Entladung sinkt, ist durch Drehen der Kurbel nach außen eine Schaltzelle nach der anderen hinzuzufügen, so daß die dem Netz zugeführte Spannung stets annähernd konstant bleibt.

Einer besonderen Ausbildung bedarf die Schleifbürste des Zellenschalters. Wäre sie etwas schmäler als der Zwischenraum zweier Kontakte, so würde immer beim Übergang der Kurbel von einem Kontakt zum nächsten eine kurzzeitige Stromunterbrechung eintreten. Wäre sie andererseits etwas breiter, so würde beim Weiterdrehen der Kurbel jedesmal die Zelle, die zwischen den mit der Bürste gleichzeitig in Berührung kommenden benachbarten Kontakten liegt, einen Augenblick lang kurzgeschlossen. Um beides zu vermeiden, wird, wie in der Figur angedeutet, neben der Hauptbürste noch eine Hilfsbürste angebracht. Beide Bürsten, von denen jede schmaler ist als der durch Isolierstücke ausgefüllte Zwischenraum zweier Kontakte, sind durch eine Widerstandsspirale miteinander verbunden. Beim Zuschalten einer Zelle kommt nun, ehe noch die Hauptbürste ihren Kontakt verlassen hat, die Hilfsbürste bereits mit dem nächsten Kontakt in Berührung. Eine Stromunterbrechung tritt also nicht ein. Aber auch ein Kurzschluß der zugeschalteten Zelle wird vermieden, da diese sich nur mit der durch den Widerstand der Verbindungsspirale beider Bürsten gegebenen Stromstärke entladen kann, was um so unbedenklicher ist, da dieser Vorgang nur so lange andauert, bis die Hauptbürste den nächsten Kontakt erreicht hat.

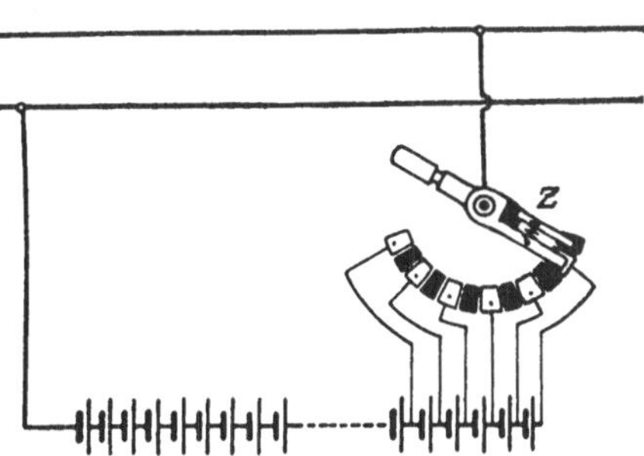

Fig. 227. Schaltung eines Einfachzellenschalters.

Da die Schaltzellen bei der Entladung der Batterie erst nach und nach in Benutzung genommen, also auch nicht völlig entladen werden, so wird auch ihre Ladung früher als die der Stammzellen beendet sein. Sie müssen daher bei der Ladung, damit sie nicht dauernd überladen werden, vorzeitig abgeschaltet werden. Zuerst ist die äußerste Schaltzelle abzutrennen, demnächst die vorletzte usf. Hieraus geht hervor, daß der Zellenschalter auch für die Ladung benötigt wird.

Falls der Batterie, wie es meistens gewünscht wird, auch während der Ladung Strom entnommen werden soll, sind zwei Zellenschalter, einer für die Entladung und einer für die Ladung, erforderlich. Sie werden meistens zu einem Doppelzellenschalter in der Weise vereinigt, daß auf dieselbe Kontaktbahn zwei Kurbeln, eine Endlade- und eine Ladekurbel, einwirken.

Die Anordnung des Doppelzellenschalters ist aus Fig. 228 zu ersehen, in der jedoch der Deutlichkeit wegen für die Ladung und Entladung besondere Kontaktbahnen gezeichnet sind. Die Zahl der Schaltzellen muß, wenn die Batterie auch während der Ladung Strom in das Netz liefern soll, mit Rücksicht auf die höhere Ladespannung größer gewählt werden als in dem Falle, daß der Batterie während der Ladung kein Strom entnommen wird.

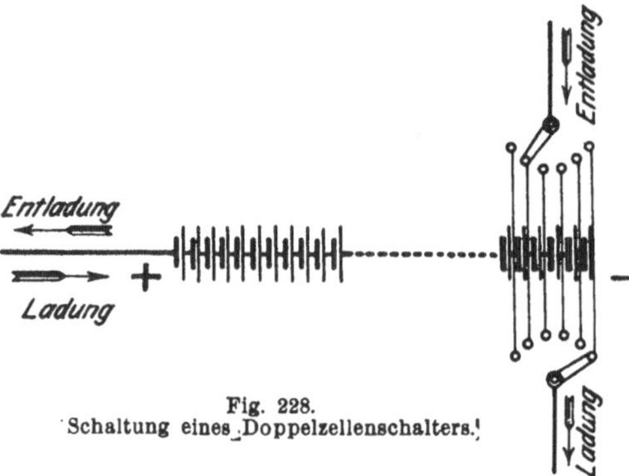

Fig. 228.
Schaltung eines Doppelzellenschalters.

Beispiel: In einer Beleuchtungsanlage für eine Betriebsspannung von 110 V ist eine Akkumulatorenbatterie von 60 Zellen aufgestellt. Wieviel Schaltzellen sind erforderlich, wenn ein Doppelzellenschalter angewendet, die Batterie also auch während der Ladung zur Stromlieferung in das Netz herangezogen wird?

Die höchste bei der Ladung auftretende Elementenspannung kann mit 2,75 V angenommen werden. Zur Erzielung der Betriebsspannung dürfen demnach am Schlusse der Ladung nur $\frac{110}{2,75} = 40$ Zellen eingeschaltet sein. Es sind demnach $60 - 40 = 20$ Schaltzellen notwendig. (Falls ein Einfachzellenschalter benutzt, d. h. der Batterie zur Zeit der Ladung kein Strom entnommen wird, würde man mit ungefähr 5 Schaltzellen auskommen.)

165. Die Akkumulatorenbatterie in Verbindung mit der Betriebsmaschine.

Als Betriebsmaschine kommt in Anlagen mit Akkumulatoren fast nur die Nebenschlußmaschine zur Anwendung. Die Batterie wird zur Maschine parallel geschaltet, wie es das Schema Fig. 229 — der Einfachheit wegen unter Fortlassung des Zellenschalters — zeigt. Maschine und Batterie liegen an den Sammelschienen P und N. Sie können entweder jede für sich allein oder auch gemeinschaftlich auf das Netz arbeiten. Solange ihre Klemmenspannung die Maschinenspannung, überwiegt, sendet die Batterie Strom in das Netz, wird sie entladen (Fig. 229a); sie wird dagegen geladen, wenn ihre Spannung geringer wird als die Maschinenspannung (Fig. 229b). Die für das Laden der Batterie erforderliche höhere Spannung, die am Schluß der Ladung die Netzspannung um ca. 50% übersteigt, wird in kleineren Anlagen meistens unmittelbar durch Nebenschlußregelung der Betriebsmaschine erzielt. Letztere fällt mit Rücksicht auf die weitgehende Spannungsregelung allerdings größer und teurer als eine Maschine für konstante Spannung aus, ein Nachteil, der bis zu einem gewissen Grade dadurch aufgehoben werden kann, daß die Spannungserhöhung durch Steigerung der Umdrehungszahl der Maschine unterstützt wird.

Bei Anwendung eines Doppelzellenschalters ist für die Maschine ein Umschalter vorzusehen (Fig. 230), mit dem sie entweder auf das Netz, Stellung *N*, oder auf Ladung, Stellung *L*, geschaltet werden kann. Zwischen dem Kontakt *L* und der Ladekurbel des Zellenschalters ist bei dieser Anordnung noch eine besondere Ladeleitung notwendig. Die Pfeile in der Figur geben den Stromlauf bei der Ladung an.

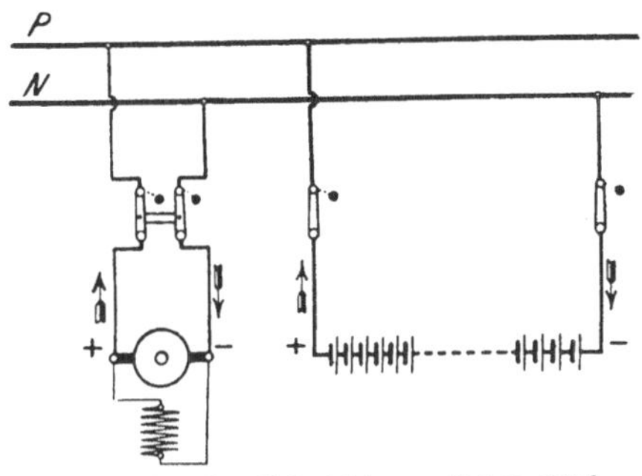

Fig. 229 a. Parallelbetrieb von Nebenschlußmaschine und Akkumulatorenbatterie.

Fig. 229 b. Ladung der Batterie.

In größeren Anlagen zieht man meistens die Aufstellung einer Zusatzmaschine vor. Diese und die Hauptmaschine werden hintereinander geschaltet. Die Betriebsmaschine behält dann auch während der Ladung ihre normale Spannung, während die Zusatzmaschine die fehlende Spannung erzeugt. Die Spannung der Zusatzmaschine muß demnach von nahezu null Volt bis auf ungefähr 50 $^0/_0$ der Netzspannung veränderlich sein. Die Stromstärke, für die die Zusatzmaschine zu bemessen ist, richtet sich nach der normalen Ladestromstärke der Batterie.

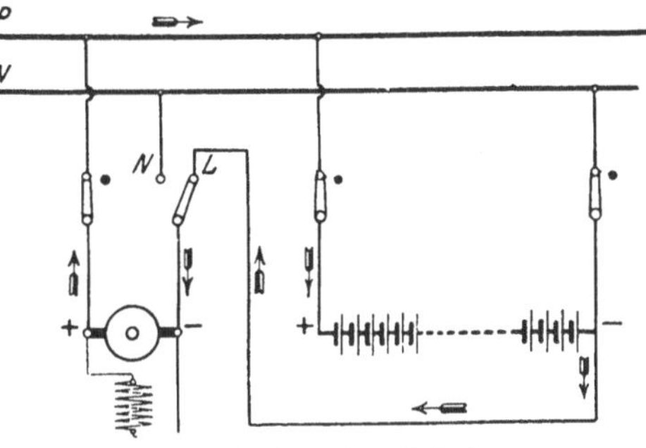

Fig. 230. Ladung einer Batterie bei Anwendung eines Doppelzellenschalters.

Um während des Parallelbetriebes und auch während der Ladung einen durch Nachlassen der Spannung der Betriebsmaschine veranlaßten Rückstrom aus der Batterie in die Maschine zu vermeiden, ist die Anwendung eines selbsttätigen Rückstrom- oder Minimalausschalters unerläßlich, vergleichbar mit dem in § 161 erwähnten Rückschlagventil (s. auch § 84). Während Nebenschlußmaschinen im Falle eines wirklich auftretenden Rückstromes eine nennenswerte Betriebsstörung nicht erfahren, können Doppelschlußmaschinen durch einen solchen umpolarisiert werden, sofern dem nicht durch Anwendung besonderer Schaltungen oder auf andere Weise vorgebeugt wird, ein Grund mit, warum Doppelschlußmaschinen in Akkumulatorenanlagen nur ungern verwendet werden.

166. Elektrizitätswerke mit Akkumulatorenbetrieb.

Da sich durch Wechselstrom keine chemischen Umwandlungen vollziehen lassen, so ist eine unmittelbare Verwendung von Akkumulatoren nur in Gleichstromanlagen möglich. In solchen ergeben sich durch Aufstellung einer Akkumulatorenbatterie jedoch mannigfache Vorteile. Sie entsprechen im wesentlichen denen, die der Einbau eines Hochbehälters für ein Wasserwerk nach sich zieht, und die in § 161 erörtert worden sind.

Durch die Parallelschaltung einer Batterie zu den Betriebsmaschinen werden Belastungsschwankungen ausgeglichen. Da bei zunehmender Belastung die Maschinenspannung — Nebenschlußmaschinen vorausgesetzt — etwas nachläßt, so beteiligt sich die Batterie stärker an der Stromlieferung; bei geringer werdender Belastung wird umgekehrt der überschüssige Teil des von den Maschinen gelieferten Stromes in den Akkumulatoren aufgespeichert. Beim Stillsetzen oder Versagen der Betriebsmaschinen übernimmt die zu ihnen parallel liegende Akkumulatorenbatterie ohne weiteres die alleinige Stromlieferung an das Netz, wobei die Maschinen durch die eingebauten Rückstrom- oder Minimalausschalter selbsttätig abgeschaltet werden. Die Betriebssicherheit einer Anlage wird also durch das Vorhandensein einer Akkumulatorenbatterie erheblich gesteigert.

Ganz besonders hoch ist der durch eine Batterie erzielte Vorteil anzuschlagen, der in der Vereinfachung der Betriebsführung liegt, indem die Maschinen nur in den Zeiten betrieben werden brauchen, in denen ein nennenswerter Energieverbrauch vorliegt, während zu Zeiten geringer Belastung — z. B. in den Nachtstunden — der Maschinenbetrieb stillgelegt und der Batterie die Stromversorgung allein übertragen werden kann. Die Ladung der Batterie wird zweckmäßigerweise in den Stunden vorgenommen, in denen der Energiebedarf verhältnismäßig klein ist. Auf diese Weise läßt es sich erreichen, daß die Maschinen stets annähernd voll belastet sind. Während der Stunden des höchsten Energiebedarfes unterstützt die Batterie die Maschinen. Diese brauchen also nicht für die höchste Leistung bemessen zu sein, die täglich nur während kurzer Zeit benötigt wird, sondern für eine mittlere Leistung.

Die Verhältnisse, wie sie etwa bei einem öffentlichen Elektrizitätswerke vorliegen, sind in Fig. 231 zum Ausdruck gebracht. Die Zickzacklinie stellt die vom Werk abzugebende Leistung für einen willkürlich herausgegriffenen Tag dar. Man erkennt, daß im vorliegenden Falle die Leistung die geringsten Werte in der Zeit zwischen 12 und 1 Uhr mittags und zwischen 4 und 5 Uhr morgens annimmt, in der sie bis auf 50 kW heruntergeht. Der Höchstverbrauch stellt sich zwischen 5 und 6 Uhr abend sein, wo er den Wert von 600 kW erreicht. Offenbar befindet sich zu dieser Zeit noch die Mehrzahl der an das Werk angeschlossenen Motoren im Betrieb, gleichzeitig wird aber auch schon viel Licht gebraucht. Würde eine Batterie fehlen, so müßte die Maschinenleistung für die der Spitze der Zickzacklinie entsprechende Höchstleistung bemessen sein. In der Figur ist nun zum Ausdruck gebracht, welche Verhältnisse beim Vorhandensein einer Batterie eintreten bzw. anzustreben sind. Es ist angenommen, daß die Maschinen lediglich in der Zeit von $6^1/_2$ Uhr morgens bis $11^1/_2$ Uhr abends arbeiten, und zwar mit einer gleich-

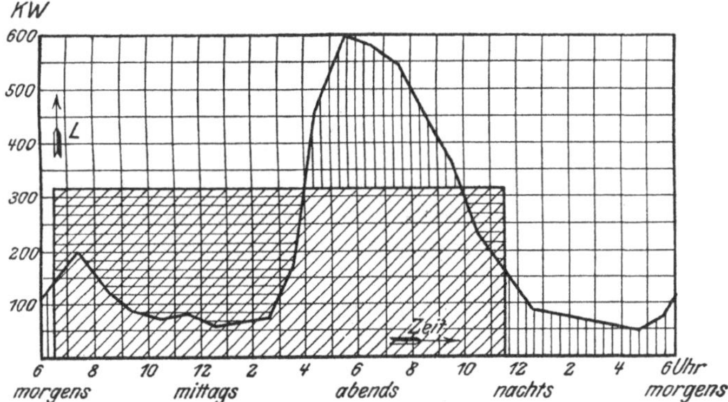

Fig. 231. Belastungskurve eines Elektrizitätswerkes.

bleibenden Leistung von ungefähr 325 kW. In den Zeiten, wo die Netzbelastung geringer ist als diese mittlere Leistung, kann die Batterie durch die überschüssige Energie geladen werden. Zur Deckung der über die mittlere Leistung hinausgehenden „Spitzenbelastung" dagegen, sowie während des Maschinenstillstandes wird die Batterie entladen. Die schraffierten Flächen stellen die Arbeit dar. Die von den Maschinen verrichtete Arbeit ist durch schräge, die für die Ladung der Batterie zur Verfügung stehende durch horizontale und die bei der Entladung aus der Batterie entnommene Arbeit durch vertikale Schraffur kenntlich gemacht. Die sich auf die Ladung beziehenden Flächen müßten gleich den für die Entladung sein, wenn in der Batterie keine Verluste entständen.

167. Der Akkumulator in Wechselstromanlagen.

Gelegentlich macht man sich den Akkumulator auch in Wechselstromanlagen dienstbar. Es ist dann die Anwendung eines Umformers notwendig, der den Wechselstrom bei der Batterieladung in Gleichstrom umsetzt und nach Bedarf den der Batterie entnommenen Gleichstrom wieder in Wechselstrom zurückverwandelt.

Wenn es sich lediglich darum handelt, mittels Wechselstroms eine Batterie zu laden, um den daraus zu entnehmenden Gleichstrom unmittelbar, etwa für den Betrieb von Elektromobilen, Projektionslampen, Induktionsapparaten oder dgl. zu verwenden, so kann man statt des Umformers mit Vorteil einen Gleichrichter benutzen.

168. Besondere Anwendungen des Akkumulators.

Abgesehen von der wichtigen Rolle, die die Akkumulatoren in den Elektrizitätswerken als stets betriebsbereite Stromquelle und zur Unterstützung der stromliefernden Maschinen spielen, und die im vorigen Paragraphen eingehend erörtert wurde, gibt es noch mannigfache Verwendungsgebiete für den Akkumulator. Zunächst sei auf den Nutzen der Akkumulatoren für Betriebe aufmerksam gemacht, deren Antriebskraft nicht regelmäßig zur Verfügung steht, wie das z. B. bei Windmotoren der Fall ist.

Eine große Bedeutung kommt den Akkumulatoren auch für den Antrieb von Fahrzeugen zu. Wenn sie sich auch für einen ausgedehnten Straßenbahnbetrieb nicht bewährt haben, so werden sie doch vielfach für Elektromobile, elektrische Boote usw. verwendet. Neuerdings ist auch eine große Zahl von einzeln fahrenden Triebwagen auf den Strecken der Staatsbahnen mit Akkumulatoreu ausgerüstet worden.

Zahlreich sind schließlich die Anwendungsmöglichkeiten für transportable Akkumulatoren. Diese werden in großem Maße benutzt für elektrische Zugbeleuchtung, ferner für alle möglichen Arten der elektrischen Kleinbeleuchtung, z. B. für Grubenlampen, als Zünderzelle für Automobile usw., sowie namentlich auch als Ersatz für Primärelemente in Schwachstromanlagen.

169. Pufferbatterien.

In den meisten Elektrizitätswerken erfolgen die Belastungsänderungen verhältnismäßig langsam, wie es auch in dem in § 166 behandelten Beispiele angenommen wurde. Doch gibt es auch viele Fälle, in denen plötzliche, oft stark ausgeprägte Belastungsschwankungen auftreten. Es sei z. B. hingewiesen auf die in Straßenbahnzentralen beim Anfahren der Wagen zu beobachtenden Stromstöße. Besonders große Verschiedenheiten ergeben sich ferner in Förderanlagen, bei denen Fahrt und Ruhepausen periodisch wechseln. Auch in Walzwerksbetrieben treten bei den zum Antrieb der Walzen dienenden Motoren ganz erhebliche Schwankungen in der Leistung auf. Um die Stromstöße bei allen derartigen Anlagen von den Stromerzeugungsmaschinen abzuwenden, empfiehlt sich ebenfalls die Aufstellung einer Akkumulatorenbatterie, einer sog. Pufferbatterie.

Zur Erzielung einer guten Pufferwirkung ist es zweckmäßig, Betriebsmaschinen mit großer Spannungsänderung zu verwenden, derart daß mit zunehmender Belastung ihre Spannung verhältnismäßig stark sinkt, die parallel geschaltete Batterie also auch einen großen Entladestrom liefert. Es wird dann umgekehrt bei abnehmender Belastung ein entsprechend starkes Aufladen der Batterie eintreten. Auf diese Weise wird das Puffern der Batterie begünstigt, allerdings auf Kosten der Gleichmäßigkeit der Netzspannung.

Um auch bei normalen Maschinen, d. h. solchen mit geringer Spannungsänderung, eine gute Pufferwirkung zu erhalten, kann mit Vorteil eine von Pirani angegebene Anordnung verwendet werden, Fig. 232. *D* ist die Betriebsdynamomaschine, parallel zu ihr befindet sich die Akkumulatorenbatterie. Mit der letzteren ist der Anker einer kleinen Hilfsdynamomaschine, der Piranimaschine *PD*, in Reihe geschaltet, deren Magnete von zwei Wicklungen erregt werden: der Wicklung I, die an die Klemmen der Batterie angeschlossen ist, und der Wicklung II, die von dem gesamten ins Netz gelieferten Strom durchflossen wird. Beide Wicklungen sind gegeneinander geschaltet und so bemessen, daß sich ihre Wirkungen bei einer mittleren Belastung aufheben. Die Maschine gibt dann keine Spannung. Bei geringer Belastung überwiegt der Einfluß der Wicklung I, die von der Maschine gelieferte Spannung ist derjenigen der Batterie entgegengerichtet, und die Spannung des Batteriezweiges wird also verringert. Die Batterie empfängt demnach aus der Betriebsmaschine einen Strom, sie wird geladen. Bei höherer Belastung überwiegt dagegen der Einfluß der Wicklung II, die Maschine liefert eine Spannung im gleichen Sinne wie die Batterie und die Spannung des Batteriezweiges wird mithin erhöht. Die Batterie liefert also einen Strom in das Netz, sie wird entladen.

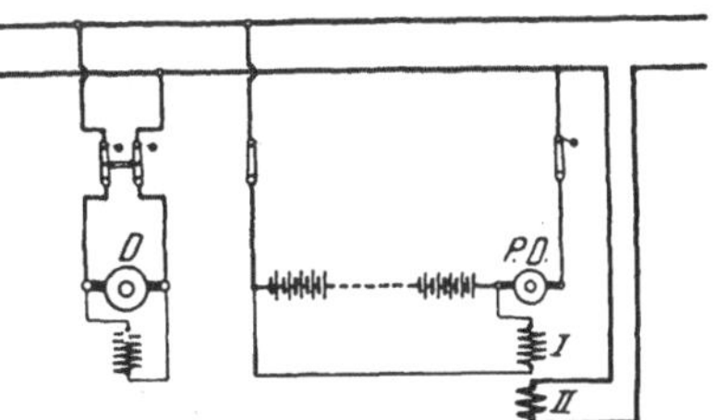

Fig. 232. Pufferbatterie mit Piranimaschine.

170. Schwungräder als Ersatz für Pufferbatterien.

Vielfach werden zum Belastungsausgleich, namentlich bei Förder- und Walzwerksanlagen, Schwungräder angewendet: Methode von Ilgner. Die Schwungräder werden während der Ruhepausen oder des Leerlaufs der Antriebsmotoren durch die dem Netz entnommene elektrische Energie beschleunigt, geben aber die dabei in ihnen aufgespeicherte Energie während der Arbeitsperioden wieder heraus. Derartige Anlagen werden meistens mit einem Anlaßaggregat (s. § 98) ausgestattet, und das Schwungrad wird dann auf dessen Welle gesetzt.

Durch die Wirkung des Schwungrades wird ebenfalls eine

ziemlich gleichbleibende Belastung der Stromerzeuger erzielt. Das Schwungrad vertritt eben die Stelle der Akkumulatorenbatterie, nur daß bei ihm die Aufspeicherung nicht in der Form von chemischer, sondern von mechanischer Energie erfolgt. Gegenüber einer Akkumulatorenbatterie besitzt das Schwungrad den Vorteil geringerer Anschaffungskosten, dagegen ist die Ausgleichswirkung weniger vollkommen, und vor allem ist mit dem Schwungrade keine Reserve verbunden.

171. Der Betrieb der Akkumulatoren.

a) Allgemeines.

Um alle Zellen einer Akkumulatorenbatterie bequem und sicher beaufsichtigen zu können, werden sie sämtlich in einer Reihe oder in mehreren Reihen nebeneinander aufgestellt. Das Übereinanderstellen von Akkumulatoren wird möglichst vermieden. Die Zellen sind der Reihefolge nach mit gut sichtbaren Nummern zu versehen, da hierdurch die Führung eines Protokolls über das Verhalten der Batterie, namentlich über etwaige Störungen einzelner Zellen, wesentlich erleichtert wird. Die Aufstellung der Zellen erfolgt meistens auf einem hölzernen Gestell, das vom Fußboden gut isoliert ist, und von dem wiederum die einzelnen Zellen durch Glas- oder Porzellanisolatoren getrennt sind. Der Fußboden, das Holzgestell sowie die Gefäße der Elemente sind möglichst trocken zu halten, namentlich müssen auch die Isolatoren von Zeit zu Zeit abgerieben werden. Etwa verschüttete Säure ist mittels Sägespänen aufzusaugen. Durch passende Lüftung ist für den Abzug der sich beim Laden entwickelnden Gase Sorge zu tragen. Da letztere unter Umständen explosibel sein können, so ist das Einbringen von offnen Flammen, z. B. Lötlampen, in den Akkumulatorenraum während der Überladung der Batterie im allgemeinen nicht statthaft. Die Beleuchtung des Raumes soll durch Glühlampen erfolgen.

Innerhalb des Akkumulatorenraumes dürfen nur blanke Leitungen verlegt werden, da jede Isolation durch die Säuredämpfe sehr bald zerstört werden würde. Die Drähte werden entweder sauber geschmirgelt und mit dickem Öl oder Vaseline eingerieben, oder sie werden, wie alle übrigen Metallteile im Raume, mit einem säurefesten Anstrich versehen. Dieser ist nach Bedarf zu erneuern, wobei die Zellen, um sie vor Verunreinigung zu schützen, gut abgedeckt sein müssen. Die Leitungen dürfen wegen der damit verknüpften Gefahr nicht berührt werden. Um zu vermeiden, daß das Bedienungspersonal durch eine Unachtsamkeit der vollen Batteriespannung ausgesetzt wird, ist die Batterie so anzuordnen, daß die erste und letzte Zelle sich nicht so dicht beieinander befinden, daß sie gleichzeitig berührt werden können. Überhaupt soll nach den E. V. die Anordnung so getroffen werden, daß bei der Bedienung der Batterie keinesfalls Punkte, zwischen denen eine Spannung von mehr als 250 V herrscht, der zufälligen gleichzeitigen Berührung ausgesetzt sind. Hochspannungsbatterien müssen mit einem isolierenden Bedienungsgang umgeben sein.

Akkumulatorenbatterien bedürfen der sorgfältigsten Bedienung. Falsche Behandlung kann zur Herabsetzung ihrer Lebensdauer führen. Von der liefernden Firma wird stets eine eingehende Anweisung über alle bei der Wartung der Batterie zu beachtenden Punkte gegeben, und es soll daher im folgenden nur auf die wichtigsten Bedienungsvorschriften kurz hingewiesen werden.

b) Inbetriebsetzung.

Ist die Batterie fertig montiert, so wird die Füllung mit verdünnter Schwefelsäure vom spez. Gewicht 1,18 vorgenommen. Der Spiegel der Flüssigkeit soll sich mindestens 10 bis 15 mm über der Plattenoberkante befinden. Unmittelbar nach der Füllung soll mit der ersten Ladung begonnen werden, die so lange fortzusetzen ist, bis die Platten vollständig formiert sind, was im allgemeinen eine Zeitdauer von ungefähr 40 Stunden beansprucht.

c) Ladung.

Die regelmäßigen Ladungen der Batterie sind nach Bedarf vorzunehmen. In den meisten Fällen wird täglich geladen werden müssen. Keinesfalls darf die Batterie längere Zeit im entladenen Zustande stehen bleiben. Die Ladung kann mit der höchstzulässigen oder mit einer beliebig kleineren Stromstärke erfolgen. Es empfiehlt sich, gegen Schluß der Ladung stets mit geringerer Stromstärke zu arbeiten. Die Ladung ist dann zu unterbrechen, wenn sowohl an den positiven als auch an den negativen Platten lebhafte Gasentwicklung eintritt. Es ist dieses ein Zeichen dafür, daß eine weitere chemische Umwandlung der Platten nicht mehr erfolgt. Wird eine Batterie längere Zeit hindurch unzureichend geladen, so leidet sie, da in diesem Falle ein „Sulfatieren" der Platten eintritt, wodurch die Masse allmählich unwirksam wird. Andererseits ist es auch unvorteilhaft, die Batterie dauernd zu überladen. Dagegen wirkt eine gelegentliche Überladung auf die Batterie günstig, besonders wenn am Ende der Ladung kurze Ruhepausen eingeschaltet werden.

d) Entladung.

Ebenso wie die Ladung kann auch die Entladung mit jeder beliebigen bis zur höchstzulässigen Stromstärke erfolgen. Keinesfalls darf die Entladung der Batterie zu weit getrieben werden. Da bei der Entladung, wie im § 162 ausgeführt wurde, die Säure immer verdünnter wird, so nimmt ihr spez. Gewicht ab. Letzteres kann man nun mit Hilfe eines in die Flüssigkeit gebrachten Aräometers feststellen. Es ist dies ein aus Glas hergestellter Schwimmer, der um so tiefer in die Flüssigkeit eintaucht, je geringer ihr spez. Gewicht ist. Je weiter die Entladung fortschreitet, desto tiefer sinkt also das Aräometer. Hat man für eine Batterie die oberste und unterste Eintauchgrenze des Aräometers bestimmt, so kann man jederzeit aus seiner Stellung einen ungefähren Schluß auf den Ladezustand ziehen. Der Unterschied im spez. Gewicht der Säure des geladenen und des entladenen Akkumulators beträgt ungefähr 0,03 bis 0,05. Ist das spez. Gewicht im geladenen Zustand z. B. 1,21, im entladenen Zustand 1,17, so kann man bei einem spez. Gewicht von 1,19 annehmen, daß die Batterie ungefähr zur Hälfte entladen ist. Die Höhe der Spannung bildet dagegen keinen zuverlässigen Maßstab für den Grad der Entladung, da sie von der Entladestromstärke abhängig ist und, wenn der Batterie kein Strom entnommen wird, stets ungefähr 2,0 V pro Zelle beträgt. So schädlich auch eine zu weit getriebene Entladung der Batterie ist, so soll letztere doch andererseits mindestens von Zeit zu Zeit bis auf die unterste zulässige Grenze entladen werden.

e) Nachfüllen.

Da die Füllflüssigkeit der Zellen im Laufe der Zeit, hauptsächlich infolge der Verdunstung, abnimmt, so ist ab und zu ein Nachfüllen notwendig, und zwar — je nachdem, ob das spez. Gewicht der Säure verhältnismäßig hoch oder niedrig ist — mit destilliertem Wasser oder mit verdünnter Säure. Das Wasser ist gelegentlich nach den hierfür gegebenen besonderen Anweisungen darauf zu untersuchen, ob es chlorfrei ist, da bereits ein geringer Chlorgehalt schädlich auf die Platten einwirkt. Ebenso ist die zum Füllen dienende verdünnte Schwefelsäure auf Chlor sowie auch auf schädliche Beimengungen gewisser Metalle zu untersuchen.

f) Störungen.

Stellt sich beim Laden heraus, daß die Gasentwicklung bei dem einen oder anderen Element später einsetzt als bei den übrigen Zellen, so ist mit Sicherheit auf einen Fehler des betreffenden Elementes zu schließen. Seine Ursache kann recht verschieden sein. Es kann z. B. innerhalb der Zelle ein Kurzschluß bestehen, etwa veranlaßt durch die unmittelbare Berührung zweier Platten verschiedener Polarität, durch herabgefallene Masse oder dgl. Bei den Schaltzellen kann der Kurzschluß einer Zelle auch durch einen Fehler am Zellenschalter bedingt sein. In jedem Falle muß nach den hierfür geltenden besonderen Vorschriften sofort Abhilfe geschaffen werden.

Um Störungen vorzubeugen, sollen sämtliche Zellen der Batterie in regelmäßigen Zeitabständen mittels einer dafür besonders geeigneten Glühlampe durchleuchtet werden. Krumm gezogene Platten sind gegen die benachbarten durch Glasröhren oder Holzbrettchenstücke abzustützen.

172. Untersuchung von Akkumulatoren.

Für Akkumulatorenbatterien werden gewöhnlich Garantien hinsichtlich der Kapazität gegeben. Um letztere festzustellen, hat man nur nötig, die Batterie, nachdem sie in normaler Weise, d. h. bis zur lebhaften Gasentwicklung an den negativen und positiven Platten aufgeladen ist, mit der vorgeschriebenen Stromstärke zu entladen, bis die Spannung auf den geringst zulässigen Wert gesunken ist. Das Produkt aus der Stromstärke und der Endladezeit, also die der Batterie entnommene Elektrizitätsmenge, gibt unmittelbar die Kapazität an, und zwar in Amperestunden, wenn die Zeit in Stunden eingesetzt wird. Läßt sich die Stromstärke während der ganzen Zeit nicht genau konstant halten, so müssen die Ablesungen in kurzen Zwischenzeiten gemacht werden, und es ist für jeden Zeitraum die Elektrizitätsmenge auszurechnen. Durch Addition aller so erhaltenen Werte findet man die Kapazität der Batterie. Der zwecks Feststellung der Kapazität vorzunehmenden normalen Ladung sollen, damit der Betriebszustand der Batterie ein günstiger ist, eine Aufladung mit Ruhepausen und daran anschließend eine gewöhnliche Entladung vorausgehen.

Mitunter ist auch die Bestimmung des Wirkungsgrades der Batterie erwünscht. Es ist dann, nachdem die Batterie zunächst ebenfalls mit Ruhepausen aufgeladen und sodann bis auf die unterste Grenze entladen ist, eine normale Ladung vorzunehmen, bei der in kurzen Zeitabständen Spannung und Stromstärke festgestellt werden. Das Produkt dieser beiden Größen, noch multipliziert mit der Zeit gibt die dem Akkumulator während des betreffenden Zeitraumes zugeführte Arbeit an, und zwar, wenn die Zeit wieder in Stunden eingeführt wird, in Wattstunden. Die Ladung ist so lange fortzusetzen, bis alle Elemente Gas entwickeln. Durch Summieren aller Einzelwerte erhält man die gesamte Ladearbeit. Auf die gleiche Art wie bei der Ladung ist bei der sich unmittelbar anschließenden Entladung die dem Akkumulator entnommene Arbeit festzustellen. Den Wirkungsgrad erhält man dann als Verhältnis von Entlade- zu Ladearbeit.

173. Der Edisonakkumulator.

Das hohe Gewicht des Bleiakkumulators sowie seine Empfindlichkeit gegen mechanische Erschütterungen haben zu Bemühungen geführt, einen für transportable Zwecke, namentlich für Elektromobile besonders geeigneten Akkumulator zu schaffen. Von den verschiedenen Konstruktionen dieser Art hat aber nur der von Edison angegebene Akkumulator eine nennenswerte praktische Verwendung erlangt. Bei ihm sind zerbrechliche Teile völlig vermieden. Sowohl das Gefäß als auch die zur Aufnahme der wirksamen Masse dienenden Träger sind aus vernickeltem Eisenblech hergestellt. Die Träger sind gitterförmig ausgebildet. Ihre Aussparungen dienen zur Aufnahme von Kästchen oder Röhren, welche die wirksame Masse enthalten und ebenfalls aus Eisenblech bestehen. Sie werden aus zwei Teilen zusammengesetzt und besitzen eine äußerst feine Perforierung, durch die eine Berührung der in ihnen enthaltenen Masse, Nickelhydroxyd für die positiven, Eisenoxyd für die negativen Platten, mit der Flüssigkeit, einer 21prozentigen Kalilauge, ermöglicht wird. Um den Gefäßkasten füllen und entleeren zu können, ist der Deckel mit einer Öffnung ausgestattet, die mit einer Klappe versehen ist. Diese enthält ein Ventil, das die sich bei der Ladung bildenden Gase freigibt. Im übrigen ist die Zelle völlig abgeschlossen. Zu dem von Zeit zu Zeit notwendigen Nachfüllen dient lediglich destilliertes Wasser.

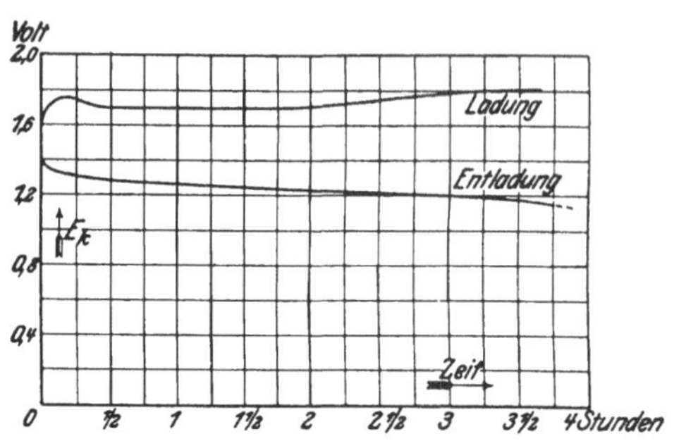

Fig. 233. Lade- und Entladespannung eines Edisonakkumulators.

Die Entladespannung des Akkumulators setzt bei ungefähr 1,4 V ein. Sie fällt langsam, und bei 1,15 V ist die Entladung zu unterbrechen. Die Ladespannung steigt von ungefähr 1,6 auf 1,8 V. Den Verlauf der Lade- und Entladespannung zeigen die in Fig. 233 angegebenen Kurven.

Da die Entladespannung des Edisonakkumulators erheblich kleiner als die des Bleiakkumulators ist, so gebraucht man bei ersterem für eine bestimmte Spannung eine größere Zahl von Zellen. Für 110 V benötigt man z. B. $\frac{110}{1,15} = 96$ Zellen (gegen 60 Zellen beim Bleiakkumulator).

Zwölftes Kapitel.

Die elektrischen Lampen.

174. Allgemeines.

Bald nachdem man gelernt hatte, den elektrischen Strom maschinenmäßig herzustellen, ging man dazu über, ihn in großem Maßstabe für die Zwecke der elektrischen Beleuchtung nutzbar zu machen, die heute dank ihrer vielfachen Vorzüge unter allen Beleuchtungsarten eine erste Stelle einnimmt. Das elektrische Licht zeichnet sich durch größte Feuersicherheit aus, seine Kosten sind verhältnismäßig gering, und mit seiner Anwendung sind eine Reihe von Bequemlichkeiten verknüpft, die in gleich hohem Maße keiner andern Beleuchtungsart zukommen. Eine große Anzahl verschiedener

Lampenarten, für kleine und große Beleuchtungseffekte, steht dem Installateur zur Verfügung, der für jeden Fall die geeignetste Lampe auszuwählen hat.

Im folgenden sollen die Lampen eingeteilt werden in Glühlampen, Bogenlampen und Röhrenlampen.

175. Lichtstärke und spezifischer Leistungsverbrauch einer Lampe.

Als Einheit der Lichtstärke ist in Deutschland allgemein die Hefnerkerze (HK) eingeführt. Es ist dies die Lichtstärke einer mit Amylacetat gespeisten Lampe, deren Dochtdurchmesser 8 mm und deren Flammenhöhe 40 mm beträgt.

Das Licht einer Lampe wird im allgemeinen nicht gleichmäßig nach den verschiedenen Richtungen ausgestrahlt, vielmehr können erhebliche Unterschiede in der Lichtverteilung auftreten. Die Leuchtkraft von Glühlampen wird meistens durch ihre mittlere horizontale Lichtstärke angegeben, für deren Ermittlung lediglich das Licht in Betracht gezogen wird, das in der zur Lampenachse senkrechten, bei vertikaler Aufhängung der Lampe also in horizontaler Richtung ausgesendet wird. Die Leuchtkraft einer Bogenlampe wird dagegen allgemein durch ihre mittlere hemisphärische Lichtstärke festgelegt, für deren Bestimmung die direkte Beleuchtung des ganzen Raumes unterhalb einer durch die Lichtquelle gelegten horizontalen Ebene maßgeblich ist. Zur Kennzeichnung der hemisphärischen Lichtstärke dient das Zeichen ◡ (spr. hemisphärisch). Die sphärische Lichtstärke, bei der die gesamte Lichtausstrahlung (nach allen Seiten des Raumes) berücksichtigt wird, ist praktisch meistens bedeutungslos, da im allgemeinen doch nur das in eine bestimmte Richtung fallende Licht verwertet werden kann.

Um die Lichtstärke einer Lampe zu bestimmen, wird sie hinsichtlich des von ihr ausgestrahlten Lichtes mit einer Lichtquelle von bekannter Stärke, z. B. der Hefnerkerze, verglichen. Diesem Zwecke dienende Meßapparate werden Photometer genannt.

Ein Maß für die Umwandlung der elektrischen Energie in Licht bildet der spezifische Leistungsverbrauch. Man versteht darunter die Zahl der von einer Lampe aufgenommenen Watt, bezogen auf die Einheit der Lichtstärke. Je geringer ihr spez. Leistungsverbrauch ist, desto wirtschaftlicher ist also eine Lampe.

A. Glühlampen.

176. Die Metalldrahtlampe.

Da ein Metalldraht beim Durchgang des elektrischen Stromes sich erwärmt und dabei glühend werden kann, so lag es nahe, die dabei auftretende Lichtwirkung für Beleuchtungszwecke nutzbar zu machen. Doch stellten sich der Herstellung einer auf der Erwärmung eines Metalldrahtes beruhenden brauchbaren elektrischen Glühlampe zunächst unüberwindliche Schwierigkeiten entgegen, da man kein Metall kannte, das, selbst im luftleeren Raume, eine Erhitzung auf intensive Weißglut, die für eine wirksame Lichtausstrahlung notwendig ist, dauernd verträgt. Es zeigte sich, daß z. B. das Platin, auf das man die größten Hoffnungen gesetzt hatte, für diesen Zweck durchaus ungeeignet war. Man behalf sich daher lange Zeit in der Weise, daß man statt eines Metalldrahtes einen Faden aus Kohle verwendete. Erst um das Jahr 1900 gelang es Auer, in dem Osmium ein für Glühlampen brauchbares Metall von besonders hohem Schmelzpunkt ausfindig zu machen, und es zu Glühfäden zu verarbeiten. Er brachte das Metall in feinste Verteilung und mischte es mit sirupartigen Bindemitteln. Dies Gemisch preßte er durch kleine Öffnungen hindurch. Auf diese Weise ergaben sich äußerst feine Fäden, aus denen durch Erhitzen und durch weitere chemische Behandlung das Bindemittel entfernt wurde, so daß Fäden aus dem reinen Metall zurückblieben. Später erwiesen sich für die Zwecke einer Glühlampe dem Osmium andere Metalle noch überlegen, so das Tantal und das Wolfram. Heute kommt eigentlich nur noch das letztgenannte Metall zur Verwendung. In Anlehnung an die frühere Osmiumlampe werden die Wolframlampen der Auergesellschaft, die hinsichtlich der Herstellung der Metallfadenlampen bahnbrechend gewirkt hat, unter dem Namen Osramlampen geführt. Während die Fäden der Wolframlampen früher ausschließlich durch Pressen und nachheriges Präparieren hergestellt wurden, ähnlich wie bei der Osmiumlampe, wird heute vorwiegend gezogener Draht verwendet.

Die Glühfäden werden in einer Glasbirne untergebracht. Werden präparierte Metallfäden verwendet, so wird der Glühfaden gewöhnlich aus mehreren bügelförmig gebogenen Teilen zusammengesetzt, die, damit sie sich im glühenden Zustande nicht zu sehr durchbiegen, durch winzige Halter unterstützt werden. Bei Benutzung gezogenen Materials kann ein zusammenhängender Draht zwischen zwei in geringem Abstand voneinander befindlichen sternartigen Haltern zickzackartig ausgespannt werden, eine Drahtaufhängung, die zuerst bei der Tantallampe angewendet wurde. In der Regel wird der Draht parallel zur Lampenachse gespannt, zuweilen jedoch auch, um die Lichtausstrahlung nach unten zu begünstigen, schräg zur Achse. Es kommen heute überhaupt die verschiedenartigsten Drahtaufhängungen in den Lampen zur Anwendung.

Um ein Verbrennen des Metalldrahtes zu verhindern, wird die Glasbirne luftleer gepumpt. Die freien Enden des Glühdrahtes werden aus der Birne herausgeführt und mit voneinander isolierten Kontaktstücken des Lampensockels in Verbindung gebracht. Der Sockel paßt in die Lampenfassung, die zwei entsprechend ausgebildete Kontaktteile besitzt, die mit dem Netze in Verbindung stehen und die Stromzuführung zur Lampe vermitteln. Am gebräuchlichsten ist der Edisonsockel. Bei diesem ist das eine Kontaktstück zylindrisch ausgeführt und mit Gewinde versehen, da es gleichzeitig zum Einschrauben der Lampe in die Fassung dient. Das andere Kontaktstück ist in Form eines runden Metallplättchens am Fuße der Lampe angebracht.

Die Metalldrahtlampen zeichnen sich durch eine hohe Lichtausbeute aus. Der spez. Leistungsverbrauch der kleineren Wolframlampen schwankt zwischen 1,2 und 1,0 W/HK, kann also im Mittel zu 1,1 W/HK angenommen werden. Eine 16kerzige Wolframlampe benötigt demnach eine elektrische Leistung von $1,1 \times 16 = 18$ W, eine 25kerzige Lampe erfordert ungefähr 28 W usw. Bei Intensivwolframlampen, die für größere Lichtstärken, bis zu mehreren tausend HK, hergestellt und meist kugelförmig ausgeführt werden, geht der Leistungsverbrauch bis auf etwa 0,8 W/HK herunter.

Eine weitere Herabsetzung des Energieverbrauchs von Wolframlampen ist neuerdings dadurch erzielt worden, daß man den Draht zu einer dünnen Spirale aufwickelt und die Glashülle mit einem indifferenten Gase, Stickstoff, anfüllt. Lampen dieser Art — sie werden bisher nur für große Lichtstärken ausgeführt — bezeichnet man als Halbwattlampen, da ihr spez. Leistungsverbrauch ungefähr 0,5 $W/HK_{\triangledown}$ beträgt.

Die Helligkeitsunterschiede, die infolge von Spannungsschwankungen im Netz auftreten, werden bei den Metalldrahtlampen dadurch gemildert, daß sich die mit jeder Temperaturänderung verbundene Widerstandsänderung des Drahtes einer Änderung der Stromstärke widersetzt. Nimmt z. B. die Spannung, an welche die Lampe angeschlossen ist, um einige Volt zu, so wird die Stromstärke nicht in demselben Verhältnisse wachsen wie die Spannung, weil der Widerstand des Glühdrahtes infolge seiner durch die größere Stromstärke bedingten höheren Erwärmung ebenfalls etwas anwächst. Umgekehrt nimmt bei abnehmender Spannung die Stromstärke in der Lampe nicht in dem gleichen Maße ab, wie die Spannung fällt.

Infolge der außerordentlich feinen Drähte sind die Metalldrahtlampen gegen grobe Stöße und fortgesetzte Erschütterungen empfindlich, doch erreicht man, richtige Behandlung vorausgesetzt, bei den gewöhnlichen Wolframlampen eine Nutzbrenndauer von 1000 und mehr Stunden, bei den Halbwattlampen eine solche von mindestens 800 Stunden.

Beispiel: Was kostet der stündliche Betrieb einer 32kerzigen Wolframlampe, wenn der Preis für 1 kWh 0,40 M. beträgt?

Der Leistungsverbrauch der Lampe ist ca. $1,1 \times 32 = 35$ W, die stündliche Arbeit also 35 Wh.

Da 1000 Wh 0,40 M. kosten, so betragen die Kosten für den stündlichen Betrieb der Lampe

$$\frac{40 \cdot 35}{1000} = 1,4 \text{ Pfennig.}$$

177. Die Kohlefadenlampe.

Es wurde bereits im vorigen Paragraphen darauf hingewiesen, daß man sich vor der Erfindung der modernen Metalldrahtlampen der Kohlefadenlampe bediente. Sie wurde im Jahre 1879 gleichzeitig von Swan und Edison erfunden. Kohle läßt sich im luftleeren Raume auf eine hohe Temperatur bringen, ohne zu verbrennen, und eignete sich nach dem damaligen Stande der Technik daher besser für die Zwecke einer Glühlampe als die bekannten Metalle. Der Kohlefaden wird künstlich hergestellt, und zwar aus Zellstoff. In teigflüssigem Zustande wird dieser durch feine Öffnungen gepreßt, so daß Fäden entstehen. Diese werden nach dem Erstarren in einem Karbonisierofen in Kohle übergeführt. Die äußere Form der Kohlefadenlampe entspricht im wesentlichen derjenigen der Metalldrahtlampe, der sie als Vorbild gedient hat.

Da die Kohle einen im Vergleich zu den Metallen sehr hohen spez. Widerstand hat, so können verhältnismäßig kurze und dicke Fäden verwendet werden, die eine genügende Festigkeit haben, um selbst heftigen Erschütterungen zu widerstehen. Dagegen wird die Helligkeit der Kohlefadenlampe durch Spannungsschwankungen in höherem Maße beeinflußt als die der Metalldrahtlampe. Es ist dieses darauf zurückzuführen, daß der Widerstand der Kohle mit zunehmender Temperatur nicht wie bei den Metallen steigt, sondern fällt.

Die Nutzbrenndauer der gebräuchlichen Lampen beträgt ungefähr 600 Stunden. Innerhalb dieser Zeit läßt die Leuchtkraft infolge eines allmählichen Zerstäubens des Kohlefadens im allgemeinen soweit nach, daß ein Ersatz durch eine neue Lampe erfolgen muß. Der spez. Leistungsverbrauch der Kohlefadenlampe beträgt im Mittel 3,3 W/HK, ist also im Vergleich zu dem der Metalldrahtlampe außerordentlich hoch. Namentlich dieser Umstand hat dazu geführt, daß die Kohlefadenlampe durch die Metalldrahtlampe nahezu verdrängt worden ist. In der Tat ist die Verwendung der Kohlefadenlampe, der der erste wirtschaftliche Aufschwung der Elektrotechnik zu danken ist, heute nur noch in solchen Fällen berechtigt, wo durch die Art des Betriebes die Haltbarkeit einer Metalldrahtlampe in Frage gestellt wäre, oder wo die Kosten der elektrischen Energie sehr gering sind.

Beispiel: Was kostet der stündliche Betrieb einer 32kerzigen Kohlefadenlampe, wenn der Preis für eine kWh 0,40 M. beträgt?

Der Leistungsverbrauch der Lampe ist ca. $3,3 \times 32 = 106$ W, die stündliche Arbeit also 106 Wh.

Da 1000 Wh 40 Pfennig kosten, so betragen die Kosten für den stündlichen Betrieb der Lampe $\frac{40 \cdot 106}{1000} = 4,2$ Pfennig (gegen 1,4 Pfennig bei der Wolframlampe, s. Beispiel des vorigen Paragraphen).

178. Die Nernstlampe.

Bei der von Nernst erfundenen Glühlampe wird als Leuchtkörper ein kurzes Stäbchen verwandt, das aus einem Gemisch verschiedener Metalloxyde (vorwiegend Magnesiumoxyd) besteht. Diese Stoffe besitzen die Eigenschaft, im kalten Zustande Nichtleiter des Stromes zu sein, dagegen im erwärmten Zustande leitend zu werden. Der Leuchtkörper muß daher durch eine Heizvorrichtung künstlich vorgewärmt werden. Diese ist aus sehr dünnem Draht hergestellt und umschließt das Leuchtstäbchen in Form einer Spirale, oder sie ist im Zickzack dicht über ihm angeordnet. Sie wird durch den elektrischen Strom zur Rotglut gebracht, und die hierbei ausgestrahlte Wärme genügt, das Leuchtstäbchen leitend zu machen. Die Umschaltung des Stromes von der Heizvorrichtung auf das Leuchtstäbchen geschieht automatisch mit Hilfe eines kleinen Elektromagneten.

Die Nernstlampe besitzt ein intensiv weißes Licht. Sie erfordert eine Leistung von ungefähr 1,7 W/HK. Nach dem Ausbrennen des Leuchtstäbchens (gewöhnlich nach ungefähr 300 Brennstunden) braucht lediglich der Brenner, nicht aber die ganze Lampe ersetzt zu werden.

Der Umstand, daß die Lichtentwicklung der Nernstlampe erst einige Zeit nach dem Einschalten des Stromes einsetzt, macht sie für viele Zwecke unbrauchbar. Da außerdem ihr spez. Leistungsverbrauch höher ist als derjenige der Metalldrahtlampe, so ist sie gegenüber der letzteren völlig in den Hintergrund getreten.

B. Bogenlampen.

179. Das Bogenlicht.

Während das elektrische Glühlicht hauptsächlich für kleine und mittlere Lichtstärken geeignet ist, findet als Starklichtquelle namentlich das Bogenlicht Verwendung, das wegen der hohen Temperatur des Lichtbogens eine sehr günstige Lichtausbeute ermöglicht. Die wichtigsten Bogenlampen sind die mit Kohleelektroden arbeitenden. Werden sie mit Gleichstrom betrieben, so zeigen die beiden Kohlen ein abweichendes Verhalten. Dies kommt namentlich zum Ausdruck, wenn die Kohlen vertikal übereinander angeordnet werden. Die mit dem positiven Pole der Stromquelle verbundene Kohle wird durch den Lichtbogen kraterförmig ausgehöhlt, während sich die negative Kohle kegelförmig zuspitzt. Auch brennt die positive Kohle, da sie eine höhere Temperatur annimmt als die negative, schneller ab. Um ein gleichmäßiges Abbrennen beider Kohlen zu erzielen, verwendet man daher meistens eine dicke positive und eine dünnere negative Kohle. Da das Licht hauptsächlich von der positiven Kohle ausgestrahlt wird, so wird diese in der Regel über der negativen angebracht. Das Licht fällt dann vorwiegend nach unten. Die Art der Lichtverteilung ist in Fig. 234 durch eine Kurve dargestellt. Die Länge der von den Lichtbogen ausgehenden Strahlen soll einen Maßstab für die Lichtstärke in der betreffenden Richtung geben.

Beim Betrieb mit Wechselstrom fällt der Unterschied im Abbrande beider Kohlen naturgemäß fort. Beide Stifte spitzen sich zu, und das Licht wird nach unten und nach oben ausgestrahlt, Fig. 235. Um auch das nach oben fallende Licht auszunutzen, muß es durch einen Reflektor nach unten geworfen werden.

In ähnlicher Weise wie in jeder Zersetzungszelle oder wie bei einem Elektromotor tritt auch im Lichtbogen eine elektromotorische Gegenkraft auf. Sie muß durch die der Lampe zugeführte Spannung überwunden werden. Diese hat außerdem den durch die Widerstände veranlaßten Spannungsverlust zu decken und ist je nach Art und Größe der Lampen verschieden. Sie beträgt bei Gleichstromlampen im allgemeinen mindestens 35 Volt, bei Wechselstromlampen mindestens 25 Volt.

Damit während der Berührung der Kohlen, also beim Einschalten der Lampe, die Stromstärke im Lampenkreise nicht zu sehr

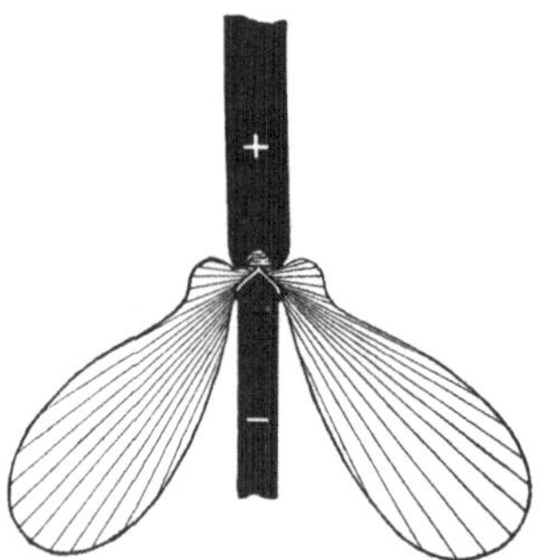

Fig. 234. Lichtverteilung eines Gleichstromlichtbogens.

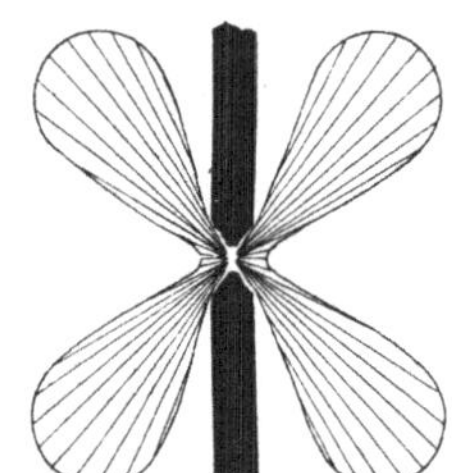

Fig. 235. Lichtverteilung eines Wechselstromlichtbogens.

anwächst, muß ein Vorschaltwiderstand angewendet werden. Dieser erfüllt gleichzeitig den Zweck, als Beruhigungswiderstand zu wirken, wie aus folgendem Beispiel hervorgehen mag. Angenommen eine Gleichstromlampe sei an eine Spannung von 40 V angeschlossen und ihre EMG betrage 35 V. Es ist dann im Lampenkreis tatsächlich wirksam eine Spannung von 5 V. Steigt jetzt infolge einer Änderung der Lichtbogenlänge die EMG ein wenig an, etwa auf 37 V, so ist die wirksame Spannung nur noch 3 V. Die Stromstärke nimmt also ganz bedeutend, nämlich im Verhältnis von 5 : 3 ab. Anders wenn die Lampe unter Verwendung eines Vorschaltwiderstandes etwa an eine Spannung von 55 V angeschlossen ist. Bei einer EMG von 35 V ist dann die wirksame Spannung 20 V, und bei einer EMG von 37 V beträgt sie 18 V. Die Stromstärke kann dann also nur unwesentlich, nämlich im Verhältnis von 20 : 18 sinken.

An Stelle des Vorschaltwiderstandes wird bei Wechselstromlampen vielfach eine Drosselspule verwendet.

180. Das Regulierwerk der Bogenlampen.

Ein wesentlicher Bestandteil einer jeden Bogenlampe ist das Regulierwerk, das nach dem Einschalten des Stromes den Lichtbogen selbsttätig herstellt und ihn dauernd bei gleicher Länge aufrecht erhält. Ihm fallen demnach folgende Verrichtungen zu: sind die Kohlenstifte von vornherein nicht miteinander in Berührung, so müssen sie zunächst zusammengebracht werden, alsdann sind sie um ein kleines Stück auseinanderzuziehen, und schließlich müssen sie, dem allmählichen Abbrande entsprechend, immer wieder einander genähert werden. In den weitaus meisten Fällen wird der Reguliermechanismus elektromagnetisch betätigt. Der Elektromagnet kann in verschiedener Weise geschaltet sein.

In Fig. 236 ist die Hauptschlußlampe schematisch dargestellt. Es ist angenommen, daß die untere Kohle feststeht, während die obere Kohle an dem einen Ende eines zweiarmigen Hebels befestigt ist, der bei D seinen Drehpunkt hat. An seinem die Kohle tragenden Arm wirkt auf den Hebel eine Feder F ein, die immer bestrebt ist, die obere Kohle mit der unteren in Berührung zu bringen. Auf die andere Seite des Hebels wird eine elektromagnetische Kraft ausgeübt, die bestrebt ist, die Kohlen auseinanderzuziehen. Diese Wirkung kann, wie in der Figur angenommen, dadurch erzielt werden, daß mit dem Hebel ein eiserner Kern in Verbindung steht, der mehr oder weniger tief in die Spule M hineingezogen wird. Die Spule wird vom Hauptstrome durchflossen und besteht daher aus verhältnismäßig wenigen Windungen dicken Drahtes. Beim Einschalten des Stromes findet dieser einen geschlossenen Weg vor, und es wird somit der Magnetismus der Spule erregt, der Eisenkern also in sie hineingezogen. Da hierbei der obere Kohlestift vom unteren getrennt wird, so bildet sich der Lichtbogen. Die Verhältnisse sind so gewählt, daß bei der normalen Stromstärke Federkraft und elektromagnetische Kraft sich gerade das Gleichgewicht halten. Wird nun, z. B. infolge des Abbrennens der Kohlen, die Länge des Lichtbogens und damit sein Widerstand zu groß, die Stromstärke also zu klein, so überwiegt die Federkraft und stellt den richtigen Abstand der Kohlen wieder her. Andererseits greift bei zu kleiner Lichtbogenlänge, also zu großer Stromstärke die Magnetspule regelnd ein. Der Reguliermechanismus tritt also immer in Wirksamkeit, sobald die Stromstärke von der normalen abweicht: die Lampe regu-

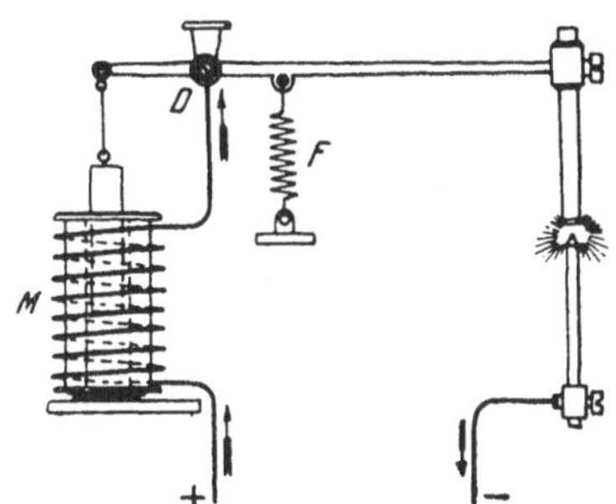

Fig. 236. Hauptschlußlampe.

liert auf konstante Stromstärke. Sind zwei Lampen hintereinander geschaltet, so kann es vorkommen, daß der Lichtbogen der einen Lampe zu groß, derjenige der anderen zu klein ist. Die Stromstärke kann also unter diesen Umständen den normalen Wert haben, so daß der Reguliermechanismus der Lampen trotz falscher Bogenlängen nicht in Wirksamkeit tritt. Es geht hieraus hervor, daß sich Hauptschlußlampen für Hintereinanderschaltung nicht eignen.

Bei der in Fig. 237 gezeichneten Nebenschlußlampe sind die Rollen der Feder und des Elektromagneten vertauscht. Die Feder sucht die obere Kohle von der unteren abzuziehen, der Elektromagnet sucht sie mit ihr in Berührung zu bringen. Die Magnetspule liegt im Nebenschluß zum Lichtbogen. Während der Hauptteil des Stromes zum Speisen des Lichtbogens dient, fließt durch die Magnetspule, da sie viele Windungen dünnen Drahtes enthält, also einen hohen Widerstand besitzt, nur ein kleiner Teilstrom, dessen Stärke durch die zwischen den beiden Enden der Spule bestehende Spannung, d. h. die Lichtbogenspannung bestimmt wird. Da beim Einschalten des Stromes die Kohlen nicht miteinander in Berührung sind, so kann er zunächst nur den Weg durch die Spule nehmen, der Eisenkern wird also in diese hineingezogen, und die Kohlen kommen in Kontakt. Nunmehr ist dem Strome auch der Weg durch die Kohlen freigegeben. Während der Berührung der Kohlen ist aber der zwischen ihnen bestehende Spannungsunterschied nahezu Null, also auch der Magnetstrom sehr gering. Es überwiegt daher die Federkraft, und die obere Kohle wird sofort wieder von der unteren entfernt, so daß sich der Lichtbogen bildet. Bei dem normalen Kohlenabstand halten sich, wie bei der Hauptschlußlampe, Federkraft und elektromagnetische Kraft das Gleichgewicht. Wird der Lichtbogen länger und damit seine Spannung größer, so erfährt der Magnetstrom eine Verstärkung, und die Kohlen werden wieder auf das richtige Maß zusammengebracht. Bei zu geringem Kohlenabstand wird umgekehrt der Magnetstrom geschwächt, es überwiegt mithin die Federkraft, und der richtige Abstand wird wieder hergestellt. Die Regulierung wird also durch die mit jeder Änderung der Lichtbogenlänge verbundene Spannungsänderung bewirkt: die Lampe reguliert demnach auf konstante Spannung. Da die Regulierung jeder Lampe nahezu unabhängig von der andern erfolgt, so sind Nebenschlußlampen auch für Hintereinanderschaltung verwendbar.

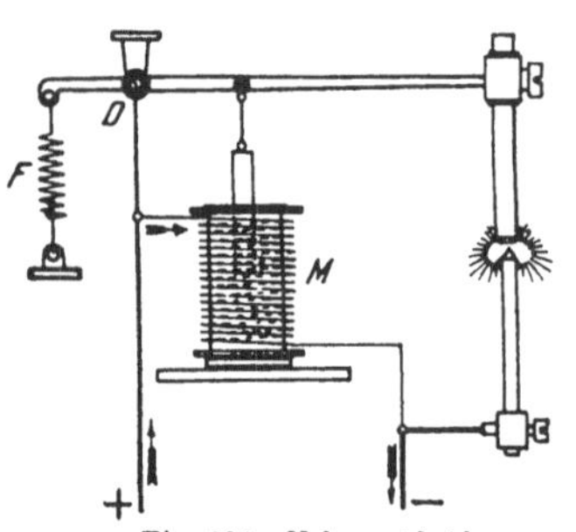

Fig. 237. Nebenschlußlampe.

Fig. 238 schließlich zeigt die Doppelschluß- oder Differentiallampe, die aus der Vereinigung der Hauptschluß- und Nebenschlußlampe hervorgegangen ist. Ein an dem die obere Kohle tragenden Hebel angebrachter Eisenkern taucht mit seinem unteren Ende in eine Hauptschluß-, mit seinem oberen Ende in eine Nebenschlußspule. Die Hauptschlußspule M_h sucht die obere Kohle von der unteren zu entfernen, die Nebenschlußspule M_n ist bestrebt, sie mit ihr in Berührung zu bringen. Beim normalen Abstande der Kohlen befinden sich die beiden Kräfte im Gleichgewicht. Bei einer Änderung der Stromstärke reguliert die Hauptschlußspule, bei einer Änderung der Lichtbogenspannung greift die Nebenschlußspule ein: es sind also sowohl die Stromstärke als auch die Spannung für die Regulierung maßgebend. Differentiallampen eignen sich daher, weil jede Lampe völlig unabhängig von der andern reguliert, vorzüglich für Hintereinanderschaltung.

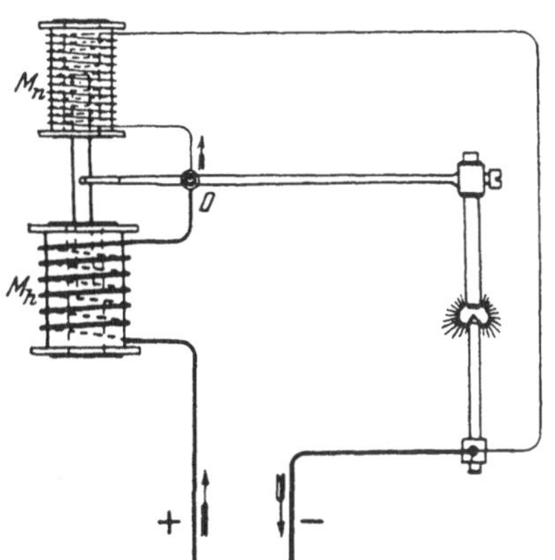

Fig. 238. Differentiallampe.

Im vorstehenden ist nur die grundsätzliche Regulierung der Lampenarten besprochen. Hinsichtlich ihrer praktischen Ausführung weisen die Lampen jedoch außerordentlich große Verschiedenheiten auf. Es soll daher auf ihre Konstruktion nicht näher eingegangen werden. Nur sei darauf hingewiesen, daß bei Wechselstromlampen die Regulierung in der Regel durch einen kleinen, besonders einfach gebauten Elektromotor besorgt wird. Erwähnt sei ferner, daß bei jeder Bogenlampe eine gute Dämpfung notwendig ist, die dafür zu sorgen hat, daß die Regulierung nicht stoßweise, sondern allmählich erfolgt, was für die Erzielung eines ruhigen Lichtes besonders wichtig ist. Eine Dämpfung kann z. B. durch ein kleines Flügelrädchen erzielt werden, das durch eine geeignete Übersetzung vom Reguliermechanismus in sehr schnelle Drehung versetzt wird und dabei einen großen Widerstand in der Luft findet. Vielfach wird auch von einer anderen Luftdämpfung Gebrauch gemacht, indem mit dem Regulierwerk ein Kolben verbunden wird, der in einem Zylinder beweglich ist und in diesem die Luft ausdehnt oder zusammendrückt.

181. Offene Bogenlampen.

Offene Bogenlampen sind solche, bei denen die Luft frei zum Lichtbogen gelangen kann, ihr Zutritt also nicht wesentlich durch die den Bogen umschließende gläserne Schutzglocke beeinträchtigt wird. Derartige Lampen arbeiten mit einem verhältnismäßig kurzen Lichtbogen. Die Spannung der Gleichstromlampen ist von der Stromstärke abhängig und beträgt in der Regel 35 bis 45 V. Es werden daher bei einer Netzspannung von 110 V meistens zwei Lampen hintereinander geschaltet. Die noch überschüssige Spannung wird in dem Vorschaltwiderstand vernichtet. Bei Wechselstromlampen wird gewöhnlich nur eine Spannung von 25 bis 35 V benötigt, und es werden daher bei einer Netzspannung von 110 bis 120 V der besseren Ausnutzung wegen vielfach drei Lampen unter Anwendung eines Vorschaltwiderstandes oder einer Drosselspule hintereinander geschaltet.

Die Brenndauer der Kohlestifte beträgt bei den offenen Lampen meistens 10 bis 20 Stunden. Nach dieser Zeit sind also die ausgebrannten Kohlen jedesmal durch neue zu ersetzen.

a) Lampen mit Reinkohlen.

Früher wurden für die Bogenlampen ausschließlich Stifte aus reiner Kohle benutzt, die künstlich aus Ruß oder Koks hergestellt werden. Auch heute noch sind Lampen mit Reinkohlestiften sehr verbreitet. In der Regel werden die Kohlen vertikal übereinander angeordnet (Fig. 234 und 235). Bei Gleichstromlampen wird die positive Kohle mit einem Dochte aus besonders leicht brennbarer Kohle versehen, wodurch der Lichtbogen stets in der Achse der Kohlestifte erhalten bleibt, ein „Tanzen“ des Bogens also vermieden wird. Bei Wechselstromlampen werden in der Regel beide Kohlen mit Dochten versehen.

Der spez. Leistungsverbrauch einer mit Reinkohlen ausgestatteten Bogenlampe kann je nach ihrer Größe zu 1,0 bis 0,5 W/HK_{σ} angenommen werden. Diese Zahlen, wie auch die nachfolgend über den Energiebedarf gemachten Angaben beziehen sich auf Gleichstrombogenlampen ohne Glocke und Reflektor. Bei Bogenlampen, die mit Wechselstrom betrieben werden, ist der Verbrauch um ungefähr 25 bis 50% höher. Der Verlust im Vorschaltwiderstand ist in den Angaben stets eingeschlossen.

b) Lampen mit Effektkohlen.

Eine wesentlich bessere Lichtausbeute als mit Reinkohlen wird mit Effektkohlen erzielt. Diese sind mit einem Docht versehen, der aus mit Metallsalzen imprägnierter Kohle besteht. Die Salze verflüchtigen sich im Betriebe, und der Lichtbogen nimmt einen mehr flammenähnlichen Charakter an. Man bezeichnet daher die mit Effektkohlen ausgestatteten Lampen wohl auch als Flammenbogenlampen. Durch die leuchtenden Dämpfe wird einerseits die Lichtausbeute des Bogens wesentlich erhöht, andererseits auch dem Lichte eine von der Art des Salzes abhängige Färbung erteilt.

Meistens werden die Kohlen der Flammenbogenlampen nicht übereinander, sondern schräg nebeneinander gestellt (Fig. 239). Lampen dieser Art werden Intensivlampen genannt. Häufig wird bei ihnen der Lichtbogen noch durch einen kleinen Elektromagneten nach unten ausgebreitet.

Bei den Flammenbogenlampen mit übereinander stehenden Kohlen werden, nach einem Vorschlage von Blondel, gewöhnlich die sog. T. B.-Kohlen von Gebr. Siemens & Co. benutzt. In diesem Falle wird bei Gleichstromlampen als positive Elektrode eine Effektkohle verwendet, die in einem dünnwandigen Kohlerohr einen besonders starken Docht aufnimmt. Als negative Kohle dient eine Reinkohle. Abweichend von der sonst üblichen Anordnung wird ferner die positive Kohle unterhalb der negativen angebracht. Bei Wechselstromlampen kommen für beide Elektroden Dochtkohlen zur Anwendung. Besonders beliebt sind Kohlen für reinweißes Licht.

Ein Übelstand der Flammenbogenlampen bestand früher darin, daß die sich niederschlagenden Dämpfe auf die Glasglocke ätzend einwirken. Durch Benutzung eigenartig konstruierter Doppelglocken kann man jedoch beschlagfreie Lampen herstellen.

Fig. 239. Lichtbogen bei schräg nebeneinander angeordneten Kohlen.

Das Licht der Flammenbogenlampen ist im allgemeinen weniger ruhig als das von Reinkohlen herrührende. Aus diesem Grunde und wegen der sich im Lichtbogen entwickelnden Dämpfe werden die Flammenbogenlampen für die Beleuchtung von Innenräumen im allgemeinen nicht verwendet. Dagegen sind sie hervorragend für Außenbeleuchtung geeignet. Um eine recht gleichmäßige Bodenbeleuchtung zu erzielen, was gerade für Straßen wichtig ist, erhalten die Lampen vielfach dioptrische Innenglocken. Diese sind mit Rillen von prismatischem Querschnitt versehen, und sie besitzen daher eine lichtstreuende Wirkung, so daß eine mehr in die Breite gehende Lichtverteilung erreicht wird.

Der spez. Leistungsverbrauch der Flammenbogenlampen liegt zwischen 0,45 und 0,17 $W/HK_{\triangledown}$.

182. Geschlossene Bogenlampen.

Um ein langsameres Abbrennen der Kohlestifte zu erreichen, kann man den Lichtbogen derartig in ein Glasgefäß einschließen, daß der Zutritt der Luft, wenn auch nicht ganz verhindert, so doch wesentlich eingeschränkt wird. Derartige Lampen heißen geschlossene Bogenlampen, werden aber auch Dauerbrandlampen genannt. Die Kohlen werden bei ihnen vertikal übereinander angeordnet.

a) Lampen mit Reinkohlen.

Bei den eigentlichen Dauerbrandlampen wird der Lichtbogen innerhalb eines eng anschließenden Glaszylinders gebildet, der von einer weiteren Außenglocke umgeben ist. Die Lampen arbeiten mit einem wesentlich längeren Lichtbogen als die offenen Lampen. Zu seiner Aufrechterhaltung ist eine Spannung von ungefähr 70 bis 80 V erforderlich. Dauerbrandlampen können daher unter Verwendung eines geeigneten Vorschaltwiderstandes einzeln an eine Netzspannung von 110 V angeschlossen werden. Man erzielt bei den Lampen, ohne Kohleersatz, eine Brenndauer von 200 und mehr Stunden. Im allgemeinen ist das Licht der Dauerbrandlampen jedoch nicht so ruhig wie das der offenen Bogenlampen. Auch ist der spez. Leistungsverbrauch größer. Er kann im Mittel zu 1,2 bis 0,9 $W/HK_{\triangledown}$ angenommen werden.

Eine große Verbreitung hat eine Abart der eigentlichen Dauerbrandlampen gefunden, die Sparbogenlampe. Bei dieser werden besonders dünne Kohlen benutzt. Auch wird nur eine einzige Glasglocke angewendet. Durch diese wird die Luft weniger dicht als bei den Dauerbrandlampen abgeschlossen. Man erhält daher eine zwar nicht ganz so lange Brenndauer wie bei diesen, dafür aber ein ruhigeres Licht und eine bessere Lichtausbeute: 1,0 bis 0,7 $W/HK_{\triangledown}$.

b) Lampen mit Effektkohlen.

Neuerdings werden für Lampen mit beschränktem Luftzutritt auch Effektkohlen benutzt. Die Anwendung derselben wird dadurch ermöglicht, daß die Lampenglocke mit einem besonderen Kondensraum zum Niederschlagen der sich entwickelnden Rauchgase versehen wird.

Die für derartige Lampen benutzten Kohlen erhalten in der Regel keinen Docht, vielmehr werden die Leuchtsalze auf die ganze Kohlemasse gleichmäßig verteilt. Die Lampenspannung liegt gewöhnlich zwischen 40 und 55 V, die Brenndauer beträgt 60 bis 100 Stunden. Die Lichtausbeute ist nur wenig geringer als bei den offenen Flammenbogenlampen.

183. Inbetriebsetzung und Wartung der Bogenlampen.

Jede Bogenlampenfabrik fügt ihren Erzeugnissen gedruckte Anweisungen bei, in denen die beim Anschließen und Bedienen der Lampen zu beachtenden Regeln zusammengestellt sind. Es sollen daher hier nur einige allgemeine Gesichtspunkte erörtert werden.

Bei Gleichstromlampen werden der positive und der negative Pol kenntlich gemacht, und es ist beim Auschließen streng darauf zu achten, daß der positive Pol jeder Lampe mit der positiven Netzleitung und der negative Pol mit der negativen Netzleitung verbunden werden. Zur Feststellung der Polarität der Leitungen bedient man sich am einfachsten des Polreagenzpapiers. Bei der Hintereinanderschaltung von Lampen sind entgegengesetzte Pole miteinander zu verbinden, z. B. der negative Pol der ersten Lampe mit dem positiven der zweiten usw. Eine Kontrolle für den richtigen Anschluß der Lampen ergibt sich aus der Erscheinung, daß nach dem Ausschalten die positive, meistens also die obere, gewöhnlich auch dickere Kohle infolge ihrer höheren Temperatur länger nachglüht als die negative.

Der Vorschaltwiderstand der Lampen ist so einzustellen, daß diese mit der vorgeschriebenen Stromstärke brennen. Für die Einregelung, die erst nach ungefähr halbstündigem Brennen vorgenommen werden soll, ist daher die Einschaltung eines Strommessers erforderlich. Nach dem Einregeln kann man sich gegebenenfalls überzeugen, ob die Spannung an den Klemmen der Lampe den richtigen Wert hat. Während des Ausprobens müssen die Lampen mit ihren Glocken versehen sein.

Alle Bogenlampen bedürfen einer regelmäßigen Reinigung. Diese wird zweckmäßig beim Erneuern der Kohlestifte vorgenommen, und zwar mittels Putzlappens, Bürste und Pinsels. Sie erfolgt nach dem Entfernen der Kohlenreste, jedoch, um das Eindringen von Schmutzteilen in das Werk der Lampe zu vermeiden, bevor die Kohlenhalter auseinandergezogen werden. Besonders gründlicher Reinhaltung bedürfen die Flammenbogenlampen. Der sich bei ihnen absetzende weiße Niederschlag ist sorgfältig zu entfernen.

Beschädigte Lampenglocken sind alsbald durch neue zu ersetzen. Namentlich gilt dies für Dauerbrand- und Sparbogenlampen, da bei diesen ein etwaiger Luftzutritt ein schnelleres Abbrennen der Kohlestifte nach sich zieht.

C. Röhrenlampen.

184. Quecksilberdampflampen.

Bei den Quecksilberdampflampen besteht eine Elektrode aus Quecksilber, die andere aus einem festen Metall oder aus Graphit (vgl. Quecksilberdampfgleichrichter, § 150). Die Lampe hat die Form einer Glasröhre, aus der die Luft durch Auspumpen entfernt ist. Sie ist im allgemeinen nur für Gleichstrom verwendbar. Das Quecksilber bildet den negativen Pol der Lampe und befindet sich in einer an dem einen Ende der Röhre angebrachten halbkugelartigen Erweiterung. Die Lampe wird meistens in horizontaler Lage angebracht, kann jedoch um einen kleinen Winkel schräg gestellt werden. Um sie zu zünden, wird sie, nachdem der Strom eingeschaltet ist, soweit gekippt, daß das Quecksilber zum positiven Pol fließt, alsdann wird sie zurückgekippt, wobei der sich bildende Quecksilberfaden auseinander reißt. Hierdurch entsteht ein Lichtbogen, der sich infolge der sofort auftretenden gut leitenden Quecksilberdämpfe auf die ganze Röhre ausdehnt. Bei einer Länge von ungefähr 1 Meter kann die Lampe — unter Verwendung eines Vorschaltwiderstandes sowie einer zum Ausgleich von Spannungsschwankungen dienenden Drosselspule — unmittelbar an eine Netzspannung von 110 V angeschlossen werden. Das Licht der Quecksilberdampflampe hat eine eigenartige, grünliche Färbung, welche die meisten natürlichen Farben, z. B. die der menschlichen Haut, merkwürdig verändert erscheinen läßt. Die Lampe ist daher für Wohnräume nicht brauchbar, dagegen wird sie zuweilen für die Beleuchtung von Werkstätten benutzt. Ihr spez. Leistungsverbrauch kann zu 0,9 $W/HK_{\circlearrowleft}$ angenommen werden.

Eine Verbesserung der vorstehend beschriebenen Lampe bedeutet die Quarzlampe. Bei dieser wird statt der langen Glasröhre ein kurzer Brenner aus Quarz verwendet, ein Material, das eine viel höhere Temperatur verträgt als Glas. Infolge der dadurch ermöglichten höheren Strombelastung ist die Lichtausbeute wesentlich günstiger, auch ist die Farbe des Lichtes nicht ganz so störend wie bei der gewönlichen Quecksilberdampflampe. Die Zündung kann beim Einschalten des Stromes automatisch erfolgen, indem der Brenner mit einer elektromagnetisch beeinflußten Kippvorrichtung versehen wird. Der Brenner wird in eine kugelförmige Glasglocke eingeschlossen, so daß die Lampe äußerlich einer gewöhnlichen Bogenlampe nicht unähnlich ist. Dieser gegenüber hat sie den Vorzug, daß sie keinerlei Bedienung bedarf. Für die Quarzbrenner wird eine Lebensdauer von 1000 Brennstunden garantiert, die tatsächlich erreichte Lebensdauer ist jedoch wesentlich größer. Die Quarzlampe wird vielfach für die Beleuchtung von Straßen und Plätzen benutzt. Ihr Energiebedarf beträgt nur ungefähr 0,4 $W/HK_{\circlearrowleft}$.

Die Quarzlampe wird seit einiger Zeit auch für den Betrieb mit Wechselstrom hergestellt, indem der Brenner gewissermaßen als selbstleuchtender Quecksilberdampfgleichrichter ausgestaltet wird.

185. Das Moorelicht.

Eine sehr gleichmäßige Beleuchtung eines Raumes ermöglicht das Moorelicht, dessen Betrieb ausschließlich mit Wechselstrom möglich ist. Langen Glasröhren, die mit einem Gas, z. B. Stickstoff oder Kohlensäure, in stark verdünntem Zustande angefüllt sind, wird der auf eine hohe Spannung transformierte Wechselstrom mittels zweier Elektroden zugeführt, wodurch das Gas nach Art der bekannten Geislerschen Röhren zum Leuchten kommt. Die Lichtwirkung ist am günstigsten, wenn das die Röhre erfüllende Gas einen ganz bestimmten Grad der Verdünnung aufweist. Da aber während des Betriebes die Verdünnung erfahrungsgemäß zunimmt, so ist es erforderlich, dauernd kleine Gasmengen wieder von außen in die Röhre zu befördern. Dies geschieht in sinnreicher Weise durch ein selbsttätig arbeitendes, eigenartig konstruiertes Ventil.

Die Leuchtröhren können viele Meter lang sein und werden in ihrer Form den zu erhellenden Räumen angepaßt. Die Farbe des

Lichtes ist je nach der angewendeten Gasart verschieden, so kann z. B. ein dem Tageslicht völlig gleichartiges Licht erzielt werden. Dieser Umstand macht das Moorelicht besonders für die Beleuchtung von Färbereien sowie von Geschäftsräumen wertvoll, in denen es auf eine genaue Farbenunterscheidung ankommt. Sein spez. Leistungsverbrauch wird zu 1,5 W/HK (die Lichtstärke senkrecht zur Röhrenachse gemessen) angegeben.

Dreizehntes Kapitel.

Wärmeausnutzung des Stromes, Elektrochemie und -metallurgie.

186. Elektrisches Kochen und Heizen.

Äußerst vielseitig sind die auf der Wärmewirkung des elektrischen Stromes beruhenden Einrichtungen. Hierher gehören in erster Linie die elektrischen Kochapparate, die sich einer immer steigenden Beliebtheit erfreuen. Sie besitzen als wesentlichen Bestandteil einen Heizkörper, der in den elektrischen Stromkreis eingeschaltet wird und meistens aus Draht von hohem Widerstand oder auch, wie bei den Apparaten der Gesellschaft „Prometheus", aus einer äußerst dünnen in Glimmerstreifen eingeätzten Silberschicht besteht. Am günstigsten verhalten sich die direkt beheizten Kochgefäße. Bei diesen werden durch sorgfältige Wärmeisolation Verluste nach außen tunlichst vermieden, so daß die im Heizkörper entwickelte Wärme nahezu völlig auf das Innere des Gefäßes übertragen wird. Bei den Heizplatten wird dagegen die entwickelte Wärme indirekt an die auf sie gesetzten Gefäße übertragen. Da hierbei ein größerer Teil der Wärme durch Strahlung verloren geht, so werden sie meistens nur zum Warmhalten der Speisen benutzt. Hinsichtlich bequemer Handhabung sind die elektrischen Kochapparate wohl kaum noch zu übertreffen. Ferner zeichnen sie sich durch große Haltbarkeit aus. Bei einem geeigneten Stromtarif ist das elektrische Kochen auch durchaus wirtschaftlich. Viele Elektrizitätswerke sind in der Lage, die elektrische Energie für Kochzwecke zu einem entsprechend geringen Preise abzugeben, da das Kochen vorwiegend in die Tageszeit fällt, in der die Werke nicht voll ausgenutzt sind.

Ein großes Anwendungsgebiet hat sich auch das elektrische Bügeleisen erobert. Von seinen mannigfachen Vorzügen, die es vor anders beheizten Eisen auszeichnen, seien die hervorragende Feuersicherheit, stete Betriebsbereitschaft und unübertroffene Sauberkeit genannt.

Auch die Heißluftapparate mögen hier noch erwähnt werden. Bei ihnen wird die durch einen winzigen Elektoventilator in Bewegung gesetzte Luft an einer Heizspirale vorbeigeführt und dadurch angewärmt.

In gewissen Fällen bieten auch elektrische *Zimmeröfen* Vorteile. Diese werden entweder aus Heizkörpern nach Art der für Kochgefäße angewendeten zusammengesetzt, oder sie enthalten große, für den Zweck besonders konstruierte Glühlampen. Einer allgemeinen Einführung der elektrischen Öfen stehen die verhältnismäßig hohen Betriebskosten im Wege, und sie kommen daher nur in Frage, wo die elektrische Energie besonders billig ist, oder namentlich wo es sich um Räume handelt, die nur vorübergehend beheizt werden sollen, wie das z. B. in Kirchen der Fall ist.

187. Elektrisches Löten und Schweißen.

Der mit dem elektrischen Lichtbogen verbundenen bedeutenden Wärmeentwicklung ist eine Reihe von praktischen Anwendungen zu danken. Von diesen sei z. B. der mittels eines Lichtbogens beheizte *Lötkolben* genannt.

Auch zum Schweißen wird der Lichtbogen herangezogen. Der *Lichtbogenschweißung* bedient man sich namentlich für die Reparatur von Gußstücken und die Ausbesserung von Gußfehlern. In der Regel wird für das Verfahren Gleichstrom benutzt. Der Lichtbogen wird zwischen dem Arbeitsstück selbst und einer Elektrode aus Kohle oder Eisen hergestellt, wobei das Arbeitsstück mit dem negativen Pol der Stromquelle verbunden wird. Es kann aber auch der Lichtbogen zwischen zwei Kohleelektroden gebildet und durch einen Magneten auf die Schweißstelle geblasen werden.

Wichtiger als das Schweißen mittels Lichtbogens ist die elektrische *Widerstandsschweißung*. Hierfür wird meistens Wechselstrom angewendet, weil sich dieser leicht auf die erforderliche hohe Stromstärke bei einer entsprechend geringen Spannung von 1—3 Volt transformieren läßt. Die zu vereinigenden Stücke können stumpf aneinander gelegt und durch zwei mit Wasser gekühlte Klemmbacken, die auch zur Stromzuführung dienen, zusammengepreßt werden; infolge des großen Übergangswiderstandes an der Trennfuge tritt die zum Schweißen notwendige Erwärmung ein. Bleche können auch mit Überlappung aneinander gelegt und zwischen kegelförmig gestalteten Elektroden punktweise in ähnlicher Weise wie durch Nieten verbunden werden. Zur Ausübung der geschilderten Verfahren werden, namentlich von der *Allgemeinen Elektrizitätsgesellschaft*, *Schweißmaschinen* gebaut, die ein außerordentlich genaues Arbeiten bei größter Schonung des Materials der Arbeitsstücke ermöglichen.

188. Galvanostegie und Galvanoplastik.

Eins der ältesten Verfahren der angewandten Elektrizität ist die *Galvanostegie*. Diese lehrt, einen metallischen Gegenstand hit einem anderen Metalle zu überziehen, z. B. Eisenteile zu vernickeln. Der betreffende Gegenstand wird zu diesem Zwecke als negative Elektrode in eine Lösung desjenigen Metalls gebracht, aus dem der Überzug bestehen soll. Als positive Elektrode wird ihm eine Platte aus eben diesem Metalle gegenübergestellt. Beim Durchgang des Stromes durch die Lösung scheidet sich aus ihr das Metall am negativen Pole, also an dem zu überziehenden Gegenstand ab, während gleichzeitig die positive Platte sich auflöst, so daß das der Flüssigkeit entzogene Metall immer wieder ersetzt wird.

Ähnlich ist das Verfahren der Galvanoplastik, die es ermöglicht, von einem Gegenstande naturgetreue Kopien aus Metall herzustellen. Gewöhnlich wird eine Wiedergabe in Kupfer gewünscht. Von dem nachzubildenden Gegenstand wird ein Abdruck, ein Negativ, in einem plastischen Material, z. B. Wachs, hergestellt. Dieser wird durch Bepinseln mit Graphit leitend gemacht und bildet die negative Elektrode in einem Kupferbade, das als positive Elektrode eine Kupferplatte enthält. Hat der sich beim Stromdurchgang auf dem Abdruck bildende Kupferniederschlag eine genügende Dicke erlangt. so kann er abgelöst werden, und er stellt dann eine genaue Nachbildung des Originals dar.

189. Reindarstellung des Kupfers.

In der chemischen Großindustrie ist die Elektrizität eine unentbehrliche Gehilfin geworden. Viele Zweige der praktischen Chemie wurden durch sie erst lebensfähig. Es sei hier vor allem an die Reindarstellung des für die Elektrotechnik wichtigsten Metalles, des Kupfers aus dem Rohkupfer, erinnert.

In mit Kupfervitriollösung gefüllte Zellen werden als Anoden Platten aus Rohkupfer gestellt, als Kathoden dagegen dünne Bleche aus reinem Kupfer. Bei der Elektrolyse scheidet sich nun das Kupfer der Lösung an der Kathode ab, während die Anode in Lösung geht. Es wird auf diese Weise das Kupfer der Anode allmählich zur Kathode übergeführt. Das so gewonnene Reinkupfer wird gewöhnlich als Elektrolytkupfer bezeichnet. Die Beimischungen des Kupfers lösen sich in der Flüssigkeit auf oder setzen sich als Schlamm zu Boden. Da in dem Schlamm meistens noch wertvolle Metalle, z. B. Silber, enthalten sind, so kann er gegebenenfalls noch weiter verarbeitet werden.

190. Aluminiumgewinnung.

Eine Reihe von Metallen kann völlig auf elektrischem Wege gewonnen werden. Als charakteristischstes Beispiel ist hier das Aluminium zu nennen, das ausschließlich elektrisch dargestellt wird, und zwar durch gleichzeitige Ausnutzung der Wärmeerzeugung und der chemischen Wirkung des Stromes.

Die Aluminiumsalze, namentlich Tonerde, werden in einen aus Kohle hergestellten Lichtbogenofen eingefüllt. Ein mächtiger

Lichtbogen, der zwischen dem die Kathode bildenden Ofen und einer in den Ofen beweglich hineinragenden Anode aus Kohleblöcken übergeht, bringt die Salze zum Schmelzen, worauf die feuerflüssige Masse der Elektrolyse unterworfen wird. Dabei scheidet sich das Aluminium am negativen Pol ab.

191. Karbidfabrikation.

In Lichtbogenöfen lassen sich auch die Karbide herstellen. Man versteht darunter Verbindungen von Metallen mit Kohlenstoff. Zu ihrer Darstellung ist eine sehr hohe Temperatur erforderlich. Das für die Darstellung des Azetylens wichtige Kalziumkarbid wird gewonnen, indem Kalk und Kohle zusammengeschmolzen werden.

In ähnlicher Weise wird das als Schleif- und Poliermaterial sehr geschätzte Siliziumkarbid oder Karborundum aus einem Gemisch von Sand, Koks, Sägemehl und Kochsalz hergestellt.

192. Stahldarstellung.

Eine besondere Wichtigkeit hat in neuerer Zeit die elektrothermische Darstellung des Stahls erlangt. Eine Reihe von Verfahren bedient sich dabei der Lichtbogenöfen. So setzt Stassano das Roheisen der Strahlungswärme eines zwischen zwei Kohleelektroden gebildeten Lichtbogens aus. Héroult benutzt dagegen nur eine Elektrode aus Kohle und macht das Schmelzgut selber zum zweiten Pol.

Ganz anderer Art ist das Verfahren von Kjellin. Dieser verwendet einen Induktionsofen in Form eines Transformators, dessen primärer Wicklung ein- oder mehrphasiger Wechselstrom zugeführt wird, und der mit einer kreisförmigen Schmelzrinne aus feuerfestem Material umgeben ist. Letztere dient zur Aufnahme des Roheisens und vertritt so die Stelle der sekundären Wicklung. Diese wird also gewissermaßen aus einer einzigen, kurzgeschlossenen Windung gebildet, und es wird daher in ihr Wechselstrom von sehr geringer Spannung bei entsprechend großer Stromstärke induziert. Die dadurch erzielte Erhitzung des Schmelzgutes erfährt bei dem Verfahren von Röchling-Rodenhauser noch eine Unterstützung durch eine unmittelbare Widerstandsheizung. Der in den Induktionsöfen gewonnene Stahl zeichnet sich, da keinerlei Verunreinigung durch Kohle eintritt, durch äußerst günstige Eigenschaften aus.

193. Ozonerzeugung.

Werden die beiden Pole einer Stromquelle hoher Spannung einander so weit genähert, daß ein Spannungsausgleich in Form von elektrischen Funken auftritt, so wird aus dem Sauerstoff der zwischen den Polen befindlichen Luft Ozon gebildet. Die Ozonbildung wird noch begünstigt, wenn statt des Funkenüberganges ein Glimmlicht hervorgerufen wird. Auf dieser Eigenschaft der Glimmentladung beruhen die Ozonapparate, die mit hochgespanntem Wechselstrom betrieben werden. Ozon findet zum Bleichen von Stoffen, ferner zur Auffrischung verdorbener Luft sowie hauptsächlich zur Sterilisation von Trinkwasser Verwendung.

194. Stickstoffgewinnung.

Ein sehr großes Feld ist dem elektrischen Strome seit einigen Jahren durch die mit Erfolg durchgeführte Nutzbarmachung des Stickstoffgehaltes der Luft erschlossen. In dem Birkeland-Eyde-Ofen wird ein durch hochgespannten Wechselstrom hergestellter Lichtbogen mittels eines Magneten zu einer Scheibe auseinandergeblasen. Durch diesen Lichtbogen wird Luft hindurchgetrieben. Bei dem Verfahren der Badischen Anilin- und Sodafabrik wird der Lichtbogen durch den Luftstrom selber innerhalb einer mehrere Meter hohen Röhre in die Länge getrieben. In jedem Falle bildet sich in der Luft infolge ihrer innigen Berührung mit dem Lichtbogen Stickoxyd, das durch ein weiteres Verfahren in Salpetersäure oder in Kalksalpeter übergeführt wird. Letzterer stellt einen wertvollen Ersatz für den in der Landwirtschaft benötigten Chilesalpeter dar.

Vierzehntes Kapitel.

Das Leitungsnetz.

195. Die Betriebsspannung.

Bei der Festsetzung der Spannung einer elektrischen Anlage sind vor allem die zu übertragende Leistung sowie die Ausdehnung des Leitungsnetzes zu berücksichtigen. Damit das Gewicht der Leitungen nicht zu groß ausfällt, ist ein geringer Drahtquerschnitt anzustreben. Das setzt aber eine niedrige Stromstärke voraus, und diese wieder bedingt bei gegebener Leistung eine hohe Spannung. Es läßt sich nachweisen, daß bei gleichem prozentualen Leistungsverlust der Querschnitt der Leitungen und damit ihr Gewicht dem Quadrate der Übertragungsspannung umgekehrt proportional ist (vgl. § 205). Bei der doppelten Spannung gebraucht man also nur den vierten Teil des Leitungskupfers, bei der dreifachen Spannung den neunten Teil usw. Im Interesse geringer Anlagekosten ist also, namentlich bei Energieübertragungen auf große Entfernungen, eine hohe Spannung anzuwenden. Andererseits darf nur eine verhältnismäßig niedrige Spannung in bewohnte Räume eingeführt werden.

Während bei Gleichstrom höhere Spannungen als 750 bis 1000 V kaum in Betracht kommen, können für Wechselstromanlagen bedeutend höhere Übertragungsspannungen angewendet werden, wenn der Strom, ehe er den Verbrauchsapparaten zugeführt wird, auf eine niedrige Spannung transformiert wird. Man wird jedoch auch in solchen Fällen wegen der für die bessere Isolierung aufzuwendenden Kosten die Spannung nicht höher als notwendig wählen. Immerhin sind Anlagen mit 30000 bis 40000 V Betriebsspannung ziemlich häufig, und in einzelnen Fällen hat man bereits 100000 V Spannnng überschritten.

196. Niederspannung und Hochspannung.

Im Sinne der Vorschriften des V. D. E. gelten solche Anlagen, bei denen die effektive Gebrauchsspannung zwischen irgendeiner Leitung und Erde 250 V nicht überschreiten kann, als Niederspannungsanlagen, solche mit höheren Spannungen als Hochspannungsanlagen. Für Hochspannung sind außer den für Niederspannung gültigen Anweisungen der Errichtungs- und Betriebsvorschriften noch eine Reihe zusätzlicher Bestimmungen zu beachten.

Bei Niederspannungsanlagen wird es für ausreichend erachtet, wenn die blanken spannungführenden, im Handbereich liegenden Teile gegen zufällige Berührung geschützt sind. Dagegen müssen bei Hochspannung auch die mit Isolierstoff bedeckten unter Spannung gegen Erde stehenden Teile der Anlage der Berührung entzogen werden. Metallteile, die für gewöhnlich keine Spannung führen, die aber den unter Hochspannung stehenden Teilen besonders nahe liegen oder mit ihnen in Berührung kommen können, müssen geerdet werden, sofern sie nicht isoliert montiert und durch besondere Maßregeln gegen zufällige Berührung geschützt sind (vgl. auch § 154).

197. Das Zweileitersystem.

Ist das Stromversorgungsgebiet örtlich nur wenig ausgedehnt, so erfolgt die Energieverteilung nach dem Zweileitersystem. Bei diesem gehen von der elektrischen Zentrale Z (Fig. 240) zu den verschiedenen Verbrauchsstellen je zwei Leitungen, die beliebig verzweigt werden können und die Lampen und sonstigen Stromverbraucher speisen. Mit Rücksicht auf die anzuschließenden Glüh- und Bogenlampen wählt man für Zweileiteranlagen ge-

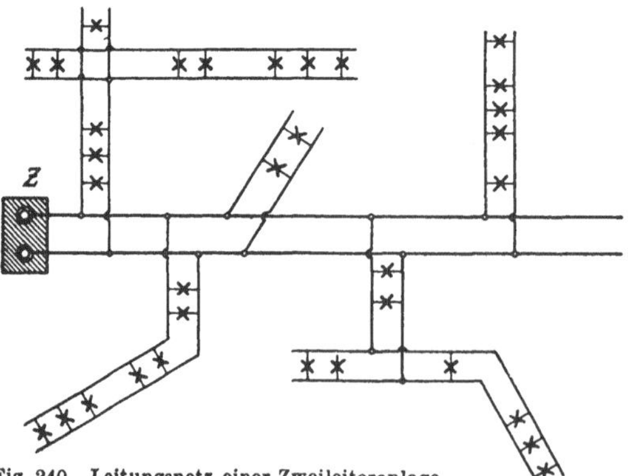

Fig. 240. Leitungsnetz einer Zweileiteranlage.

wöhnlich eine Spannung von 110 V oder höchstens 220 V. Der in den Leitungen auftretende Spannungsverlust ist, damit die Lampen stets annähernd mit der gleichen Spannung brennen, möglichst gering zu halten.

Liegt die Zentrale nicht in unmittelbarer Nähe des Versorgungsgebietes, so können, wie in Fig. 241 angedeutet, inmitten desselben besondere Speisepunkte (*Sp. P.*) angeordnet und mit der Zentrale durch Speiseleitungen (*Sp. L.*) verbunden werden. In letzteren ist ein höherer

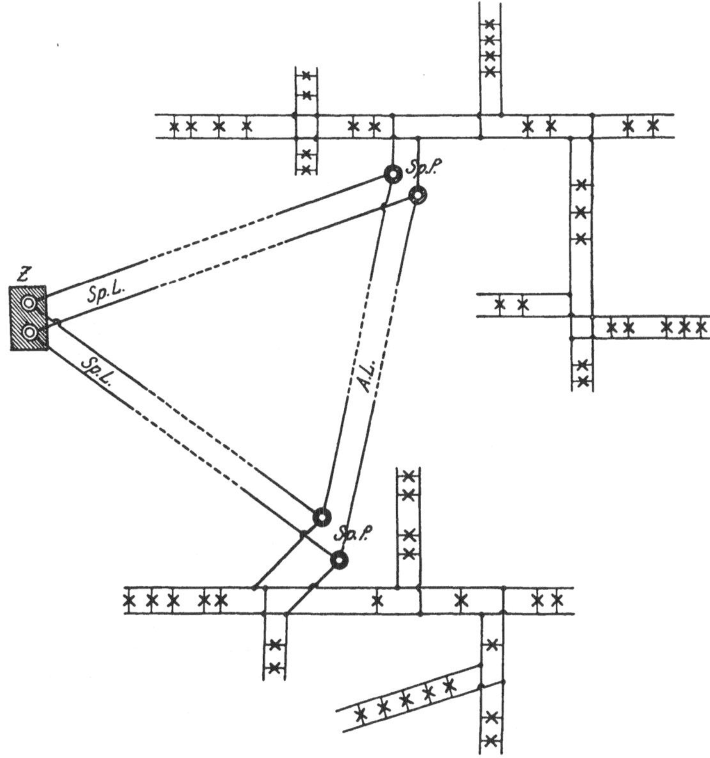

Fig. 241. Leitungsnetz einer Zweileiteranlage mit Speiseleitungen.

Spannungsverlust als in den Verteilungsleitungen zulässig. Die Spannung an den Speisepunkten kann durch Anwendung besonderer Prüfdrähte in der Zentrale gemessen werden und wird von dieser aus möglichst konstant gehalten. Die von den Speisepunkten ausgehenden Verteilungsleitungen sind wieder für einen geringen Spannungsverlust zu bemessen. Um größere Unterschiede in der Spannung der verschiedenen Speisepunkte zu vermeiden, können sie durch Ausgleichsleitungen (*A.L.*) unter sich verbunden werden.

Das Zweileitersystem kommt sowohl für Gleichstrom als auch für einphasigen Wechselstrom zur Anwendung.

198. Mehrleitersysteme.

Die Möglichkeit, eine Energieverteilung auf einen größeren Umkreis vorzunehmen, als dies — mit Rücksicht auf die Leitungskosten — beim Zweileitersystem erreichbar ist, bieten die Mehrleitersysteme. Diese arbeiten mit einer Übertragungsspannung, die ein Mehrfaches der Gebrauchsspannung beträgt.

Eine besonders große Verbreitung hat das Dreileitersystem aufzuweisen. Die Spannung wird bei Anlagen dieses Systems gewöhnlich zu 220 oder 440 V angenommen. Doch wird durch eine Mittelleitung eine Spannungsteilung vorgenommen in der Weise, daß zwischen dieser und jeder der Haupt- oder Außenleitungen nur die halbe Spannung herrscht. Die Lampen werden zwischen Außenleiter und Mittelleiter angeschlossen und auf beide Netzhälften möglichst gleichmäßig verteilt. Größere Motoren werden meistens unmittelbar an die Außenleiter gelegt.

Bei Dreileiteranlagen gilt eine Außenleiterspannung bis 500 V noch als Niederspannung, wenn — was in der Regel geschieht — der Mittelleiter geerdet ist. In diesem Falle hat die Spannung zwischen jeder Leitung und Erde nur den halben Wert, selbst wenn die andere Leitung einen Erdschluß aufweisen sollte.

Das im vorigen Paragraphen beim Zweileitersystem über die Größe des Spannungsverlustes in den Verteilungsleitungen und über die Einrichtung von Speisepunkten Angeführte bezieht sich sinngemäß auch auf Mehrleiteranlagen.

a) Dreileiteranlage mit zwei hintereinander geschalteten Betriebsmaschinen.

Das Schema einer Dreileiteranlage zeigt Fig. 242. Es sind hier zwei hintereinander geschaltete Betriebsmaschinen angenommen. Besitzt jede Maschine eine Spannung von z. B. 110 V, so ist die zwischen den beiden Außenleitern P und N bestehende Spannung 220 V. Ist die Belastung in beiden Netzhälften gleichgroß, so ist, wie aus der Richtung der in der Figur angegebenen Pfeile hervorgeht, der Mittelleiter O stromlos. Er wird daher auch Nulleiter genannt. Bei ungleicher Belastung der Netzhälften führt er einen Strom, dessen Stärke gleich der Differenz der in den beiden Außenleitern herrschenden Stromstärken ist. Jedenfalls kann der Mittelleiter schwächer ausgeführt werden als die Außenleiter. Häufig macht man ihn halb so stark wie diese.

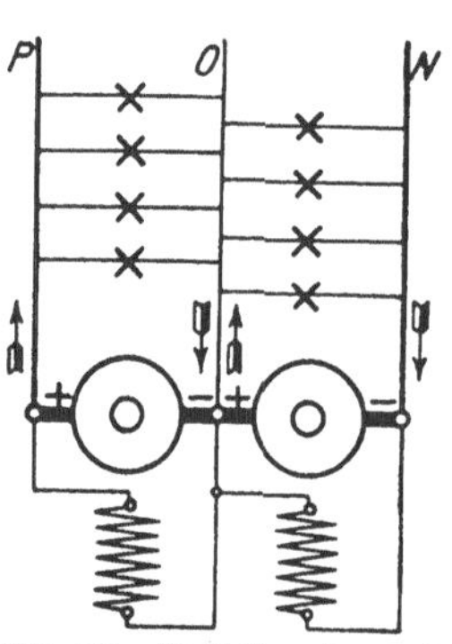

Fig. 242. Dreileiteranlage mit zwei hintereinander geschalteten Maschinen.

b) Spannungsteilung durch eine Akkumulatorenbatterie.

Man kann bei Dreileiteranlagen auch mit einer einzigen Betriebsmaschine auskommen, wenn man in anderer Weise eine Spannungsteilung vornimmt. Die Vorteile einer solchen Anordnung bestehen hauptsächlich darin, daß eine Maschine für die Gesamtleistung billiger ist als zwei Maschinen halber Leistung, und daß außerdem die größere Maschine einen besseren Wirkungsgrad hat.

Ist eine Akkumulatorenbatterie vorhanden, so kann man den Nulleiter von der Batteriemitte abnehmen, Fig. 243. Man muß dann jedoch dafür Sorge tragen, daß die beiden Batteriehälften stets gleichmäßig entladen werden, oder Vorkehrungen treffen, um jede Hälfte einzeln nachladen zu können.

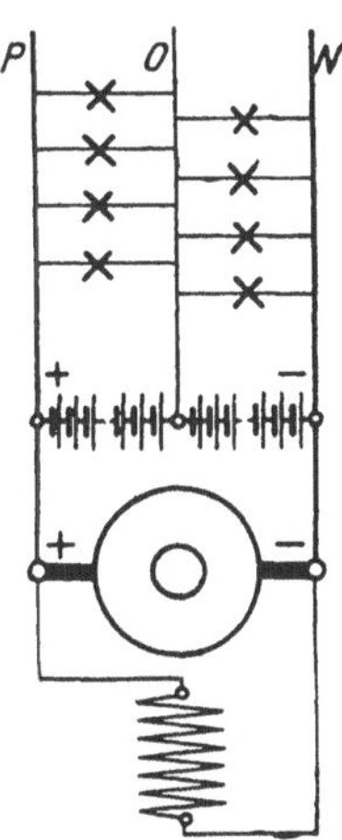

Fig. 243. Spannungsteilung durch eine Akkumulatorenbatterie.

c) Spannungsteilung durch Ausgleichsmaschinen.

Bei einer anderen Art der Spannungsteilung werden an die Außenleiter zwei kleinere, hintereinander geschaltete Maschinen von gleicher Größe, jede für die halbe Spannung, gelegt. Die Maschinen werden unmittelbar miteinander gekuppelt. Zwischen beiden Maschinen wird der Nulleiter abgenommen, Fig. 244. Sind beide Netzhälften gleichstark belastet, so läuft jede Maschine leer als Motor, nimmt sie also nur den geringen Leerlaufstrom auf. Bei ungleicher Belastung ist infolge des verschiedenen Spannungsabfalls die Spannung der schwächer belasteten Seite größer als die der stärker belasteten. Infolgedessen läuft die Maschine, die sich in der schwach belasteten Seite befindet, schneller. Sie wirkt daher als Motor und treibt die Maschine, die in der stark belasteten Seite liegt, an, so daß letztere als Generator arbeitet und Strom in ihre Netzhälfte liefert. Der zum Betrieb des Generators erfor-

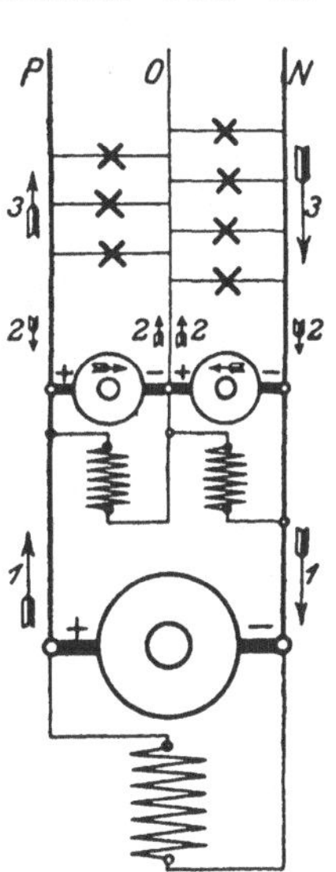

Fig. 244. Spannungsteilung durch Ausgleichsmaschinen mit eigener Erregung.

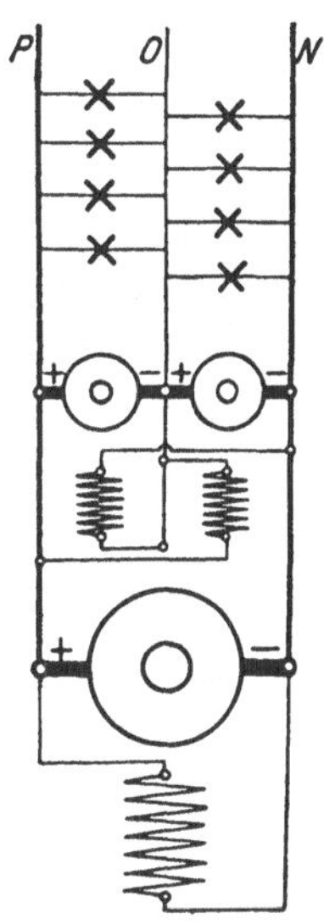

Fig. 245. Spannungsteilung durch Ausgleichsmaschinen mit kreuzweiser Erregung.

derliche Strom wird der schwächer belasteten Netzhälfte durch den antreibenden Motor entzogen. Die Maschinen wirken demnach ausgleichend auf die Belastung beider Netzhälften und werden deshalb **Ausgleichsmaschinen** genannt. In der Figur ist die Stromverteilung für den Fall angedeutet, daß die Netzhälfte ON stärker belastet ist als OP. Die Pfeile geben die Stromrichtung und durch ihre Länge auch ein ungefähres Maß für die Stromstärke an. Die mit 1 bezeichneten Pfeile beziehen sich auf den von der Hauptmaschine gelieferten Strom, die Pfeile 2 geben Aufschluß über die Stromverhältnisse der Ausgleichsmaschinen, und die Pfeile 3 schließlich deuten die Netzbelastung an. Die Stromstärke in der Leitung N ist gleich der Summe des Stromes der Hauptmaschine und des von der betreffenden Ausgleichsmaschine gelieferten Stromes (Generatorwirkung der Ausgleichsmaschine), die Stromstärke in der Leitung P ist gleich der Differenz beider Ströme (Motorwirkung).

Vorteilhaft ist es, die Magnetwicklungen beider Ausgleichsmaschinen **kreuzweise**, d. h. so anzuschließen, daß jede Maschine von der nicht zu ihr gehörigen Netzhälfte erregt wird, Fig. 245. Auf diese Weise wird die als Motor arbeitende Maschine schwächer erregt, und sie läuft daher schneller als bei der normalen Schaltung. Hierdurch wird die ausgleichende Wirkung begünstigt.

Die Anwendung von Ausgleichsmaschinen schließt natürlich nicht die Aufstellung einer Akkumulatorenbatterie aus, deren Mittelpunkt alsdann mit dem Nulleiter zu verbinden ist.

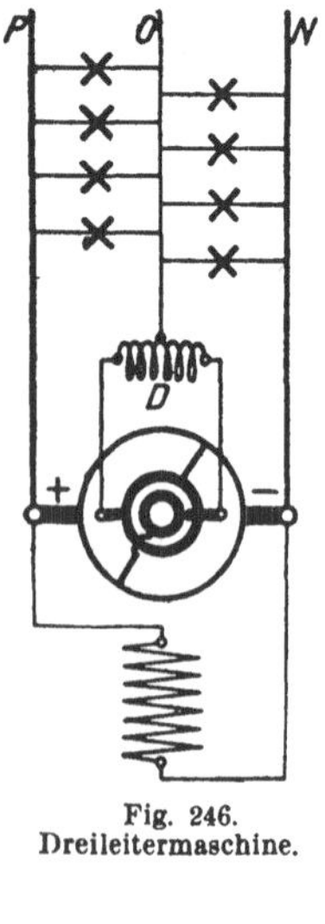

Fig. 246. Dreileitermaschine.

d) Dreileitermaschinen.

Eine unmittelbare Spannungsteilung ermöglichen die **Dreileitermaschinen**, von denen namentlich die von **Dobrowolsky** erfundene und von der **Allgemeinen Elektrizitäts-Gesellschaft** ausgeführte sehr verbreitet ist, Fig. 246. Die für die Außenleiterspannung gewickelte Maschine erhält außer dem Kollektor noch zwei Schleifringe. Diese sind mit Punkten der Wicklung verbunden, die um eine Polteilung auseinander liegen. Auf den Schleifringen befinden sich Hilfsbürsten, die mit den Enden einer Drosselspule D verbunden sind. Da der von den Ringen entnommene Strom (vgl. § 103) ein Wechselstrom ist, so besitzt er wegen des hohen scheinbaren Widerstandes der Drosselspule eine nur sehr geringe Stärke. Durch den in der Mitte der Drosselspulenwicklung angeschlossenen Nulleiter wird nun die Außenleiterspannung in zwei gleiche Teile zerlegt. Für den bei ungleicher Belastung der beiden Netzhälften durch den Mittelleiter fließenden **Gleichstrom** kommt nicht der scheinbare, sondern nur der geringe Ohmsche Widerstand der Drosselspule in Betracht.

Auch die Dreileitermaschine kann in Verbindung mit einer Akkumulatorenbatterie verwendet werden.

e) Das Fünfleitersystem.

Von anderen Mehrleitersystemen sei nur noch das Fünfleitersystem genannt. Bei diesem werden vier Betriebsmaschinen hintereinander geschaltet, oder es wird in anderer Weise die Außenleiterspannung geviertelt. Das System wird jedoch verhältnismäßig selten angewendet, da infolge der vielen Leitungen die Übersichtlichkeit der Leitungsführung verloren geht.

f) Dreileitersystem für Wechselstrom.

Wurden auch bei den bisherigen Betrachtungen über das Mehrleitersystem stets Gleichstromanlagen vorausgesetzt, so kann das System doch auch für einphasigen Wechselstrom Verwendung finden. Die Spannungsteilung gestaltet sich in einem solchen Falle einfacher als bei Gleichstrom. So wird der Mittelleiter eines Dreileitersystems unmittelbar von der (gewöhnlich feststehenden) Wicklung des Stromerzeugers oder bei Anwendung eines Transformators von dessen Sekundärwicklung abgezweigt, und zwar erfolgt in jedem Falle der Anschluß in der Mitte der Wicklung.

199. Mehrphasige Wechselstromsysteme.

Der einphasige Wechselstrom kommt, abgesehen vom Bahnbetrieb, nur bei solchen Anlagen zur Anwendung, die ausschließlich zur Erzeugung elektrischen Lichtes bestimmt sind. Ist jedoch auch auf den Anschluß von Motoren Rücksicht zu nehmen, und das ist fast immer der Fall, so ist ihm unbedingt der Mehrphasenstrom überlegen.

Während der Zweiphasenstrom heute nur noch vereinzelt verwendet wendet wird, erfreut sich der Dreiphasenstrom, der

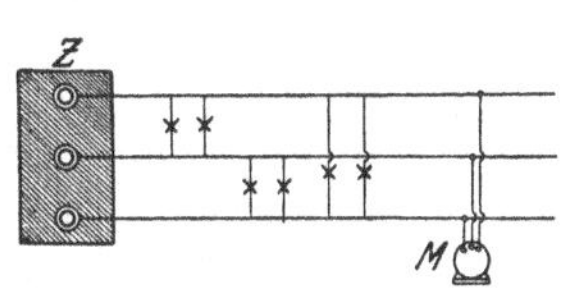

Fig. 247. Drehstromanlage ohne Nulleiter.

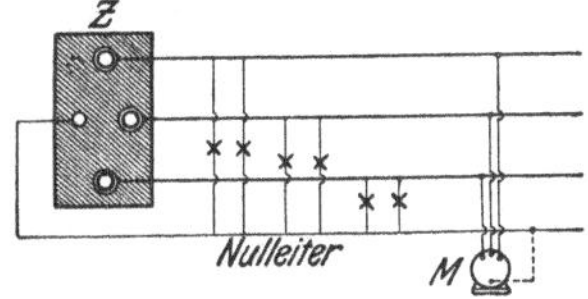

Fig. 248. Drehstromanlage mit Nulleiter.

eigentliche Drehstrom, einer außerordentlich großen Verbreitung. Das Drehstromsystem ist das bevorzugteste Wechselstromsystem. Es gehen bei ihm bekanntlich von der Zentrale Z drei Leitungen aus, Fig. 247. Die Lampen und sonstigen Stromverbraucher werden zwischen je zwei der Leitungen beliebig angeschlosen, wobei nur auf eine möglichst gleichmäßige Belastung der drei Phasen Bedacht zu nehmen ist. Die anzuschließenden Drehstrommotoren werden mit ihren Klemmen an alle drei Leitungen gelegt, wie es in der Figur für den Motor M angedeutet ist.

Ist in einer Drehstromanlage außer den Hauptleitungen noch der Nulleiter verlegt, so hat man zwei Gebrauchsspannungen zur Verfügung: einmal die Spannung zwischen je zwei der drei Hauptleitungen, die verkettete Spannung, und ferner die Spannung zwischen je einer Hauptleitung und der Nulleitung, die Sternspannung. Letztere beträgt den ungefähr 1,7. Teil der verketteten Spannung (s. § 37). In Fig. 248 sind die Lampen an die Sternspannung gelegt, während der Motor M an die Hauptleitungen angeschlossen ist. Falls beim Motor der Nullpunkt zugänglich ist, so wird er meistens auch mit dem Nulleiter verbunden. In der Figur ist diese Verbindung durch eine gestrichelte Linie kenntlich gemacht.

200. Das Wechselstrom-Transformatorensystem.

Bei ausgedehnten Wechselstromanlagen wird stets eine indirekte Energieverteilung vorgenommen, indem der in der Zentrale erzeugte hochgespannte Wechselstrom (Einphasen- oder Mehrphasenstrom) an den Verbrauchsorten zunächst mittels Transformatoren auf eine niedrige Spannung umgewandelt wird. Man hat demnach zu unterscheiden zwischen dem primären Netz, das Hochspannung führt, und dem sekundären Niederspannungsnetz. Der primäre Strom wird entweder in den Stromerzeugern unmittelbar oder — bei besonders hohen Spannungen — durch Vermittlung von Transformatoren hergestellt (vgl. § 112). Die Transformatoren, in denen der Strom auf die Gebrauchsspannung heruntergesetzt wird, werden über das ganze Versorgungsgebiet verteilt. Bei Drehstromanlagen kann, entsprechend § 199, das von den Transformatoren ausgehende Sekundärnetz ohne oder mit Nulleiter ausgeführt werden.

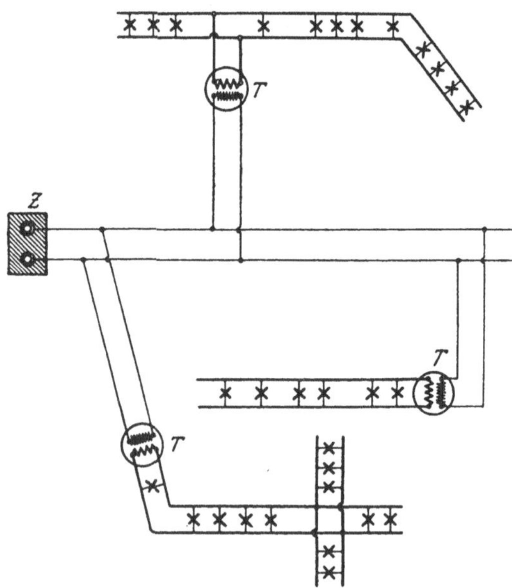

Fig. 249. Leitungsnetz einer Einphasenanlage mit Transformatoren.

Fig. 249 zeigt das Schema eines Verteilungsnetzes für Einphasenstrom. Die Transformatoren sind mit T bezeichnet. Es ist angenommen, daß nur die primären (Hochspannungs-) Seiten sämtlicher Transformatoren parallel geschaltet sind, die sekundäre Seite jedes Transformators aber ein besonderes Netz speist. Doch läßt man häufig sämtliche Transformatoren auch auf ein zusammenhängendes Niederspannungsnetz arbeiten, so daß zwischen den verschiedenen Transformatoren ein Belastungsausgleich zustande kommt.

201. Das Wechselstrom-Gleichstromsystem.

Um den bei Verwendung des Wechselstroms gebotenen Vorteil, eine hohe Übertragungsspannung anwenden zu können, mit den Vorzügen des Gleichstroms zu verbinden, kann man in der beliebig außerhalb des Versorgungsgebietes gelegenen Zentrale hochgespannten Wechselstrom erzeugen, diesen aber in innerhalb des Versorgungsgebietes liegenden Unterstationen mittels Umformer in Niederspannungsgleichstrom verwandeln. Mit diesem wird das Verteilungsnetz gespeist. Fig. 250 stellt das Schema einer solchen Anlage mit einer Unterstation dar, und zwar für den Fall, daß die Übertragung der Energie mittels Drehstromes, die Verteilung dagegen nach dem Gleichstromdreileitersystem erfolgt. Als Umformer ist ein Motorgenerator vorgesehen; die Spannungsteilung erfolgt durch eine Akkumulatorenbatterie.

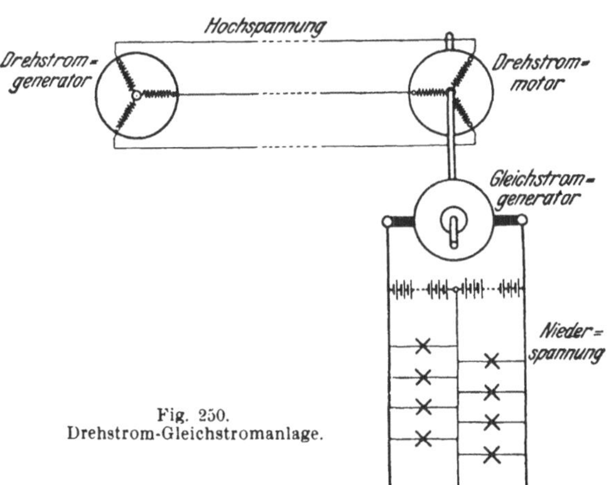

Fig. 250.
Drehstrom-Gleichstromanlage.

202. Leitungsarten.

In der Starkstromtechnik kommen für die Übertragung der elektrischen Energie vornehmlich Kupferleitungen zur Anwendung. Doch ist in neuerer Zeit auch mehrfach Aluminium als Leitungsmaterial benutzt worden.

In einer Reihe von Fällen sind blanke Leitungen (Bezeichnung für blanken Kupferdraht: BC) zulässig oder sogar geboten. Ihnen werden in den E. V. solche Leitungen gleichgestellt, die, etwa durch einen Anstrich, lediglich gegen chemische Einflüsse geschützt sind.

Wo blanke Leitungen nicht angängig sind, bedient man sich der isolierten Leitungen. Als Hauptisoliermaterial kommt in Verbindung mit Baumwolle oder ähnlichen Stoffen Gummi zur Anwendung. Bei der Gummibandisolierung wird die Kupferseele mit Paraband umwickelt, während sie bei der wesentlich zuverlässigeren Gummiaderisolierung mit einer geschlossenen Gummihülle umgeben und dadurch nach außen wasserdicht abgeschlossen wird. Für Schnüre, d. h. solche Leitungen, bei denen zum Zwecke besonderer Biegsamkeit die Kupferseele aus vielen sehr dünnen Drähten besteht, ist nur die Aderisolierung zulässig. Wird mehreren isolierten Leitungen noch eine gemeinsame Umwicklung gegeben, so erhält man die Mehrfachleitungen. Mehrfachschnüre ergeben sich dadurch, daß verschiedene Einzelschnüre miteinander verseilt werden.

Je nach der Isolierung und dem besonderen Verwendungszwecke werden eine Reihe von Leitungen unterschieden, über die sich genaue Angaben in den „Normalien für isolierte Leitungen" des V. D. E. finden. Nachstehend sind die verschiedenen Leitungsarten aufgezählt:

Gummibandleitung (Bezeichnung GB), nur geeignet zur festen Verlegung über Putz in trockenen Räumen für Spannungen bis 125 V;

Gummiaderleitung (GA), geeignet zur festen Verlegung für Spannungen bis 1000 V und zum Anschluß transportabler Stromverbraucher bis 500 V;

Spezialgummiaderleitung (SGA), geeignet zur festen Verlegung für jede Spannung und zum Anschluß transportabler Stromverbraucher bis 1500 V;

Gummiaderschnur (SA), geeignet zur festen Verlegung für Spannungen bis 1000 V und zum Anschluß transportabler Stromverbraucher bis 500 V;

Rohrdraht (RA) — Gummiaderleitung, die mit einem gefalzten oder anders geschlossenen, enganliegenden Metallmantel (nicht Bleimantel) umgeben ist —, geeignet zur erkennbaren Verlegung für Spannungen bis 500 V;

Panzerader (PA) — Gummiaderleitung, die mit einer aus Metalldrähten gebildeten Hülle versehen ist —, geeignet zur festen Verlegung für Spannungen bis 1000 V und zum Anschluß transportabler Stromverbraucher bis 500 V;

Fassungsader (FA), geeignet zur Installation in und an Beleuchtungskörpern für Spannungen bis 250 V;

Pendelschnur (PL), geeignet zur Installation von Schnurzugpendeln bis 250 V Spannung;

Bewegliche Leitungen (BL), geeignet zur Führung über Leitrollen und Trommeln.

Für Leitungen, die im Erdboden verlegt werden, sind Kabel zu verwenden, die durch einen nahtlosen Bleimantel nach außen völlig abgeschlossen sind. Außer bei den Gummibleikabeln, für die Gummiaderleitungen verwendet werden, erfolgt die Isolierung der Kabel im allgemeinen nicht durch Gummi, sondern vorwiegend durch imprägniertes Papier. Mehrleiter-Gummibleikabel werden aus mehreren miteinander verseilten Leitungen gebildet. Bei anderen Mehrleiterkabeln können die verschiedenen Leitungen konzentrisch angeordnet oder verseilt sein. Vielfach wird in dem Kabel noch ein Prüfdraht untergebracht. Im Einklang mit Vorstehendem ergibt sich folgende in den oben erwähnten „Leitungsnormalien" angegebene Einteilung der Kabel:

Gummibleikabel;

Einleiter-Gleichstrom-Bleikabel mit und ohne Prüfdraht, verwendbar für Spannungen bis 700 V;

Konzentrische und verseilte Mehrleiter-Bleikabel mit und ohne Prüfdraht, konzentrische Kabel nur für Spannungen bis 3000 V zulässig.

Je nach ihrem Verwendungszweck benutzt man blanke Bleikabel, bei denen die äußerste Schicht der Bleimantel ist, asphaltierte Kabel, die zur Abwehr chemischer Einflüsse über der Bleischicht noch eine Umkleidung aus asphaltiertem Faserstoff besitzen, und armierte asphaltierte Kabel, bei denen außerdem zum Schutz gegen mechanische Beschädigungen eine Bewehrung aus Eisenband oder Eisendraht vorgesehen ist.

203. Freileitungen.

Freileitungen, d. h. außerhalb von Gebäuden oberirdisch verlegte Leitungen, werden vorwiegend aus hartgezogenem Kupferdraht hergestellt. Für Niederspannungsfreileitungen kann blanker oder isolierter Draht verwendet werden. Bei Hochspannung ist ausschließlich blanker Draht zulässig, da die meisten Isolier-

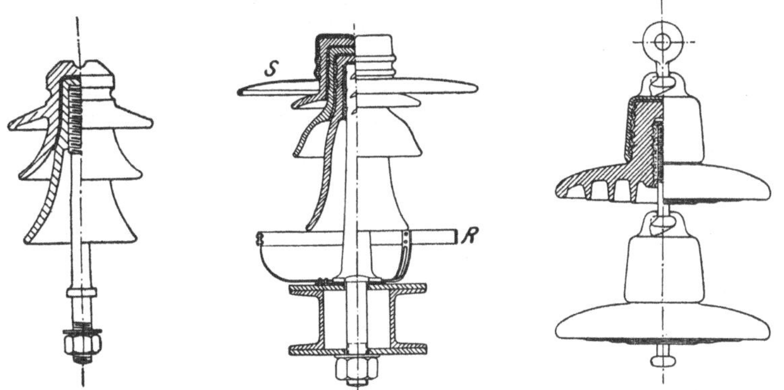

Fig. 251. Hochspannungs-Stützisolator. Fig. 252. Metallschirmisolator. Fig. 253. Hängeisolator.

stoffe den Einflüssen der Witterung auf die Dauer nicht standhalten und daher durch die Anwendung isolierter Drähte ein falsches Gefühl der Sicherheit hervorgerufen würde, durch das unter Umständen mehr Schaden als Nutzen gestiftet werden kann.

Die Leitungen werden an Isolierglocken, meistens aus Porzellan, aufgehängt. In der Regel werden Stützisolatoren verwendet, die bei Hochspannung mit mehreren schirmartig ausgebreiteten Mänteln ausgestattet werden. Mittels eiserner Stützen werden sie an Mauern, Masten usw. befestigt. Fig. 251 zeigt einen sog. Delta-Isolator, eine Ausführung, die eine außerordentlich große Verbreitung gefunden hat. Fig. 252 stellt einen auf einer Masttraverse montierten Metallschirmisolator mit Stütze und Schutzring dar, wie sie bei modernen Freileitungen immer mehr Aufnahme finden. Der Schirm S gibt dem Isolator eine größere elektrische Festigkeit. Auch schützt er ihn gegen Witterungseinflüsse, wie er ferner die Sicherheit gegen mechanische Zerstörungen erhöht. Der Metallring R zieht die durch atmosphärische Entladungen eingeleiteten Funkenübergänge auf sich herüber, hält sie also vom Isolator selber fern. Bei besonders hohen Spannungen werden vorwiegend Hängeisolatoren verwendet, die aus mehreren untereinander angebrachten Einzelisolatoren bestehen. Eine gebräuchliche Form des Hängeisolators ist in Fig. 253 wiedergegeben, die zwei Glieder eines solchen Isolators, durch Kugelgelenke miteinander verbunden, zeigt. Den vorstehenden Abbildungen sind Ausführungen von Isolatoren der Porzellanfabrik Hermsdorf S. A. zugrunde gelegt.

Die Leitungen wie auch die mit ihnen verbundenen Apparate sollen so angebracht werden, daß sie weder vom Erdboden noch von Dächern, Fenstern usw. aus zugänglich sind. Hochspannungsleitungen sollen in der Regel mindestens 6 m von der Erde, bei befahrenen Wegübergängen mindestens 7 m von der Fahrbahn entfernt sein. Über Ortschaften und bewohnten Grundstücken oder in unmittelbarer Nähe von Verkehrswegen sind sie so hoch anzubringen, daß im Falle eines Drahtbruches die herabhängenden Enden mindestens 3 m vom Erdboden entfernt bleiben. Von dieser Vorschrift kann abgewichen werden, wenn Vorrichtungen angebracht sind, die das Herabfallen der Leitungen verhindern oder die herabfallenden Teile selbst spannungslos machen, oder auch wenn innerhalb der fraglichen Strecke alle Teile der Leitungsanlage mit erhöhter Sicherheit ausgeführt werden. In Ortschaften, ausgedehnten gewerblichen Anlagen und dgl. ist Vorsorge zu treffen, daß die Hochspannungsleitungen streckenweise spannungslos gemacht werden können. Träger und Schutzverkleidungen von Leitungen, die eine Spannung von mehr als 750 V gegen Erde führen, müssen durch einen roten Blitzpfeil gekennzeichnet sein.

204. Leitungen in Gebäuden.

Im Innern von Gebäuden kommen vorwiegend isolierte Leitungen zur Verwendung. Ihre Verlegung erfolgt vielfach an Isolierrollen. Diese sind so anzubringen, daß die Leitungen dauernd gut gespannt bleiben, und daß sie in angemessenem Abstand voneinander sowie von Gebäudeteilen, Eisenkonstruktionen und dgl. entfernt gehalten werden. Im Handbereich sind die Leitungen durch eine Verkleidung, z. B. ein Rohr, gegen mechanische Beschädigungen zu schützen.

Empfehlenswerter ist es, die Leitungen völlig in Rohr zu verlegen. Namentlich ist aus Papier hergestelltes Isolierrohr im Gebrauch. Es dient sowohl zur Verlegung unter Putz als auch über Putz. Papierrohr muß mit einem Metallüberzug, z. B. einem Messingmantel oder verbleiten Eisenmantel, versehen sein. Wo auf besonders große mechanische Widerstandsfähigkeit Wert zu legen ist, bedient man sich des Eisen- oder Stahlpanzerrohrs. Der Vorschrift gemäß dürfen in dasselbe Rohr nur Leitungen des gleichen Stromkreises, etwa die Hin- und Rückleitung einer Lampengruppe oder eines Schalters, untergebracht werden. Bei Wechselstrom müssen, falls Eisenrohr oder mit einem Eisenmantel versehenes Rohr angewendet wird, sämtliche zum gleichen Stromkreise gehörenden Leitungen in einem Rohre vereinigt werden, um das Auftreten von Wirbelströmen in dem Eisen auszuschließen.

Die Verbindung von Leitungen untereinander sowie die Abzweigung von Leitungen soll in zuverlässiger Weise, z. B. durch Löten oder Verschrauben, vorgenommen werden. Man bedient sich hierfür besonderer Verbindungs- und Abzweigdosen.

Blanke Leitungen dürfen in Wohnräumen nur verwendet werden, wenn sie geerdet sind, was z. B. beim Nulleiter eines Dreileiternetzes in der Regel der Fall ist. Bei Benutzung von Rohrdraht erübrigt es sich, den Nulleiter besonders zu verlegen, da man das die eigentliche Leitung umschließende Messingrohr selber als Nulleiter ausnutzen kann. Auch das sog. Peschelrohr, geschlitztes Eisenrohr, dem durch eingebrannten Emaillack ein vorteilhaftes Aussehen gegeben ist, wird vielfach unmittelbar als geerdete Nulleitung benutzt.

205. Der Leitungsquerschnitt.

Die zur Fortleitung des elektrischen Stromes dienenden Leitungen müssen im allgemeinen drei Bedingungen genügen: sie dürfen keine unzulässige Erwärmung erfahren, sie müssen eine genügende mechanische Festigkeit besitzen, und der Spannungs-, bzw. Leistungsverlust in den Leitungen darf ein festgesetztes Maß nicht überschreiten. Hinsichtlich der Größe des Spannungsverlustes lassen sich allgemein gültige Angaben nicht machen. Doch soll er im allgemeinen bei Verteilungsleitungen in Beleuchtungsanlagen 2 bis 3% nicht überschreiten. Für Leitungen, die zum Speisen von Motoren dienen, ist ein etwas höherer Verlust zulässig. Der Querschnittsbemessung von Speiseleitungen kann je nach den besonderen Verhältnissen ein Verlust von 10% und mehr zugrunde gelegt werden.

a) Leitungsbemessung mit Rücksicht auf Erwärmung.

Um eine zu hohe Erwärmung der Leitungen auszuschließen, sollen nach den E. V. des V. D. E. isolierte Leitungen aus Kupfer höchstens mit den in nachstehender Tabelle, in der die normalen Leitungsquerschnitte zusammengestellt sind, verzeichneten Stromstärken dauernd belastet werden.

Mit den in der mittleren Spalte verzeichneten Stromstärken dürfen die Leitungen belastet werden, wenn ihre Unterbrechung bei Überlastung durch scharf einstellbare Selbstschalter gewährleistet ist. Werden dagegen Schmelzsicherungen benutzt, so sind die Leitungen

Querschnitt in qmm	Höchste dauernd zulässige Stromstärke in Ampere	Nennstromstärke für entsprechende Schmelzsicherung in Ampere
0,50	7,5	6
0,75	9	6
1	11	6
1,5	14	10
2,5	20	15
4	25	20
6	31	25
10	43	35
16	75	60
25	100	80
35	125	100
50	160	125
70	200	160
95	240	190
120	280	225
150	325	260

nur mit den in der letzten Spalte angegebenen kleineren Stromstärken zu belasten. Letztere Bestimmung ist darauf zurückzuführen, daß die Sicherungen im allgemeinen eine Überlastung von mindestens 25 % aushalten, ehe sie schmelzen.

Blanke Kupferleitungen bis zu 50 qmm Querschnitt unterliegen gleichfalls den Vorschriften der vorstehenden Tabelle. Auf blanke Leitungen über 50 qmm Querschnitt sowie auf alle Freileitungen finden die vorstehenden Zahlenbestimmungen dagegen keine Anwendung. Solche Leitungen sind in jedem Falle so zu bemessen, daß sie durch den stärksten normal vorkommenden Betriebsstrom keine für den Betrieb oder die Umgebung gefährliche Temperatur annehmen können.

Auch für die Belastung von Kabeln sind Tabellen aufgestellt, die in den „Normalien für isolierte Leitungen“ niedergelegt sind.

Beim Anschluß von Bogenlampen, Motoren und ähnlichen Stromverbrauchern, bei denen kurzzeitige Stromstöße beim Einschalten oder auch während des Betriebes auftreten können, empfiehlt es sich, den Leitungsquerschnitt stärker als nach der Tabelle anzunehmen.

b) Mechanische Festigkeit der Leitungen.

Mit Rücksicht auf ihre mechanische Festigkeit soll, Kupfer als Leitungsmaterial vorausgesetzt, der geringste zulässige Querschnitt betragen:

für Leitungen an und in Beleuchtungskörpern	0,5 qmm
für Pendelschnüre	0,75 „
für isolierte Leitungen bei Verlegung in Rohr oder auf Isolierkörpern, deren Abstand nicht mehr als 1 m beträgt . .	1 „

für blanke Leitungen in Gebäuden sowie für isolierte Leitungen in Gebäuden und im Freien, bei denen der Abstand der Befestigungspunkte mehr als 1 m beträgt . . 4 qmm
für Freileitungen . . . . 10 „

c) Spannungs- bzw. Leistungsverlust in den Leitungen.

Damit der in den Leitungen eines Gleichstromnetzes auftretende Spannungsverlust bei einer bestimmten Stromstärke einen gegebenen Wert besitzt, muß der Widerstand der beiden Zuführungsleitungen dem Ohmschen Gesetze entsprechen. Er muß also, wenn

J die Stromstärke in Ampere,
E_v den Spannungsverlust in Volt

bedeuten, den Wert haben:

$$R = \frac{E_v}{J}.$$

Jede der Leitungen muß demnach den Widerstand besitzen:

$$R_1 = \frac{E_v}{2 \cdot J}.$$

Ist

l_1 die einfache Länge der Leitung in m,
q ihr Querschnitt in qmm,
ϱ der spez. Widerstand des Leitungsmaterials,

so läßt sich nach Gl. 5 für den Widerstand der Leitung auch schreiben:

$$R_1 = \varrho \cdot \frac{l_1}{q}.$$

Durch Gleichsetzen der beiden Ausdrücke für R_1 erhält man:

$$\varrho \cdot \frac{l_1}{q} = \frac{E_v}{2 \cdot J},$$

woraus sich ergibt:

$$q = \varrho \cdot 2 l_1 \cdot \frac{J}{E_v} \quad \ldots \ldots \ldots \quad (82)$$

Der spez. Widerstand ist je nach dem Leitungsmaterial verschieden und kann der in § 4 gegebenen Tabelle entnommen werden. Danach ist für Kupfer $\varrho = 0{,}0175$.

Die vorstehende Ableitung gilt auch für einphasigen Wechselstrom, wenn unter E_v lediglich der Ohmsche Spannungsverlust verstanden wird, der, namentlich wegen der Wirkung der Selbstinduktion, im allgemeinen etwas kleiner ist als der tatsächlich auftretende Spannungsverlust.

Häufig ist die Berechnung der Leitungen für den Fall vorzunehmen, daß in ihnen ein bestimmter Teil der Leistung aufgezehrt werden soll. Es werde bezeichnet mit

L die wirklich übertragene, also die am Ende der Linie vorhandene Leistung in Watt,

v der Leistungsverlust in sämtlichen Leitungen zusammengenommen, ausgedrückt in Proz. der übertragenen Leistung,

E die am Ende der Linie zwischen zwei Leitungen bestehende Spannung in Volt.

Bei Gleichstrom ist der prozentuale Spannungsverlust gleich dem prozentualen Leistungsverlust; es ist also:

$$E_v = \frac{v}{100} \cdot E \quad \ldots \ldots \ldots \quad (83)$$

Durch Einsetzen dieses Wertes in Gl. 82 ergibt sich

$$q = \varrho \cdot 2 l_1 \cdot \frac{100}{v} \cdot \frac{J}{E}.$$

Werden Zähler und Nenner dieser Gleichung mit E multipliziert, so erhält man

$$q = \varrho \cdot 2 l_1 \cdot \frac{100}{v} \cdot \frac{E \cdot J}{E^2}.$$

Da nun $E \cdot J = L$ ist, so findet man schließlich für den Leitungsquerschnitt:

$$q = \varrho \cdot 2 l_1 \cdot \frac{100}{v} \cdot \frac{L}{E^2} \quad \ldots \ldots \ldots \quad (84)$$

In ähnlicher Weise läßt sich bei Einphasenstrom, wenn noch mit

$\cos\varphi$ der Leistungsfaktor, am Ende der Linie gemessen,

bezeichnet wird, für den Querschnitt die Beziehung ableiten:

$$q = \varrho \cdot 2 l_1 \cdot \frac{100}{v} \cdot \frac{L}{E^2 \cdot \cos^2\varphi} \quad \ldots \ldots \quad (85)$$

Für Drehstrom erhält man:

$$q = \varrho \cdot l_1 \cdot \frac{100}{v} \cdot \frac{L}{E^2 \cdot \cos^2\varphi} \quad \ldots \ldots \quad (86)$$

Aus Gl. 84 bis 86 folgt, daß bei gegebenem prozentualen Leistungsverlust der Leitungsquerschnitt umgekehrt proportional dem Quadrate der Übertragungsspannung ist.

Ferner ergibt ein Vergleich der Gl. 84 bis 86, daß sich für Gleichstrom und — selbstinduktionsfreie Belastung vorausgesetzt — für Einphasenstrom unter sonst gleichen Verhältnissen derselbe Leitungsquerschnitt ergibt, daß dagegen bei Drehstrom jede Leitung nur den halben Querschnitt erhält. Unter Berücksichtigung der Zahl der Leitungen findet man demnach, daß der Aufwand an Leitungskupfer für Drehstrom nur $^3/_4$ gegenüber dem für Einphasenstrom beträgt.

Für ein gegebenes Leitungsnetz ist, wenn R_1 wieder den Widerstand einer Leitung bedeutet, der in allen Leitungen auftretende Leistungsverlust bei Gleichstrom und Einphasenstrom:

$$L_v = 2 \cdot J^2 \cdot R_1, \quad \ldots \ldots \quad (87)$$

bei Drehstrom:

$$L_v = 3 \cdot J^2 \cdot R_1 \quad \ldots \ldots \quad (88)$$

Der Ohmsche Spannungsverlust ist für Gleichstrom und Einphasenstrom:

$$E_v = 2 \cdot J \cdot R_1, \quad \ldots \ldots \quad (89)$$

für Drehstrom:

$$E_v = \sqrt{3} \cdot J \cdot R_1 \quad \ldots \ldots \quad (90)$$

Beispiele: 1. In einer Gleichstromanlage mit 110 V Netzspannung sind zum Speisen einer Anzahl Glüh- und Bogenlampen Kupferleitungen von je 45 m Länge zu verlegen. Welcher Querschnitt ist den Leitungen zu geben, wenn die Stromstärke 32 A beträgt und der Spannungsabfall 2 % nicht übersteigen soll?

Es ist nach Gl. 83

$$E_v = \frac{2}{100} \cdot 110 = 2{,}2 \text{ V}.$$

Nach Gl. 82 ist:

$$q = 0{,}0175 \cdot 2\, l_1 \cdot \frac{J}{E_v} = 0{,}0175 \cdot 2 \cdot 45 \cdot \frac{32}{2{,}2} = 22{,}9 \text{ qmm}.$$

Zu verlegen sind Leitungen vom nächst höheren normalen Querschnitt, also von 25 qmm. Diese vertragen hinsichtlich Erwärmung 100 A.

2. Eine 2×20 m lange Verteilungsleitung in einer Gleichstromanlage für 220 V Spannung soll eine Stromstärke von 50 A führen. Es wird ein Spannungsverlust von 3 % als zulässig angesehen. Wie stark ist die Leitung (Kupferdraht vorausgesetzt) zu bemessen?

$$E_v = \frac{3}{100} \cdot 220 = 6{,}6 \text{ V},$$

$$q = 0{,}0175 \cdot 2 \cdot 20 \cdot \frac{50}{6{,}6} = 5{,}3 \text{ qmm}.$$

Mit Rücksicht auf die Erwärmung ist jedoch nach der Belastungstabelle ein erheblich größerer Querschnitt, und zwar ein solcher von 16 qmm zu wählen.

3. Ein Gleichstrommotor für 440 V Spannung, der eine Leistung von 38 kW benötigt, soll an eine 740 m entfernte Zentrale angeschlossen werden. Welchen Querschnitt müssen die erforderlichen Kupferleitungen erhalten, wenn für sie ein Verlust von 15 % der übertragenen Leistung zugelassen wird?

Es ist nach Gl. 84:

$$q = 0{,}0175 \cdot 2\, l_1 \cdot \frac{100}{v} \cdot \frac{L}{E^2} = 0{,}0175 \cdot 2 \cdot 740 \cdot \frac{100}{15} \cdot \frac{38000}{440^2} = 33{,}9 \text{ qmm},$$

also ist nach der Drahttabelle zu wählen ein Querschnitt von 35 qmm.

4. Eine Fabrik, die an eine 7,5 km entfernte Drehstromzentrale angeschlossen ist, empfängt aus dieser eine Leistung von 1500 kW bei einer Spannung von 6000 V. Es ist der Querschnitt der kupfernen Übertragungsleitungen zu bestimmen unter der Annahme, daß in den Leitungen selbst ein Verlust von 150 kW eintritt, und daß der Leistungsfaktor 0,9 beträgt.

Der Verlust in den Leitungen beträgt 150 kW, ist also gleich 10 % der übertragenen Leistung, mithin ist $v = 10$.

Für Drehstrom ist nun gemäß Gl. 86:

$$q = 0{,}0175 \cdot l_1 \cdot \frac{100}{v} \cdot \frac{L}{E^2 \cdot \cos^2 \varphi} = 0{,}0175 \cdot 7500 \cdot \frac{100}{10} \cdot \frac{1\,500\,000}{6000^2 \cdot 0{,}9^2} = 67{,}5 \text{ qmm},$$

abgerundet 70 qmm.

5. Die in einer Zentrale in Form von einphasigem Wechselstrom erzeugte Leistung von 350 kW wird durch ein Aluminiumkabel von 95 qmm Querschnitt einer 1800 m entfernten Fabrik übermittelt. Die Zentralenspannung beträgt 2200 V. Wie groß sind die in der Fabrik zur Verfügung stehende Leistung und Spannung, den Leistungsfaktor 1 vorausgesetzt?

Es ist nach Gl. 41:

$$J = \frac{L}{E \cdot \cos \varphi} = \frac{350\,000}{2200 \cdot 1} = 159 \text{ A.}$$

Der Widerstand der einfachen Leitung ist, da der spez. Widerstand des Aluminiums 0,029 beträgt:

$$R_1 = 0{,}029 \cdot \frac{1800}{95} = 0{,}55\ \Omega.$$

Der gesamte Leistungsverlust beträgt bei Einphasenstrom

$$L_v = 2 \cdot J^2\, R_1 = 2 \cdot 159^2 \cdot 0{,}55 = 27\,800 \text{ W}$$

oder rund 28 kW.

Die in der Fabrik vorhandene Leistung ist demnach 350 — 28 = 322 kW. Der Ohmsche Spannungsverlust ist

$$E_v = 2 \cdot J \cdot R_1 = 2 \cdot 159 \cdot 0{,}55 = 175 \text{ V.}$$

Wird der infolge der Selbstinduktion auftretende zusätzliche Spannungsverlust auf 25 V geschätzt, so ergibt sich als Spannung in der Fabrik 2200 — 200 = 2000 V.

206. Steckvorrichtungen.

Um einen beweglichen Apparat mit dem Leitungsnetz in Verbindung zu bringen, bedient man sich der Steckvorrichtung. Sie besteht aus der an dem Netz liegenden Steckdose und dem mit den Zuführungsleitungen des Apparates verbundenen Stecker. Damit der Apparat nicht versehentlich an Leitungen angeschlossen werden kann, die für einen zu starken Strom gesichert sind, richtet man den Stecker so ein, daß er nicht in Dosen für höhere Stromstärken paßt. Mittels der Stecker soll der Anschluß der Apparate an das Netz und das Trennen von demselben nur im stromlosen Zustande erfolgen. Die Steckvorrichtungen können also nicht etwa die Schalter ersetzen.

207. Schalter.

Die Schalter werden eingeteilt in Ausschalter, die lediglich dazu dienen, eine Leitung an eine andere anzuschließen oder von ihr abzuschalten, und in Umschalter, die es ermöglichen, eine Leitung nach Belieben mit einer von mehreren anderen Leitungen zu verbinden. Die Umschalter sind gewöhnlich so ausgeführt, daß beim Übergang von einer Schaltstellung in eine andere zwischendurch ein Ausschalten des Stromes stattfindet: Umschalter mit Unter-

brechung. Doch sind für gewisse Fälle *Umschalter ohne Unterbrechung* vorzuziehen.

Ihrer Konstruktion nach zerfallen die Schalter in *Drehschalter*, die als *Dosenschalter* namentlich für kleinere Stromstärken gebraucht werden, und in *Hebelschalter*, die auch für die höchsten Stromstärken hergestellt werden. Um den bei der Stromunterbrechung auftretenden Funken unschädlich zu machen, soll für die Schalter in der Regel eine Momentunterbrechung vorgesehen werden in der Weise, daß beim Ausschalten, etwa durch Anwendung einer Feder, ein so großer Abstand zwischen den beiden Kontakten erzielt wird, daß der Funken sofort abreißt. Nur in elektrischen Betriebsräumen sind Schalter ohne Momentunterbrechung zulässig.

Die Schalter lassen sich auch einteilen in *ein-* und *mehrpolige*. Stromverbraucher sollen im allgemeinen beim Ausschalten allpolig vom Netze getrennt werden. Nur bei kleineren Glühlampenkreisen wird eine einpolige Ausschaltung als ausreichend erachtet. Nulleiter

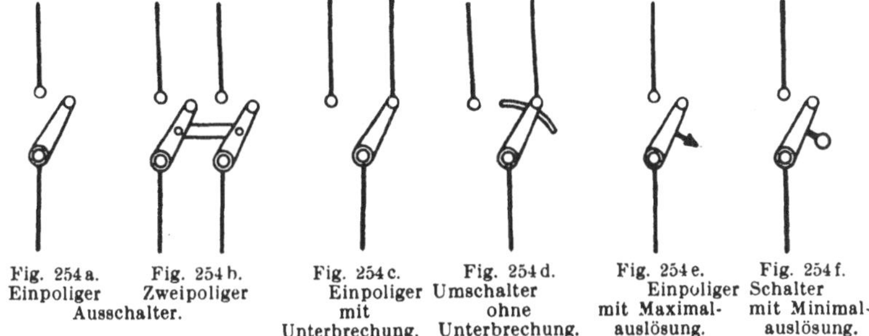

Fig. 254a. Einpoliger / Fig. 254b. Zweipoliger Ausschalter. Fig. 254c. Einpoliger Umschalter mit Unterbrechung. Fig. 254d. Umschalter ohne Unterbrechung. Fig. 254e. Einpoliger Schalter mit Maximalauslösung. Fig. 254f. Schalter mit Minimalauslösung.

oder betriebsmäßig geerdete Leitungen dürfen nicht oder nur zwangläufig mit den zugehörigen übrigen Leitungen ausschaltbar sein. Ausnahmen hiervon sind nur in elektrischen Betriebsräumen zulässig. Schalter für Bogenlampen sowie für Drehstrommotoren mit Kurzschlußanker sind wegen des beim Einschalten auftretenden Stromstoßes besonders reichlich zu bemessen.

Eine ausgedehnte Verwendung finden die selbsttätigen Schalter. Sie werden als *Maximal-* oder *Minimalausschalter* bezeichnet, je nachdem sie bei einer bestimmten Höchst- oder Niedrigststromstärke auslösen. Das Einschalten geschieht von Hand. Das Ausschalten erfolgt durch einen Elektromagneten, der von dem in Betracht kommenden Strome erregt wird. Bei den Maximalschaltern zieht der Magnet, sobald die Stromstärke den Höchstwert überschreitet, einen Anker an; hierdurch wird ein Sperrwerk freigegeben, und der Schalter löst, etwa unter dem Einflusse einer Feder, aus. Bei den Minimalschaltern wird umgekehrt der Anker im normalen Betriebe von dem Magneten festgehalten, und das Auslösen des Schalters tritt ein, sobald der Strom so weit nachläßt, daß der Anker abreißt. Fig. 254 zeigt die verschiedenen Schalterarten in schematischer Darstellung.

Als eine Abart des Minimalausschalters kann der automatische Rückstromschalter aufgefaßt werden, der dann die Ausschaltung bewirkt, wenn ein Richtungswechsel des Stromes eintritt. In diesem Falle wird der Elektromagnet von zwei Spulen erregt, einer Strom- und einer Spannungsspule. Bei der normalen Stromrichtung unterstützen sich die Spulen in ihrer Wirkung, und der Magnet zieht einen Anker an. Ändert sich die Richtung des Stromes, so wirkt jedoch die Stromspule der Spannungsspule entgegen, der Anker wird freigegeben, und der Schalter löst aus. Der Rückstromautomat bleibt im Gegensatz zum Minimalschalter auch eingeschaltet, wenn der Stromkreis unterbrochen ist und er lediglich unter Spannung steht.

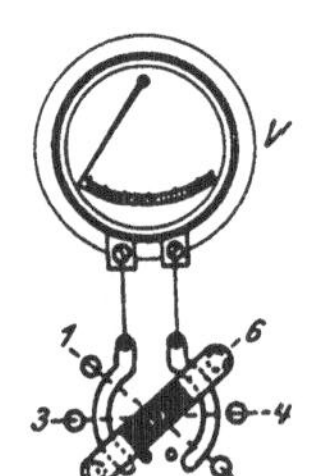

Fig. 255. Voltmeterumschalter.

Um in Schaltanlagen die Zahl der Spannungsmesser möglichst zu beschränken, bedient man sich der Voltmeterumschalter. In Fig. 255 ist eine beliebte Ausführungsart eines solchen dargestellt. Der Spannungsmesser liegt an zwei halbkreisförmig gestalteten Kontaktschienen, während die Leitungen, zwischen denen die Spannung gemessen werden soll, paarweise zu den gegenüberliegenden Kontaktknöpfen 1—2, 3—4 usw. geführt sind, die durch zwei an einem Handgriff befestigte Schleiffedern mit den Schienen und damit dem Spannungsmesser in Verbindung gebracht werden können. Bei der in der Figur angenommenen Stellung des Handgriffes wird z. B. die Spannung zwischen den mit 5 und 6 verbundenen Leitungen gemessen.

208. Besondere Lampenschaltungen.

a) Die Wechselschaltung.

Fig. 256 zeigt eine Schaltanordnung, die bei Hausinstallationen vielfach vorkommt und es durch Anwendung von drei Leitungen und zwei einpoligen Umschaltern ermöglicht, eine Lampe oder eine Lampengruppe von zwei verschiedenen Stellen aus ein- und auszuschalten. Befinden sich beide Schalter auf den mit 1 oder beide auf den mit 2 bezeichneten Kontaktknöpfen, so ist die Lampe ausgeschaltet. Sie brennt dagegen, sobald einer der Schalter auf 1, der andere auf 2 steht.

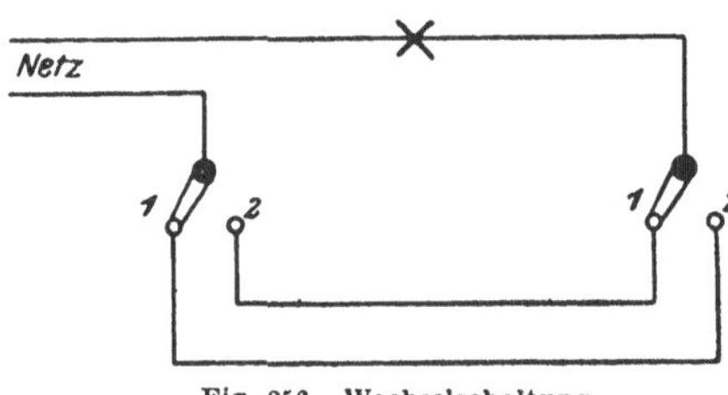

Fig. 256. Wechselschaltung.

b) Die Treppenschaltung.

Fig. 257 gibt an, in welcher Weise das Ein- und Ausschalten von mehr als zwei Stellen aus vorgenommen werden kann. Es sind dann vier Leitungen erforderlich. An den äußersten Schaltstellen (I und IV) ist wiederum je ein einpoliger Umschalter notwendig, für die Zwischenstellen (II und III) sind dagegen zweipolige Umschalter vorzusehen. Die Schaltung wird verwendet bei der Beleuchtung von langen Korridoren oder Treppenhäusern, soweit im letzteren Falle nicht eine mittels Druckknopf zu betätigende Schaltuhr vorgezogen wird, die auf eine bestimmte Einschaltzeit eingestellt werden kann.

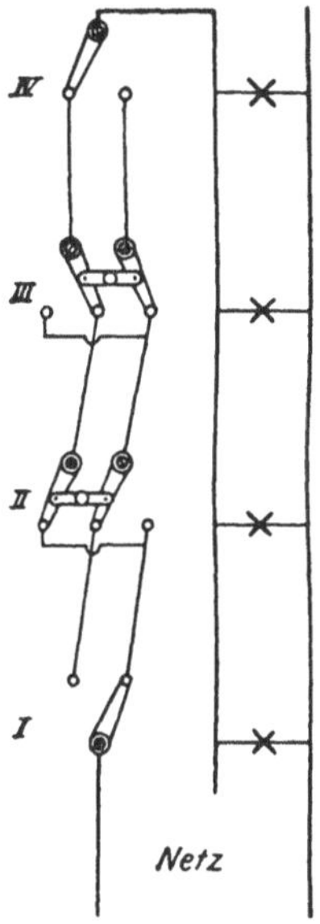

Fig. 257.
Treppenschaltung.

c) Die Gruppenschaltung.

Um zwei Lampengruppen beliebig einzeln oder gemeinschaftlich einschalten zu können, wie es z. B. bei Kronleuchtern häufig gewünscht wird, ist ein Gruppenschalter anzuwenden. Es ist dies ein Umschalter ohne Unterbrechung, Fig. 258. Seine Kontaktfeder ist also so breit, daß sie gleichzeitig zwei Kontaktknöpfe bedecken kann. Befindet sich die Feder auf Knopf 1, so ist die erste Lampengruppe (in der Figur durch eine einzelne Lampe angedeutet) eingeschaltet. Berührt bei der weiteren Drehung des Schaltgriffes die Feder gleichzeitig Knopf 1 und 2, so brennen die Lampen beider Gruppen (drei Lampen). Ist die Feder sodann nur noch mit Knopf 2 in Kontakt, so ist lediglich die zweite Lampengruppe (zwei Lampen) mit dem Netz verbunden. Knopf 3 bildet die Ausschaltstellung.

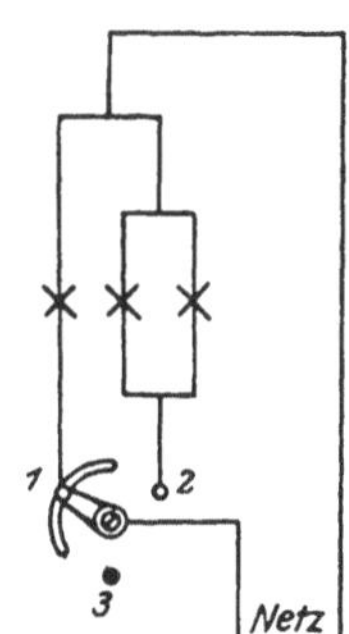

Fig. 258.
Gruppenschaltung.

209. Hochspannungsschalter.

Schalter für Hochspannungsanlagen werden in der Regel als Ölschalter ausgeführt, d. h. in Behälter gesetzt, die mit Öl gefüllt werden. Durch den beim Ausschalten auftretenden Funken wird das Öl an der Unterbrechungsstelle erwärmt, es steigt infolgedessen nach oben, und der Funken wird durch das nachdringende Öl im Keime erstickt. Die Ölschalter können unmittelbar von Hand oder, wenn dies nicht angängig ist, durch einen Gestänge- oder Kettenantrieb bedient werden. Bei größerer Entfernung vom Schaltort ist ein mechanischer Antrieb der Schalter häufig nicht mehr durchführbar, und man richtet sie dann für Fernschaltung ein, wobei man sich entweder eines Elektromotors oder eines Schaltmagneten bedient. Die Schaltstellung wird am Schalter selbst erkennbar gemacht, kann aber auch durch das Aufleuchten farbiger Signallampen am entfernten Schaltorte angezeigt werden.

Um den beim Einschalten auftretenden Stromstoß zu unterdrücken sowie Überspannungen (s. § 212) zu vermeiden, wendet man, namentlich für größere Motoren und Transformatoren, vielfach Ölschalter mit Schutzwiderstand an. Derartige Schalter besitzen außer den Hauptkontakten noch Vorkontakte, mit denen die Schutzwiderstände verbunden sind. Der Stromschluß erfolgt daher zunächst über die Widerstände, die erst in der Einschaltstellung des Schalters kurzgeschlossen werden.

In fast allen Fällen werden die Ölschalter mit einer selbsttätigen Maximalauslösung versehen, die in Wirksamkeit tritt, wenn die Stromstärke einen gewissen Wert überschreitet. Die Auslösung kann eine unmittelbare sein, wobei der die Auslösung verursachende Elektromagnet von dem hochgespannten Wechselstrom selbst erregt oder seine Wicklung in den sekundären Kreis eines mit seiner primären Wicklung in die zu schützende Leitung gelegten Stromwandlers eingeschaltet wird. In jenem Falle spricht man von primärer, in diesem von sekundärer Auslösung.

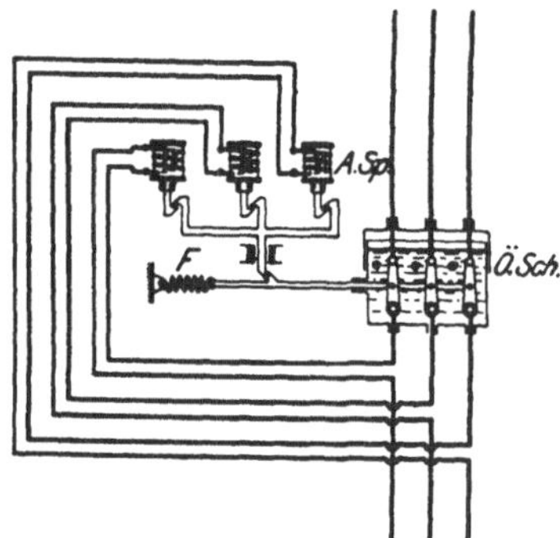

Fig. 259. Drehstromölschalter mit unmittelbarer primärer Maximalauslösung.

Einen dreipoligen Schalter mit primärer Maximalauslösung für jeden Pol zeigt Fig. 259 in schematischer Darstellung. In jeder Leitung befindet sich eine Auslösespule (*A.Sp.*). Bei Überlastung einer Leitung wird in die betreffende Spule ein Eisenkern hineingezogen. Hierdurch wird der Sperrmechanismus des Ölschalters (*Ö.Sch.*) freigegeben, und der Schalter löst unter der Wirkung der Feder *F* aus.

Im Gegensatz zu der bisher betrachteten unmittelbaren Auslösung der Schalter kann diese aber auch durch Vermittlung von Relais erfolgen. Die Bauweise der Relais ist sehr verschieden. Doch wird stets die Auslösevorrichtung nicht durch den Betriebsstrom selbst, sondern durch einen Hilfsstrom betätigt. Ist der Hilfsstrom im normalen Betriebe unterbrochen, und wird er erst bei Überlastung geschlossen, so bezeichnet man ihn als Arbeitsstrom, im umgekehrten Falle nennt man ihn Ruhestrom.

In den nachfolgenden Figuren sind zwei verschiedene Relaisauslösungen schematisch wiedergegeben. In beiden Fällen sind zwar dreipolige Ölschalter angenommen, doch sind Auslöser nur für je zwei der Pole vorgesehen, was für viele Fälle als ausreichend erachtet wird. Fig. 260 zeigt einen Schalter, dessen Relais mit Gleichstrom, und zwar in Arbeitsschaltung, betrieben werden. Die Auslösung erfolgt sekundär, d. h. mittels Stromwandler (*St.W.*). Diese wirken auf die Magnetspulen *M* der Relais *R* ein. Bei Überlastung einer Leitung wird der Eisenkern der in ihr eingeschalteten Spule in die Höhe gezogen, wobei der Anker *A* den die Auslösespule enthaltenden Hilfsstrom schließt. Die Auslösespule hebt nunmehr ihren Eisenkern, und dieser klinkt den Schalter aus. Bei dem Schalter Fig. 261 wird als Hilfsstrom Wechselstrom verwendet, der einem Spannungswandler (*Sp.W.*) entnommen wird. Es ist Ruheschaltung angenommen. Die Magnetspulen der Relais werden im vorliegenden Falle primär, d. h. von dem hochgespannten Wechselstrom selber erregt. Bei Überlastung wird der im normalen Betriebe geschlossene Hilfsstrom durch die Bewegung der Relaisanker geöffnet. Infolgedessen verliert die Auslösespule ihre

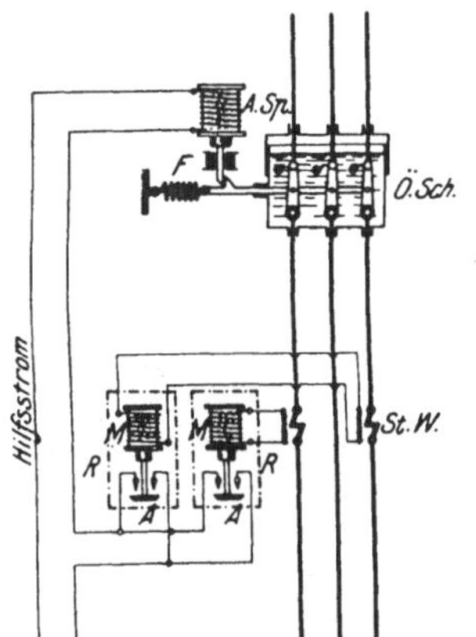

Fig. 260. Drehstromölschalter mit durch Relais betätigter sekundärer Maximalauslösung (Hilfsstrom: Gleichstrom).

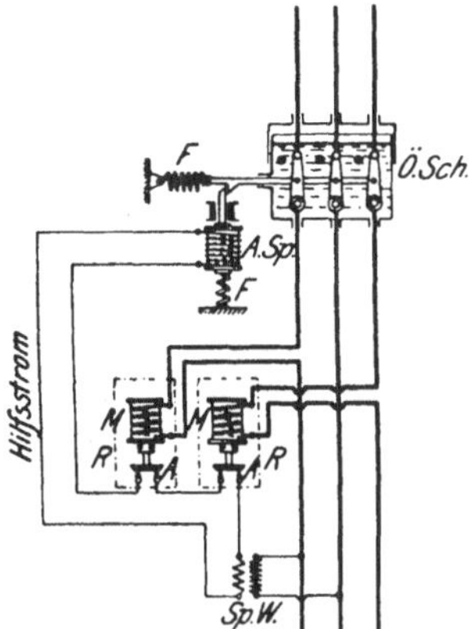

Fig. 261. Drehstromölschalter mit durch Relais betätigter primärer Maximalauslösung (Hilfsstrom: Wechselstrom).

magnetischen Eigenschaften, und der bislang von ihr gehobene Eisenkern gibt, vermöge seiner Schwere oder unter der Einwirkung einer Feder *F*, das Klinkwerk des Schalters frei.

Vielfach werden an den Auslösespulen der Ölschalter oder den Relais Verzögerungseinrichtungen angebracht, damit das Ausschalten erst nach einer gewissen einstellbaren Zeit erfolgt, der Schalter also nicht durch Stromstöße von kurzer Dauer beeinflußt wird. Bei der abhängigen Zeitauslösung hängt die Auslösezeit von der Stärke der Überlastung ab in der Weise, daß das Ausschalten um so schneller geschieht, auf ein je höheres Maß die Stromstärke angewachsen ist. Die unabhängige Zeitauslösung läßt die Unterbrechung stets nach derselben, durch die Größe der Überlastung nicht beeinflußten Zeit eintreten.

Die Schalter für die Betriebsmaschinen erhalten vielfach auch Rückstromrelais, durch die sie bei einem etwaigen Richtungswechsel der Energie geöffnet werden. Rückstromrelais werden, ähnlich wie automatische Rückstromschalter (s. § 207), durch je eine Stromspule und eine Spannungsspule beeinflußt.

Unentbehrlich in Hochspannungsanlagen sind schließlich die Trennschalter. Sie dienen jedoch nur zum Ab- und Zuschalten stromloser Leitungen und werden z. B. benutzt, um bei einer Revision oder Reparatur einzelne Maschinen, Apparate oder Netzteile mit Sicherheit spannungslos zu machen.

210. Sicherungen.

Um eine zu starke Erwärmung einer Leitung zu verhindern, ist dafür Sorge zu tragen, daß die ihrem Querschnitte entsprechende Stromstärke nicht wesentlich überschritten wird. Eine Erhöhung der Stromstärke tritt ein, wenn die angeschlossenen Apparate oder Maschinen überlastet werden. Ein besonders gefährliches Ansteigen des Stromes kann ferner durch den Kurzschluß zweier Leitungen hervorgerufen werden, also dadurch, daß diese sich, etwa infolge schadhafter Isolation, unmittelbar berühren.

Gegen die Folgen der Überlastung sowie namentlich des Kurzschlusses schützt man sich durch Anwendung von selbsttätigen Maximalschaltern oder von Schmelzsicherungen. Letztere bestehen im wesentlichen aus einem Draht, meistens einem Silberdraht, der, sobald die Stromstärke einen gewissen Betrag überschreitet, schmilzt und dadurch den betreffenden Netzteil selbsttätig abschaltet. Sicherungen sind grundsätzlich an allen Stellen anzubringen, wo sich der Querschnitt der Leitungen nach der Verbrauchsstelle hin vermindert. Nulleiter und betriebsmäßig geerdete Leitungen sollen jedoch keine Sicherungen erhalten, dagegen dürfen wieder solche isolierten Leitungen, die sich von einem Nulleiter abzweigen und Teile eines Zweileitersystems sind, gesichert werden. Nach Möglichkeit sollen die Sicherungen für die verschiedenen Netzteile einer Anlage auf besonderen Verteilungstafeln zentralisiert werden. Die Stärke der Schmelzsicherung richtet sich nach der Betriebsstromstärke der Stromverbraucher und der zu schützenden Leitungen, darf jedoch nicht größer sein, als nach der im § 205 mitgeteilten Belastungstabelle für den Querschnitt der Leitung zulässig ist. Es wurde dort auch bereits darauf hingewiesen, daß die Sicherungen im allgemeinen eine Überlastung von 25 % über den Nennstrom vertragen.

Fig. 262 zeigt für einen Teil eines Zweileiternetzes die Anbringung der Sicherungen. Diese sind, wie allgemein üblich, durch längliche Rechtecke angedeutet, und es sind die Stromstärken, für die die Sicherungen bestimmt sind, hinzugefügt. Der Querschnitt der Leitungen ist ebenfalls angegeben.

Nach den Vorschriften des V. D. E. sollen Sicherungen für niedere Stromstärken unverwechselbar sein in der Weise, daß die fahrlässige oder irrtümliche Verwendung von Einsätzen für zu hohe Stromstärken ausgeschlossen ist. Doch wird für Sicherungen unter 6 A die Unverwechselbarkeit nicht gefordert.

Für kleinere Stromstärken, bis etwa 60 A, werden hauptsächlich Stöpsel- oder Patronensicherungen angewendet, von denen namentlich die zweiteiligen Edisonsicherungen vorzüglich durchgebildet sind. In Fig. 263 ist die Diazed-Sicherung der Siemens-Schuckertwerke abgebildet. Sie besteht aus der die Schmelzdrähte enthaltenden Patrone P und der Schraubkappe S, durch die die Patrone im Sicherungselement befestigt wird. Die Patrone ist aus Porzellan hergestellt. Die Enden der Schmelzdrähte — in der Figur sind zwei Drähte d_1 und d_2 zu erkennen — stehen mit auf den beiden Stirnseiten der Patrone befindlichen Kontakten in Verbindung. Der obere Kontakt K_1 ist scheibenförmig ausgeführt. Der untere Kontakt K_2 ist ein zylindrischer Ansatz, dessen Durchmesser je nach der Stromstärke verschieden ist. Die Schraubkappe

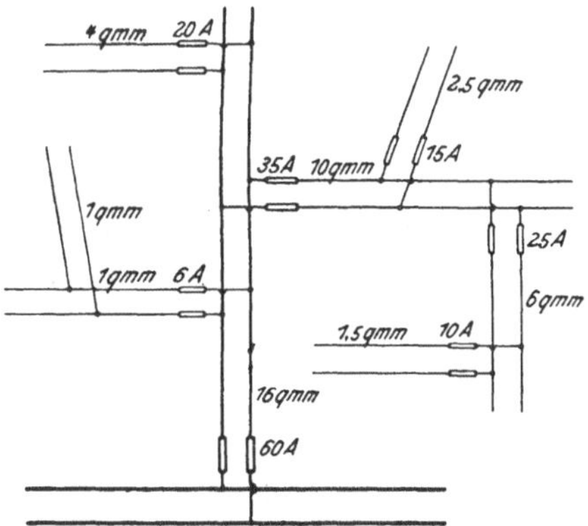

Fig. 262. Stromverteilungsnetz mit Sicherungen.

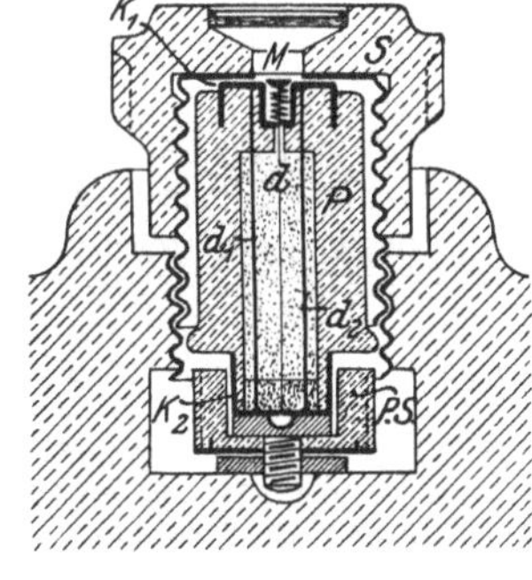

Fig. 263. Schnitt durch eine zweiteilige Edisonsicherung.

vermittelt den Anschluß des oberen Stirnkontaktes an das Netz und drückt gleichzeitig den unteren Ansatz gegen ein Paßstück ($P.S.$), wodurch auch der Anschluß an die andere Netzleitung bewirkt wird. Das Paßstück ist dem Ansatz des Stöpsels entsprechend ausgebohrt derart, daß keinesfalls ein Stöpsel für eine zu große Stromstärke eingesetzt werden kann. In der Patrone ist noch ein weiterer dünner Schmelzdraht d enthalten, der mit einer Kennmarke M verbunden ist, die, wenn der Draht schmilzt, unter der Wirkung einer winzigen Spiralfeder abfliegt. Um die Marke von außen beobachten zu können, ist die Schraubkappe mit einem kleinen Fenster F versehen. Je nach der Stromstärke, für die die Sicherungen bestimmt sind, ist die Farbe der Kennmarken verschieden. — Es sei noch bemerkt, daß die Unverwechselbarkeit der Sicherungen auch durch verschiedene Längen des Kontaktansatzes erreicht werden kann: Longized-Sicherungen. Auch kann die Abstufung gleichzeitig nach Durchmesser und Länge erfolgen.

Eine Reparatur der Stöpsel ist bei den zweiteiligen Sicherungen unmöglich gemacht. Bei dieser Gelegenheit sei überhaupt vor der

Reparatur durchgebrannter Sicherungen gewarnt, zum mindesten soll die Reparatur in einer Fabrik vorgenommen werden, die die hierfür notwendigen Einrichtungen besitzt. Jedenfalls wird durch unsachgemäße Reparatur die sichere Wirkung eines Stöpsels sehr in Frage gestellt.

Für größere Stromstärken werden vorwiegend Streifensicherungen benutzt, die aus einer Anzahl zwischen zwei Kontaktstücken parallel geschalteter Silberdrähte bestehen. Durch Abstufung der Länge der Schmelzdrähte läßt sich auch hier ein Verwechseln der Sicherungen verschiedener Stromstärken vermeiden.

Für Hochspannung werden vielfach Röhrensicherungen verwendet. Bei diesen befindet sich der Schmelzdraht innerhalb einer nach beiden Seiten offenen Hülse aus Isoliermaterial. Durch den beim Schmelzen des Drahtes auftretenden Lichtbogen wird die Luft innerhalb der Röhre so stark erwärmt, daß sie mit den Verbrennungsgasen nach außen getrieben wird. Durch die nachströmende kalte Luft wird ein schnelles Erlöschen des Lichtbogens erzielt. Auch Ölsicherungen kommen für Hochspannung zur Anwendung. Im allgemeinen sieht man jedoch in Hochspannungsanlagen von der Benutzung der Schmelzsicherungen nach Möglichkeit überhaupt ab und baut statt dessen Ölschalter mit Maximalauslösung ein.

211. Isolationsprüfung von Leitungen.

Ein unbedingtes Erfordernis für die Betriebssicherheit einer jeden Starkstromanlage ist, daß sie sich in einem guten Isolationszustand befindet. Der Isolationswiderstand muß um so größer sein, je höher die Betriebsspannung ist. In den E. V. wird gefordert, daß bei Niederspannungsanlagen der Stromverlust auf jeder Teilstrecke zwischen zwei Sicherungen oder hinter der letzten Sicherung im allgemeinen 1/1000 A nicht überschreitet. Der Isolationswiderstand einer derartigen Leitungsstrecke soll also, wenn E die Betriebsspannung bedeutet, mindestens betragen:

$$R_i = \frac{E}{0{,}001} = 1000\,E \quad \ldots \ldots \quad (91)$$

Bei einer Spannung von 110 V soll demnach der Widerstand nicht kleiner sein als 110000 Ω, bei 220 V nicht kleiner als 220000 Ω usw.

Die Messung des Isolationswiderstandes soll tunlichst mit einer Spannung gleich der Betriebsspannung, wenigstens aber mit 100 V vorgenommen werden.

a) Isolationsmessung bei unterbrochenem Betriebe.

Die Messung erfolgt in der Regel nach der Voltmetermethode. Als Stromquelle dient entweder eine Meßbatterie oder eine Handmagnetmaschine (s. § 158). Letztere wird wegen ihrer steten Betriebsbereitschaft sowie bequemen Transportfähigkeit meistens vorgezogen. In vielen Fällen kann auch die Betriebsmaschine selber für die Messung dienstbar gemacht werden. Um den Isolationswiderstand einer Leitung gegen Erde zu bestimmen, ist die Schaltung nach Fig. 264 vorzunehmen. Indem man den Umschalterhebel zunächst auf Kontakt 1 bringt, legt man das Drehspulvoltmeter V unmittelbar an die Stromquelle, mißt also deren Spannung E. Wird sodann der Hebel auf Kontakt 2 gebracht, der durch eine Verbindung mit der Gas- oder Wasserleitung oder auf eine andere Weise gut geerdet ist, so zeigt das Voltmeter, für dessen Ausschlag nunmehr auch der Isolationswiderstand der Leitung L maßgebend ist, die Spannung E_1 an. Der Isolationswiderstand kann alsdann, wenn R_g den Eigenwiderstand des Voltmeters bedeutet, nach der auch bei der Isolationsmessung von Maschinen benutzten Gl. 79 berechnet werden:

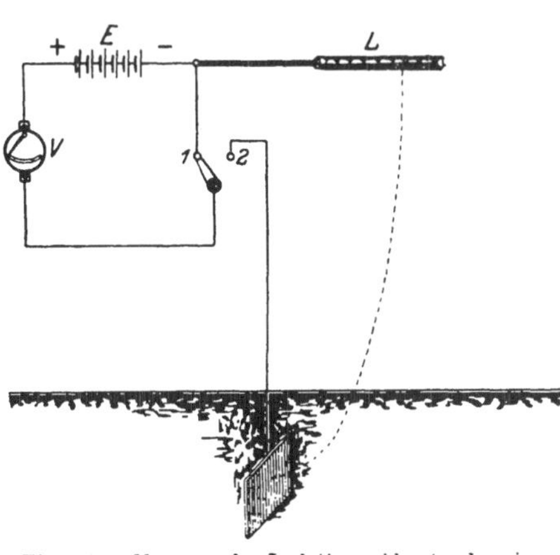

Fig. 264. Messung des Isolationswiderstandes einer Leitung gegen Erde.

$$R_i = R_g \cdot \left(\frac{E}{E_1} - 1\right).$$

Das Vorhandensein einer Ohmskala am Voltmeter macht, wenn E den vorgeschriebenen Wert hat, jede Rechnung überflüssig.

Mit Rücksicht auf elektrolytische Wirkungen soll bei der Isolationsmessung wenn möglich der negative Pol an die zu untersuchende Leitung, der positive Pol also an Erde gelegt werden.

Um den Isolationswiderstand zweier Leitungen gegeneinander zu messen, ist die Schaltung nach Fig. 265 auszuführen. Als Stromquelle ist in der Figur die Betriebsmaschine M gewählt worden. In dem zu untersuchenden Netzteile sind alle Stromverbraucher, wie Lampen und Motoren, von ihren Leitungen P und N abzutrennen, alle Beleuchtungskörper dagegen anzuschließen, alle Sicherungen einzusetzen und alle Schalter zu schließen. Die Messung und Berechnung des Isolationswiderstandes erfolgt genau wie oben angegeben.

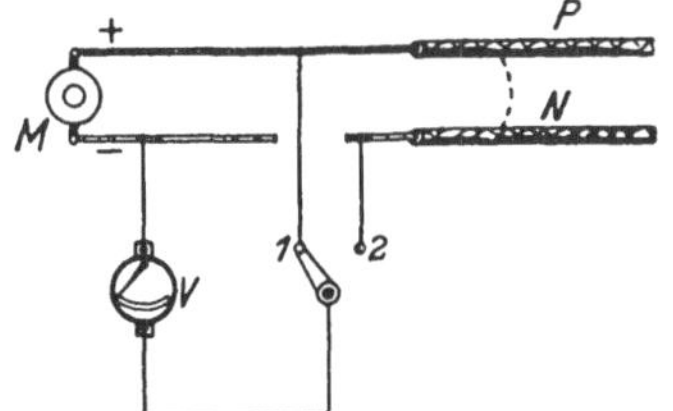

Fig. 265. Messung des Isolationswiderstandes zweier Leitungen gegeneinander.

In Fig. 266 sind die vorstehenden Ausführungen auf ein praktisches Beispiel übertragen, indem gezeigt wird, in welcher Weise etwa der Lichtstromkreis einer Hausinstallation auf seinen Isolations-

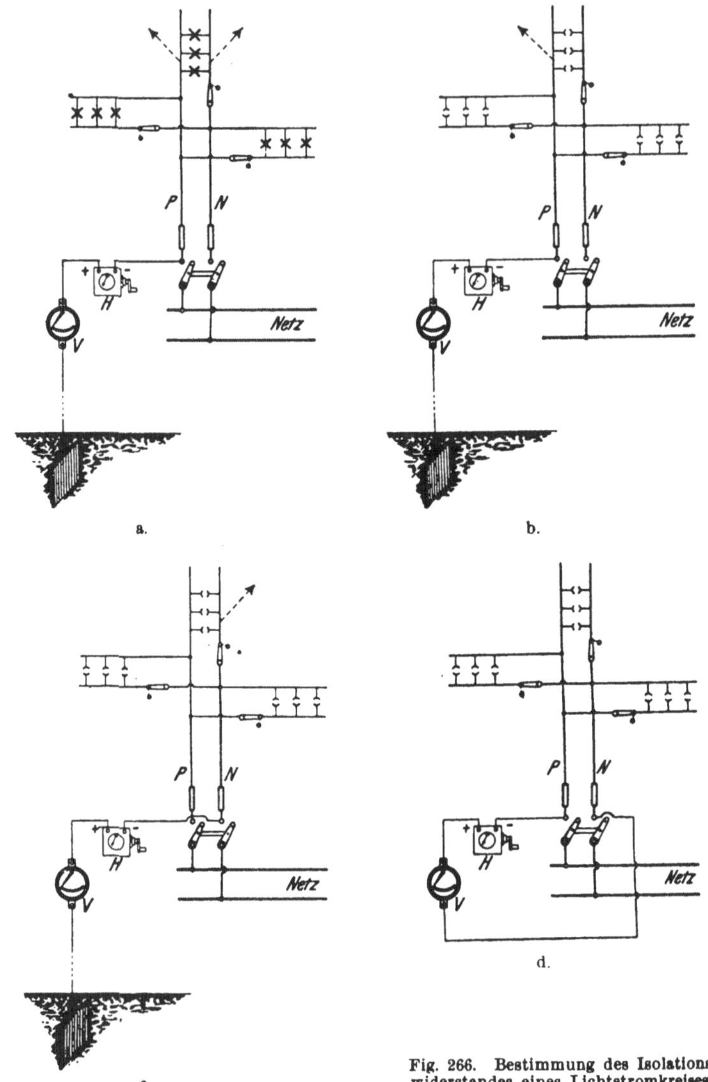

Fig. 266. Bestimmung des Isolationswiderstandes eines Lichtstromkreises.

zustand zu prüfen ist. Vor der Untersuchung werden die Leitungen P und N mittels des Hauptschalters von dem Netz getrennt. Als Stromquelle diene die Handmagnetmaschine H, der bei den Messungen stets eine Spannung in Höhe der Betriebsspannung E erteilt wird.

Durch Beobachtung des am Kasten der Maschine angebrachten Kontrollinstrumentes kann die Prüfspannung dauernd konstant gehalten werden. Aus der bei jeder Messung festgestellten Spannung E_1 lassen sich die verschiedenen Widerstände ermitteln. Zunächst wird nach Fig. 266a der Isolationswiderstand der gesamten Anlage gegen Erde bestimmt. Alle Schalter des Stromkreises werden geschlossen. Die Lampen bleiben in ihren Fassungen. Die Isolationswiderstände beider Netzleitungen sind dann parallel geschaltet. Der aus den Leitungen zur Erde entweichende Strom ist durch Pfeile angedeutet. Der nicht geerdete (negative Pol) der Stromquelle wird mit P oder N in Verbindung gebracht. Um den Isolationswiderstand jeder Leitung gesondert zu bestimmen, werden nunmehr die Lampen aus ihren Fassungen herausgeschraubt. Die Schalter bleiben geschlossen. Der nicht geerdete Pol der Stromquelle wird nacheinander an P und N angeschlossen, Fig. 266b und c. Zur Bestimmung des Isolationswiderstandes der beiden Leitungen gegeneinander schließlich ändert man die Schaltung nach Fig. 266d ab.

Beispiel: Bei der Bestimmung des Isolationswiderstandes einer Hausinstallation für 110 V Betriebsspannung mittels einer Handmagnetmaschine von Weston und eines Drehspulvoltmeters mit 60000 Ω Eigenwiderstand von Siemens & Halske erhielt man folgendes Ergebnis:

a) Gesamtanlage (Fig. 266a): $E = 110$ V, $E_1 = 17{,}5$ V;

$$R_i = 60000 \cdot \left(\frac{110}{17{,}5} - 1\right) = 318000\ \Omega.$$

b) Positive Leitung (Fig. 266b): $E = 110$ V, $E_1 = 11{,}5$ V;

$$R_i = 60000 \cdot \left(\frac{110}{11{,}5} - 1\right) = 516000\ \Omega.$$

c) Negative Leitung (Fig. 266c): $E = 110$ V, $E_1 = 5{,}8$ V;

$$R_i - 60000 \cdot \left(\frac{110}{5{,}8} - 1\right) = 1080000\ \Omega.$$

d) Leitungen gegeneinander (Fig. 266d): $E = 110$ V, $E_1 = 4$ V;

$$R_i = 60000 \cdot \left(\frac{110}{4} - 1\right) = 1590000\ \Omega.$$

b) Isolationsmessung während des Betriebes.

Bisher wurde angenommen, daß die auf ihren Isolationszustand zu untersuchenden Leitungen sich nicht im Betriebe befinden, doch kann die Untersuchung auch während des Betriebes durchgeführt werden. Man verwendet, Fig. 267, wieder einen Spannungsmesser V. Eine seiner Klemmen wird an Erde gelegt, die andere Klemme kann mittels eines Umschalters auf jede der beiden Leitungen geschaltet werden. Die Betriebsspannung sei E. Der Isolationswiderstand der Leitung P gegen Erde sei R_{i_1}, derjenige der Leitung N sei R_{i_2}. Beträgt die Spannung zwischen P und Erde E_1, diejenige zwischen N und Erde E_2, so lassen sich für die Isolationswiderstände die Formeln ableiten:

$$R_{i_1} = R_g \cdot \frac{E - (E_1 + E_2)}{E_2}, \quad \ldots \ldots \quad (92)$$

$$R_{i_2} = R_g \cdot \frac{E - (E_1 + E_2)}{E_1} \quad \ldots \ldots \quad (93)$$

Der Isolationswiderstand der ganzen Anlage ist:

$$R_i = R_g \cdot \left(\frac{E}{E_1 + E_2} - 1\right) \quad \ldots \ldots \quad (94)$$

Um den Isolationszustand einer Leitung jederzeit feststellen zu können, wird vielfach ein Voltmeter nach der in Fig. 267 gegebenen Schaltung als Erdschlußprüfer fest angebracht. Je nach der Güte der Isolation schwanken die Ausschläge des Voltmeters zwischen Null und der vollen Spannung. Besitzt eine Leitung vollkommenen Erdschluß, so zeigt es, mit ihr in Verbindung gebracht, die Spannung Null an, während es die volle Betriebsspannung angibt, wenn es mit der anderen Leitung verbunden wird.

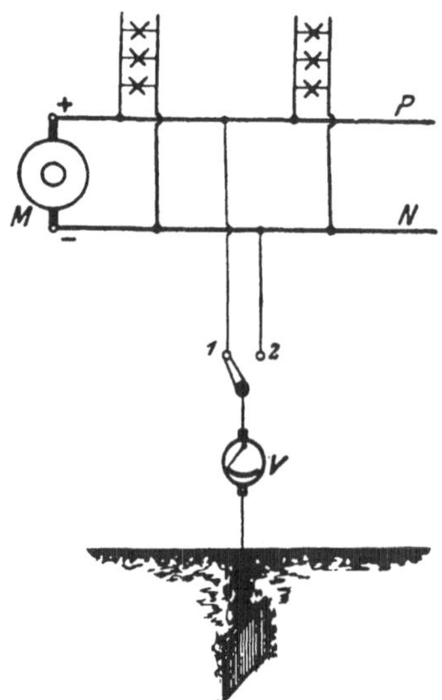

Fig. 267. Messung des Isolationswiderstandes einer Anlage während des Betriebes.

Die Messung des Isolationswiderstandes einer Wechselstromanlage erfolgt gewöhnlich mit Gleichstrom. Da Wechselstrom auf ein Drehspulinstrument nicht einwirkt, so kann die Untersuchung vorgenommen werden, während sich die Anlage im Betriebe befindet. Der Gleichstrom wird dann also dem Wechselstrom übergelagert. Als ständiger Erdschlußprüfer (nach Fig. 267) muß bei Wechselstrom natürlich ein für diese Stromart geeignetes Voltmeter, etwa ein Weicheiseninstrument, zur Anwendung kommen. Bei Hochspannung ist das Voltmeter unter Vermittlung eines Spannungswandlers anzuschließen.

Beispiel: Bei einer während des Betriebes vorgenommenen Isolationsmessung an einer kleinen Gleichstromanlage, die durch eine Dynamomaschine von 110 V Spannung gespeist wird, und an die ein Motor, mehrere Bogenlampen und eine Anzahl Glühlampen angeschlossen waren, zeigte das im vorigen Beispiel erwähnte Drehspulvoltmeter folgende Spannungen an:

$$E = 110 \text{ V}, \qquad E_1 = 1{,}3 \text{ V}, \qquad E_2 = 33 \text{ V}.$$

Demnach ist:

$$R_{i_1} = 60\,000 \cdot \frac{110 - 34{,}3}{33} = 138\,000\ \Omega,$$

$$R_{i_2} = 60\,000 \cdot \frac{110 - 34{,}3}{1{,}3} = 3\,500\,000\ \Omega,$$

$$R_i = 60\,000 \cdot \left(\frac{110}{34{,}3} - 1\right) = 132\,000\ \Omega.$$

212. Überspannungsschutz.

Besondere Maßregeln sind zu treffen, um die elektrischen Anlagen gegen etwa auftretende Überspannungen zu schützen. Solche können durch die verschiedensten Ursachen veranlaßt sein. Sie werden z. B. durch elektrische Vorgänge in der Atmosphäre hervorgerufen, also durch Einschlagen des Blitzes in eine Leitung oder auch durch die von einer elektrisch geladenen Wolke ausgehende, als Influenz bezeichnete Fernwirkung. Auch durch Niederschläge, Regen und Schnee, sowie durch Nebel kann die in den höheren Luftschichten vorhandene Elektrizität auf die Leitungen übertragen werden, so daß diese elektrisch geladen werden. Ferner können auch Vorgänge in der Anlage selber, z. B. das Ein- wie auch besonders das Ausschalten größerer Maschinen, gefährliche Überspannungen wachrufen. Überhaupt kann sich jede plötzlich auftretende Belastungsänderung, namentlich auch jeder Kurzschluß in der Anlage, durch Überspannungen bemerkbar machen. In den meisten Fällen treten die Überspannungen in der Form von Schwingungen auf, die sich als „Wanderwellen“ der Leitung entlang fortpflanzen. Um Überspannungen unschädlich zu machen, werden sie durch Überspannungssicherungen zur Erde abgeleitet oder innerhalb des Netzes ausgeglichen.

a) Hörnerableiter.

Die bekannteste Form der Überspannungssicherung ist der Hörnerableiter. Er besteht, wie Fig. 268 zeigt, aus zwei hörnerartig auseinandergebogenen Leitungsdrähten. In der Figur ist das eine Horn des Ableiters H mit der zu schützenden Leitung L verbunden, das andere geerdet. Der Abstand der Hörner voneinander, an der engsten Stelle gemessen, ist je nach der Betriebsspannung verschieden und wird so eingestellt, daß bei der normalen Spannung ein Überschlagen der Luftstrecke nicht stattfinden kann. Beim Auftreten einer höheren Spannung wird diese dagegen durch einen Funken überbrückt, so daß ein Spannungsausgleich zwischen Leitung und Erde erfolgt. Der sich dabei bildende Lichtbogen wird infolge einer elektrodynamischen Wirkung sowie unter dem Einfluß der sich erwärmenden Luft den Hörnern entlang nach oben getrieben, wobei er immer

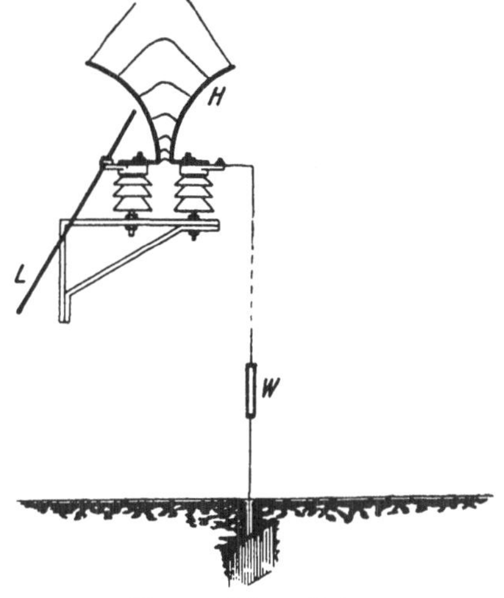

Fig. 268. Hörnerableiter.

länger wird, bis er schließlich abreißt. Durch die Hörnerwirkung wird also ein schnelles Erlöschen des Lichtbogens erreicht. Es ist dies nötig, damit der durch letzteren verursachte Erdschluß möglichst schnell wieder aufgehoben wird. Zur Verminderung der beim Ansprechen des Ableiters auftretenden Stromstöße wird ein Dämpfungswiderstand *W* verwendet. Um einen Spannungsausgleich im Netz selber herbeizuführen, sind beide Hörner mit je einer Übertragungsleitung zu verbinden. Ein Nachteil des Hörnerableiters besteht darin, daß sich zwischen den Hörnern, namentlich wenn sie für eine geringe Spannung eingestellt sind, leicht Staubteilchen oder Insekten festsetzen, so daß die Sicherung oft ohne Grund anspricht. Diesem Übelstand ist jedoch bei verschiedenen Konstruktionen dadurch entgegengetreten, daß man die Sicherung auf eine größere Luftstrecke einstellt, dafür aber die Empfindlichkeit durch besondere Hilfsmittel erhöht.

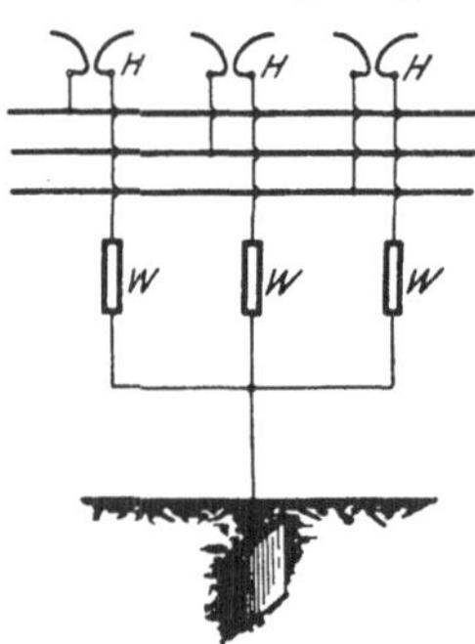

Fig. 269. Gegen Erde geschaltete Hörnerableiter in einem Drehstromnetz (Sternschutz).

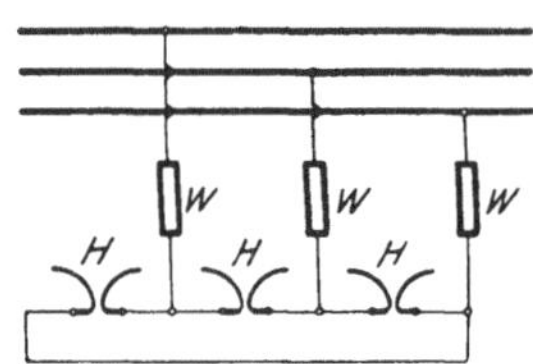

Fig. 270. Zwischen die Leitungen geschaltete Hörnerableiter in einem Drehstromnetz (Dreieckschutz).

Fig. 269 zeigt den Einbau der Hörnerableiter in ein Drehstromnetz für den Fall, daß die Ableitung der Überspannungen in die Erde erfolgen soll. Die Ableiter sind in Stern geschaltet, da sie in einem Punkte verkettet sind. In der Schaltung der Fig. 270, die als Dreieckschaltung aufgefaßt werden kann, geschieht der Ausgleich zwischen den einzelnen Phasen. Häufig werden beide Schaltungsarten gleichzeitig angewendet: Stern-Dreieckschutz.

b) Vielfachfunkenstrecken.

Großer Verbreitung als Überspannungssicherung erfreuen sich auch die Vielfachfunkenstrecken. Zu diesen gehört der Rollenableiter, bei dem eine Anzahl zylindrischer Metallrollen in der Weise aneinandergereiht werden, daß zwischen ihren Mantelflächen ein nur kleiner Zwischenraum bleibt. Die Rollenableiter können ebenso wie die Hörnerableiter zwischen Leitung und Erde oder auch zwischen zwei Leitungen geschaltet werden. Beim Auftreten von Überspannungen werden die Luftstrecken zwischen je zwei benachbarten Rollen durch Funken überbrückt. Durch Anwendung einer besonderen Metallegierung für die Rollen wird eine Lichtbogenbildung zwischen ihnen vermieden. Fig. 271 zeigt durch Rollenableiter *R* geschützte Drehstromleitungen. Auf die Notwendigkeit der Dämpfungswiderstände *W* sei besonders hingewiesen.

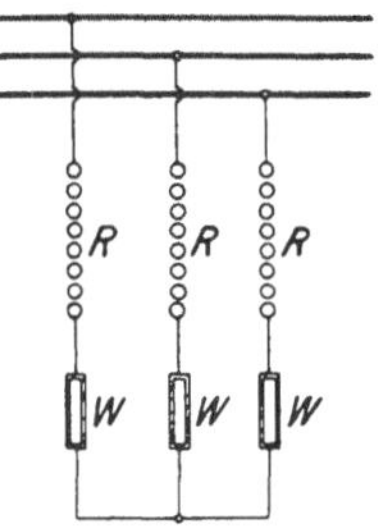

Fig. 271. Rollenableiter zwischen den Leitungen eines Drehstromnetzes.

Zu erwähnen ist an dieser Stelle noch das „elektrische Ventil", das im wesentlichen aus einer Reihe parallel geschalteter Vielfachfunkenstrecken besteht, für die jedoch keine Rollen, sondern kleine Metallscheiben verwendet werden.

c) Drosselspulen.

Einen besonderen Schutz läßt man den Maschinen angedeihen, indem man ihnen aus einer Reihe von Windungen bestehende Drosselspulen vorschaltet. Diese besitzen für die in Form von Schwingungen auftretenden Überspannungen wegen deren hohen Frequenz einen so großen scheinbaren Widerstand, daß ihnen der Zutritt zu den dahinter liegenden Netzteilen versperrt wird. Fig. 272 stellt eine Hochspannungs-Drehstromanlage dar, bei der jede Leitung außer einem Hörnerableiter *H* eine Drosselspule *D* enthält.

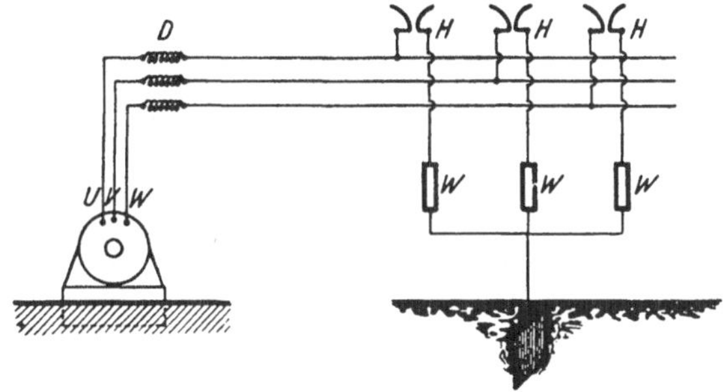

Fig. 272. Drehstromanlage mit Hörnerableiter und Drosselspulen.

d) Kondensatoren.

Auch Kondensatoren nach Art der Leydenerflaschen (vgl. § 33) werden als Überspannungsschutz verwendet. Sie werden jedoch in der Regel nicht aus Glas, sondern aus einem besonders haltbaren und widerstandsfähigen Isoliermaterial, z. B. imprägniertem Papier hergestellt.

Die Kondensatoren werden zwischen Leitung und Erde geschaltet und nehmen bei auftretenden Überspannungen einen beträchtlichen Teil der Elektrizitätsmenge auf ihren Belegungen auf, sie werden also für einen kurzen Augenblick geladen, wodurch die Überspannungswelle abgeflacht wird. Auf die Ladung des Kondensators folgt seine Entladung, hinterher wieder seine Ladung usw. Die Energie des auf diese Weise im Kondensatorkreis zustande kommenden Wechselstroms wird in den Leitungen in Wärme umgesetzt, also allmählich vernichtet. Kondensatoren werden auch gern an den Leitungsenden eingebaut, wo sie Reflektionspunkte bilden, die die Wanderwellen in ähnlicher Weise zurückwerfen, wie eine Feder einen mechanischen Stoß zurückgibt. Kondensatoren werden stets zusammen mit Drosselspulen verwendet. Fig. 273 zeigt die Anbringung von Kondensatoren C in Verbindung mit Drosselspulen D für eine Drehstromanlage.

e) Erdungswiderstände und -drosselspulen.

Zur ständigen Ableitung elektrischer Ladungen aus Hochspannungsanlagen mit ausgedehnten Freileitungsnetzen werden vielfach Erdungswiderstände benutzt. Durch diese wird jede der Leitungen dauernd mit der Erde verbunden. Ihr Widerstand wird jedoch so groß gewählt, daß der zur Erde fließende Strom äußerst gering ist. Bei den Wasserstrahlerdern wird der Erdungswiderstand durch einen ständig fließenden Wasserstrahl gebildet.

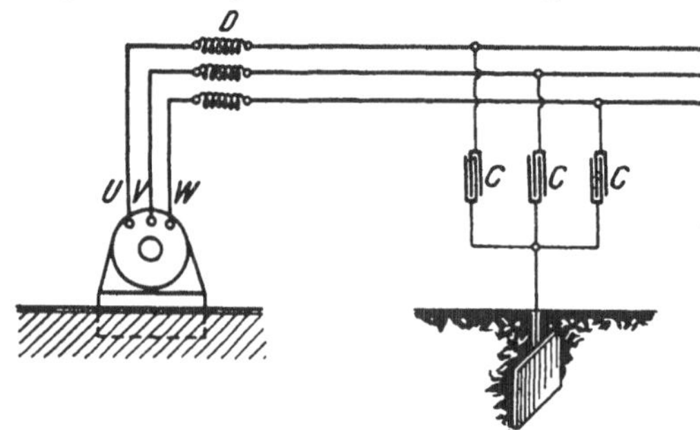

Fig. 273. Drehstromanlage mit Schutzkondensatoren und Drosselspulen.

Mehr zu empfehlen als Widerstände sind Erdungsdrosselspulen, weil bei diesen wegen ihres geringen Ohmschen Widerstandes nur kleine Verluste auftreten.

Vielfach wird in Drehstromanlagen eine Erdung der neutralen Punkte vorgenommen. Die Sternpunkte sämtlicher Maschinen und Transformatoren der Anlage werden durch eine gemeinsame Leitung verbunden, und diese wird über Widerstände oder Drosselspulen an Erde gelegt.

f) Schutzseile.

Zum Schutz von Freileitungen wird häufig parallel zu den Leitungen ein Seil, in der Regel aus verzinktem Stahl, verlegt, das an möglichst vielen Stellen geerdet ist. Durch ein solches Schutzseil werden die bei atmosphärischen Störungen, z. B. bei in der Nähe niedergehenden Blitzschlägen, auftretenden Überspannungen erheblich herabgesetzt.

g) Spannungsicherungen.

Schließlich sei noch auf die Spannungssicherungen hingewiesen, die beim Übertritt der Hochspannung in die Niederspannungswicklung eines Transformators in Wirkung treten sollen. Sie bestehen im wesentlichen aus zwei gegenüberstehenden Metallplättchen, die durch eine nur dünne Glimmerscheibe voneinander getrennt sind. Jede der Niederspannungsleitungen wird mit einer Spannungssicherung ausgestattet, indem das eine Plättchen derselben mit der Leitung, das andere mit der Erde verbunden wird. Sobald die Spannung im Niederspannungsnetz einen gewissen Wert überschreitet, werden die Glimmerscheiben der Sicherungen in Form von Fünkchen durchschlagen. Dadurch werden die Leitungen geerdet und, infolge des so bewirkten Kurzschlusses, die Sicherungen der Niederspannungsseite zum Schmelzen, gegebenenfalls auch die Automaten der Hochspannungsseite zum Auslösen gebracht.

Fünfzehntes Kapitel.

Zentralenschaltungen.

213. Allgemeines.

Ein wesentliches Erfordernis für die Betriebssicherheit einer Stromerzeugungsstation ist eine zweckmäßig eingerichtete Schaltanlage. Diese soll es ermöglichen, die erforderlichen Schaltungen und die für die Beurteilung des Betriebszustandes notwendigen Messungen in einfachster Weise vorzunehmen. Ferner umfaßt sie diejenigen Apparate, die die Sicherheit der Anlage gewährleisten sollen. Zur Erzielung größter Übersichtlichkeit werden die Schalter und Maschinenregler, die Meßinstrumente und Sicherungen auf Schalttafeln oder Schalttischen aus feuerfestem Material (Marmor oder Schiefer) vereinigt. Sämtliche Stromerzeuger arbeiten auf die an an der Rückseite der Schaltanlage befindlichen Sammelschienen, und von diesen werden auch alle Verteilungsleitungen abgezweigt. In Gleichstromanlagen werden die Sammelschienen und alle auf der Schalttafel montierten Verbindungsleitungen nach ihrer Polarität durch verschiedenfarbigen Anstrich kenntlich gemacht, und zwar verwendet man gewöhnlich die Farben rot und blau. In ähnlicher Weise kennzeichnet man auch die Leitungen in Wechselstromanlagen. Bei Einphasenstrom werden die Leitungen vielfach gelb und violett bezeichnet. In Drehstromanlagen unterscheidet man die Leitungen nach ihrer Phase in der Regel durch gelben, grünen und violetten Anstrich.

Die Schalttafel soll an einer Stelle des Maschinenhauses aufgestellt werden, von der aus ein guter Überblick auf die Betriebsmaschinen möglich ist. Ihre Rückseite soll bequem zugänglich sein. Sicherungen und Schalter sind mit Bezeichnungen zu versehen, aus denen ihre

Bedeutung sofort klar erkennbar wird. Hochspannung führende Teile sind an den eigentlichen Schalttafeln nach Möglichkeit zu vermeiden oder doch der Berührung unzugänglich anzubringen. Meßinstrumente werden daher in Hochspannungsanlagen unter Vermittlung von Strom- und Spannungswandlern angeschlossen. Da beim Durchschlagen der Isolation zwischen Hoch- und Niederspannungswicklung Hochspannung in die Meßstromkreise übertreten kann, so ist die sekundäre Wicklung der Wandler zu erden. Im übrigen sei auf die in den Sicherheitsvorschriften niedergelegten und in § 196 angedeuteten Schutzmaßnahmen bei Hochspannung hingewiesen.

In den folgenden Figuren sind Normalschaltpläne für Stromerzeugungsanlagen der verschiedensten Systeme wiedergegeben und kurz beschrieben. Je nach den vorliegenden Verhältnissen können sich natürlich mannigfache Abweichungen hinsichtlich Einzelheiten der Schaltung ergeben.

A. Gleichstromanlagen.

214. Einzelbetrieb einer Gleichstrommaschine.

(Vgl. Fig. 112 und 115.)

In Fig. 274 ist der Schaltplan für eine Stromerzeugungsstation mit nur einer Betriebsmaschine wiedergegeben. Eine derartige Anlage kommt, da jegliche Reserve fehlt, nur für kleinste Verhältnisse in Betracht. Der Figur ist eine Nebenschlußmaschine zugrunde gelegt, doch kann in vielen Fällen die Anwendung einer Doppelschlußmaschine Vorteile bieten. Zur Verbindung der Maschine mit den Sammelschienen — mit P ist die positive, mit N die negative Schiene bezeichnet — ist ein zweipoliger Schalter erforderlich. Die mit dem Ausschaltkontakt des Nebenschlußreglers verbundene, im Schema gestrichelt gezeichnete Leitung dient zum selbstinduktionsfreien Ausschalten (vgl. § 73). An Meßinstrumenten sind vorgesehen der Strommesser A und der Spannungsmesser V. Mittels der von den Sammelschienen ausgehenden Verteilungsleitungen wird der Strom den verschiedenen Teilen des Netzes zugeführt. In allen Leitungen befinden sich Schmelzsicherungen, durch die sie bei Stromüberlastung unterbrochen werden.

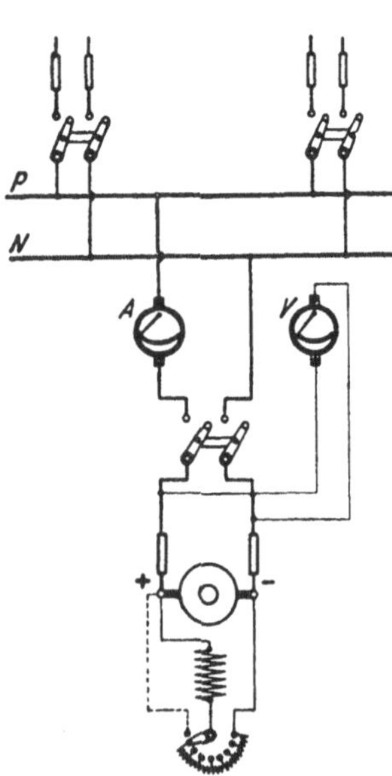

Fig. 274. Schaltung einer Gleichstromanlage mit einer Nebenschlußmaschine.

215. Parallelbetrieb von Nebenschlußmaschinen.

(Vgl. Fig. 124.)

In größeren Zentralstationen wird man stets mehrere Betriebsmaschinen aufstellen, die nach Bedarf parallel geschaltet werden. Hierdurch wird eine größere Betriebssicherheit gewährleistet. Außerdem ist es möglich, bei jeder Netzbelastung mit einem guten Wirkungsgrad zu arbeiten, indem man immer nur so viel Maschinen in Betrieb nimmt als der jeweiligen Belastung entspricht. Am günstigsten ist es, wenn die eingeschalteten Maschinen stets ungefähr voll belastet sind.

Fig. 275 stellt das Schaltungsschema zweier Nebenschlußmaschinen dar, die auf gemeinsame Sammelschienen arbeiten. In je einer der Verbindungsleitungen zwischen den Maschinen und Sammelschienen befindet sich ein gewöhnlicher Handschalter, während die andere Leitung einen Schalter mit automatischer Minimalauslösung (oder einen Rückstromautomaten) enthält. Für jede Maschine ist ein Strommesser vorgesehen. Es ist dagegen nur ein Spannungsmesser vorhanden, der in Verbindung mit einem Voltmeterumschalter zum Messen der Spannungen beider Maschinen dient. Die dafür nötigen Verbindungsleitungen sind der Deutlichkeit wegen in der Figur fortgelassen und lediglich durch Zahlen angedeutet in der Weise, daß eine Leitung 1—1, eine solche 2—2 usw. zu denken ist. In der Stellung 1—2 des Umschalters zeigt das Voltmeter die Spannung der einen, in der Stellung 3—4 die Spannung der anderen Maschine an.

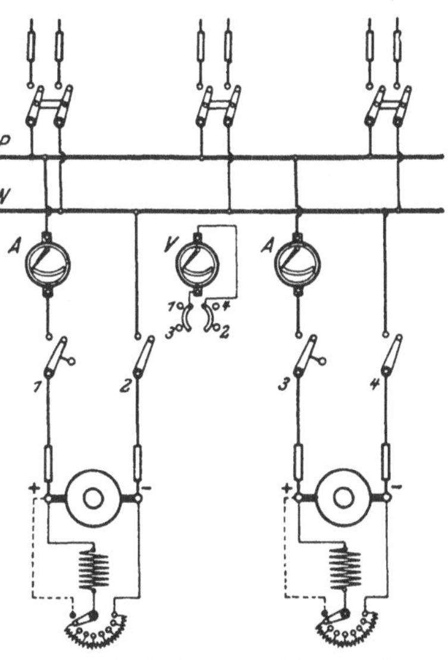

Fig. 275. Schaltung einer Gleichstromanlage mit zwei Nebenschlußmaschinen.

Soll eine Maschine auf das Netz geschaltet werden, so wird zunächst ihre Spannung mittels des Nebenschlußreglers auf den normalen Wert gebracht. Sodann ist der Handschalter zu schließen. Darauf wird auch der Minimalschalter eingelegt und von Hand festgehalten, bis so viel Belastung eingeschaltet ist, daß er von selber in der Einschaltstellung verbleibt. Um die andere Maschine mit der bereits im Betriebe befindlichen parallel zu schalten, muß sie zunächst auf die Betriebsspannung erregt werden. Die Belastung kann auf die beiden Maschinen beliebig verteilt werden, indem die Maschine, deren Belastung erhöht werden soll, mit Hilfe des Nebenschlußreglers etwas stärker erregt wird. Um eine Maschine abzuschalten, ist sie durch Schwächen des Erregerstromes soweit zu entlasten, bis der Minimalschalter von selber auslöst.

Vor der ersten Inbetriebsetzung hat man sich davon zu überzeugen, daß die Maschinen in der richtigen Weise mit den Sammelschienen verbunden sind, d. h. daß die positiven Pole beider Maschinen an der einen, die negativen Pole an der anderen Sammelschiene liegen (vgl. § 151).

Das Schema Fig. 275 läßt sich ohne Schwierigkeit für den Fall erweitern, daß in der Anlage mehr als zwei Maschinen vorhanden sind.

216. Parallelbetrieb von Doppelschlußmaschinen.

(Vgl. Fig. 125.)

Der Schaltplan für den Parallelbetrieb mehrerer Doppelschlußmaschinen, Fig. 276, gleicht demjenigen für parallel arbeitende Nebenschlußmaschinen, nur ist noch eine Ausgleichsleitung (*A. L.*)

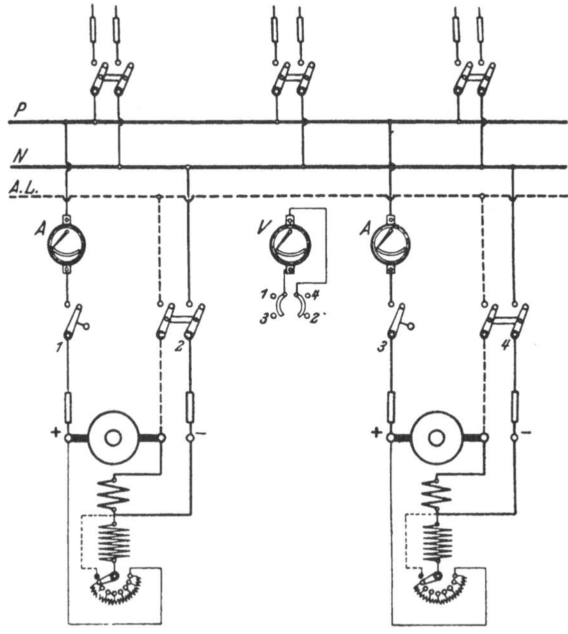

Fig. 276. Schaltung einer Gleichstromanlage mit zwei Doppelschlußmaschinen.

vorgesehen, auf deren Bedeutung in § 84 hingewiesen wurde. Die Ausgleichsleitung ist in der Figur wieder durch gestrichelte Linien angegeben. Durch Anwendung eines zweipoligen Handschalters für jede Maschine wird erreicht, daß ihr Anschluß an die Ausgleichsleitung gleichzeitig mit dem Schließen der einen Hauptleitung bewirkt wird.

217. Nebenschlußmaschine und Akkumulatorenbatterie mit Einfachzellenschalter.

(Vgl. Fig. 229.)

Nur selten wird man sich bei Gleichstromanlagen der Vorteile begeben, die die Anwendung einer Akkumulatorenbatterie mit sich bringt, und die in § 166 ausführlich erörtert wurden. Besonders einfach gestaltet sich die Schaltung einer mit einer Batterie ausgerüsteten Zentrale, wenn für letztere ein Einfachzellenschalter vorgesehen wird. Das Schema einer derartigen Anlage zeigt Fig. 277. Der Anschluß der Betriebsmaschine, einer Nebenschlußmaschine,

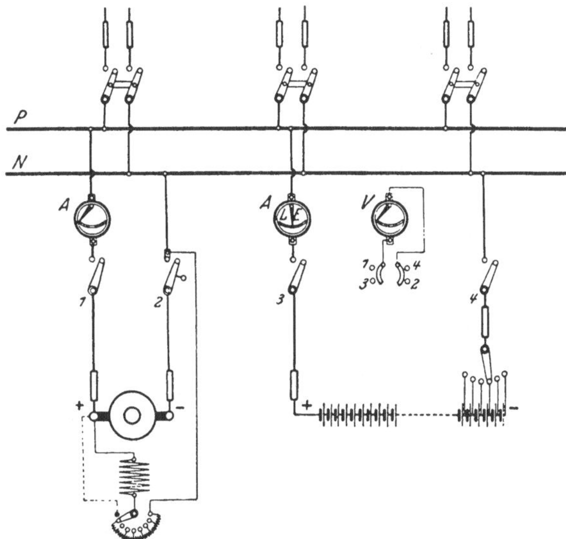

Fig. 277. Schaltung einer Gleichstromanlage mit einer Nebenschlußmaschine und einer Akkumulatorenbatterie mit Einfachzellenschalter.

an die Sammelschienen wird durch Schließen des einpoligen Handschalters und des Minimalschalters bewirkt. Die über den Nebenschlußregler zur Magnetwicklung führende Leitung ist zwischen Minimalschalter und Sammelschiene angeschlossen. Dadurch wird erreicht, daß die Maschine von den Sammelschienen (also von der Batterie) aus erregt werden kann, ehe noch der Automat eingelegt ist. Die Maschine erhält dann mit Sicherheit die für den Parallelbetrieb mit der Batterie erforderliche Polarität (vgl. § 151). Die Verbindung der Batterie mit den Sammelschienen geschieht durch zwei einpolige Schalter. Für die Maschine und die Batterie ist je ein Strommesser vorgesehen. Für die Batterie wird am besten ein Drehspulinstrument verwendet, das seinen Nullpunkt in der Mitte der Skala hat, um aus der Richtung des Ausschlags sofort zu erkennen, ob sich die Batterie im Zustande der Ladung (L) oder der

Entladung (E) befindet. Bei Verwendung eines Voltmeterumschalters genügt ein Spannungsmesser sowohl zur Messung der Maschinenspannung 1—2 als auch der Batteriespannung 3—4. Um die Batterie mittels der Nebenschlußmaschine laden zu können, muß deren Spannung durch den Nebenschlußregler auf den hierfür erforderlichen Betrag gesteigert werden können.

Es sind nachstehende Betriebsweisen möglich.

a) Die Maschine arbeitet allein auf das Netz.

Um die Maschine in Betrieb zu nehmen, wird ihr Minimalschalter eingelegt und zunächst festgehalten. Sodann wird sie auf die normale Spannung erregt. Darauf wird der einpolige Handschalter geschlossen. Ist die Belastung genügend groß, so bleibt der Automat von selber haften.

b) Die Batterie arbeitet allein auf das Netz.

Es sind lediglich die beiden einpoligen Batterieschalter geschlossen. Die Spannung wird mittels des Zellenschalters auf den richtigen Wert reguliert und konstant gehalten.

c) Maschine und Batterie arbeiten parallel.

Um die Maschine zur Batterie parallel zu schalten, muß sie zunächst auf deren Entladespannung erregt werden. Zu diesem Zwecke wird der einpolige Handschalter der Maschine geschlossen, worauf beim Einschalten des Nebenschlußreglers die Magnetwicklung von den Sammelschienen aus Strom empfängt. Ist die Maschine auf die richtige Spannung gebracht, so wird der Automat eingelegt. Nunmehr wird durch weiteres Erregen möglichst die volle Belastung auf die Maschine geworfen, so daß die Batterie nur die Belastungsschwankungen auszugleichen hat, der Zeiger des Batteriestrommessers also um den Nullpunkt herum pendelt.

d) Die Batterie wird geladen.

Die Schaltung ist die gleiche wie beim Parallelbetrieb. Doch muß die Kurbel des Zellenschalters, damit alle Zellen geladen werden, zunächst auf den äußersten Kontakt gebracht werden. Die Maschinenspannung ist um einige Volt höher einzustellen, als die Batteriespannung beträgt, und in dem Maße, wie diese während der Ladung ansteigt, zu erhöhen derart, daß die Stromstärke stets den für die Ladung gewünschten Wert hat. Die bereits voll aufgeladenen Zellen werden nacheinander mittels des Zellenschalters abgeschaltet.

Da die Ladepannung die Betriebsspannung wesentlich übersteigt, so können während der Ladung keinesfalls Lampen und andere mit der Netzspannung zu betreibende Stromverbraucher von den Sammelschienen aus gespeist werden. Die zum Netz führenden

Leitungen müssen daher vor der Ladung abgeschaltet werden. Es ist dies ein erheblicher Mangel der beschriebenen Anordnung, und es werden daher auch nur ausnahmsweise Anlagen nach diesem System ausgeführt, z. B. kleine Beleuchtungsanlagen, bei denen tagsüber kein Strom gebraucht wird, so daß die Batterie in dieser Zeit geladen werden kann.

Wird eine Zusatzmaschine angewendet, so kann zwar, da dann die Hauptmaschine stets mit der normalen Spannung zu betreiben ist, das Netz auch während der Ladung mit Strom versorgt werden, doch muß die Batterie während dieser Zeit von den Sammelschienen getrennt werden. Man verliert auf diese Weise einen der Hauptvorteile der Batterie: selbsttätig einzugreifen, wenn an der Maschine eine Störung eintritt.

218. Nebenschlußmaschine und Akkumulatorenbatterie mit Doppelzellenschalter.

(Vgl. Fig. 230.)

Soll die Akkumulatorenbatterie auch während der Ladung mit dem Netz in Verbindung bleiben, so muß ein Doppelzellenschalter angewendet werden. Fig. 278 gibt für diesen Fall die Schaltung an, und zwar wieder unter der Annahme, daß die für die Ladung notwendige Spannungserhöhung durch Nebenschlußregelung der Betriebsmaschine erzielt werden kann. In einer der beiden von der Nebenschlußmaschine zu den Sammelschienen führenden Leitungen befindet sich, wie im vorigen Schema, ein einpoliger Handschalter. Die andere Leitung enthält jedoch außer dem automatischen Minimalschalter noch einen Umschalter. Dieser ist, wenn die Maschine auf das Netz arbeiten soll, in die Stellung N zu bringen, dagegen ist er für die Ladung auf L einzustellen. Es empfiehlt sich, einen Umschalter zu wählen, der den Übergang aus der

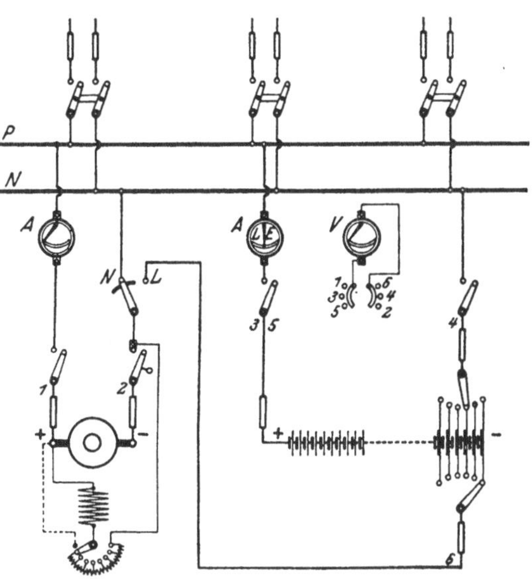

Fig. 278. Schaltung einer Gleichstromanlage mit einer Nebenschlußmaschine und einer Akkumulatorenbatterie mit Doppelzellenschalter.

einen in die andere Stellung **ohne Stromunterbrechung** zu bewerkstelligen erlaubt. Die Batterie steht mit den Sammelschienen wieder durch zwei einpolige Schalter in Verbindung. Ihre Lade- und Entladespannung können mittels des Doppelzellenschalters unabhängig voneinander geregelt werden. Der Kontakt L des Umschalters und die Ladekurbel sind durch die **Ladeleitung** miteinander verbunden. Bezüglich der Strommesser gilt das im vorigen Paragraphen angegebene. Für den Spannungsmesser ist ein Umschalter mit folgenden Stellungen vorgesehen: 1—2 Maschinenspannung, 3—4 Batterieentladespannung, 5—6 Batterieladespannung.

Auf die verschiedenen Betriebsweisen soll nur insoweit eingegangen werden, als sich gegenüber der Anordnung mit einem Einfachzellenschalter Unterschiede ergeben.

a) Die Maschine arbeitet allein auf das Netz.

Ist die Batterie aus irgendeinem Grunde ausgeschaltet, so hat die Maschine allein den Betrieb zu übernehmen. Der Umschalter steht hierbei auf N.

b) Die Batterie arbeitet allein auf das Netz.

Zu Zeiten geringen Energiebedarfs, z. B. des Nachts, wird der Maschinenbetrieb stillgelegt und die Stromlieferung lediglich der Batterie übertragen. Zur Konstanthaltung der Spannung dient die Entladekurbel des Zellenschalters.

c) Maschine und Batterie arbeiten parallel.

In den Stunden des Hauptbetriebes läßt man Maschinen und Batterie gleichzeitig auf das Netz arbeiten, damit letztere die Belastungsschwankungen aufnehmen kann und im Falle eines Versagens der Maschine die Stromlieferung aufrecht erhält. Um die Maschine zur Batterie parallel zu schalten, ist bei der Umschalterstellung N zunächst der einpolige Handschalter zu schließen und erst, nachdem die Maschine erregt ist, der Minimalschalter einzulegen.

d) Die Batterie wird geladen.

Um vom Parallelbetrieb zur Ladung überzugehen, ist der Umschalterhebel von N auf L zu bringen. **Vorher ist aber die Ladekurbel des Doppelzellenschalters auf den gleichen Kontakt zu stellen, auf dem sich die Entladekurbel befindet**, da andernfalls in dem Augenblicke, in dem während des Umschaltens der Hebel die Kontakte N und L gleichzeitig berührt, die zwischen beiden Kurbeln befindlichen Zellen kurzgeschlossen sind. Ist die Umschaltung bewirkt, so ist jedoch die Ladekurbel auf den äußersten Kontakt zu drehen, so daß alle Zellen an der Ladung teilnehmen. Die Maschine ist auf die der Ladung entsprechende

Spannung zu erregen. Die voll aufgeladenen Zellen werden mittels der Ladekurbel nach und nach abgeschaltet. Da die Batterie auch während der Ladung den Energiebedarf im Netz zu decken hat, müssen mittels der Entladekurbel stets so viel Zellen abgeschaltet werden, daß trotz der höheren Ladespannung die Netzspannung den normalen Wert beibehält.

Um nach der Ladung die Maschine wieder zur Batterie parallel zu schalten, ist das soeben für den umgekehrten Fall Angegebene sinngemäß zu beachten.

In größeren Anlagen sind stets mehrere Betriebsmaschinen vorhanden. Wesentliche Änderungen an dem Schaltplan ergeben sich hierdurch jedoch nicht, es wiederholen sich vielmehr nur für alle Maschinen die im Schema angegebenen Einrichtungen. Nur wird man in einem solchen Falle meistens eine besondere Ladeschiene anwenden, mit der die Umschalterkontakte L der verschiedenen Maschinen sowie die Ladekurbel der Batterie verbunden werden.

219. Nebenschlußmaschine, Zusatzmaschine und Akkumulatorenbatterie mit Doppelzellenschalter.

Ist die zur Stromerzeugung dienende Nebenschlußmaschine nicht für Spannungserhöhung eingerichtet, so muß zur Erzielung der für die Ladung der Batterie notwendigen Spannung eine Zusatzmaschine vorgesehen werden (s. § 165). Die erforderliche Schaltung zeigt das Schema Fig. 279. Der im vorigen Schema angegebene

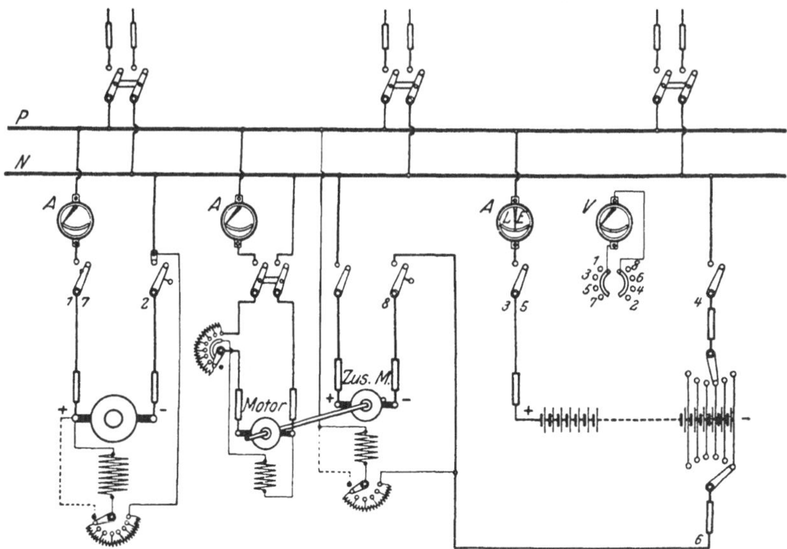

Fig. 279. Schaltung einer Gleichstromanlage mit einer Nebenschlußmaschine, einer Zusatzmaschine und einer Akkumulatorenbatterie mit Doppelzellenschalter.

Umschalter für die Hauptmaschine fällt fort, da die Maschine stets, auch bei der Batterieladung, auf die Sammelschienen arbeitet. Beim Laden wird der positive Pol der Zusatzmaschine mittels eines gewöhnlichen Schalters an die negative Sammelschiene gelegt, während ihr negativer Pol durch einen Minimalschalter mit der Ladekurbel des Doppelzellenschalters in Verbindung gebracht wird. Haupt- und Zusatzmaschine sind dann hintereinander geschaltet. Die Erregung der Zusatzmaschine geschieht am zweckmäßigsten durch die Ladespannung der Batterie, wie es auch im Schema angenommen ist. Ihr Antrieb erfolgt durch einen mit ihr unmittelbar gekuppelten Nebenschlußmotor, der von den Sammelschienen gespeist wird, und dessen Belastung durch ein Amperemeter festgestellt werden kann. Das Voltmeter erlaubt unter Anwendung des Umschalters folgende Spannungen zu messen: 1—2 Spannung der Hauptmaschine, 3—4 Entladespannung der Batterie, 5—6 Ladespannung der Batterie, 7—8 Gesamtspannung von Haupt- und Zusatzmaschine.

Es sind wieder folgende Betriebszustände möglich:

a) die Hauptmaschine arbeitet allein auf das Netz,
b) die Batterie arbeitet allein auf das Netz,
c) Maschine und Batterie arbeiten parallel,
d) die Batterie wird geladen.

Es soll hier nur auf das Laden der Batterie eingegangen werden; wegen der anderen Fälle sei auf die Ausführungen der vorhergehenden Paragraphen verwiesen. Beim Laden arbeitet die Hauptmaschine wie immer mit normaler Spannung auf die Sammelschienen. Die Ladekurbel des Doppelzellenschalters wird zunächst auf den äußersten Kontakt gestellt. Darauf wird die Zusatzmaschine durch den Elektromotor angetrieben und, nachdem ihr Handschalter geschlossen ist, soweit erregt, daß die Gesamtspannung von Haupt- und Zusatzmaschine etwas höher ist als die Ladespannung der Batterie. Nunmehr wird der Minimalschalter der Zusatzmaschine eingelegt und die Batterie mit der vorschriftsmäßigen Stromstärke in üblicher Weise geladen.

220. Dreileiteranlage mit zwei hintereinander geschalteten Nebenschlußmaschinen.

(Vgl. Fig. 242.)

Dem einfachsten Fall einer Dreileiteranlage entspricht das Schema Fig. 280. Zwei Nebenschlußmaschinen sind hintereinander geschaltet, und zwar durch die mittlere Sammelschiene O. Von den beiden Außensammelschienen bildet die mit P bezeichnete den positiven, die mit N bezeichnete den negativen Pol der Anlage. Jede der Verteilungsleitungen besteht aus zwei Außenleitungen und einer Nulleitung. Doch ist im Schema auch eine Abzweigung lediglich von den Außensammelschienen, etwa für den Anschluß eines größeren Motors, angedeutet.

Die Spannung jeder Netzhälfte wird durch den Nebenschlußregler ihrer Maschine konstant gehalten. Der Spannungsmesser kann durch einen Umschalter auf jede der beiden Maschinen geschaltet werden. Zur Beobachtung der Spannung zwischen den beiden Außenleitern ist ein besonderes Voltmeter (für die doppelte Spannung) vorhanden. Für jede Maschine ist ferner, um ihre Belastung kontrollieren zu können, ein Strommesser vorgesehen. Wünschenswert ist es, wenn eine Reservemaschine aufgestellt ist, die je nach Bedarf auf eine der beiden Netzhälften geschaltet werden kann.

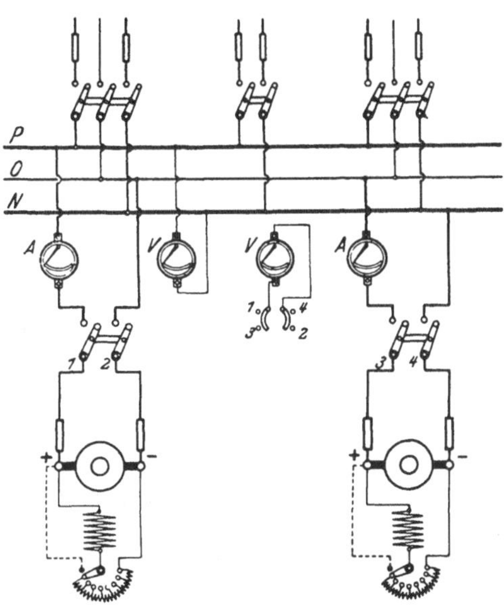

Fig. 280. Schaltung einer Gleichstromdreileiteranlage mit zwei hintereinander geschalteten Nebenschlußmaschinen.

221. Dreileiteranlage mit zwei hintereinander geschalteten Nebenschlußmaschinen und einer Akkumulatorenbatterie.

Auch bei Dreileiteranlagen wird man in den weitaus meisten Fällen eine Akkumulatorenbatterie anwenden. Im Schema Fig. 281 ist zu jeder der beiden hintereinander geschalteten Nebenschlußmaschinen eine Batteriehälfte parallel geschaltet. Die Spannung der Maschinen kann zum Zwecke der Batterieladung gesteigert werden. Es sind zwei Doppelzellenschalter erforderlich. Hinsichtlich der übrigen Schaltapparate, Meßinstrumente usw. gilt sinngemäß das in den vorhergehenden Paragraphen Angegebene. Der besseren Übersichtlichkeit wegen ist für jede Netzhälfte ein Spannungsmesser vorgesehen, mit dem die Maschinenspannung sowie die Entlade- und Ladespannung der Batterie festgestellt werden können. Zur Kontrolle der Außenleiterspannung dient wieder ein besonderes Voltmeter.

a) Die beiden Maschinen arbeiten allein auf das Netz.

Jeder der beiden einpoligen Umschalter — im Schema in der Mitte unten — befindet sich, um die Verbindung mit der mittleren Sammelschiene herzustellen, auf *N*. Die für jede Maschine vorhandenen einpoligen Ausschalter wie auch die Minimalautomaten sind geschlossen.

b) Die Batterie arbeitet allein auf das Netz.

Es sind die beiden einpoligen Schalter, die die Pole der Batterie mit den Außensammelschienen verbinden, geschlossen, ebenso die Schalter in den von den Entladekurbeln der Zellenschalter zum Mittelleiter führenden Leitungen.

c) Die Maschinen und die Batterie arbeiten parallel.

Das Parallelschalten jeder Maschine zu ihrer Batteriehälfte erfolgt in derselben Weise, wie in einer Zweileiteranlage Maschine und Batterie parallel geschaltet werden.

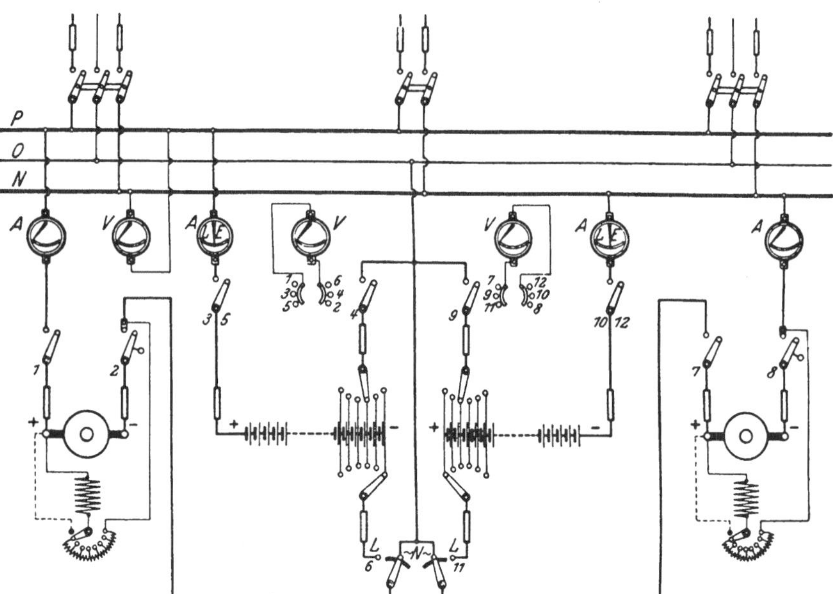

Fig. 281. Schaltung einer Gleichstromdreileiteranlage mit zwei hintereinander geschalteten Nebenschlußmaschinen und einer Akkumulatorenbatterie.

d) Die Batterie wird geladen.

Jede Maschine ladet die zu ihr gehörige Batteriehälfte. Die Umschalter sind beim Laden auf L zu stellen. Der Vorgang beim Laden ist der gleiche, wie bei einer Zweileiteranlage. Durch entsprechende Bedienung der Zellenschalterentladekurbeln wird die Stromlieferung in das Netz auch während des Ladens aufrecht erhalten.

Es sei noch darauf hingewiesen, daß die Zellenschalter, die sich im Schema in der Batteriemitte befinden, auch an die äußeren Pole der Batterie gelegt werden können.

In größeren Anlagen wird man für die Ladung der Batterie meistens eine Zusatzmaschine verwenden.

222. Dreileiteranlage mit einer Nebenschlußmaschine und einer Akkumulatorenbatterie zur Spannungsteilung.

(Vgl. Fig. 243.)

In vielen Fällen stellt man in Dreileiteranlagen nicht zwei Nebenschlußmaschinen auf, wie in den vorhergehenden Paragraphen angenommen wurde, sondern eine Maschine, die für die Außenleiterspannung eingerichtet ist und demnach auch an die Außenleiter angeschlossen wird. Auf die Vorteile einer solchen Anordnung ist in

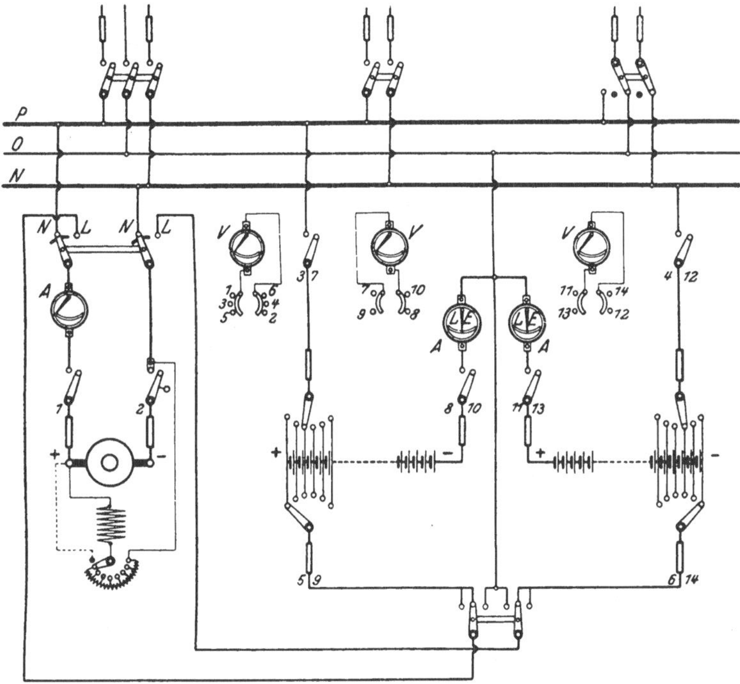

Fig. 282. Schaltung einer Gleichstromdreileiteranlage mit einer Nebenschlußmaschine und einer Akkumulatorenbatterie.

§ 198 hingewiesen worden, in dem auch die verschiedenen Möglichkeiten der Spannungsteilung behandelt sind. Das Schema Fig. 282 betrifft den Fall, daß die Spannungsteilung mit Hilfe einer Akkumulatorenbatterie vorgenommen wird. Es ist wieder angenommen, daß die Maschine die für die Ladung der Batterie notwendige Spannung unmittelbar, also ohne Anwendung einer Zusatzmaschine, liefern kann. Die Doppelzellenschalter sind im vorliegenden Falle an die Batterieenden zu legen. Die Maschine ist mit einem doppelpoligen Umschalter (ohne Unterbrechung) versehen, so daß sie entweder auf das Netz, Schalterstellung *NN*, arbeiten oder die Batterieladung, Stellung *LL*, bewirken kann. Außerdem ist noch ein zweipoliger Umschalter (mit Unterbrechung) für die Batterie erforderlich — im Schema unten —, um entweder die ganze Batterie oder bei Bedarf auch jede Batteriehälfte aufladen zu können. Es sind im ganzen drei Spannungsmesser vorhanden: einer für die Maschine und die ganze Batterie und je einer für die Batteriehälften.

Die Batterie muß während des Betriebes stets eingeschaltet sein, da sonst der Mittelleiter nicht angeschlossen ist. Es ergeben sich demnach nachfolgende Betriebsweisen.

a) Die Batterie arbeitet allein auf das Netz.

Es sind die Schalter, die sich in den von den Entladekurbeln der Zellenschalter zu den Außensammelschienen führenden Leitungen befinden, geschlossen, ebenfalls die Schalter, welche die Verbindung der beiden Batteriehälften mit dem Mittelleiter herstellen.

b) Maschine und Batterie arbeiten parallel.

Das Parallelschalten der Maschine zur Batterie geschieht in bekannter Weise. Der Maschinenumschalter wird in die Stellung *NN* gebracht.

c) Die Batterie wird geladen.

Um die ganze Batterie zu laden, wird der Batterieumschalter in die mittlere Stellung gebracht. Die Einzelheiten der Ladung, während welcher sich der Maschinenumschalter in der Stellung *LL* befinden muß, sind bekannt.

Sollten die beiden Batteriehälften bei der Entladung in verschiedenem Maße beansprucht sein, so muß die stärker entladene Hälfte durch die Betriebsmaschine noch besonders nachgeladen werden. Dies wird in der Regel möglich sein, da die Spannung einer Batteriehälfte gegen Schluß der Ladung ungefähr $^2/_3$ der normalen Außenleiterspannung beträgt und die Spannung der Maschine durch den Nebenschlußregler auf diesen Betrag erniedrigt werden kann. Ist die linke Batteriehälfte nachzuladen, so ist der Batterieumschalter nach links zu stellen, bei der Nachladung der rechten Batteriehälfte dagegen nach rechts. Um übrigens die beiden Batteriehälften möglichst gleichmäßig entladen zu können, richtet man einige Anschlüsse, z. B. die Beleuchtung des Maschinenhauses, so ein, daß man sie nach Bedarf auf die eine oder andere Netzhälfte umschalten kann, wie dies im Schema auch für eine Netzleitung zum Ausdruck gebracht ist.

223. Dreileiteranlage mit einer Nebenschlußmaschine, zwei Ausgleichsmaschinen, einer Zusatzmaschine und einer Akkumulatorenbatterie.

(Vgl. Fig. 245.)

Im Schema Fig. 283 ist als Betriebsmaschine wiederum eine Nebenschlußmaschine angenommen. Parallel dazu befindet sich eine

Akkumulatorenbatterie mit zwei innen liegenden Doppelzellenschaltern. Die Batterie wirkt, wie im vorigen Schema, als Spannungsteiler. Doch ist für diesen Zweck außerdem ein Ausgleichsaggregat vorgesehen. Dieses besteht, wie in § 198c ausgeführt wurde, aus zwei kleinen direkt gekuppelten Gleichstrommaschinen, die hintereinander geschaltet

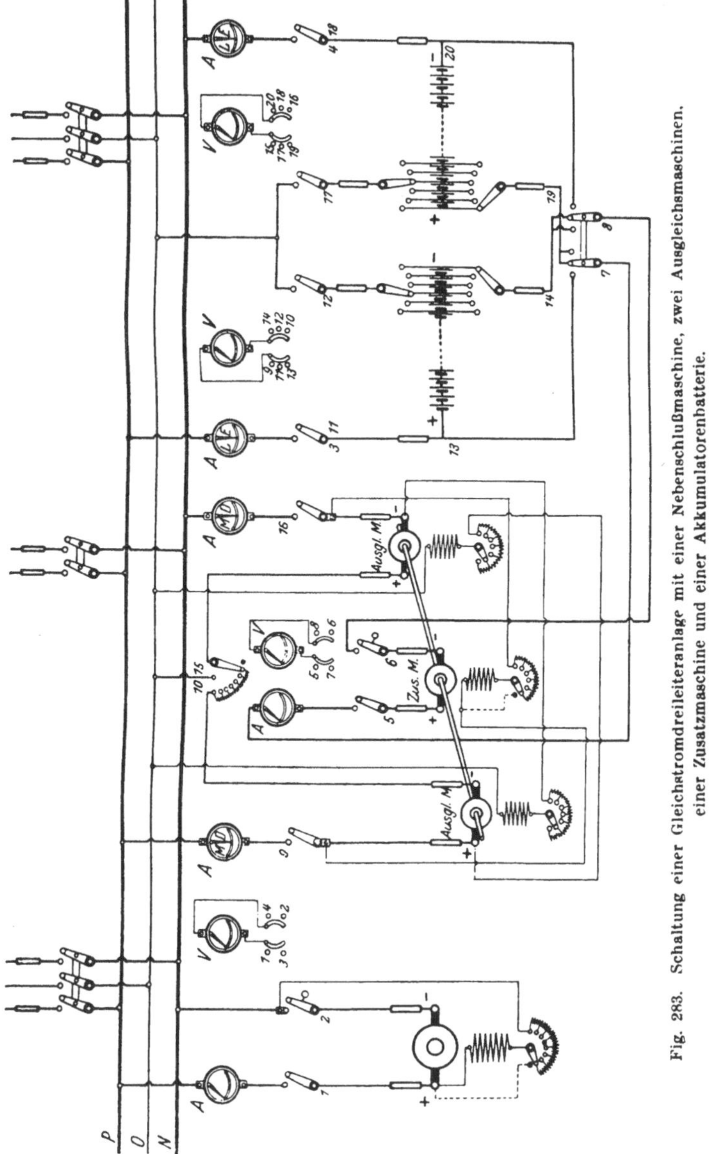

Fig. 283. Schaltung einer Gleichstromdreileiteranlage mit einer Nebenschlußmaschine, zwei Ausgleichsmaschinen, einer Zusatzmaschine und einer Akkumulatorenbatterie.

und zwischen die Außenleiter gelegt werden. Die beiden Maschinen besitzen einen gemeinsamen Anlaßwiderstand. Beim Kurzschließen der Anlasserkurbel wird die Verbindung des Aggregates mit dem Mittelleiter hergestellt. Die Ausgleichsmaschinen erhalten ihre Erregung von den Sammelschienen, und zwar sind die Erregerwicklungen kreuzweise an beide Netzhälften angeschlossen. Für jede Ausgleichsmaschine ist ein Nebenschlußregler vorgesehen.

Für die Ladung der Batterie ist eine Zusatzmaschine vorhanden. Die Betriebsmaschine ist also lediglich für die normale Spannung eingerichtet. Um einen besonderen Antriebsmotor zu ersparen, ist die Zusatzmaschine mit den Ausgleichsmaschinen direkt gekuppelt. Der zweipolige Batterieumschalter — rechts unten im Schema — ist notwendig, um entweder die ganze Batterie oder auch bei Bedarf jede einzelne Batteriehälfte aufladen zu können.

An Meßinstrumenten sind u. a. ein Voltmeter für die Außenspannungen und je eins für die beiden Netzhälften vorhanden. Für die Zusatzmaschine ist ein besonderes Voltmeter und auch ein Amperemeter eingebaut. Durch Anwendung zweiseitig ausschlagender Strommesser für die Ausgleichsmaschinen läßt sich jederzeit feststellen, ob diese als Motor (M) oder als Dynamomaschine (D) wirken.

Nur die beiden wichtigsten Betriebsweisen sollen nachfolgend besprochen werden.

a) Maschine, Batterie und Ausgleichsaggregat arbeiten parallel.

Es werde angenommen, daß die Betriebsmaschine und die Batterie bereits auf die Sammelschienen arbeiten, und es soll nunmehr auch das Ausgleichsaggregat parallel geschaltet werden. Zu diesem Zwecke werden zunächst die beiden die Verbindung mit den Außenleitern bewirkenden Schalter des Aggregates geschlossen. Die beiden Maschinen sind alsdann erregt und können nunmehr mittels des Anlassers in Betrieb gesetzt werden. Die Nebenschlußregler der Maschinen dienen zum genauen Einregulieren auf die richtige Umdrehungszahl bzw. Spannung.

b) Die Batterie wird geladen.

Die Betriebsmaschine arbeitet wie immer auf die Sammelschienen. Die zum Antrieb der Zusatzmaschine dienenden Ausgleichsmaschinen befinden sich im Betriebe. Der zweipolige Batterieumschalter wird in die mittlere Stellung gebracht, was einer Aufladung der ganzen Batterie entspricht. Sodann wird die Zusatzmaschine auf die für die Ladung erforderliche Spannung erregt, ihr Handschalter eingelegt und schließlich ihr Minimalschalter geschlossen.

Das Nachladen einer einzelnen Batteriehälfte erfolgt unmittelbar durch die Zusatzmaschine. Diese muß daher auf eine entsprechend hohe Spannung gebracht werden können. Zur Aufladung der linken Batteriehälfte wird der Batterieschalter nach links, zur Aufladung der rechten Hälfte nach rechts gestellt.

224. Dreileitermaschine mit einer Akkumulatorenbatterie.

(Vgl. Fig. 246.)

Fig. 284 gibt die Schaltung für den Fall wieder, daß eine Dreileitermaschine zur Aufstellung kommt. Dem Schema ist eine Maschine der Allgemeinen Elektrizitäts-Gesellschaft zugrunde gelegt worden. Parallel zur Maschine befindet sich eine

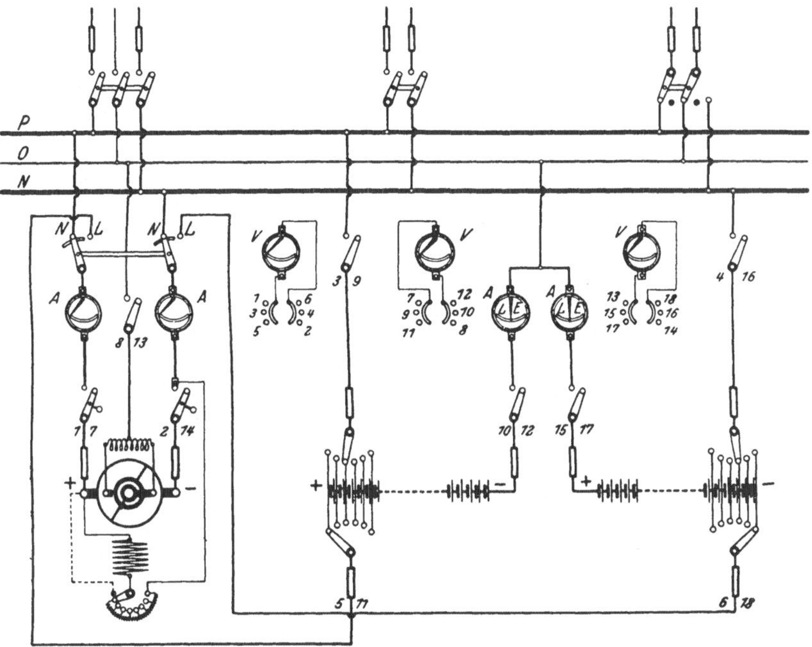

Fig. 284. Schaltung einer Gleichstromanlage mit einer Dreileitermaschine und einer Akkumulatorenbatterie.

Akkumulatorenbatterie, deren Mittelpunkt an den Mittelleiter angeschlossen ist. Das Schema ist für den Fall gezeichnet, daß die Ladung der Batterie durch Nebenschlußregulierung der Dreileitermaschine erfolgt. Bei Verwendung von Zusatzmaschinen wird am besten in jede Netzhälfte eine solche eingebaut.

B. Wechselstromanlagen.

225. Einzelbetrieb einer Einphasenmaschine.

(Vgl. Fig. 149.)

Das Schaltschema einer mit nur einer Betriebsmaschine ausgestatteten Einphasenanlage ist in Fig. 285 dargestellt. Die Ver-

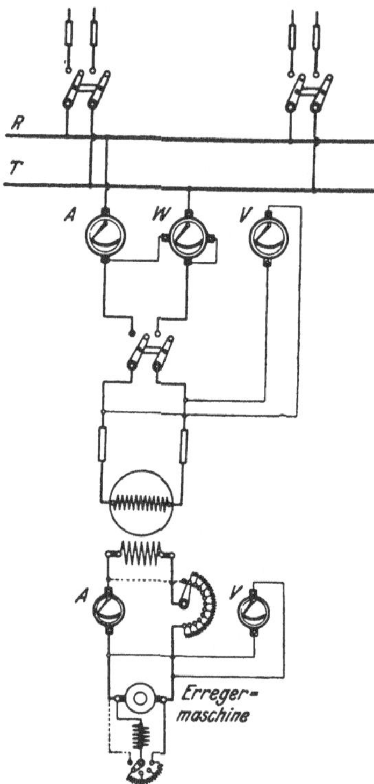

Fig. 285. Schaltung einer Einphasenanlage mit einer Betriebsmaschine.

bindung der Maschine mit den Sammelschienen *R* und *T* geschieht mittels eines zweipoligen Schalters. Die Maschinenspannung kann an einem Voltmeter, die Stromstärke an einem Amperemeter abgelesen werden. Außerdem ist zur Messung der Leistung das Wattmeter *W* vorgesehen.

Es ist angenommen, daß der Magnetstrom von einer besonderen Erregermaschine, und zwar einer Nebenschlußmaschine geliefert wird. Sie kann mit der Wechselstrommaschine unmittelbar gekuppelt sein. Ihre Spannung wird mit Hilfe des Nebenschlußreglers eingestellt und durch ein besonderes Voltmeter angezeigt. Die Spannungsregelung der Wechselstrommaschine erfolgt mittels eines vor ihre Magnetwicklung gelegten Regulierwiderstandes, durch den die Stärke des Erregerstroms, für dessen Bestimmung ebenfalls ein Amperemeter eingebaut ist, beeinflußt werden kann.

226. Einzelbetrieb einer Drehstrommaschine.

Die Schaltanordnung einer Drehstromanlage, Fig. 286, entspricht einer solchen für Einphasenstrom. Natürlich ist ein drei-

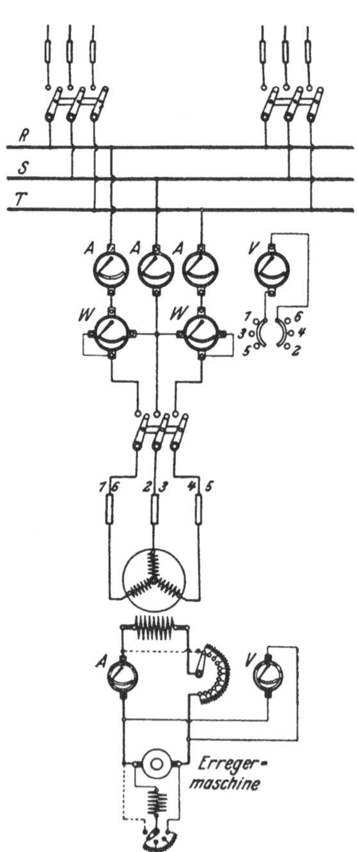

Fig. 286. Schaltung einer Drehstromanlage mit einer Betriebsmaschine.

poliger Schalter erforderlich. Im Schema ist in jede der drei von der Drehstrommaschine zu den Sammelschienen R, S und T führenden Leitungen ein Strommesser eingeschaltet, doch wird man sich häufig damit begnügen, die Stromstärke in nur einer Leitung festzustellen. Die Spannungen der drei Phasen können durch Vermittlung eines Voltmeterumschalters mit einem einzigen Spannungsmesser festgestellt werden. Über die Messung der Drehstromleistung ist Näheres im § 54 ausgeführt worden. Im Schema sind zwei Leistungsmesser vorgesehen, die nach der Zweiwattmetermethode geschaltet sind. Die Gesamtleistung ist also gleich der Summe der von den beiden Instrumenten angezeigten Leistung. Meistens wird man allerdings für Schalttafelzwecke nur ein einziges Wattmeter anwenden, an dem die Gesamtleistung unmittelbar abgelesen werden kann.

227. Parallelbetrieb von Drehstrommaschinen.

(Vgl. Fig. 169.)

Eine Drehstromzentrale mit zwei Betriebsmaschinen ist in Fig. 287 schematisch zur Darstellung gebracht. Die Maschinen arbeiten auf gemeinsame Sammelschienen. Die Schaltung jeder Maschine

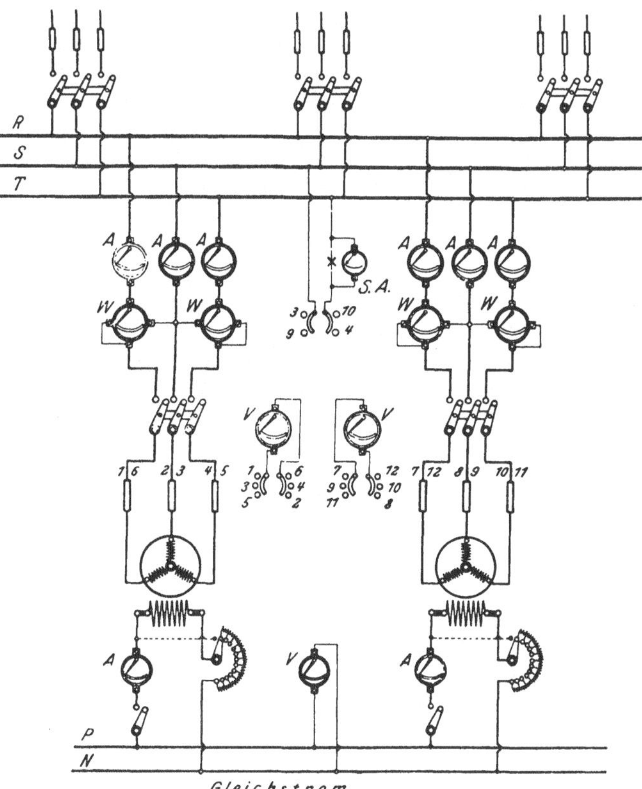

Fig. 287. Schaltung einer Drehstromanlage mit zwei Betriebsmaschinen.

gleicht der im vorigen Schema angegebenen. Doch ist für das Parallelschalten der Maschinen noch ein Synchronismusanzeiger (*S.A.*) vorhanden. Dieser besteht aus Phasenlampe und Phasenvoltmeter und ist dauernd mit den Sammelschienen *S* und *T* verbunden, kann jedoch durch einen Umschalter außerdem auch mit der entsprechenden Phase jeder der beiden Maschinen in Verbindung gebracht werden. Die Schaltung kann auf die der Fig. 167 bzw. 169 zurückgeführt werden. Der Synchronismus wird also durch den Dunkelzustand der Lampe oder die Nullstellung des Voltmeters angezeigt.

Der für die Erregung beider Maschinen erforderliche Gleichstrom wird von besonderen Sammelschienen *P* und *N* abgenommen, die durch eine Gleichstrommaschine, gegebenenfalls in Verbindung mit einer Akkumulatorenbatterie, gespeist werden.

Das vorstehend beschriebene Schema kann auch auf beliebig viele parallel zu schaltende Maschinen ausgedehnt werden.

228. Hochspannungs-Drehstromzentrale.

Unmittelbare Auslösung der Ölschalter.

Den Schaltplan einer Hochspannungs-Drehstromzentrale zeigt Fig. 288. Die Drehstrommaschinen (*D.M.*) werden mittels dreipoliger Ölschalter (*Ö.Sch.*) auf die Sammelschienen geschaltet. Die Maximalauslösung der Schalter wird durch den Maschinenstrom unmittelbar, und zwar primär, betätigt (s. Fig. 259). Jede Leitung enthält zu diesem Zwecke eine Auslösespule. Die Verbindung der Maschinen mit den Sammelschienen kann auch durch Trennschalter (*T.Sch.*) aufgehoben werden.

In jeder der Maschinenleitungen befindet sich ein Stromwandler (*St.W.*) in Verbindung mit einem Strommesser *A*. Durch Vermittlung dreier Spannungswandler (*Sp.W.*) kann ferner an den Voltmetern *V* die Spannung aller Phasen abgelesen werden. An einen der Spannungswandler läßt sich mittels eines Umschalters auch die Phasenlampe *P* anschließen, die durch einen weiteren Spannungswandler dauernd mit den Sammelschienen in Verbindung steht. Beim Synchronisieren einer Maschine wird also die Spannung einer ihrer Phasen mit der Spannung des Netzes verglichen. Bei der angewendeten Schaltung ist der Dunkelzustand der Lampen das Merkmal für den Synchronismus (vgl. Fig. 180).

Jede der Betriebsmaschinen besitzt eine besondere Erregermaschine (*E.M.*), im vorliegenden Falle mit Doppelschlußwicklung.

Die abgehenden Leitungen sind als Kabel gedacht. Jedes Kabel steht durch einen dreipoligen Trennschalter sowie durch einen ebensolchen Ölschalter mit den Sammelschienen in Verbindung. Der Ölschalter besitzt wiederum in jeder Leitung eine Auslösespule, die ihn bei Überlastung freigibt. Alle Leitungen enthalten Strommesser.

Um etwa auftretende Überspannungen unschädlich zu machen, sind an die Sammelschienen Kondensatoren *C* angeschlossen. Mittels

Trennschalter können sie für die von Zeit zu Zeit vorzunehmenden Revisionen von den Sammelschienen gelöst werden. Vor den Maschinen befinden sich außerdem Schutzdrosselspulen *D*.

Für die dem Schema zugrunde gelegte Anlage ist eine Betriebsspannung von etwa 3000 bis 10000 V vorausgesetzt.

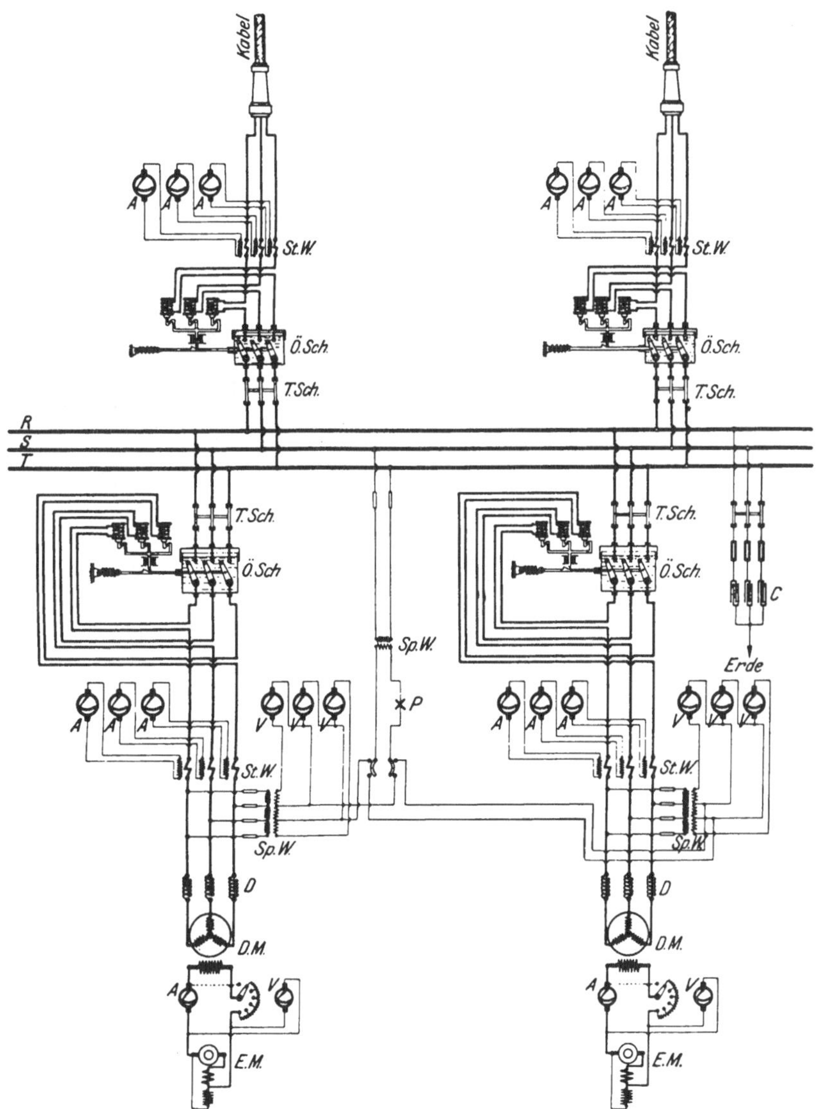

Fig. 288. Schaltung einer Hochspannungs-Drehstromzentrale (Ölschalter mit unmittelbarer Auslösung).

229. Hochspannungs-Drehstromzentrale.

Relaisauslösung der Ölschalter.

Auf ungefähr die gleichen Spannungsverhältnisse wie das vorstehend behandelte Schema bezieht sich auch der Schaltplan Fig. 289. Die Erregung für die Betriebsdrehstrommaschinen wird hier besonderen Gleichstromsammelschienen entnommen. Auch sind die Hoch-

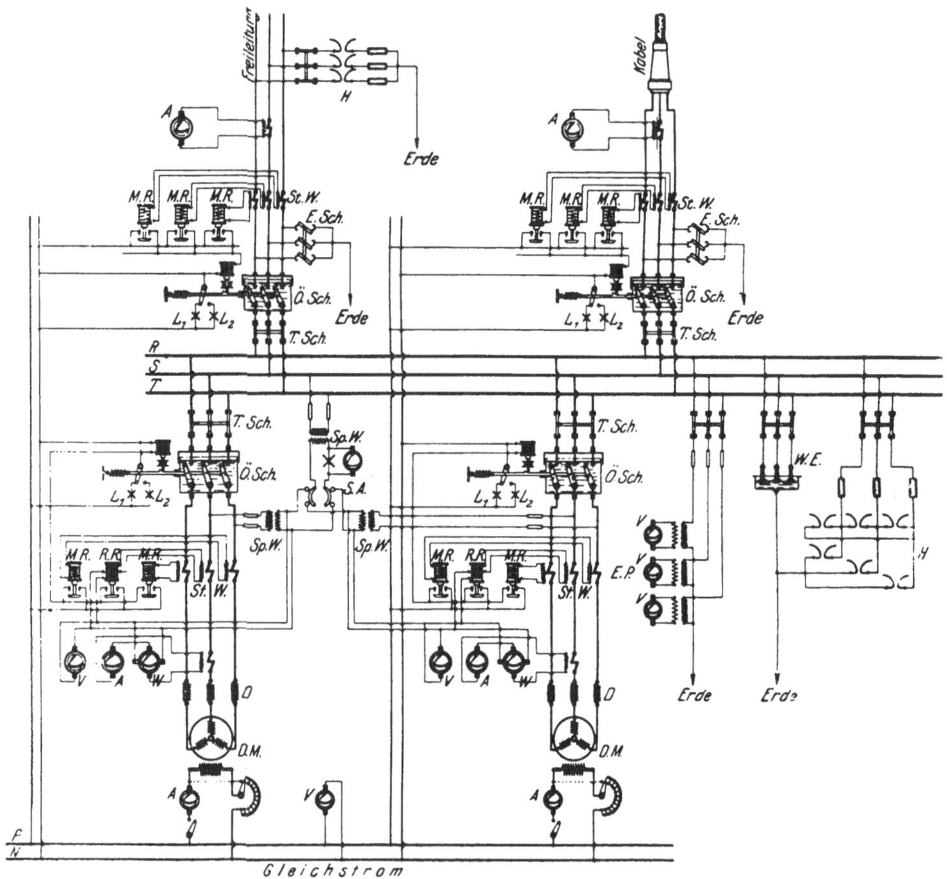

Fig. 289. Schaltung einer Hochspannungs-Drehstromzentrale (Ölschalter mit Relaisauslösung).

spannungsölschalter, abweichend vom vorigen Schema, mit Relaisauslösung ausgestattet. Ferner enthalten nur zwei der Maschinenleitungen Maximalrelais (*M.R.*), während die dritte Leitung auf ein Rückstromrelais (*R.R.*) einwirkt. Die Relais werden sekundär, also mittels Stromwandler, betätigt. Als Hilfstrom dient Gleichstrom, der von den Erregersammelschienen abgezweigt wird (s. Fig. 260). Die Schalterstellung wird durch die Signallampen L_1 und L_2 angezeigt.

An Meßinstrumenten sind für jede Maschine ein Strommesser, ein Spannungsmesser und ein Leistungsmesser vorgesehen. Der Strommesser ist mit der Stromspule des Leistungsmessers hintereinander geschaltet. Beide Instrumente liegen also an einem gemeinsamen Stromwandler. Der zum Anschluß des Spannungsmessers erforderliche Spannungswandler speist auch die Spannungsspule des Leistungsmessers und wirkt außerdem auf den aus Phasenlampe und Phasenvoltmeter zusammengesetzten, mit den Sammelschienen verbundenen Synchronismusanzeiger (*S.A.*) ein.

Eine der Fernleitungen ist im Schema als Freileitung, die andere als Kabel angenommen. Die Ölschalter für diese Leitungen sind vorschriftsmäßig allpolig mit Maximalauslösung versehen. Je eine der Netzleitungen enthält einen Strommesser. Damit etwa notwendig werdende Arbeiten an den Leitungen sich gefahrlos vornehmen lassen, sind letztere zu erden. Um dies in einfachster Weise bewirken zu können, sind Erdungsschalter (*E.Sch.*) vorgesehen.

Zur ständigen Kontrolle des Isolationszustandes der Anlage steht mit den Sammelschienen ein Erdschlußprüfer (*E.P.*) in Verbindung, dessen Voltmeter, wie alle anderen Meßinstrumente, nicht unmittelbar an der Hochspannung liegen, sondern an Spannungswandler angeschlossen sind.

Zum Schutze gegen Überspannungen sind für die Sammelschienen Hörnerableiter *H* vorgesehen, und zwar sind diese in Stern-Dreieck geschaltet, d. h. es sind sowohl die Leitungen gegeneinander als auch gegen Erde gesichert. Außerdem befindet sich in jeder der Maschinenleitungen eine Drosselspule. Zur Ableitung elektrischer Ladungen dienen Wasserstrahlerder (*W.E.*). Die Freileitung besitzt ferner einen „Grobschutz“ in Gestalt von gegen Erde geschalteten Hörnerableitern.

230. Hochspannungs-Drehstromzentrale mit Transformatoren.

Übersteigt die Spannung in den Fernleitungen den Betrag von ungefähr 6000, höchstens 10000 V, so sind unter allen Umständen Transformatoren zu verwenden, durch welche die Spannung der Maschinen in die Höhe geschraubt wird. In diesem Falle sind für die Maschinenspannung, also die Transformatorenunterspannung einerseits und die Transformatorenoberspannung andererseits getrennte Sammelschienen notwendig. Fig. 290 zeigt das Schaltschema einer derartigen Drehstromanlage. Es ist, um bestimmte Verhältnisse zugrunde zu legen, angenommen, daß die Spannung der Maschinen, von denen jede durch eine besondere Nebenschlußmaschine erregt wird, ungefähr 6000 V beträgt, während die Oberspannung an den Transformatoren *T* zu 35000 V festgesetzt ist.

Bemerkenswert an dem Schema ist die Anwendung des Doppelsammelschienensystems, und zwar sowohl für die Unter- als

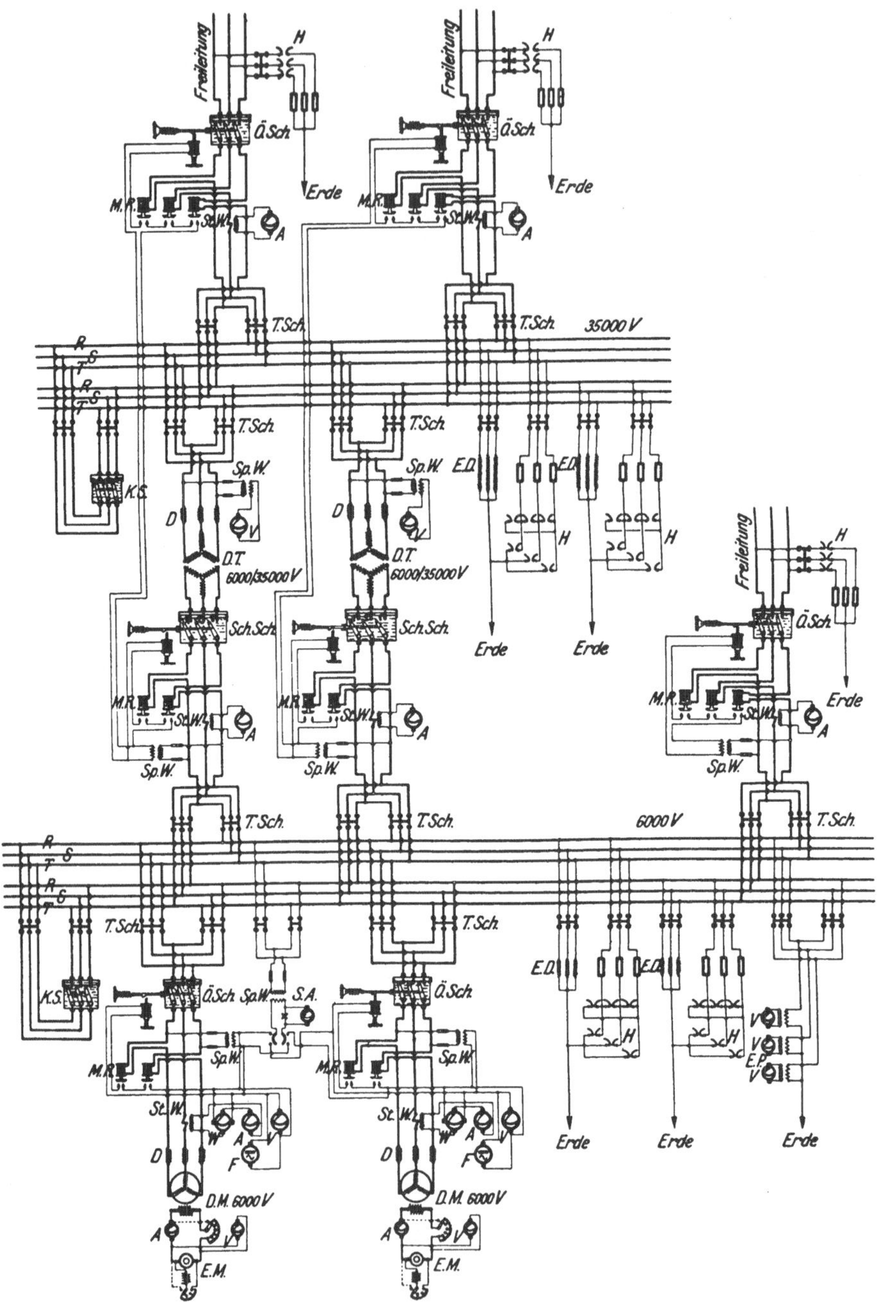

Fig. 290. Schaltung einer Hochspannungs-Drehstromzentrale mit Transformatoren.

auch für die Oberspannung. Jede Maschine, jeder Transformator, jede abgehende Leitung usw. kann durch Vermittlung von Trennschaltern beliebig mit einem der beiden Schienensysteme in Verbindung gebracht werden. Durch diese Einrichtung wird die Betriebsführung in hohem Maße erleichtert, da es jederzeit möglich ist, ein Schienensystem außer Betrieb zu setzen. Dies ist namentlich bei der Vornahme von Reparaturen und Erweiterungen der Anlage von Wichtigkeit. Durch besondere Kupplungsschalter (*K.S.*), als Ölschalter ausgeführt, können die beiden Sammelschienensysteme aber auch leicht parallel geschaltet werden.

Ölschalter dienen auch in üblicher Weise zur Verbindung der Maschinen mit den Sammelschienen. Bei den Transformatoren ist die Anbringung von Ölschaltern auf die Primärseite beschränkt, es sind hier Schutzschalter (*Sch.Sch.*) vorgesehen. Auch alle abgehenden Leitungen — es wird sich bei der angenommenen hohen Spannung in der Regel um Freileitungen handeln, doch können auch Kabel Verwendung finden — führen über Ölschalter. Die Maximalauslösung der Schalter wird durch primär erregte Relais vermittelt. Als Hilfsstrom dient Wechselstrom, der Spannungswandlern entnommen wird (s. Fig. 261). Spannungs- und Stromwandler vermitteln auch den Anschluß der Meßinstrumente und des Synchronismusanzeigers. Zur Isolationskontrolle dienen, wie im vorigen Schema, als Erdschlußprüfer geschaltete Voltmeter.

Der Überspannungsschutz besteht sowohl bei den Sammelschienen für die Oberspannung als auch bei denen für die Unterspannung aus Hörnerableitern in Stern-Dreieck-Anordnung, außerdem sind Erdungsdrosselspulen (*E.D.*) angewendet. Diese Schutzvorrichtungen sind wegen ihrer Wichtigkeit für jedes Schienensystem getrennt ausgeführt. Vor jedem Transformator und vor jeder Maschine befinden sich Schutzdrosselspulen. Die abgehenden Leitungen erhalten lediglich einen Hörnergrobschutz.

Für die Versorgung des näheren Umkreises der Zentrale wird in vielen Fällen die Maschinenspannung ausreichen. Es ist daher auch im Schema eine Freileitung unmittelbar von den Unterspannungsschienen abgenommen.

Anhang.

Zusammenstellung der elektrotechnischen Einheiten.

Größe	Einheit	Abkürzung
Stromstärke	Ampere	A
Elektrizitätsmenge . . .	Amperesekunde, Amperestunde	Asek, Ah
Spannung	Volt	V
Widerstand	Ohm	Ω
Leitwert	Siemens	S
Leistung	Watt, Kilowatt	W, kW
Arbeit	Wattsekunde, Wattstunde, Kilowattsekunde, Kilowattstunde	Wsek, Wh kWsek, kWh

Verzeichnis der Formelgrößen.

A elektrische Arbeit.
AW Amperewindungen.
AW/cm Amperewindungen für 1 cm Kraftlinienlänge.
B Kraftliniendichte.
E elektromotorische Kraft, Spannung;
bei Wechselstrom: Effektivwert der Spannung.
E_k Klemmenspannung.
E_v Spannungsverlust.
E^* Phasenspannung, Sternspannung (bei Drehstrom).
e Augenblickswert der Wechselstromspannung.
e_{max} Höchstwert „ „
f Frequenz.
G Leitwert; bei elektrolytischen Prozessen: abgeschiedene Gewichtsmenge.
g elektrochemisches Äquivalent.
H Feldstärke.
J Stromstärke,
bei Wechselstrom: Effektivwert der Stromstärke.
J_a Ankerstrom.
J_k Kurzschlußstrom.
J_M Stromstärke im Mittelleiter eines Zweiphasensystems.
J_m Magnetstrom.
J_P Phasenstromstärke (bei Drehstrom).
i Augenblickswert der Wechselstromstärke.
i_{max} Höchstwert „ „
k Temperaturkoeffizient des Widerstandes.
L Leistung in Watt oder Kilowatt.

L_v Leistungsverlust.
l Länge.
M Wärmemenge.
N Leistung in Pferdestärken.
n minutliche Umdrehungszahl.
p Zahl der Polpaare.
Q Elektrizitätsmenge.
q Querschnitt.
R Widerstand.
R_a Widerstand der Ankerwicklung.
R_e innerer Widerstand eines Elementes.
R_g Eigenwiderstand eines Galvanometers oder anderen Meßinstrumentes.
R_i Isolationswiderstand.
R_m Widerstand der Magnetwicklung.
R_n Nebenschlußwiderstand.
R_s Scheinwiderstand.
R_v Vorschaltwiderstand.
T Temperaturunterschied.
t Zeit.
v prozentualer Leistungsverlust.
w Windungszahl.
η Wirkungsgrad.
φ Winkel der Phasenverschiebung.
$\cos \varphi$ Leistungsfaktor.
ϱ spez. Widerstand.

Namen- und Sachregister.

Elektromotoren für Gleichstrom. Von Dr. **G. Roeßler,** Professor an der Königl. Technischen Hochschule zu Danzig. Zweite, verbesserte Auflage. Mit 49 Textfiguren. In Leinwand gebunden Preis M. 4,—.

Das elektrische Kabel. Eine Darstellung der Grundlagen für Fabrikation, Verlegung und Betrieb. Von Dr. phil. **C. Baur,** Ingenieur. Zweite, umgearbeitete Auflage. Mit 91 Textfiguren.
In Leinwand gebunden Preis M. 12,—.

Isolationsmessungen und Fehlerbestimmungen an elektrischen Starkstromleitungen. Von **F. Charles Raphael.** Autorisierte deutsche Bearbeitung von Dr. **Richard Apt.** Zweite, verbesserte Auflage. Mit 122 Textfiguren. In Leinwand gebunden Preis M. 6,—.

Messungen an elektrischen Maschinen. Apparate, Instrumente, Methoden, Schaltungen. Von Ingenieur **Rudolf Krause.** Zweite, verbesserte und vermehrte Auflage. Mit 178 Textfiguren.
In Leinwand gebunden Preis M. 5,—.

Handbuch der elektrischen Beleuchtung. Von **Josef Herzog,** diplomierter Elektroingenieur in Budapest, und **Clarence Feldmann,** o. Professor an der Technischen Hochschule in Delft. Dritte, vollständig umgearbeitete Auflage. Mit 707 Textfiguren.
In Leinwand gebunden Preis M. 20,—.

Grundzüge der Beleuchtungstechnik. Von Dr.-Ing. **L. Bloch,** Ingenieur der Berliner Elektrizitätswerke. Mit 41 in den Text gedruckten Figuren. Preis M. 4,—; in Leinwand gebunden M. 5,—.

Herstellung und Instandhaltung elektrischer Licht- und Kraftanlagen. Ein Leitfaden auch für Nicht-Techniker unter Mitwirkung von **Gottlob Lux** und Dr. **C. Michalke,** verfaßt und herausgegeben von **S. Frhr. v. Gaisberg.** Sechste, umgearbeitete und erweiterte Auflage. Mit 45 Textfiguren. In Leinwand gebunden Preis M. 2,40.

Telephon- und Signal-Anlagen. Ein praktischer Leitfaden für die Errichtung elektrischer Fernmelde- (Schwachstrom-) Anlagen. Herausgegeben von **Carl Beckmann,** Oberingenieur der Aktiengesellschaft Mix & Genest, Telephon- und Telegraphenwerke, Berlin-Schöneberg. Bearbeitet nach den Vorschriften für die Errichtung elektrischer Fernmelde- (Schwachstrom-) Anlagen der Kommission des Verbandes deutscher Elektrotechniker und des Verbandes elektrotechnischer Installationsfirmen in Deutschland. Mit 426 Abbildungen und Schaltungen und einer Zusammenstellung der gesetzlichen Bestimmungen für Fernmeldeanlagen. In Leinwand gebunden Preis M. 4,—.

Zu beziehen durch jede Buchhandlung.